能源基金会资助
China Sustainable Energy Project
Funded by Energy Foundation

中国建筑节能发展报告

（2010 年）

China Building Energy Efficiency Development Report

（2010）

住房和城乡建设部科技发展促进中心
Center of Science and Technology of Construction,
Ministry of Housing and Urban-Rural Development, P. R. China

中国建筑工业出版社

图书在版编目(CIP)数据

中国建筑节能发展报告(2010年)/住房和城乡建设部科技发展促进中心. —北京：中国建筑工业出版社，2011.3

ISBN 978-7-112-12978-2

Ⅰ. ①中… Ⅱ. ①住… Ⅲ. ①建筑—节能—研究报告—中国—2010 Ⅳ. ①TU111.4

中国版本图书馆CIP数据核字(2011)第030767号

责任编辑：田启铭　张文胜
责任设计：李志立
责任校对：王雪竹　刘　钰

中国建筑节能发展报告(2010年)
China Building Energy Efficiency Development Report
住房和城乡建设部科技发展促进中心
Center of Science and Technology of Construction,
Ministry of Housing and Urban-Rural Development, P. R. China

*

中国建筑工业出版社出版、发行(北京西郊百万庄)
各地新华书店、建筑书店经销
北京天成排版公司制版
北京市密东印刷有限公司印刷

*

开本：787×1092毫米　1/16　印张：22½　字数：545千字
2011年4月第一版　2011年4月第一次印刷
定价：**65.00**元

ISBN 978-7-112-12978-2
(20392)

内 容 摘 要

我国的建筑节能工作始于20世纪80年代中期，从北方采暖地区开始，到全国范围内顺序铺开，直到现阶段全面开展，走过了坚实的历程，取得了明显成效。当然，不可否认，还仍然存在如施工阶段没有严格执行节能设计标准，既有建筑节能改造推进困难，节能技术与产品无法满足市场需求等问题。

有鉴于此，本书试图对我国建筑节能工作进行全面梳理和总结，从我国建筑节能的发展历程、民用建筑能耗状况、新建建筑节能、既有建筑节能、建筑用能系统运行节能、可再生能源建筑应用、建筑节能技术研究与推广、低能耗建筑工程与示范、绿色建筑发展与标识制度等方面，进行了比较系统的阐释。

本书适用于从事建筑节能工作的管理人员、技术研究人员、房地产开发商、产品供应商、大专院校师生及关心关注建筑节能工作的读者。

Abstract

The work of energy conservation in buildings dates back to the middle of the 1980s in our country. It has gone through a process of sound development and yielded outstanding effects from the initial launching in regions with heating provision in the North, through the popularizing gradually and orderly nationwide to the overall implementation at the current stage. However, it cannot be denied that there are still some problems, for example, the energy conservation design standard has not been strictly executed at the stage of construction; it has been difficult to promote the energy conservation retrofit in existing buildings and the energy conservation technology and products have failed to satisfy the market demand, etc.

On that account, this book endeavors to sort out and summarize the building energy conservation work in China in an all-round way, and gives a systematical elaboration on such aspects as the development history of the building energy conservation in our country, the energy consumption condition of civil buildings, energy conservation in new buildings, energy conservation in existing buildings, energy conservation in the operation of the energy- utilizing system of buildings, the application of renewable energy sources in buildings, the research and popularization of the building energy conservation technology, low energy-consuming construction project and demonstration as well as the development and the identification system of green buildings.

This book is targeted at the administrative staff, technical researchers, real estate developers, product suppliers, teachers and students of universities and colleges who are engaged in the work of energy conservation in buildings as well as the vast readers who are concerned with such work.

编 委 会

序

中国人口众多，能源资源相对不足，人均拥有量远低于世界平均水平。中国工业化和城镇化的快速发展，带动了建筑业的飞速发展，每年新增建筑面积20多亿m^2；既有建筑存量高达400多亿m^2，其中90%以上是高能耗建筑；居民居住、生活条件逐步得到改善和提高，导致建筑用能持续增长，进一步加剧了能源供求矛盾和环境污染状况。

建筑节能是国家能源节约战略的重要组成部分，能源是国民经济和社会赖以发展的动力和基础。节能是缓解能源约束，减轻环境压力，保障经济安全，实现可持续发展的必然选择。中国政府高度重视建筑节能，通过建立和完善建筑节能法律法规，制定建筑节能技术经济政策，创新建筑节能管理制度，制定和执行建筑节能标准，开展既有建筑节能及计量改造，组织建筑节能关键技术攻关，加强国际间建筑节能交流，建筑节能工作取得了显著成效。

新建建筑节能标准执行率逐年提高，2009年达到90%，分别比2008年、2007年提高了8%和19%。截至2009年底，已累计建成节能建筑40余亿m^2。

既有建筑节能改造稳步推进。"十一五"期间，实施的北方采暖区既有居住建筑供热计量及节能改造1.5亿m^2的任务如期完成。

国家机关办公建筑和大型公共建筑节能运行与改造服务体系建设深入开展。国家机关办公建筑和大型公共建筑能耗统计、能源审计、能耗公示、实时能耗动态监测继续推进。

可再生能源建筑一体化规模化应用实现突破性增长。截至2009年底，全国太阳能光热应用面积11.79亿m^2，浅层地能应用面积1.39亿m^2，分别比2008年增长14.2%、35.4%。光电建筑应用装机容量达420.9MW。

绿色建筑和低能耗建筑工程示范继续推进，对引导建设更高标准的节能建筑，影响深远。

中国作为当今世界最大的新兴经济体，是一个负责任的发展中国家，恪守全球气候保护协定《联合国气候变化框架公约》，积极应对世界气候变化问题，致力于控制温室气体排放，遏制全球变暖趋势。在丹麦首都哥本哈根召开的联合国气候大会上，中国向全世界庄严承诺：到2020年单位国内生产总值二氧化碳排放量比2005年下降40%~45%。这一目标的实现，需要全国各方共同努力。约占全社会能源消耗总量近1/3的建筑领域，尽管已经取得了一定进展，但是由于中国建筑节能工作起步相对较晚，社会各阶层对于建筑节能的理解和认识还不够深入，在推动建筑节能工作的过程中，还存在一些突出问题需要深入研究和解决：新建建筑节能标准执行率需要进一步提高，数百亿平方米既有建筑的节能改造需要全面推进，可再生能源在建筑中的规模化应用需要体制机制创新。总之，"十二五"及今后更长的时期内，建筑节能工作任务依然艰巨，仍需做出不懈的努力。

为进一步推动建筑节能工作的深入开展，在住房和城乡建设部建筑节能与科技司指导下，由住房和城乡建设部科技发展促进中心组织相关人员，从我国建筑节能发展历程与主要成就、民用建筑能耗统计调查制度、新建建筑节能、既有建筑节能、建筑用能系统运行节能、可再生能源建筑应用、建筑节能技术研究与推广、低能耗建筑工程与示范、绿色建筑发展与标识制度、2010年前的建筑节能大事记等十个部分，对我国历年的建筑节能工作进行了系统回顾和总结，梳理存在的问题，总结成功的经验，希望能对推动建筑节能工作，实现2020年单位国内生产总值二氧化碳排放量比2005年下降40%～45%的目标，做出应有的贡献。

中华人民共和国住房和城乡建设部副部长 仇保兴

2011年2月15日

Foreword

With a huge population, China is relatively short of energy resources and the amount of energy resources per capita is far below the world average. The rapid development of industrialization and urbanization in China has driven the fast development of the construction industry. The area of newly increased buildings every year amounts to over 2 billion square meters and the stock of existing buildings has an area of up to over 40 billion square meters, more than 90% of which belong to the highly energy-consuming buildings. The gradual improvement in people's housing and living conditions has led to the continual growth in the energy utilization of buildings, further aggravating the contradiction between the supply and demand of energy as well as the environmental pollution.

Energy conservation in buildings is an important part of the national strategy of energy saving. Energy sources are the driving force as well as the foundation for the national economic and social development. Energy conservation is an inevitable choice to relieve the restraints of energy sources, alleviate the environment stress, safeguard the economic security and achieve the sustainable development. The Chinese government attaches great importance to energy conservation in buildings. Through their efforts to establish and improve the laws and regulations on the building energy conservation, formulate the technical and economic policies on energy conservation in buildings, make innovations in the building energy conservation management system, lay down and implement the building energy conservation standard, carry out the energy conservation as well as the metering retrofit of existing buildings, make breakthroughs in the key technologies of energy conservation in buildings as well as strengthen the international exchange on the building energy conservation, the work of energy conservation in buildings has yielded remarkable effects.

The implementation rate of the energy conservation standard has risen year after year in new buildings, which reached 90% in 2009, respectively 8% and 19% higher than that in 2008 and 2007. By the end of 2009, the area of energy-saving buildings completed had accumulated to 4 billion square meters.

The energy conservation retrofit of existing buildings has progressed steadily. During "the eleventh five-year period", the task of the 150 million square meters' area of the heating metering and energy conservation retrofit in existing residential buildings in regions with heating provision in the North has been accomplished on time.

The construction of the energy conservation operation and retrofit service system in the office buildings of the state organs as well as large public buildings has been carried out in a deep-going way. The energy consumption statistics, energy audit, public notice of energy consumption as well as the real-time dynamic monitoring of energy consumption have proceeded in the office buildings of the state organs and large public buildings.

Breakthroughs have been made in the growth of the integrated and large-scale application of renewable energy sources in buildings. By the end of 2009, the area with the solar photo-thermal application had amounted to 1.179 billion square meters nationwide and that with the application of shallow geothermal energy had reached 139 million square meters, respectively rising by 14.2% and 35.4% compared with that in 2008. The installed capacity of the application of photo-electricity in buildings had been 420.9 megawatt.

Demonstration of green buildings and low energy-consuming construction projects has been pushed ahead continuously, which would have a profound and lasting influence on guiding the construction of energy-saving buildings of a higher standard.

As the largest emerging economic entity in the world as well as a responsible developing country, China scrupulously abides by the global climate protection protocol of *United Nations Framework Convention on Climate Change*, actively responds to the problem of climate change in the world, and devotes itself to controlling the greenhouse gas emission and the global warming trend. The Chinese government made a solemn promise at the United Nations Climate Change Conference in Copenhagen, Denmark, that the carbon dioxide emission per unit GDP will reduce by 40% to 45% in 2020 in China compared with that in 2005. The achievement of this objective requires the concerted efforts of all professions and trades throughout the country. Considerable progress has been made in the construction field which consumes nearly one third of the total energy sources of the whole society. Nevertheless, as a result that the building energy conservation work started relatively late in China and the people of various social strata lack a thorough understanding of the energy conservation in buildings, some striking problems remain to be researched in depth and resolved in the process of promoting the building energy conservation work. The execution of the energy conservation standard in new buildings should be further advanced; the energy conservation retrofit of several tens of billions of square meters in exiting buildings should be pushed forward in a comprehensive way; and the system and mechanism should be innovated for the large-scale application of renewable energy sources in buildings. In short, unremitting efforts remain to be made on the work of energy conservation in buildings for "the twelfth five-year period" or even longer.

With a view to further promoting the in-depth development of the building energy conservation work and led by the Scientific and Technological Department of the Ministry of Housing and Urban-Rural Development, the Scientific and Technological Development Promotion Center of the Ministry of Housing and Urban-Rural Development has organized the relevant staff to review and summarize the building energy conservation work over the years in a systematic way from the ten perspectives of the development history and main achievements in energy conservation in buildings, the system of the energy consumption statistical survey of civil buildings, energy conservation in new buildings, energy conservation in existing buildings, energy conservation in the operation of the energy-utilizing system of buildings, the application of renewable energy sources in buildings, research and popularization of the building energy conservation technology, low energy-consuming construction engineering and demonstration, the development and identification system of green buildings as well as chronicles of events in building energy conservation before 2010. They have sorted out the existing problems and summed up the successful experience. It is hoped that we could make contributions to advancing the work of energy conservation in buildings and attaining the goal of reducing the carbon dioxide discharge per unit GDP by 40% to 45% in 2020 compared with that in 2005 through composing this book.

By Qiu Baoxing, Vice Minister of the Ministry of
Housing and Urban-Rural Development
of the People's Republic of China
Mar. 10th, 2011

前　言

建筑节能是国家节约资源战略的重要组成部分。

自20世纪80年代开展建筑节能工作以来，我国建筑节能已走过了近30年的历程。通过与发达国家开展技术交流，借鉴国外的成功经验，组织建筑节能技术攻关，研究引进国外先进成熟技术与产品，从试点工程入手，开展了从单一产品到结构体系、从单一工程到住宅小区的系列研究，逐步建立和完善了建筑节能的法律法规和管理制度，制定了建筑节能技术经济政策，逐步构建了建筑节能标准体系，形成了国家重视建筑节能，社会关注建筑节能，居民参与建筑节能的良好局面。

同时，应该清醒地看到，约占全社会能源消耗总量近1/3的建筑节能领域，虽然工作已经全面启动，取得了一定进展。但是，与开展建筑节能工作较早的发达国家还有很大差距。在推进建筑节能工作的过程中，无论是执法与管理部门，还是具体实施单位，依然存在着建筑节能标准执行水平不高，技术经济政策不完善，工作能力与实际需要不相符合，市场机制作用没有充分发挥等突出问题，在“十二五”期间甚至更长的时期内，建筑节能工作任务依然艰巨，并且任重道远。

为进一步推动建筑节能工作的深入开展，住房和城乡建设部科技发展促进中心组织相关人员，在住房和城乡建设部建筑节能与科技司指导下，对我国建筑节能的发展历程、民用建筑能耗状况、新建建筑节能、既有建筑节能、建筑用能系统运行节能、可再生能源建筑应用、建筑节能技术研究与推广、低能耗建筑工程与示范、绿色建筑发展与标识制度等方面，进行了比较系统的梳理和回顾，以供广大建筑节能工作者参考和借鉴，并希望本书能对推动建设领域节能减排，实现2020年单位国内生产总值二氧化碳排放量比2005年下降40%～45%的目标，做出我们应有的贡献。

在本书的撰写过程中，得到了住房和城乡建设部建筑节能与科技司领导和工作人员的全力支持，提供了大量素材，提出了很多具体修改意见，并得到了能源基金会的资助，在此表示诚挚的感谢!

参加本书撰写的有：第1章屈宏乐；第2章丁洪涛、刘海柱；第3章戚仁广、郝斌、程杰；第4章毕既华；第5章李现辉、刘珊、林泽；第6章郭梁雨、刘幼农、姚春妮、李现辉；第7章田永英、张峰、杨西伟、屈宏乐；第8章田永英、张峰；第9章宋凌、李宏军、马欣伯、张峰、田永英；第10章林湧。张洋、彭伴君参与了第1章和第7.3节的文字修改工作，本书由梁俊强、杨西伟审查、加工总成。

如果本书的出版能对促进我国建筑节能工作发挥应有作用，将是我们的莫大荣耀。尽管我们已倾尽全力投入本书的撰写，但是由于水平所限，书中肯定存在疏漏或不足之处，恳请读者批评指正。

编写组

2011年2月于北京

Preface

Energy conservation in buildings is an important part of the national strategy of resources saving.

The energy conservation in buildings has undergone a history of nearly 30 years since the launching of such work in the 1980s in our country. Through technical exchange with developed countries and by learning from the successful experience overseas, technical breakthroughs have been made in the building energy conservation and the foreign advanced technologies and products have been studied as well as introduced into our country. Besides, by starting with some pilot projects, a series of researches have been carried out ranging from a single product to the structural system, from a single project to the housing district, the laws and regulations as well as the management system of energy conservation in buildings have been gradually set up and improved, technical and economic policies on the building energy conservation have been formulated and the building energy conservation standard system has been established step by step. Moreover, a sound situation that the state attaches importance to the building energy conservation and the residents show concern for it has taken shape in favor of the comprehensive implementing of the building energy conservation work.

Meanwhile, it should be clearly understood that although the work has been launched in an all-round way as well as made some progress in the field of building energy conservation the energy consumption of which takes up nearly one third of the total energy consumption of the society, it still lags far behind the developed countries which have carried out the work of building energy conservation earlier on. In the course of promoting the building energy conservation work, several problems still show up in both the law-enforcing and administrative department and the specific units of implementation. For example, the building energy conservation standard has not been executed to a high extent; the technical and economic policies have been imperfect; the work capacity has failed to meet the actual requirement and the role of the market mechanism has not been given full play to, etc. Therefore, much still remains to be done for "the twelfth five-year period" or even longer.

With a view to further promoting the in-depth development of the building energy conservation work and led by the Scientific and Technological Department of the Ministry of Housing and Urban-Rural Development, the Scientific and Technological Development Promotion Center of the Ministry of Housing and Urban-Rural Development has organized the relevant staff to elaborate on and review in a systematic way such aspects as the development history of the building energy conservation in our country, the energy consumption condition of civil buildings, energy conservation in new buildings, energy conservation in existing buildings, energy conservation in the operation of the energy-utilizing system of buildings, the application of renewable energy sources in buildings, the research and popularization of the building energy conservation technology, low energy-consuming construction project and demonstration as well as the development and the identification system of green buildings in an effort to be used for reference by the vast workers of energy conservation in buildings. It is also hoped that due contributions could be made through the compiling of this book to advancing the energy conservation and pollutant discharge reduction in the field of construction and attaining the grand objective that the carbon dioxide discharge per unit GDP would reduce by 40% to 45% in 2020 compared with that in 2005.

Heartfelt gratitude should also be extended to the leaders and staff of the Building Energy Conservation and Science & Technology Department of the Ministry of Housing and Urban-Rural Development who have rendered their full support by providing large quantities of materials and proposing many specific suggestions on modification, as well as the Energy Foundation for their financial aid in the composing of this book.

The writers of the respective chapters in this book are as follows: Qu Hongle (Chapter 1), Ding Hongtao, Liu Haizhu (Chapter 2), Qi Renguang, Hao Bin and Cheng Jie (Chapter 3), Bi Jihua (Chapter 4), Li Xianhui, Liu Shan and Lin Ze (Chapter 5), Guo Liangyu, Liu Younong, Yao Chunni and Li Xianhui (Chapter 6), Tian Yongying, Zhang Feng, Yang Xiwei and Qu Hongle (Chapter 7), Tian Yongying and Zhang Feng (Chapter 8), Song Ling, Li Hongjun, Ma Xinbo, Zhang Feng and Tian Yongying (Chapter 9) and Lin Yong (Chapter 10). Zhang Yang and Peng Banyun participa ted in Chapter 1 and section 7.3 of the text revision. The book has been reviewed, edited and assembled by Liang Junqiang and Yang Xiwei.

It would be a great honor if the publication of this book would make its due contributions to promoting the building energy conservation work in our country. In spite that all people concerned have spared no effort in the composing of this book, there would be oversight or deficiencies for sure in this book due to their limitations, for which it is sincerely hoped that the vast readers could make comments and criticize.

By the compiling group in Beijing in Feb. 2011

目　　录

Contents

第1章　我国建筑节能发展历程与主要成就

改革开放三十多年来，我国城乡经济社会发展迅速，已经实现了人民生活水平由温饱型向小康型的过渡，顺利完成了现代化建设的第一步、第二步战略目标。目前，我国正在实施建设惠及13亿人口的更高水平的小康社会第三步战略目标，党和政府更加关注资源节约和环境保护，更加关注保障民生和社会和谐，更加关注应对气候变化，已经把节能减排作为贯彻科学发展观，落实资源节约基本国策的重大举措在全国推行，提出“十一五”期间万元GDP产值能耗要下降20%、主要污染物排放量要下降10%的奋斗目标，并据此对各省市、各部门的该项工作进行严格考核。

目前，我国城乡既有建筑面积已达到445亿m^2，其中城镇为200亿m^2，农村为245亿m^2。据调查分析，全国建筑能耗已占全社会终端能耗的28%以上，根据发达国家的经验，随着居民生活水平的提高，这一比例将在2025年逐步增加到40%左右。根据《国务院关于印发节能减排综合性工作方案的通知》（国发〔2007〕15号）、《国务院批转节能减排统计监测及考核实施方案和办法的通知》（国发〔2007〕36号）精神，在“十一五”期间，单位GDP产值能耗要下降20%，全社会需实现节约5.6亿吨标准煤的目标，其中建筑节能实现1.1亿吨标准煤，占总节约量的20%。显而易见，建筑节能已经成为全社会节能工作的重要组成部分，建筑节能任务的完成与否直接关系着国家节能减排总体目标的实现与否。

所谓“建筑节能”，自从1973年发生世界性的石油危机以后的20年间，在发达国家，它的说法已经经历了三个发展阶段：最初叫“建筑节能”(Energy efficiency in buildings)；但不久即改为“在建筑中保持能源”(Energy conservation in buildings)，意思是减少建筑中能源的散失；后来则普遍称为“提高建筑中的能源利用效率”(Energy saving in buildings)，也就是说，并不是消极意义上的不用能源，而是从积极意义上提高利用效率。

在我国，现在仍然通称为建筑节能，但其含义应该进到上述第三层意思，即在建筑中合理使用和有效利用能源，不断提高能源利用效率。那么规范性地对建筑节能给一个定义，即建筑节能是指建筑在规划、设计、建造和使用过程中，通过采用节能型材料和技术，加强用能管理，在保证建筑物室内热环境质量舒适的前提下，降低建筑能源消耗。

国内过去也有的说法是，建筑能耗包括建筑材料生产、建筑施工和建筑物使用几个方面的能耗，但这种说法将建筑用能跨越了工业生产和民用生活的不同领域，从而与国际上通行的统计口径不符，因而没有得到相关主管部门的认可和采纳。因此，目前所说的建筑能耗是指建筑使用过程中的能耗，其中包括围护结构、采暖空调、热水供应、照明、炊事、电气等方面的能耗。一般来讲，采暖空调占65%，热水供应占15%，电气占14%，炊事占6%。从管理上讲，建筑能耗包括围护结构、采暖空调、热水供应、照明等能耗，而炊事、电气的使用能耗，由于不可约束则不包括在内。

围绕完成建筑节能“十一五”期间节约1.1亿吨标准煤的目标任务，住房和城乡建设部部署从以下几个领域予以落实：一是新建建筑节能，可实现节能7000万吨标准煤；二是北方地区供热体制改革和既有居住建筑节能改造，可实现节能1600万吨标准煤；三是大型公共建筑节能管理与改造，可实现节约1100万吨标准煤；四是可再生能源在建筑中规模化应用，可实现替代常规能源1100万吨标准煤；五是在建筑中推广绿色照明，可实现节能300万吨标准煤。

2009年，我国政府在丹麦歌本哈根联合国气候变化大会上作出庄严承诺，中国的碳排放量2020年要比2005年降低40%～45%。截至2009年底，全国“十一五”万元GDP能耗下降目标完成15.38%。2010年初，个别地方由于新上耗能项目多，单位GDP能耗不降反升，节能减排形势非常严峻。为确保完成“十一五”节能减排目标任务，国务院在2010年5月份召开电视电话会议作了动员和部署，并提出了严厉的处罚措施，各省市、各部门正在抓紧落实。

1.1 我国建筑节能的渊源和开端

我国处于北半球的中低纬度，地域广阔，从北到南跨越严寒、寒冷、夏热冬冷、夏热冬暖和温和等多个气候带。大部分地区属于东亚季风气候，同时带有很强的大陆性气候特征，冬季气温大大低于世界上同纬度地区5～18℃，十分寒冷；夏季气温大大高于世界上同纬度地区约2℃，十分炎热；冬夏持续时间长是我国气候的一个重要特点。由于长期以来未对建筑物从围护结构和用能系统的节能方面提出要求，导致建筑物的冬季采暖、夏季制冷和照明、通风等能耗很大。

20世纪70年代世界能源危机之后，发达国家陆续制定了本国的节能法规，用以控制能源的浪费和保护环境。我国政府于20世纪70年代末期开始，对燃料、动力、热力等分别制定了一系列指令和规定，以缓解能源供应的紧张局面。在总结全国节能经验和规定执行情况的基础上，1986年1月国务院颁布了《节约能源管理暂行条例》，这对加强能源管理、推广节能技术、挖掘节能潜力、节约能源消耗、保护环境、促进经济的增长发挥了重大作用。该条例共10章60条，其中第六章“城乡生活用能管理”中要求“建筑物设计，在保证室内合理生活环境的前提下，应当采取妥善确定建筑体形和朝向、改进围护结构、选择低耗能设施以及充分利用自然光源等综合措施，减少照明、采暖和制冷的能耗。发展集中供热。凡新建采暖住宅以及公共建筑，应当统一规划，采用集中供热。对现有的分散供热系统，必须积极采取措施，逐步淘汰低效锅炉，实行集中供热。建筑物的采暖设施，应当根据经济合理的原则，采用或者改为热水采暖。城乡居民使用电、水和煤气，应当装表计量收费，取消包费制和无偿转供”。

为了贯彻国务院《节约能源管理暂行条例》，1987年1月10日，原城乡建设环境保护部颁发《城市建设节约能源管理实施细则》的通知，从节约建筑采暖用能的角度要求“三北地区居民和公共建筑采暖要利用多种热源，发展城市集中供热。要积极利用工业余热和地热资源，凡城市附近新建的热电厂都应向城市供热。凡新建住宅和公共建筑都必须实行连片供热，不准再建分散锅炉房。对现有分散供热的低效锅炉，要逐步淘汰。城市居民用煤气、热力、自来水都应当装表，计量收费，取消包费制和无偿转供。对工业用煤气、热力、自来水要装表计量，按定额供应，超定额用量实行累进加价收费的办法”。以上政策法规的出台以及1986年3月颁布的《民用建筑节能设计标准(采暖居住建筑部分)》JGJ 26—86的实施，标志着我国建筑节能事业的兴起和开始。

1.2 我国建筑节能的发展历程

目前我国人口总量已超过13亿，到2009年城镇人口达6.22亿，占全国人口的46.6%；农村7.13亿人，占全国人口的53.6%。由于目前城镇建筑中80%约160亿m^2属于非节能建筑，而这些建筑中特别是在1986年前未采取节能措施时建造的，其建筑的保温隔热性能很差、采暖系统热效率低，单位建筑面积使用采暖能耗约为发达国家的3倍。因此，尽管在计划经济条件下，采暖区范围仅限于北方城镇，但每年城镇建筑仅采暖一项需要耗能1.3亿吨标煤，占全国能源消费总量的11.5%左右，占采暖地区全社会能源消费的20%以上，在一些严寒地区，城镇建筑能耗则高达当地社会能源消费的50%左右；乡村建筑使用非商品能源约2.48~2.6亿吨标煤。而我国自然与能源资源相对贫乏，随着人民生活水平的不断提高，人们对于建筑热环境舒适性的要求日益迫切。过去作为“非采暖区”的中部地区，城镇和农村房屋正越来越广泛地使用采暖设施。南方炎热地区及全国普遍安装空调以改善夏天室内环境质量，全国每百户空调拥有量已从1991年的0.71台增加到2000年的30.76台，在南方一些炎热城市，如上海、广东、重庆，空调安装率分别高达96.4%、98.04%和81.33%。据对武汉一些住宅小区调查，每百户空调安装量为188台。按照单位体积空气温度每降低1℃所需要的能耗是同样体积空气温度升高1℃所需要能耗的6倍，由此可见，空调已成为当地建筑能耗的主要因素。全国城镇居民每人每年使用能源的支出(不含有集中供热设施的采暖用能支出)已从1991年的38.82元增长到1998年的235.43元、1999年达到258.09元，大大高于同期的房租费用。另外，数量巨大的既有建筑不可能得到及时的节能改造，高耗能的现象还将会继续下去。

我国城市建筑采暖用能以煤为主，乡村建筑采暖以薪柴秸秆为主，因此大量排放CO_2、SO_2和烟尘，破坏生态环境。不仅造成环境污染，还将加大对大气层“温室效应”的影响。

由于在当时注意到以上情况的严重性，建设部作为政府管理工程建设与建筑业、城市建设与市政公用事业、城乡住宅与房地产、村镇建设的职能部门，早在1980年开始伴随着我国改革开放政策就制定了一系列的建筑节能政策并组织实施。

我国开展建筑节能工作大体经历如下四个阶段：

第一阶段(~1986年)：理论探索阶段；

第二阶段(1987~2000年)：试点示范与推广阶段；

第三阶段(2001~2005年)：承上启下的转型阶段；

第四阶段(2006年~)：全面开展阶段。

本章将对我国建筑节能的发展历程各个阶段的建筑节能工作中颁布的主要政策与法规、技术标准与规范、主要成就和存在的问题进行详细的阐述。

1.2.1 第一阶段(～1986年)：理论探索阶段

我国的建筑节能工作是从20世纪80年代初伴随着实行改革开放政策以后开始的。在国家经委、国家计委的支持下，建设部组织开展了民用建筑能耗调查和建筑节能技术及标准研究，1986年3月颁发了《民用建筑节能设计标准(采暖居住建筑部分)》JGJ 26—86，于1986年8月1日施行，建筑节能率目标是30%，即新建的采暖居住建筑的能耗应在1980～1981年当地住宅通用设计耗热水平的基础上降低30%。我国的北方地区各省、自治区、直辖市和南方地区、南北过渡地区的几个地方政府根据本地区气候及建筑技术、材料和产品的实际情况相继制定了这一节能设计标准的实施细则；同时组织有关单位开展《旅游旅馆建筑热工与空气调节节能设计标准》的研究与制定工作。

此阶段开展的工作，主要是在理论方面进行了一些研究，了解国外的建筑节能发展情况，借鉴了国外发达国家发展建筑节能的一些经验，对我国建筑节能的发展做了一些有益的探索，为后来建筑节能工作的开展奠定了基础。

1.2.2 第二阶段(1987～2000年)：试点示范与推广阶段

在第一阶段的基础上，1987年9月，建设部、国家计委、国家经委和国家建材局联合对实施《民用建筑节能设计标准(采暖居住建筑部分)》进行布置和要求。为了贯彻实施该标准，从1988年起，建设部和国家建材局、农业部、国家土地局联合成立墙体材料革新领导小组及办公室，制定了《关于加快墙体材料革新与推广节能建筑的意见》，经国务院批准印发全国各地执行。并运用系统工程的方法在黑龙江省哈尔滨市和四川省成都市组织开展建筑节能的试点住宅小区工程试点示范。

1992年，建设部又在全国8个省市组织开展建筑节能的试点工程工作；与此同时，开展建筑节能工作比较好的一些地方政府，分别开展大规模和高水平的建筑节能试点工程工作。这些试点示范对于推动总体的建筑节能工作提供了成功的经验，取得了非常好的效果。

1993年9月，建设部正式颁发了中国第一部商业性建筑设计标准——《旅游旅馆建筑热工与空气调节节能设计标准》GB 50189—93，开展了商业性建筑的节能工作。在此之前，建设部还先后于1990年5月发布了《民用建筑照明设计标准》GBJ 133—90和1993年3月发布《民用建筑热工设计规范》GB 50176—93等一系列建筑节能设计方面的标准与规范。

1994年，为了促进人类住区的可持续发展，根据我国政府关于加强节能工作的要求，建设部成立建筑节能办公室。由于建筑节能工作涉及很多方面，为了便于工作，还专门成立了建设部节能工作协调组，开始了有组织地制定建筑节能政策并组织实施的新阶段。

首先制定了《建筑节能“九五”计划和2010年规划》，确立了节能的目标、重点、任务、实施措施和步骤；其次是修订新的节能50%的《民用建筑节能设计标准(采暖居住建筑部分)》JGJ 26—95(简称《新标准》)；以及为推动建筑节能工作的开展，制定发布了《建筑节能技术政策》和《市政公用事业节能技术政策》，组建建设部建筑节能中心等。从此，为在我国全面开展建筑节能完成了技术准备、技术标准准备、组织准备和政策准备。

1996 年 9 月，建设部召开了全国建筑节能工作会议，对在全国范围全面开展建筑节能工作，执行建筑节能新标准，实现节能 50% 的第二步目标作了具体部署和工作安排；1997 年 2 月，建设部、国家计委、国家经委、国家税务总局还对实施《民用建筑节能设计标准(采暖居住建筑部分)》(新标准)的时限、范围等做出了具体要求。

1. 2. 2. 1　政策与法规

我国政府为了鼓励和推动开展建筑节能工作，制定了相应的鼓励政策和管理规定。

(1) 1991 年 4 月，国务院发布第 82 号国务院令，明确规定：对于达到《民用建筑节能设计标准(采暖居住建筑部分)》的住宅，即为北方节能住宅，其固定资产投资方向调节税税率为零。

(2) 为了推动建筑和各类固定资产投资工程的节能工程化进展，1992 年，主管投资的国家计委、主管技术改造的国家经委和主管建设的建设部联合制定了《关于基本建设和技术改造工程项目可行性研究报告增列“节能篇(章)”的暂行规定》，从固定资产投资项目的提出、论证和立项审批就首先要对节能进行专题论证、设计和审批、建设；1997 年 12 月，国家计委、国家经委和建设部根据《中华人民共和国节约能源法》的有关规定，又对原规定进行了修改，制定了《关于固定资产投资工程项目可行性研究报告“节能篇(章)”编制及评估的规定》，明确了节能的要求和评估的标准。

(3) 在此之前，1988 年 1 月，建设部颁发了《城市建设节约能源管理实施细则》，该细则从节约建筑采暖用能的角度要求“三北地区居民和公共建筑采暖要利用多种热源，发展城市集中供热。要积极利用工业余热和地热资源，凡城市附近新建的热电厂都应向城市供热。凡新建住宅和公共建筑都必须实行连片供热，不准再建分散锅炉房。对现有分散供热的低效锅炉，要逐步淘汰。城市居民用煤气、热力、自来水都应当装表，计量收费，取消包费制和无偿转供。对工业用煤气、热力、自来水要装表计量，按定额供应，超定额用量实行累进加价收费的办法”。

(4) 1998 年 2 月，国家计委、国家经委、电力工业部、建设部印发《关于发展热电联产的若干规定》[计交能(1998)220 号]。

(5) 为加快推动建筑节能工作和加强民用建筑节能管理，提高能源利用效率，改善室内热环境，建设部在 1999 年制定了《民用建筑节能管理规定》，以建设部部长令第 76 号发布，自 2000 年 10 月 1 日起施行。

第 76 号部令作为国家部委部门一级的行政规章首次对建筑节能的各项任务内容以及相关责任主体的职责、违反的处罚形式和标准等做出了规定。该规定适用于下列建设项目的审批、设计、施工、工程质量监督、竣工验收和物业管理：①《建筑气候区域标准》划定的严寒和寒冷地区设置集中采暖的新建、扩建的居住建筑及其附属设施；②新建、改建和扩建的旅游旅馆及其附属设施。

《民用建筑节能管理规定》(建设部令第 76 号)的颁布施行，解决了以往建筑节能没有部门规章可依的漏洞，对于加强民用建筑节能管理，提高能源利用效率，改善室内热环境发挥了积极的作用。

(6) 我国建筑应用太阳能等新能源的早期政策。我国是太阳能资源十分丰富和得天独厚的国家，2/3 以上的国土面积日照在 2200h 以上，年辐照总量大约 3340 ~ 8360MJ/($m^2 \cdot a$)，每平方米每年可产生相当于 110 ~ 280kg 标准煤的热量。我国太阳能在建筑上的应用也已有20年的历史，取得了很大的成绩，但总体上水平不高，发展不快。为了进一步推动太阳能在建筑中的应用，建设部初步制定了“中国住宅阳光计划”项目计划，包括目标、任务和10项行动措施，并希望与国家有关部门和国际组织合作，取得经费与预算的支持。

1.2.2.2　技术标准与规范

建立和健全建筑节能标准规范体系，对于推动建筑节能工作走上标准化、规范化的轨道至关重要。首先，建筑节能标准体系是建造节能建筑的标尺和依据，能够引导相关设计单位、施工单位等责任主体按照相应的标准从事有关的建设活动；其次，建筑节能标准体系中相关强制性条文能够规范相关的建设单位、设计单位以及施工单位在建筑节能过程中的从业行为，并且具有一定的强制性效力；第三，建筑节能标准体系的建立，将使包括建筑工程的规划、设计、图纸审查、施工、监理、质量监督、竣工验收、使用运行等全过程有标准可依，从而可以保障建筑节能工作能够真正落到实处。

此阶段，先后颁发了建筑节能相关的节能标准与规范有：

(1)《采暖通风与空气调节设计规范》GJG 19—87：该规范适用于新建、扩建和改建的民用和工业建筑的采暖、通风与空气调节设计，不适用于有特殊用途、特殊净化与防护要求的建筑物、洁净厂房以及临时性建筑物的设计。

(2)《民用建筑照明设计标准》GBJ 133—90：为了使民用建筑照明设计符合建筑功能和保护人民视力健康的需求，做到节约能源、技术先进、经济合理、使用安全和维护方便，制定该标准；该标准适用于新建、改建和扩建的公共建筑和住宅的照明设计。

(3)《旅游旅馆建筑热工与空气调节节能设计标准》GB 50189—1993：该标准适用于新建、扩建及改建的旅游旅馆的节能设计。旅游旅馆建筑热工与空气调节节能的设计，除应符合该标准外，尚应符合国家现行有关标准规范的规定。

(4)《城市热力网设计规范》GJJ 34—90：为节约能源，保护环境，促进生产，保护人民生活，加速发展我国城市集中供热事业，提高集中供热工程设计水平，制定该规范；该规范适用于以热电厂或区域锅炉房为热源的新建或改建的城市热力网管道、中继泵站和用户热力站等工艺系统设计。

(5)《民用建筑热工设计规范》GB 50176—1993：为使民用建筑热工设计与地区气候相适应，保证室内基本的热环境要求，符合国家节约能源的方针，提高投资效益，制定该规范；该规范的适用范围是民用建筑的热工设计；建筑热工设计主要包括建筑物及其围护结构的保温、隔热和防潮设计。

(6)《民用建筑节能设计标准(采暖居住建筑部分)》JGJ 26—1995：该标准适用于集中采暖的新建和扩建居住建筑建筑热工与采暖节能设计。居住建筑主要包括住宅建筑(约占92%)和集体宿舍、招待所、旅馆、托幼建筑等。集中采暖系指由分散锅炉房、小区锅炉房和城市热网等热源，通过管道向建筑物供热的采暖方式。改建的居住建筑如有节能要求，应按国家现行有关标准规范的规定执行。至于使用功能与居住建筑相近的其他民用建筑，工业企业辅助建筑，究竟包括哪些建筑，如何参照使用也不够明确，故都不列入该标准适用范围。暂无条件设置集中采暖的居住建筑，其围护结构按该标准执行，一则有利于节能和改善室内热环境，二则为将来条件许可时设置集中采暖创造有利条件。该标准批准日期为1995年12月7日，实施日期为1996年7月1日。

(7)《既有采暖居住建筑节能改造技术规程》JGJ 129—2000：为贯彻落实《中华人民

共和国节约能源法》及国家关于节约能源的法规，改变我国严寒和寒冷地区大量既有居住建筑采暖能耗大、热环境质量差的现状，采取有效的节能改造技术措施，以达到节约能源、改善居住热环境的目的，制定该规程；该规程适用于我国严寒及寒冷地区设置集中采暖的既有居住建筑节能改造，无集中采暖的既有居住建筑，其围护结构采暖系统直接按规程的有关规定执行。

1.2.2.3　主要成就

在第一阶段工作的基础上，经过了十多年的不懈努力，我国在建筑节能领域取得了较大的成就，集中体现在以下几个方面：

（1）深入开展建筑节能技术研究，取得了一批具有实用价值的科技成果。十多年来，我国政府有关部门一直把建筑节能作为建筑科学技术工作的一个主要方面，从改善建筑物围护结构保温隔热性能、提高居住环境质量入手，在节能建筑体系、新型节能墙体及屋面保温材料、密闭节能保温门窗、供热采暖系统等许多方面安排了数百项科技研究项目，取得了一批具有一定水平和实用价值的建筑节能科技成果。其中获国家科技进步奖的10多项，获建设部科技进步奖的69项，主要包括住宅建筑适用技术研究与珍珠岩保温砂浆、带饰面聚苯板内保温、热反射保温隔热窗帘、旧房节能改造、保温复合墙体和屋面、混凝土岩棉复合外墙板、供热管网水力平衡技术、已建建筑节能改造、空心砖墙体、加气混凝土墙体房屋、采暖居住建筑节能设计原则与方法、浮石混凝土小型空心砌块墙体等。形成了一大批符合我国国情的建筑节能技术体系。

（2）开展了建筑节能相关产品的开发和推广应用，促进了建筑节能技术产业化。结合我国气候和资源条件，开发了一大批多种类型的符合建筑节能技术要求的新型复合墙体及其配套的保温产品。

太阳能建筑应用技术、供热系统水力平衡温度调节阀、散热器、采暖计量仪表、建筑与城市照明节能电器，以及控制系统和软件开发等方面，都取得了明显成绩。

（3）以试点示范作引导，建成了一大批节能住宅和节能建筑。从1992年起，先后在北京、河北、辽宁、甘肃、宁夏等地开展了8个城市的建筑节能试点工程和试点小区建设；1999年组织了20个试点工程与试点小区；一些地方也开展了不同类型的建筑节能试点，带动了节能建筑的建设。据不完全统计，到1999年全国已累计建成了节能住宅1.4亿m^2。

（4）制定了全国建筑节能技术培训政策，大范围地开展了建筑节能培训工作。采取中央与地方两级培训策略，首先由部建筑节能中心为地方培训师资，再由地方政府在当地组织建筑节能培训，取得较好的效果。到2000年，全国已经开展了两期高级培训班，地方先后有北京、天津、河北、内蒙古、湖北、重庆、陕西、宁夏等地800多人参加了建筑节能培训。有效地促进了全国各地建筑节能工作的开展。

（5）广泛开展建筑节能的国际合作。20世纪80年代以来，我国政府有关部门相继与瑞典合作开展热带亚热带地区住宅自然降温研究；与英国合作建设示范节能住宅并对原有住宅进行示范改造，与丹麦、德国、芬兰、法国和美国等国家建筑节能机构建立了联系，与加拿大开展政府间建筑节能合作，作为实施《中国21世纪议程》人类住区持续发展第一批优先选用项目，已于1997年8月正式启动。一些建筑节能国际组织与我国合作工作正在逐步开展。

1.2.2.4　存在的问题

由于建筑节能工作是一项新工作，我国没有相关的成功经验，建筑节能工作在探索中前进，取得了一些成就，但更多的是遇到了亟需解决的问题，这一阶段存在的问题主要有：

1. 建筑节能标准技术指标落后

世界发达国家对建筑节能工作十分重视，并不断地修订建筑节能标准，例如，丹麦到2004年修订过6次，英、法、德等国也修订过4次。其中英国和德国，随着生活舒适性程度的不断提高，新建建筑节能标准已提高到原来的3～5倍。而我国的建筑节能标准从1986年制定，只在1995年修订过一次，建筑节能技术标准中规定的围护结构传热系数、采暖供热、通风换气、空调制冷等方面的技术指标远远低于发达国家水平。

2. 建筑节能标准贯彻率低

由于已经颁布的建筑节能标准不具有强制性，至今尚未得到全面贯彻实施，执行力度明显不足，各地区有法不依现象十分严重。2000年建设部组织了对北方地区2个直辖市和部分省、自治区贯彻建筑节能设计标准的检查，发现达到建筑节能设计标准的节能建筑只占同期建筑总量的6.4%。截至2000年底，全国既有房屋的建筑面积，城市为76.6亿m^2（住宅约占57.6%），农村则为200.4亿m^2（住宅约占80%），而其中能够达到采暖建筑节能设计标准的只有1.8亿m^2，仅占全部城乡建筑面积的0.6%，占城市房屋建筑面积的2.3%。

从全国范围来看，新建建筑节能标准贯彻率极其不平衡，具体表现在：

（1）地区间发展不平衡。总的来看，由于北方地区建筑节能设计标准颁布较早，进展较快；而过渡地区和南方地区则进展较慢，尚处于起步阶段。在同一个省（区、市），经济较发达地区工作进展一般较快，而经济欠发达地区则工作相对滞后。

（2）城乡间发展不平衡。目前建筑节能工作主要在城区展开，各项措施、各个环节落实较好，而在城区以外，尤其是农村及乡镇地区，建筑节能工作没有得到开展，新建建筑基本没有执行节能设计标准，相关的管理措施也没有到位。

全国300多亿平方米的既有建筑中，由于既有建筑节能改造涉及投融资、房屋所有权、法规等方面的问题，绝大部分依然是非节能建筑，仍在浪费着大量能源。

3. 建筑节能新技术、新材料和新产品利用率低

自20世纪80年代初期提出实施节能战略以来，众多专家学者充分认识到了建筑节能在节能中的重要地位，在科研机构和高等院校内组织开展了众多建筑节能新技术、新材料和新产品的研究开发。迄今为止，在通风技术、遮阳技术、太阳能技术、中水系统技术、地源热泵技术、节能墙体材料、节能门窗和供热制冷设备等方面都取得了相应的科研成果。但是这些新技术和新产品多数仅仅是作为学术论文使用，在实践中推广应用率极低，研究开发与实际应用严重脱节，无法发挥其应有的社会和生态价值。而一些地方虽然将开发研制的节能技术和节能材料投入使用，但在使用过程中往往存在保温材料质量不合格、施工工艺不成熟、节能产品性能不稳定等问题，同样没有发挥出节能新技术、新材料和新产品对建筑节能工作的贡献。建筑节能关键技术，如外墙围护结构体系、高效的供热制冷系统、可再生能源的建筑应用等技术不配套，不能完全解决耐久性（与建筑同寿命）、防

火、外贴墙砖、修补维护等技术细节问题，导致开发商在技术选择上顾虑重重。相比国际水准，多数现有技术还比较低级，系统配套差，其产业化程度也不高，如果大幅度提高节能标准要求，现有技术大都难以支撑。

4. 建筑节能市场发育缓慢

我国节能建筑的建设主要是在一些城市内搞试点示范工程，供给量很小，尚未形成完善的建筑节能市场，无法利用市场机制对节能建筑进行有效的资源配置，对其供求状况和价格取向产生影响。节能建筑市场发育不完善、进展困难，缺乏市场监督和管理机制，市场秩序混乱，致使节能建筑无法遵循正常的竞争准则进行交易，节能建筑在市场中往往受到传统建筑的排挤，难以占据市场份额；建筑节能技术、材料和人才市场尚未建立，无法为建筑节能工作的开展提供相应的技术服务和后备力量。

1.2.3 第三阶段(2001~2005 年)：承上启下的转型阶段

进入 21 世纪以后，建筑节能工作承上启下，继往开来，不断面临新机遇，应对新挑战，经过全国上下共同努力取得了长足的进展。溯自源头，自从 20 世纪 80 年代建筑节能在北方采暖地区推行以来，建筑节能工作已经走过了二十多年艰难而辉煌的发展历程，推行范围已覆盖了全国北方严寒、寒冷地区，过渡带的夏热冬冷地区，南方夏热冬暖地区，包括居住建筑和公共建筑，并且公共建筑节能标准还覆盖了位于温和气候带的地区。但是，长期以来，建筑节能的重要性在一些地方没有得到相关部门的足够重视，有些地方建设行政主管部门认识不到位，疏于管理、缺乏监督、放任自流，使建筑节能工作遭到了不应有的削弱和损失。出现建筑节能强制性标准条文不去严格遵循，并且随意降低或取消建筑节能标准技术措施的种种不良行为，同时在一些地方对违反建筑节能标准的行为也不进行追究和处罚。

下面对我国实施建筑节能工作在 21 世纪前五年期间颁布的主要政策与法规、技术标准与规范、取得的主要成就以及在实施节能工作中存在的问题给予详细介绍。

1.2.3.1 政策与法规

随着建筑节能工作的深入开展，第 76 号部令已经不能完全适应新形势的需要：一是适应范围较窄，难以满足夏热冬冷地区、夏热冬暖地区居住和公共等民用建筑节能管理工作的需要；二是建筑工程建设过程中节能管理程序不能衔接，一些环节的管理存在空白；三是建筑节能工作管理体制不够完善，缺乏整体监管力度，需要引入新的机制；四是建筑物竣工后的节能性能没有确认的办法，难以向购房者指供节能指标并有效约束建设单位违反节能标准的行为。

为解决建筑节能工作面临的新问题，及时适应夏热冬冷、夏热冬暖地区的居住建筑节能以及各个气候区公共建筑特别是单体建筑面积超过 2 万 m^2 的大型公共建筑节能，加强建筑节能在设计、施工、监理、质量监督、竣工验收等各环节相关责任主体的监管。因此，建设部在 2005 年组织对原有的《民用建筑节能管理规定》进行了修订，在总结国内一些建筑节能工作推行经验的基础上，搜集、分析、借鉴了国外特别是发达国家建筑节能的成功实践，经过反复讨论修改，新的《民用建筑节能管理规定》以建设部令第 143 号予以发布，自 2006 年 1 月 1 日起施行。

新的《民用建筑节能管理规定》的主要措施：

(1) 为适应建筑节能新形势，新规定扩大了调整范围。

首先，为了便于建设系统和全社会对建筑节能含义的理解和掌握的需要，针对原《民用建筑节能管理规定》中没有对建筑节能做出定义的缺陷，新规定明确提出了建筑节能的定义，并强调了建筑节能是一种“合理、有效地利用能源的活动”。同时，从以下方面进行了调整：

一是扩大了适用范围。首先是扩大了适用地区。随着人们生活水平的提高，对建筑使用舒适度的要求越来越高，夏热冬冷地区要求冬季采暖、夏季制冷，夏热冬暖地区夏季制冷成为普遍现象，造成建筑能耗持续上涨，加强建筑节能管理非常迫切。新规定中把《民用建筑节能管理规定》的适用范围扩大到全国所有气候区。其次是扩大适用建筑类型。过去，建设部只颁布实施了居住建筑节能设计标准，2005 年 4 月 4 日《公共建筑节能设计标准》颁布，全面加强民用建筑筑节能管理的条件已经具备。因此，新规定中把适用范围扩大到所有居住和公共建筑等民用建筑。

二是扩大了能耗统计范围。第 76 号部令只规定对供热设备的能耗进行记录和上报。新规定中针对各气候区建筑物能源利用的不同，规定供热单位、房屋产权单位或者其委托的物业管理单位等有关单位应做好建筑物能源系统节能工作，接受对耗能设备运行的检测，严明管理环节 。

(2) 明确各环节责任主体，实行全过程闭合管理。

新规定中对原来的管理程序做了几方面的修改：一是设计施工图审查环节，规定设计施工图审查单位应对节能工程设计出具审查报告或签署审查意见；二是规定建设行政主管部门要对直接影响建筑节能性能的建筑物围护结构、供热采暖或制冷系统进行施工质量监督检查；三是要求房地产开发企业应当将所售商品住房的节能措施、围护结构保温性能指标等基本信息在销售现场显著位置予以公示，并在《住宅使用说明书》中予以载明；四是制定节能建筑运行管理标准和相应的管理制度，对擅自改变节能措施并影响他人利益的应责令其予以修复并承担相应的费用。

(3) 规划、标准、改造联动，全面推进建筑节能。

建筑节能规划是一项系统工程，它是国家或本地区节能规划的一个子系统。新规定中明确：国务院建设行政主管部门根据国家节能规划，制定国家建筑节能专项规划；省、自治区、直辖市以及设区城市人民政府建设行政主管部门应当根据本地节能规划，制定本地建筑节能专项规划，并组织实施。同时，对城乡规划、节能标准、既有建筑节能改造也提出了要求。

一是要求在城乡规划环节突出建筑节能。城乡规划是城乡建设的蓝图和依据，规范着城乡建设中能源、资源综合利用与节约的原则和方式，并与建筑节能有着密不可分的联系。因此，新规定中提出城乡各类规划应当就能源、资源的综合利用和节约对城镇布局、功能区设置、建筑特征、基础设施配置的影响进行研究论证，提高建筑能源利用的效率。

二是要完善建筑节能标准体系。建筑节能标准体系是否完善直接影响建筑节能工作开展的质量和效益。发达国家建筑节能水平高的一个重要因素是他们有一套完善的建筑节能标准体系，因此建立和完善建筑节能标准体系应是推动我国建筑节能工作的当务之急。新规定中提出：国务院建设行政主管部门根据建筑节能发展状况和技术先进、经济合理的原则，组织制定建筑节能相关标准，建立和完善建筑节能标准体系；省、自治区、直辖市人民政府建设行政主管部门应当严格执行国家民用建筑节能有关规定，可以制定严于国家民用建筑节能标准的地方标准或者实施细则。

三是对既有建筑节能改造也提出要求。既有建筑节能改造长期以来一直是建筑节能工作的老大难问题，而第76号部令中并未明确提出既有建筑节能改造的方案。因此，新规定增加了这部分内容，提出国家鼓励多元化、多渠道投资既有建筑的节能改造，投资人可以按照协议分享节能改造的收益；鼓励研究制定本地区既有建筑节能改造资金筹措办法和相关激励政策；同时要求既有建筑节能改造应当考虑建筑物的寿命周期，要对改造的必要性、可行性以及投入收益比进行科学论证，并且节能改造要符合建筑节能标准要求，确保结构安全，优化建筑物使用功能。

（4）加强用能系统管理，建立能耗统计制度。

为了有效促进建筑物使用阶段的节能管理，确立了两项制度。一是建立了节能建筑运行管理制度。节能建筑的运行管理是保证建筑节能真正实现节能效益的终端环节。以往存在的一些“节能建筑不节能”现象，其本质是忽视了节能建筑运行过程中的管理。因此，新规定中提出了建立节能建筑运行管理制度，房屋所有权人或物业管理单位应建立用能档案，及时对设备和系统进行检测评价，并定期进行维护、保养、更新等措施。二是建立建筑能耗统计制度。根据发达国家的经验，建立建筑能耗统计制度可以从宏观上了解掌握建筑能耗的发展趋势，为控制建筑能耗增长，有效开展建筑节能工作提供翔实、可靠的数据资料。因此，新规定明确提出，供热单位、房屋产权单位或者其委托的物业管理等有关单位，应当记录并按有关规定上报能源消耗资料。

（5）加强节能示范工程建设，推动建筑节能工作发展

自1999年建设部开展建筑节能试点示范工程（小区）以来，到2005年共批准实施节能试点示范五批，截止2007年这项工作结束，共计立项7批次，130余项工程，示范面积约1500多万 m^2；建成的建筑节能试点示范工程以点带面，对推动建筑节能工作起到积极作用。一是带动一批具有先进水平的节能技术体系与产品的发展，并在集成应用方面得以改进和提高，提升了建筑节能的科技水平；二是建立建筑节能设计标准体系，制定建筑节能专项规划和政策规章，初步形成建筑节能技术支撑体系；三是促进地方制定和完善建筑节能设计标准实施细则、操作规程、标准图集等一系列技术和管理制度，为建筑节能工作提供技术和管理保障；四是推进可再生能源在建筑中的规模化应用，推广适宜的节水技术，推进新型墙体材料和节能建材的生产及应用。

（6）加强节能技术培训，提高履行职责能力。

针对目前建筑设计、施工、监理、质检等方面的专业技术人员缺乏建筑节能专业知识，不能很好地执行建筑节能设计标准的现状，新规定明确：从事设计和审查的专业技术人员，应接受节能标准和技术的培训，其中注册建筑师、勘察设计注册工程师、监理工程师和建造师应把节能设计标准和节能技术作为继续教育的必修内容。

1.2.3.2　技术标准与规范

这一阶段，制定的技术标准和规范主要有：

1.《夏热冬冷地区居住建筑节能设计标准》JGJ 134—2001

该标准适用于夏热冬冷地区新建、改建和扩建居住建筑的建筑节能设计，对夏热冬冷地区居住建筑从建筑热工和暖通空调设计方面提出了节能措施要求，并明确了规定性控制

指标和性能性控制指标。该标准的实施，可以降低建筑使用能耗50%以上，改善和提高居住环境质量，带动相关新型建筑墙体、节能门窗、采暖空调、太阳能新能源等产业的发展，具有显著的社会效益、经济效益和环境效益。

该标准的规定性控制指标，即规定该地区居住建筑围护结构传热系数限值；另一种为性能性控制指标(节能综合指标)，即规定居住建筑每平方米建筑面积允许的采暖空调设备能耗指标。规定性指标操作容易、简便；性能性指标则给设计者更多、更灵活的余地。夏热冬冷地区居住建筑采暖空调的传热是非稳定传热过程，所以应用性能性指标时，要应用动态模拟软件进行全年逐时能耗计算。

2.《采暖居住建筑节能检验标准》JGJ 132—2001

为了贯彻国家有关节约能源的法律，法规和政策，检验采暖居住建筑的实际节能效果，制定该标准；该标准适用于严寒和寒冷地区设置集中采暖的居住建筑及节能效果检验；检验时，除应符合该标准外，尚应符合国家现行有关强制性标准的规定。

3.《夏热冬暖地区居住建筑节能设计标准》JGJ 75—2003

与中部夏热冬冷地区的标准相比，该标准没有对某一地区给定一个固定的每平方米建筑面积允许的空调、采暖设备能耗指标，而是给出一个相对的能耗限值。具体做法是，首先根据建筑师设计的建筑形状，按照规定性指标中规定的参数计算出该建筑的采暖空调能耗限值。然后，根据建筑实际参数，改变围护结构传热系数、窗的类型等计算能耗，直至小于能耗限值。这样，不管是单层的别墅、低层连体别墅，还是多层及高层住宅，都有一个合理的计算能耗限值的基础。

4.《外墙外保温工程技术规程》JGJ 144—2004

为规范外墙外保温工程技术要求，保证工程质量，做到技术先进、安全可靠、经济合理、制定该规程。该规程适用于新建居住建筑的混凝土和砌体结构外墙外保温工程。

5.《民用建筑太阳能热水系统应用技术规范》GB 50364—2005

为使民用建筑太阳能热水系统安全可靠、性能稳定、与建筑和周围环境相协调，规范太阳能热水系统的设计、安装和工程验收，保证工程质量，制定该规范。该规范适用于城镇中使用太阳能热水系统的新建、扩建和改建的民用建筑，以及改造既有建筑上已安装的太阳能热水系统和在既有建筑上增设太阳能热水系统。

6.《公共建筑节能设计标准》GB 50189—2005

这是我国批准发布的第一部公共建筑节能设计的综合性国家标准。该标准规定的公共建筑空气调节系统室内计算参数是：一般房间冬季温度为20℃，夏季为25℃，而大堂、过厅冬季温度是18℃，夏季室内外温差不大于10℃。按照这样的参数设计，商场、写字楼冬热夏冷的高耗能情况将会大为减少。

该标准适用于新建、扩建和改建的公共建筑的节能设计。通过改善建筑围护结构保温、隔热性能，提高采暖、通风、空调设备、系统的能效比，采取增进照明设备效率等措施，在保证相同的室内热环境舒适参数条件下，与20世纪80年代初设计建成的公共建筑相比，全年采暖、通风、空调和照明的总能耗可减少50%。

该标准的发布实施，标志着我国建筑节能工作在民用建筑领域全面铺开，是大力发展节能省地型住宅和公共建筑，制定并强制推行更加严格的节能节材节水标准的一项重大举措，对缓解我国能源短缺与经济社会发展的矛盾必将发挥重要作用。

7.《地源热泵系统工程技术规范》GB 50366—2005

该规范适用于以岩土体、地下水、地表水为低温热源，以水或添加防冻剂的水溶液为传热介质，采用蒸汽压缩热泵技术进行供热、空调或加热生活热水的热水工程的设计、空调及验收。

1.2.3.3 主要成就

在第三阶段，各地按照党中央、国务院节能减排工作的总体部署，普遍加强了建筑节能工作的力度，建筑节能工作取得了一定成就。

1. 新建建筑执行节能设计标准情况有较大进步

一是新建建筑要求按节能设计标准设计，节能建筑的比例不断提高。截至2005年底，各地建设项目在设计阶段执行节能设计标准的比例为57.7%；施工阶段执行节能设计标准的比例为20.8%。全国共建成节能建筑面积为10.6亿m^2，占全国城镇既有建筑面积比例为7%，其中北方寒冷地区比例为11.3%，夏热冬冷地区为3.8%，夏热冬暖地区为2.4%。节能建筑占城镇建筑总量的比重逐步增加。

二是部分省市已提前实施节能65%的设计标准。北京、天津、山东、河南、沈阳、大连等省市已率先执行节能65%的设计标准，河北、甘肃、上海、重庆等省市也准备全面实施节能65%的设计标准。

2. 可再生能源在建筑中规模化应用势头逐步显现，应用面积不断扩大

全国大部分省市都对本地区可再生能源资源条件和利用条件进行了调查研究，部分省市确定了“十一五”的目标，出台了推广应用的标准规范，研发和集成了技术产品，出台了经济激励政策，并结合建设部、财政部可再生能源在建筑中应用示范工作，组织了本地区的可再生能源建筑应用的推广。截至2005年底，全国城镇太阳能光热应用建筑面积为2.3亿m^2，浅层地能热泵技术应用建筑面积2650万m^2。

3. 城镇供热体制改革工作稳步推进

一是北方地区基本完成采暖费“暗补”变“明补”的省份已占北方采暖地区的60%，其他省份均制订了“十一五”全面实施改革的计划。地级以上城市有65%完成了热费改革。

二是各地高度重视低收入群体的采暖保障问题，普遍实施了冬季采暖保障措施，并逐步制度化，有效促进了社会稳定和改革的顺利进行。

三是各地紧紧围绕建筑节能主体，开展了供热计量试点示范，在提高供热效率、节能降耗、创新管理机制方面进行了有益的探索。

4. 建筑节能体制机制建设取得明显进展

一是制定了建筑节能规划，明确了工作目标，全国有28个省市制定了“十一五”建筑节能专项规划，提出了“十一五”期间建筑节能的目标和思路，制定了工作措施，为推进建筑节能工作明确了方向和重点。

二是大部分省市均出台了地方法规规章，全国有20个省市出台了地方法规，28个省市出台了政府令，在建筑节能管理机构、制度、责任等方面做了规定。

三是建筑节能工作协调机制不断完善，部分地区成立了建筑节能领导小组，政府分管领导任组长，建设、发改(经贸)、财政、环保、科技等部门参加，定期召开联席会议，在研究解决体制机制、财政投入、税费优惠等方面工作发挥了重要作用。

1.2.3.4　存在的问题

各地在大力发展建筑节能，取得成就的同时，也遇到一些需要解决的问题：

1. 相关主体节能意识薄弱

建筑节能是一项系统工程，从建筑的规划设计，到建筑的施工建设，直到竣工后使用的每一个环节都关系到是否实现节能目标。建筑节能领域涉及的相关主体有政府部门、房地产开发商、业主或使用者、规划设计单位、材料设备供应商、施工单位、监理单位、物业管理单位等。

同时，由于建筑节能是一项长期工程，无法体现官员的当期政绩，因此，政府部门缺乏将节能知识快速普及的意识，缺乏支持建筑节能新技术、新材料和新产品推广应用的意识，缺乏对节能标准贯彻实施的监管意识，致使不能有效地推动建筑节能战略的实施。

2. 建筑节能信息流通不畅

首先，在房地产开发市场上，建筑节能新技术、新材料和新产品的研发信息，无法快速传递给开发商和设计单位，致使传统建筑技术仍占据市场主要地位，节能新技术和新产品的推广应用受阻；其次，在房地产交易市场上，供给方与需求方之间关于建筑质量、功能和性能等方面的信息严重不对称，需求方很难准确判断建筑物中围护结构、采暖及空调设施是否具备节能性能，整个建筑是否达到节能标准，哪些建筑产品可称为节能建筑，哪些不能称为节能建筑，只知道市场上建筑产品的平均质量。因而，只愿意根据平均质量支付价格，市场上的逆向选择由此产生，价格低廉的普通建筑逐渐将节能建筑挤出交易市场，节能建筑在市场上的地位受阻。建筑节能市场信息的不完全和不充分，严重阻碍了建筑节能市场的培育和完善。

3. 建筑节能管理体制不健全

若想全面有效地实施建筑节能战略，关键是必须建立一套健全的建筑节能管理体制，其内容应该包括：建筑能耗评估体系、节能产品认证体系、节能技术研发体系、节能标准宣贯体系和标准实施监管体系等。但是，我国目前上述体系尚未得到建立和完善，不规范的管理体制严重阻碍了建筑节能工作的开展，主要表现为：首先，人们对于节能建筑的评价缺乏科学依据，这也是消费者陷入建筑产品选择困境的原因之一；其次，上下级之间关系不协调，上级部门难以对下级单位节能标准的贯彻情况及时进行监督和管理；再次，建筑节能某些环节脱节，由于缺乏统一的管理机构，同是开展建筑节能工作的相关机构却归属于不同的部门管理，无法将各自的工作相互衔接，例如，当时在国内广泛推行的墙体材料革新工作，属于建筑节能工作的一个重要环节，但是由于归属于不同的部委（建筑节能由建设部负责，墙体材料革新由国家经济贸易委员会负责），没有做到与建筑节能工作之间的紧密结合，双方矛盾较多，无法取得应有的效果。

4. 建筑节能经济激励政策缺乏

从世界各国的经验看，建筑节能是社会公益性较强的领域，即市场机制失灵的领域，仅仅依靠市场机制是不能奏效的，只有通过政策充分运用法律、行政及经济激励等手段，才能引导、规范和促进该项工作的开展。但从宏观层次看，国家正在实施的财政政策、货币政策中所涉及的重点领域未包括建筑节能领域；从微观层次看，国家尚未出台促进建筑节能工作的专门政策和法规，现有的《中华人民共和国节约能源法》对建筑节能仅有原则性规定，难以操作。目前开展的建筑节能工作仅靠建筑节能设计标准这种单一手段，缺乏对建筑节能的实质性经济激励政策和必要的资金支持，而标准规范实际上对开发商和消费者这两大建筑节能主体并没有强制作用，因此节能效果不显著。由于建筑节能工作需要大量的资金投入，若不制定财政税收类的经济激励政策，而是单纯依靠建筑节能立法和标准的强制性推行，难以推动开发商和消费者的自觉行为，建筑节能战略必将进展缓慢。

5. 供热收费体制阻碍

降低采暖能耗是建筑节能的重点环节，只有提高用户的采暖节能意识，才能真正推进建筑节能的步伐。目前我国北方城市建筑采暖方式大多以热电联产集中供热和区域锅炉房为主，以燃气、电中央空调以及其他方式为补充的供热格局，但集中供热收费依然采用的是计划经济体制下的福利型“包烧制”，即按建筑面积计算采暖费，耗能多少与用户利益无关。而且目前的供热系统多数采用垂直单管串联方式，用户无法自行调控供热量，外网也不能适应系统动态调节控制，致使能源浪费严重。在这种收费体制下，供热企业缺乏自主经营的动力，无法满足用户对热舒适程度的要求，用户也没有节约采暖用能的积极性。按照用热量收费的建筑采暖计量收费是城镇供热体制改革的目标，也是节约能源、改善室内热环境、提高居民生活舒适度、保护生态环境的有力举措。只有加快城镇供热体制改革步伐，全面实现供热计量收费，才能体现出节能的经济效益，激发广大居民建筑节能的积极性。

1.2.4 第四阶段(2006～)：全面开展阶段

随着建筑节能工作全面、深入的开展和党中央、国务院对节能减排工作的高度重视，2006年上半年，全国人大常委会启动了对《中华人民共和国节约能源法》的修订工作，在此之前的2005年上半年，建设部也会同国务院法制办开始了国务院《民用建筑节能条例》的起草、论证工作，而建设部《民用建筑节能管理规定》(第143号部令)为上述两个法律法规的修改和起草奠定了坚实的基础。及时将建筑节能纳入《节约能源法》和《民用建筑节能条例》，做出法律性条文规定和法规性制度设计，可以促使建筑节能尽快走上法律化、制度化、规范化的轨道。因此，建设部主要领导和分管领导、司局负责同志和有关专家高度重视建筑节能立法工作，指派有关同志参与了《节约能源法》的修订工作，积极向全国人大常委会领导、财经委员会领导以及法律修订小组汇报反映建筑节能的实际情况，建议所应采取的法律措施等。在各级领导的重视指导下，在建设系统广大职工和全社会的支持下，经过缜密细致的调查研究、分析论证，新修订的《中华人民共和国节约能源法》，以及《民用建筑节能条例》、《公共机构节能条例》等法律法规，均对建筑节能进行了强制性的明确规定。与此同时，许多省、市人大常委会或当地政府也都制定了结合当地实际的地方建筑节能法律和法规制度。建筑节能的法律法规体系建设正在稳步、健康地向前发展。建筑节能工作迈上了新的台阶。

1.2.4.1 政策与法规

1. 新修订的《中华人民共和国节约能源法》成为建筑节能的上位法

《中华人民共和国节约能源法》已由第十届全国人民代表大会常务委员会第三十次会议于2007年10月28日修订通过，自2008年4月1日起施行。其中第三章“合理使用与节约能源”中将“建筑节能”单列为第三节，并对建筑节能的监督管理机构、建筑节能规划编制、建筑节能标准的执行、节能技术信息的公示、公共建筑室内采暖空调温度的控制、实行按用热量计量收费制度、加强城市节约用电管理、新型节能墙体建筑材料和节能设备的推广、太阳能等可再生能源利用等做出了明确的规定，并在法律责任一章中对于违反的行为规定了相应的处罚措施。这些都是建筑节能的最高法律依据。建设部派出有关司局领导和建筑节能专家，自始至终参与了《节约能源法》的修订，亲身体会到节约能源法的修订过程有以下突出的亮点：

（1）借鉴了国际节能法典的经验

2006年6月12日，十届全国人大常委会李铁映副委员长在《节约能源法》修订的国际研讨会上作了主旨发言，他说：中国全国人大和中国政府十分重视节能节约工作，中国的能源效率与发达国家相比还有相当大的差距，很不适应我国经济发展的要求。并提出以下观点：节能节约是经济发展理论的深刻变革，从大量消耗能源资源到节能节约，不仅是人与自然关系的深刻变革，而且是人与社会关系、人与自然关系的深刻变革。发展不再是单纯GDP的增长，不再是能源资源的巨大消耗和浪费，不再是环境的巨大污染和破坏，不再是吃子孙的饭、断子孙的路，发展应该而且必须是可持续的，应该而且必须是节能节约的，应该而且必须是人与自然和谐的。增长必须节约，节约才能增长，增长与节约不是对立的，节约本身就是增长，节约是增长基础上的节约，是生产过程、能源资源消耗过程的节约，我们追求的是“节约型的增长，增长型的节约”。我们谈的科学发展，就是要实现经济的持续、健康、节约环保发展，高能耗、高污染、高浪费、低效益的发展是难以为继的，“焚薪断炊”的发展模式不可能实现现代化。发展的原则和目标是高效益、高效率、节约、环保即可持续的健康发展。一句话，科学发展就是可持续的发展。节能节约是新的增长方式，节能节约是一场改革，节能节约是政府的强制性职责，节能节约是一场技术革命。

在这次国际研讨会上，美国、欧盟、日本等西方发达国家的代表从不同的角度介绍了本国的节能立法情况和经验。特别是出席会议的日本代表对实行重点用能1000家企业政府直接予以监管的做法为我国的节能工作提供了很好的借鉴和参照作用。

（2）根据我国国情增强了约束力和可操作性

修订《节约能源法》，必须贯彻科学发展观，落实节约资源的基本国策，从我国实际出发，借鉴国外先进经验，健全节能管理制度，为推动全社会节约能源，提供必要的法律保障。在草案拟定过程中主要把握了以下几个方面：

1）完善了节能的基本制度。根据我国国情和实现经济社会可持续发展的要求，节能是我国的一项长期方针，必须坚持不懈地抓下去。因此，《节约能源法》的修订不仅要着眼于解决当前存在的突出问题，更要着眼于长远的制度规范。为此，草案明确了节能在我国经济社会发展中的战略地位，规定了一系列节能管理的基本制度，如实行节能目标责任制和节能评价考核制度，国务院和县级以上地方各级人民政府每年向同级人民代表大会报告节能工作，省级人民政府每年向国务院报告节能目标责任制的履行情况；实行固定资产投资项目节能评估和审查制度、重点用能单位报告能源利用状况制度等。

2）体现了市场调节与政府管理的有机结合。各国节能管理的方式方法各有不同。有的国家和地区，如欧洲，重视运用财税政策等经济手段对用能行为加以引导；而有的国家，如日本，则形成了一套建立在节能标准和法规基础之上的政府管理和监督体系，政府对重点企业的用能行为有详尽的指导，管理措施带有一定的强制性。鉴于我国目前的实际情况，必须在注重发挥市场机制作用的同时，强化政府监管，综合运用经济、法律以及必要的行政手段对用能行为加以引导和规范。为此，一方面，草案注重发挥经济手段和市场经济规律在节能管理中的作用，对运用财税、价格、信贷、政府采购等政策鼓励和引导节能做了规定，对支持和推广电力需求侧管理、合同能源管理、节能资源协议等节能办法也作了规定。另一方面，草案还规定了一些强制性的节能管理措施。比如，生产高耗能产品必须符合单位能耗限额标注；对依法实行生产许可证的工业产品，如果是能耗高、污染重合浪费资源的，主管部门不得办理生产许可证；对家用电器、电视机、电力变压器、汽车等使用面广、耗能量大的用能产品，实行能效标识管理，生产或进口列入规定目录的用能产品必须标注能效标识；对重点用能单位能源利用状况报告要进行审查，对节能管理制度不健全、节能措施不落实、能源利用效率低的重点用能单位要实施强制性能源审计等。

3）增强了法律的针对性和可操作性。根据我国的节能形势，针对一些突出问题，力求在草案中规定更具可操作性的解决办法。前些年，国务院发布了关于加强节能工作的决定，国务院又印发了节能减排综合性工作方案，国务院有关部门也出台了一些节能规章、政策和措施，对其中一些被实践证明是有效的，尽量吸收到了法律之中。同时，由于节能工作涉及面广，环节也很多，有些问题还比较复杂，很难完全在法律中作出具体规定。为此，草案在做了一些原则性、方向性的要求的同时，授权有关部门制定具体办法。

（3）为节能减排提供了强有力的法律依据

为了配合《节约能源法》的修订工作，国务院及有关部门组织制定或修订有关配套制度和标准，包括：《节能目标责任制和评价考核实施办法》、《固定资产投资项目节能评估和审查管理办法》、《民用建筑节能管理条例》、《节能专项资金管理办法》以及五十多项有关工业、建筑、交通运输等领域的能效标准。这些配套制度、标准的制定和实施，将大大增强法律的可操作性。

需要强调的是，抓好节能工作，根本上还要靠调整和优化产业结构。草案明确，国家实行有利于节能和环保的产业政策，限制发展高耗能、高污染行业，鼓励发展耗能低、污染少的生产能力，大力发展服务业和高新技术产业。草案还对淘汰落后工业生产能力，建立落后产能退出机制，以及控制高耗能、高污染产品除垢，继之对高耗能、高污染项目实施税费、信贷、电价、地价优惠等作了规定。这些管理制度和激励措施将会推动产业结构的调整，促进国民经济向节能环保型发展。

2.《节约能源法》修订的主要内容

现行《节约能源法》共6章50条，草案共7章85条，对现行《节约能源法》进行了较大修改，修改的主要内容是：

（1）扩大了对节能的调整范围。建筑、交通运输是能源消费的重要领域。根据建设部提供的数据，目前我国建筑能耗约占全国终端能耗总消费量的27.5%。据测算，2005年，交通运输能耗约占全国终端能源总消费量的16.3%，今后随着汽车的增加，比重还会提高。为了加强这些方面的节能工作，草案在第三章增设了“建筑节能”、“交通运输节能”的内容，主要规定了一些重要的节能制度和管理措施，如：逐步实行供热分户计量、按用热量计量收费制度；房地产开发企业在销售商品房时，应当明示能耗指标等信息；鼓励开发、生产、销售、使用节能环保型汽车、船舶等交通运输工作，实行老旧交通运输工具的报废、更新制度，鼓励开发和推广应用清洁、替代燃料和新能源汽车等。

政府机构是能源消费的重要部门，抓好政府机构的节能工作对于全社会将起到示范和带动作用。据测算，2005 年政府机构能源消费量约占全国终端能耗消费总量的 6.7%，而且其增长速度较快。为加强政府机构的节能管理，体现政府机构带头节能，草案新增了“公共机构节能”一节，明确了政府机构在节能方面的义务，如实行节能目标责任制、实施政府机构能源消耗定额管理，加强单位用能系统管理，优先采购列入节能政府采购清单中的产品等。

关于工业节能，草案增加了优化用能结构和企业布局；限制新建燃油发电机组，实行电网节能调度，优先安排清洁高效、能耗低的机组；实行电网节能调度，优先安排清洁高效、能耗低的机组发电，限制能耗高、污染重的机组发电；以及鼓励工业企业采取余热余压利用技术、洁净煤技术和热电联产技术等内容。

重点用能单位是我国的耗能大户。2006 年，钢铁、有色、煤炭、电力、化工等 9 个行业的 922 家重点耗能企业的能源消费量约占全国一次能源消费总量的 31.5%。突出抓好重点用能单位的节能工作，对于缓解经济社会发展面临的能源与环境约束具有重要意义。为此，草案专设了“重点用能单位节能”一节，进一步明确了重点用能单位的节能义务，强化了管理和监督。

关于农业和农村节能，草案没有设立单独的章节加以规定，主要考虑是：我国农村能源商品化率不高，农村居民生活用能有一半以上仍然靠薪柴和秸秆，农村生产领域主要是农业机械、渔业生产、排灌设备等的用能。农村节能的重点在于从技术上淘汰落后的农用设备，大力发展沼气，推广太阳能利用技术和节能型农宅、省柴节煤炉灶等。这些内容在草案第四章“技术进步”中已有规定。

关于生活节能，草案也没有单设章节规定。这方面的主要内容，如逐步实行供热分户计量，鼓励安装和使用太阳能利用系统，推广使用节能空调、节能照明器具等已在其他章节做了规定。

开发利用新能源和可再生能源，是节约常规能源的重要途径。考虑到《可再生能源法》对此做了规定，本法只规定了一些衔接性的条款。

(2) 健全了节能标准体系和监管制度。健全节能标准体系和监管制度。节能标准既是企业实施节能管理的基础，又是政府加强节能监管的依据。政府对节能工作的管理涉及很多方面，要把政府的节能监管建立在法制基础上，必须建立科学的节能标准体系。目前，我国的节能标准还不健全，这次《节约能源法》的修订，进一步明确要制定强制性的用能产品(设备)能效标准、高耗能产品单位能耗限额标准，健全建筑节能标准、交通运输营运车船的燃料消耗限值标准等。以上标准为基础，草案规定了更加严格的节能管理办法，如：对不符合能效标准的用能产品(设备)实行淘汰制度；生产高耗能产品，如果能耗超过限额，必须限期治理；禁止销售和进口不符合能效标准的产品(设备)。草案还规定，不符合有关节能标准的建筑项目不准开工建设，对已开工建设的建筑项目要开展执行节能标准情况的检查，对已建成但没有达到节能标准的建筑不得办理竣工验收手续。这些标准和管理办法的制订和完善，将有利于从源头上控制能源消耗，遏制重大浪费能源的行为，加快淘汰落后的高耗能产品和设备。

(3) 加大了对节能改革激励力度。加强节能工作，需要政府采取激励政策加以引导和推动。草案增设了激励政策一章，明确国家实行促进节能的财政、税收、价格、信贷和政府采购政策。主要包括：对列入推广目录的节能技术和产品，实行税收优惠，并通过财政补贴或税收扶持政策，支持节能空调、节能照明器具、节能环保型汽车等的推广和使用；实行有利于节源的税收政策，鼓励进口先进的节能技术和设备，控制耗能高、污染重的产品的出口；中央和省级财政设立节能专项资金，并鼓励多渠道筹集节能资金，支持节能技术研究开发、示范与推广以及重点节能工程的实施等；制定节能政府采购清单，通过政府采购政策促进节能；引导金融机构增加对节能项目的信贷支持，为符合条件的节能技术改造等项目提供优惠贷款；实行峰谷电价、差别电价等有利于节能的价格政策；制定并实施鼓励热电联产和利用余热余压发电、供热政策等。

（4）明确了节能管理和监督主体。为了加强节能监管工作，《节约能源法》规定，县级以上地方各级人民政府要明确管理节能工作的部门，政府其他有关部门依法履行与节能有关的监督管理职责，以确保法律规定的节能制度和措施有人抓，违法用能行为有人查。

（5）强化了法律责任。一是增强了法律责任条款。草案规定了 18 项法律责任，比原《节约能源法》增加 10 项，包括：建设、设计、施工、工程监理等单位违反建筑节能的有关标准，重点用能单位拒不落实整改要求或整改未达到要求、不按时报送能源利用状况报告或报告内容不实、不按规定设立能源管理岗位，伪造、篡改能源统计资料或编造虚假能源统计数据，以及未按规定配备、使用能源计量器具等方面的法律责任。二是加大了处罚力度。如草案规定，房地产开发企业在销售商品房时，未向购买人明示能耗指标等信息，或利用以上信息进行虚假宣传，经责令改正而逾期不改的，要处以罚款；情节严重的，要降低资质等级，直至吊销资质证书。三是强化了政府等公共机构、节能服务机构的法律责任，包括：对不符合有关节能标准、高耗能产品单位能耗限额要求的项目予以批准或核准建设，不优先采购节能产品或采购国家明令淘汰的产品，节能评估、检测、认证等服务机构提供虚假信息等方面的法律责任。

1.2.4.2　技术标准与规范

近五年，随着我国建筑节能工作的深入开展，技术标准和规范的建设也加快了步伐，陆续出台了一些重要的技术标准与规范，这些技术标准与规范在建筑节能发展过程中起到了非常关键的指导和规范作用。

1.《绿色建筑评价标准》GB/T 50378—2006

为贯彻执行节约资源和保护环境的国家技术经济政策，推进可持续发展，规范绿色建筑的评价，制定该标准。该标准适用于评价住宅建筑和办公建筑、商场、宾馆等公共建筑。该标准对绿色建筑、热岛强度等术语进行了定义，建立绿色建筑评估指标体系，对绿色建筑评估指标体系的各类指标规定具体的要求。该标准于 2006 年 6 月 1 日起实施。

2.《建筑节能工程施工质量验收规范》GB 50411—2007

该规范是第一部以达到建筑节能设计要求为目标的施工质量验收规范，它具有五个明显的特征：一是明确了 20 个强制性条文，按照有关法律和行政法规，工程建设标准的强制性条文，必须严格执行，这些强制性条文既涉及过程控制，又有建筑设备专业的调试和检测，是建筑节能工程验收的重点；二是规定了对进场材料和设备的质量证明文件进行核查，并对各专业主要节能材料和设备在施工现场抽样复验，复验为见证取样送检；三是推出了工程验收前对外墙节能构造现场实体检验，严寒、寒冷和夏热冬冷地区的外窗气密性现场实体检验和建筑设备工程系统节能性能检测；四是将建筑节能工程作为一个完整的分部工程纳入建筑工程验收体系，使涉及建筑工程中节能的设计、施工、验收和管理等多个方面的技术要求有了充分的依据，形成从设计到施工和验收的闭合循环，使建筑节能工程质量得到控制；五是突出了以实现功能和性能要求为基础、以过程控制为主导、以现场检验为辅助的原则，结构完整，内容充实，对推进建筑节能目标的实现将发挥重要作用。

该规范适用的对象将是全方位的，是参与建筑节能工程施工活动各方主体必须遵守的，是管理者对建筑节能工程建设、施工依法履行监督和管理职能的基本依据，同时也是建筑物的使用者判定建筑是否合格和正确使用建筑的基本要求。

3.《民用建筑能耗数据采集标准》JGJ/T 154—2007

为加强我国能源领域的宏观管理和科学决策，指导和规范我国的建筑耗能数据采集工作，促进我国建筑节能工作的发展，制定该标准。该标准适用于我国城镇居民建筑使用过程中各类能源消耗数据的采集和报送。

4.《国家机关办公建筑和大型公共建筑能源审计导则》

为提高建筑能源管理水平，进一步节约能源、降低水资源消耗、合理利用资源，特制定该导则。该导则适用于国家机关(包括人大、政协、党委)办公建筑、单体建筑 2 万 m^2 以上的大型公共建筑(特别是政府投资管理的宾馆和列入国家采购清单的三星级以上酒店，以及商用办公楼)和总建筑面积超过 2 万 m^2 的大学校园。

5.《太阳能供热采暖工程技术规范》GB 50495—2009

为使太阳能供热采暖工程设计、施工及验收，做到技术先进、经济合理、安全适用，保证工程质量，制定该规范。该规范适用于新建、扩建和改建民用建筑中使用太阳能供热采暖系统的工程，以及在既有建筑上改造或增设太阳能供热采暖系统的工程。

6.《公共建筑节能检测标准》JGJ/T 177—2009

为了加强对公共建筑的节能监督与管理，配合公共建筑的节能验收，规范建筑节能检验方法，促进我国建筑节能事业健康有序的发展，制定该标准。该标准适用于公共建筑各项性能的节能检验。

7.《可再生能源建筑应用示范项目数据监测系统技术导则》

为了掌握住房和城乡建设部、财政部组织实施的可再生能源建筑应用示范项目的实际运行效果，指导示范项目的运行管理，为我国可再生能源建筑规模化应用提供基础数据支撑和经验储备，加快可再生能源建筑应用的推广，推动相关技术进步，制定该技术导则。该导则适用于住房和城乡建设部、财政部已审批的可再生能源建筑应用示范项目、太阳能光电建筑应用示范项目以及可再生能源建筑应用城市和农村地区示范中包含的建设项目。其他可再生能源建筑应用项目的数据监测系统的建设可以参考该技术导则。该导则不适用于任何用于贸易结算和计费的数据监测系统的建设。

8.《居住建筑节能检测标准》JGJ/T 132—2009

为配合居住建筑的节能验收，规范建筑节能检测工作有序开展，制定该标准；该标准适用于新建、扩建、改建居住建筑的节能检测。

9.《严寒和寒冷地区居住建筑节能设计标准》JGJ 26—2010

该标准适用于各类居住建筑，其中包括住宅、集体宿舍、住宅式公寓、商住楼的住宅部分、托儿所、幼儿园等；采暖能源包括采用煤、电、油、气或可再生能源，系统则指集中或分散方式供热。该标准的实施，既可节约采暖用能，又有利于提高建筑热舒适性，改善人民的居住环境。

10.《夏热冬冷地区居住建筑节能设计标准》JGJ 134—2010

该标准的内容主要是对夏热冬冷地区居住建筑从建筑、围护结构和暖通空调设计方面提出节能措施，对采暖和空调能耗规定控制指标。

11.《民用建筑太阳能光伏系统应用技术规范》JGJ 203—2010

该规范是为规范太阳能光伏系统在民用建筑中的推广应用，促进光伏系统与建筑结合而制订的。该规范适用于新建、改建和扩建的民用建筑光伏系统工程，以及在既有民用建筑上安装或改造已安装的光伏系统工程的设计、安装、验收和运行维护。

1.2.4.3　主要成就

近五年，各地按照党中央、国务院节能减排工作的总体部署，普遍加强了建筑节能工作的力度，建筑节能工作取得了良好的进展，具体表现如下：

（1）控制增量，新建建筑执行节能强制性标准成效显著。根据各地上报的数据汇总，2005年，各地建设项目在设计阶段执行节能设计标准的比例为57.7%，施工阶段执行节能设计标准的比例为23.8%。到2009年底，全国城镇新建建筑设计阶段执行节能强制性标准的比例为99%，施工阶段执行节能强制性标准的比例为90%，基本完成国务院提出的“新建建筑施工阶段执行节能强制性标准的比例达到90%以上”的工作目标。全年新增节能建筑面积9.6亿m^2，可形成900万吨标准煤的节能能力。全国累计建成节能建筑面积40.8亿m^2，占城镇建筑面积的21.7%，比例逐年提高。北京、天津、河北、河南、辽宁、吉林、黑龙江、青海等省市新建建筑全部或部分实施65%节能标准。

（2）调整存量，北方采暖地区既有建筑供热计量及节能改造稳步推进。截至2009年采暖季前，北方15省市已经完成节能改造面积共计10949万m^2，其中2009年完成改造面积6984万m^2，超额完成了国务院确定的6000万m^2年度改造任务。据测算，完成节能改造的项目可形成年节约75万t标准煤的能力，减排二氧化碳200万t。通过对既有建筑的节能改造，采暖期室内温度提高了3～6℃，部分项目提高了10℃以上，室内热舒适度明显改善。天津、河北、山东、山西、内蒙古、吉林、甘肃等地部分改造项目同步实施按用热量计量收费，住户平均节省热费支出在10%以上，初步形成了有利于改造的群众基础。财政部根据实地核查结果，下拨奖励资金12.7亿元，用于对改造项目的补助。上海、江苏、湖南、深圳等省市开展了既有建筑节能改造工作，对过渡地区和南方地区开展这项工作进行了探索和实践。

（3）节能监管，国家机关办公建筑和大型公共建筑节能运行与改造服务体系建设继续深入。截至2009年底，全国共完成国家机关办公建筑和大型公共建筑能耗统计29359栋，确定重点用能建筑2647栋，完成能源审计2175栋，公示了2441栋建筑的能耗状况。北京、天津、深圳市能耗监测平台均已通过验收。全国已对758栋建筑的能耗进行了实时动态监测。第一批12所节约型校园建设试点单位工作稳步推进，效果明显，人均能耗与2005年72所教育部直属的高校人均能耗相比，节能60%以上。2009年又确定了18所大学作为节约型校园建设试点。中央财政安排1.7亿元，对先期开展节能监管体系建设的24个示范省市之外的其他地区给予经费补助，确定江苏、内蒙古、重庆为第二批能耗监测平台建设试点。

（4）优化结构，可再生能源建筑一体化规模化应用取得突破。财政部、住房和城乡建设部根据党中央国务院“扩内需、保增长、调结构、促民生”的战略部署和可再生能源建筑应用发展形势的需要，适时调整了示范方式和内容，启动我国“太阳能屋顶计划”。2009年，支持了111个太阳能光电建筑应用示范项目，总装机容量91MW。组织实施“可再生能源建筑应用城市示范”和“农村地区可再生能源建筑应用示范”工作，确定了第一批21个示范城市和38个农村地区县级示范，推进可再生能源建筑应用工作方式从抓单个项目转向了抓区域整体，统筹兼顾城市与农村。截至2009年底，全国太阳能光热应用面积11.79亿m^2，浅层地能应用面积1.39亿m^2，分别比2008年增长14.2%、35.4%。光电建筑应用装机容量420.9MW，实现突破性增长。

（5）模式转变，推进建筑节能工作实现转型与升级。按照国务院要求，一些省市把推广绿色建筑、低碳生态城市区域建设作为促进城乡建设模式转变的重要抓手，认真组织申报和实施“低能耗建筑和绿色建筑双百工程”和“绿色建筑评价标识”工作，同时结合地区实际编制绿色建筑评价标准、组织绿色建筑示范工程等，不断加大绿色建筑的推广力度。天津中新生态城、深圳光明新区、河北唐山曹妃甸新城、江苏苏州工业园区、湖南长株潭和湖北武汉资源节约环境友好配套改革试验区等正在进行低碳生态城区建设实践。大连市大力发展环境友好型住宅，每年推广100万m^2，占全市竣工面积的20%，实现了新建建筑节能水平的提高和节能模式的转变。

（6）质量控制，建筑节能材料和产品应用水平不断提高。各地围绕落实《住房和城乡建设部、国家工商行政管理总局、国家质量技术监督检验检疫总局关于加强建筑节能材料和产品质量监督管理的通知》（建科〔2008〕147号），通过采取市场抽查、巡查和专项检查，建立材料产品备案、登记、公示制度，发布推广、限制和淘汰目录，建立舆论监督和考核评价机制等方式，初步建立起建筑节能材料和产品质量监管的长效机制，建筑节能材料和产品在生产、流通和使用环节存在的问题初步得到纠正，有效保证了建筑节能工程质量。墙体材料革新工作取得积极成效，管理体制进一步理顺，相关规章制度、标准规范体系进一步完善，新型墙体材料产量占墙体材料总产量的比重为61%，应用比例达到60%。

1.2.4.4 存在的问题

建筑节能工作作为一项技术性和政策性很强的系统工程，其全面实施在我国时间不长，整体发展水平不高，现今依然存在着不少问题，具体表现在：

（1）部分地方政府对建筑节能工作的认识不到位。一是对建筑节能发展趋势认识还不到位。部分省市抓建筑节能仍然局限在新建建筑执行节能标准方面，对发展绿色建筑、既有建筑节能改造、供热计量改革、可再生能源建筑应用等工作认识不足，工作相对滞后。二是对建筑节能的考核没有纳入政府层面，部分省（区、市）对建筑节能的考核评价仍局限在住房城乡建设系统内部，没有纳入本地区单位GDP能耗下降目标考核体系，使相关部门难以形成合力，相应的政策、资金难以落实。三是对建筑节能能力建设重视不够，部分省级住房城乡建设主管部门建筑节能管理人员只有1~2人，没有专门的管理和执行机构，各项政策制度的落实大打折扣。四是建筑节能监管尤其是施工及竣工验收阶段的监管还有待强化。在连续多年开展的检查中所发现的违反节能标准强制性条文的民用建筑项目，主要问题是在施工阶段随意变更设计、偷工减料、施工工艺不过关等，影响了节能标准的落实。

（2）建筑节能各项管理制度尚不健全。一是法律层面，要使《节约能源法》、《民用建筑节能管理条例》真正得到落实，需要制定一系列具有操作性的部门规章或规范性文件，各地也要结合本地实际制定地方性法规和实施细则。目前，这方面工作才刚刚启动。二是经济政策层面，建筑节能工作要实现由政府单方面强制推进转变到政府监管与市场引导相结合推动，需要必要的财政补贴、税费优惠、贷款贴息等经济政策。中央财政 2009 年共安排专项补助资金 38.5 亿元，并要求地方政府予以配套支持。从检查结果看，各地对建筑节能的经济支持力度有所提高，但远远不够，尤其是北方采暖地区既有居住建筑供热计量及节能改造工作方面，各地需进一步加大支持力度。

（3）新建建筑执行节能标准的水平有待进一步提高。一是建筑节能标准的执行存在不平衡。总的来说，执行建筑节能标准，施工阶段比设计阶段差，中小城市比大城市差，经济欠发达地区比经济发达地区差。二是施工阶段执行节能强制性标准还有差距。相关从业人员对《建筑节能工程施工质量验收规范》没有准确掌握，建筑节能工程施工过程中，外墙、门窗等保温工程施工工艺不过关，存在质量隐患。各地尤其是地级以下城市普遍缺乏建筑节能材料、产品、部品的节能性能检测能力，造成政府监管缺位。

（4）北方地区既有建筑节能改造工作任重道远。一是改造进度相对缓慢。虽然已经完成了“十一五”期间 1.5 亿 m^2 的改造任务，但是北方采暖地区城镇仍有 70 多亿平方米的现有非节能建筑亟须改造。“十一五”最后一年的工作压力相当大。二是改造融资渠道尚未建立。从目前各地进展看，基本上还是依靠中央及地方财政资金推动工作的开展，供热企业、居民、能源服务公司、金融机构等多渠道筹措资金的机制尚未建立。三是供热计量收费制度滞后，改造收益无法充分体现。目前多数地方还没有实行热计量收费制度，已经安装的供热计量装置存在浪费现象。

（5）农村建筑节能工作尚未启动。目前，我国广大农村地区的建筑节能工作尚未开展。随着农村生活水平的不断改善，使用商品能源和用能水平将不断提高，需采取措施，引导其科学发展。

（6）可再生能源在建筑中的应用进度缓慢。我国是目前世界上最大的太阳能光伏电池生产国，但 80% 的产品都进行出口，在国内建筑应用的比率依然很低。原因在于太阳能热水器与建筑一体化设计标准至今尚未出台，虽然建设部于 1995 年就已经发文推广可再生能源在建筑中的应用，但由于相关部门缺乏有效的激励手段，至今仍处于试点阶段。

1.3 下一步建筑节能工作的主要思路

1.3.1 新形势下对建筑节能工作的要求

目前，我国正在实施建设惠及 13 亿人口的更高水平的小康社会第三步战略目标，党和政府更加关注资源节约和环境保护，更加关注民生和社会和谐，更加关注应对气候变化，已经把节能减排作为贯彻科学发展观，落实资源节约基本国策的重大举措在全国推行。2009 年，我国政府在丹麦歌本哈根联合国气候变化大会上作出庄严承诺，中国的碳排放量 2020 年要比 2005 年降低 40% ~45%。截至 2009 年底，全国“十一五”万元 GDP 能耗下降目标完成 15.38%。2010 年初期个别地方由于新上耗能项目多，单位 GDP 能耗不降反升，节能减排形势非常严峻。

基于1980～2009年我国建筑能效变化的情况，建筑能耗和环境污染的现状，结合对我国未来社会经济发展基本趋势的预测，2020年建筑节能力争达到的目标是：全面提高建筑能效，实现小康社会目标，主要建筑用能和资源的需求总量保持理性增长。

1.3.2 建筑节能工作思路展望

为了完成建筑节能的发展目标，改善人民生活环境，适应新形势的发展要求，必须对下一阶段的建筑节能工作制订出适合的计划，明确思路。

（1）加强建筑节能体制机制建设。一是继续完善建筑节能法规体系。落实《节约能源法》、《民用建筑节能条例》确定的基本法律制度，研究制定配套的部门规章和政策措施。二是编制建筑节能“十二五”专项规划，明确建筑节能工作目标、思路、重点工作任务及保障措施。指导各地编制本地区建筑节能“十二五”专项规划。三是继续完善建筑节能标准体系。颁布实施北方地区65%的建筑节能强制性标准，指导有条件的地区制定并实施绿色建筑强制性标准。四是研究完善经济制度，形成鼓励发展节能省地环保型建筑、绿色建筑及可再生能源建筑应用的财税政策体系。积极培育建筑节能服务体系，加快推行合同能源管理。五是继续推动建筑节能科技进步，以国家科技支撑计划项目为依托，努力实现建筑节能关键技术的突破，并通过发布技术、产品推广限制禁止目录等方式，加快科技成果转化。

（2）继续抓好新建建筑节能。一是继续强化新建建筑执行节能标准的监管力度，着力抓好新建建筑施工阶段执行标准的监管力度，做好《建筑节能工程施工质量验收规范》的贯彻实施工作，力争到2010年底，全国新建建筑施工阶段执行节能强制性标准的比例达到95%以上。二是全面推行民用建筑能效测评标识、绿色建筑评价标识、民用建筑节能信息公示等制度。三是继续推动有条件地区执行新建建筑65%的节能标准，力争“十二五”期间在全国全面实施。四是大力推广绿色建筑，实施“100项绿色建筑示范工程与100项低能耗示范工程”建设工作。五是继续举办每年一届的国际智能、绿色建筑与建筑节能大会暨新技术与产品博览会，搭建绿色建筑与建筑节能的国际交流平台。

（3）加大北方采暖地区既有居住建筑供热计量及节能改造力度。督促和引导地方多渠道筹措改造资金实施既有居住建筑供热计量及节能改造，力争2010年全面完成国务院确定的1.5亿m^2的改造任务。认真贯彻《北方采暖地区既有居住建筑供热计量及节能改造项目验收办法》，对已完成的改造项目进行验收，确保改造项目实现预期的节能环保效果。总结天津、内蒙古、吉林、唐山等地的改造经验，指导各地因地制宜确定改造模式，促进地方政府加大力度，在政策、资金等方面给予支持。研究“十二五”开展既有居住建筑供热计量及节能改造工作思路。

（4）加强国家机关办公建筑和大型公共建筑节能管理。按照《民用建筑节能条例》的要求，在全国开展国家机关办公建筑和大型公共建筑节能监管体系建设工作。进一步扩大能耗动态监测平台的试点范围，基本建成部、省、市三级构架的能耗传输及分析平台。在能耗统计、能源审计及能耗动态监测的基础上，指导地方对高能耗建筑实施节能运行与改造。指导各地尽快研究制定本地区国家机关办公建筑和大型公共建筑能耗限额标准，引导和约束用能单位的用能行为。抓好两批30个高校的“节约型高等学校”建设工作。

（5）抓好可再生能源建筑一体化成规模应用。一是财政部、住房和城乡建设部继续加强已启动的371个示范项目的管理，做好可再生能源建筑应用示范项目能效检测工作。各地应结合本地区实际，组织实施可再生能源建筑应用示范项目。二是继续以可再生能源建筑应用城市示范及农村地区示范和太阳能光电建筑应用示范为重点，引导可再生能源建筑应用向更高水平发展。三是总结示范经验，完善可再生能源建筑应用技术标准、关键技术设计指南、施工关键技术指南、关键设备可靠适用性评估标准等，做好“十二五”期间在条件适宜地区强制推广的准备工作。四是研究利用太阳能、沼气、秸秆等可再生能源和新能源解决农村地区用能问题，启动一批应用经济适用技术的示范项目，引导农村建筑用能合理增长。

（6）加大力度，促进建筑节能新型材料的推广应用。一是做好新型墙体材料的推广应用。会同有关部门继续做好禁止使用实心黏土砖工作。推广高强钢和高性能混凝土等高性能、低材耗、可再生建筑材料的利用。落实《再生节能建材专项资金管理暂行办法》，支持地震灾区建筑垃圾的综合利用。二是强化监管，确保建筑节能材料质量。继续贯彻落实《住房和城乡建设部、国家工商行政管理总局、国家质量技术监督检验检疫总局关于加强建筑节能材料和产品质量监督管理的通知》（建科〔2008〕147号），加强建筑节能材料在生产、流通和使用环节的质量监管。

（7）建立健全建筑节能统计、监测及考核评价体系。一是完善和严格执行现有的节能法律法规和标准规范，做好《民用建筑节能条例》的贯彻实施工作。指导各地加强建筑节能的立法工作。二是切实履行在建筑节能领域政府的公共管理职责，促成各地人民政府把建筑节能纳入本地单位GDP能耗下降的总体目标，明确任务，建立目标责任制，完善配套措施，落实经济激励政策，进行考核评价。三是各级住房城乡建设主管部门要按照相关的法律制度和强制性节能标准，组织开展建筑节能检查，对节能目标落实情况、贯彻管理制度和执行节能强制性标准等，进行考核评价，落实节能目标责任制和问责制。

可持续发展对我国经济健康有序的发展具有重大意义，我国人口众多，生产力水平低，不但人均资源少，能源利用效率也很低。在当前和今后相当长的时间内，是建筑节能发展的大好时期，随着节能技术的不断发展，一定会有更多更好的节能思路和节能产品涌现，我们应积极地研究并推广使用节能产品来满足节约能源、改善居住环境的要求，建立生态建筑思想，尊重自然环境，用科学技术、经济效益和社会效益相统一的方法进行规划和设计，将节能意识贯穿于设计的每一个环节，使建筑节能获得巨大的实际应用价值，满足各阶段节能目标的需要。

Chapter 1 The Development History and Main Achievements in Energy Conservation in Buildings in China

During the over thirty years since the Reform and Opening up, the economy and society have made rapid development in urban and rural areas of China. People's living standard has successfully transited from simply having adequate food and clothing to being fairly well-off. Besides, the first and second-step strategic targets of the modernization drive have been smoothly achieved. At present, China is implementing the third-step strategic target of a better-off society which will benefit the 1. 3 billion people. To achieve this, the Party and the Government pay more attention to resources conservation and environmental protection, attach greater importance to ensuring the well-being of the people as well as the social harmony, and lay more stress on combating the climatic change. They have carried out energy saving and pollutant discharge reduction all over China as an important move in implementing the Scientific Outlook on Development as well as the basic state policy of resources conservation. The objective of "the eleventh five-year period" has been put forward as that the energy consumption for 10 thousand GDP output value should reduce by 20% and the discharge of main pollutants should reduce by 10%; moreover, such work of various provinces, cities and departments will be examined and assessed in strict accordance with this objective.

So far, the existing construction area in urban and rural China has reached 44. 5 billion square meters, with 20 billion square meters in urban China and 24. 5 billion square meters in rural China. According to investigation, the building energy consumption in the whole country has amounted to over 28% of the end use energy of the whole society. In accordance with the experience of developed countries, this ratio will gradually increase to around 40% in 2025 with the growth in the living standard of the residents. On the basis of the spirit of the *State Council's Circular for Publishing a Plan of Energy Efficiency and Pollutant Discharge Reduction* (No. 15 document in 2007 of the State Council) and the *State Council's Circular for Endorsing the Statistics and Supervision of Energy Efficiency and Pollutant Discharge Reduction as well as the Implementation Plan and Methods of Assessment* (No. 36 document in 2007 of the State Council), during the "eleventh five-year period", energy consumption of per unit GDP should reduce by 20%, and the whole society should achieve the target of saving 560 million tons of standard coal, among which 110 million tons of standard coal will be saved through energy conservation in buildings, accounting for 20% of the total energy savings. Obviously, building energy conservation has become an important component of the energy conservation work of the whole society. The accomplishment of the task of energy conservation in buildings has a direct bearing on the realization of the overall objective of the state's energy conservation and pollutant discharge reduction.

During the twenty years since the worldwide oil crisis in 1973, the wording of the so-called "building energy conservation" has gone through three stages of development in developed countries: it was initially termed as "energy efficiency in buildings"; before long, it was changed into "energy conservation in buildings", which means the reduction in the loss of energy in buildings; afterwards, it was generally termed as "energy saving in buildings". In other words, it doesn't negatively mean not to use energy, but refers to increasing the efficiency of usage in the positive sense.

In China, it is still termed as energy conservation in buildings, but it should have the above third-level meaning, i. e. to make reasonable and efficient use of energy and constantly increase the energy utilization efficiency in buildings. The normative definition of energy conservation in buildings should be: in the process of planning, designing, construction and use of buildings, through employing energy-efficient materials and technologies and enhancing the energy use administration, we should reduce the energy consumption in buildings on the premise of ensuring the comfort of the indoor thermal environment of the buildings.

There was once another saying about energy consumption in buildings in China, i. e., energy consumption in buildings includes the energy consumption in building material production, building operations as well as the use of buildings. However, according to such saying, energy consumption in buildings spans different fields of industrial production and civil life, thus being not approved and accepted by the relevant competent departments as a result of its inconsistency with the internationally accepted statistical requirements. Therefore, the nowadays so-called energy consumption in buildings refers to the energy consumption in the use of the buildings, which includes energy consumption in building envelope, heating and air-conditioning, hot-water supply, lighting, cooking and electricity, etc. Generally speaking, heating and air-conditioning accounts for 65%, hot-water supply 15%, electricity 14% and cooking 6%. From the perspective of management, energy consumption in buildings includes that in building envelope, heating and air-conditioning, hot-water supply and lighting, etc., while energy consumption in cooking and electricity is excluded for it cannot be restrained.

By centering around the target of saving 110 million tons of standard coal during "the eleventh five-year period" through energy conservation in buildings, the Ministry of Housing and Urban-Rural Develoment of China has arranged to put into practice in the following fields: First, energy conservation in new buildings, which can save 70 million tons of standard coal; second, reform in heat supply system and energy conservation in existing residential buildings in the North, which can save 16 million tons of standard coal; third, energy conservation management and retrofrit of large public buildings, which can save 11 million tons of standard coal; fourth, the large-scale application of renewable energy in buildings, which can substitute for conventional energy sources of 11 million tons of standard coal; fifth, the popularization of green lighting in buildings, which can save 3 million tons of standard coal.

In 2009, the Chinese government made a solemn promise at the United Nations Climate Change Conference in Copenhagen, Denmark, that the carbon emission in 2020 in China will reduce by 40% to 45% compared with that in 2005. By the end of 2009, the objective of energy consumption reduction per 10 thousand yuan GDP during "the eleventh five-year period" nationwide had been accomplished by 15.38%. At the beginning of 2010, due to the large amount of new energy-consuming projects in several places, the energy consumption per unit GDP increased rather than decreased, and the energy conservation and pollutant discharge reduction was faced with a very serious situation. In order to ensure the accomplishment of the target tasks of energy conservation and pollutant discharge reduction during "the eleventh five-year period", the State Council convened a picture-phone conference in May this year. At the conference, the State Council carried out mobilization and arrangements for action, and put forward severe measures for punishment. At present, the various provinces and cities as well as different departments are acting promptly for implementation.

1.1 Origin of energy conservation in buildings in China

Located at the medium and low latitude of the Northern Hemisphere and spreading over a vast region, our country spans several climatic zones from south to north, respectively characterized by being severe cold, cold, hot in summer and cold in winter, hot in summer and warm in winter and mild, etc. Most regions in China are of an East Asian monsoon climate with strong characteristics of continental climate. It is very cold in winter, and the temperature is 5℃ to 18℃ lower than that in other regions of the world at the same latitude; while in summer, it is very hot, and the temperature is about 2℃ higher than that in other regions of the world at the same latitude. The long duration of summer and winter is an important characteristic of the climate in China. Since there have been no requirement for energy conservation in buildings in the aspects of building envelope and energy use system for a long time, there has been great energy consumption in heating in winter, cooling in summer, lighting and ventilation in buildings.

Since the world energy crisis in the 1970s, the developed countries have successively laid down their respective regulations on energy conservation, in an effort to control the energy waste and protect the environment. Since the end of 1970s, the Chinese government has formulated a series of instructions and regulations on fuel, motive power and heating power in order to relieve the strained energy supply. On the basis of summarizing the energy conservation experience and the implementation of regulations nationwide, the State Council formulated and issued the *Interim Regulations on Energy Conservation Management* in January 1986, which played an important role in enhancing energy control, popularizing energy saving technologies, tapping the energy conservation potential, reducing energy consumption, protecting the environment and promoting the economic growth. There are 10 chapters, altogether 60 articles of the regulation. In Chapter 6 "Management of Energy for Life in Urban and Rural Areas", it is requested that "on the premise of ensuring the reasonable living environment indoors, the buildings should be designed in such a way as to reduce energy consumption in lighting, heating and cooling through the comprehensive measures of well establishing the building size and orientation, improving the building envelope, choosing low energy-consuming facilities and making full use of the natural light sources. Develop central heating. As for heating in new residential buildings and public buildings, it should be planned in a unified way and adopt central heating. For the existing dispersed heating system, we must take active measures, gradually phase out low-efficiency boilers and carry out central heating. The heating facilities in buildings should adopt or change into hot-water heating according to the principle of economic rationality. Meters should be installed to measure and charge for the electricity, water and gas used by urban and rural residents, and the flat fee system and free supply should be cancelled."

In order to implement the *Interim Regulations on Energy Conservation Management* of the State Council, the previous Ministry of Urban and Rural Construction and Environmental Protection issued the circular on *Implementation Rules for Energy Conservation Management in Urban Construction* on Jan 10th, 1987. From the perspective of saving the heating energy in buildings, the circular requested that "heating in residential and public buildings in the three Norths (for northwest China, North China and Northeast China) should make use of various heat sources and develop urban central heating. The industrial exhaust heat and geothermal resources should be actively utilized. All newly-built thermal power plants around the city should supply heat to the city. As for new residential and public buildings, heat supply must be oriented to vast stretches of areas and no dispersed boiler should be constructed. The existing low-efficient boilers for dispersed heating should be gradually phased out. Gases, heat and running water for urban residents should be metered and charged for. And flat fee system and free supply should be cancelled. Gases, heat and running water for industrial uses should be metered and supplied on a fixed base. Excess usage should be charged for according to progressive increase measures." The publishing of the above policies and regulations as well as the implementation of *Energy Conservation Design Standard for Civil Buildings (for Heating and Residential Buildings)* (JGJ 26—86) issued in March 1986 symbolize the rising and beginning of the energy conservation cause in buildings in China.

1.2 Development history of energy conservation in buildings in China

So far, the total population of our country has exceeded 1.3 billion, the urban population reached 622 million in 2009, accounting for 46.6% of the whole country, while the rural population reached 713 million, accounting for 53.6%. Nowadays, 80% of the urban construction, around 16 billion square meters belongs to non-energy-efficient construction. Among these buildings, especially those built without adopting any energy conservation measures before 1986, the heat preservation and heat-proof performance is poor, the thermal efficiency of the heating system is low and the energy consumption for heating per unit building area is three times of that in developed countries. Therefore, although under the previous conditions of the planned economy, the region with heating provision was only limited to cities and towns in the North, the heat supply for urban buildings every year would consume 130 million tons of standard coal, accounting for around 11.5% of the energy consumption of the whole country as well as over 20% of the energy consumption of the whole society within the region with heating provision. In some severe cold regions, the energy consumption of urban buildings would account for as high as 50% of the energy consumption of the society in the locality; and the rural buildings would utilize non-commercial energy equaling around 248 to 260 million tons of standard coal. Since our country is relatively short of natural resources and energy resources, with the continual improvement in people's living standard, there are increasingly urgent demands for the comfort of the thermal environment in buildings. The central region of China used to be without heating, however, heating facilities are more and more extensively applied in urban and rural houses there. Air-conditioners are widely installed in the hot areas in South China, even in the whole country so as to improve the indoor environment quality in summer. The number of air-conditioner ownership per hundred household nationwide increases from 0.71 in 1991 to 30.76 in 2000. In some hot cities in the south such as Shanghai, Guangdong and Chongqing, the installation ratio of air-conditioners respectively reaches 96.4%, 98.04% and 81.33%. According to the investigation on some residence communities in Wuhan, the number of air-conditioners installed per hundred household is 188. The energy consumption needed to reduce the temperature of per unit volume of air by one centigrade is six times of that needed to raise the temperature of one centigrade of the same volume of air. Thus it can be seen that air-conditioners have become a major cause of the energy consumption in the local buildings. Expenses on energy per capita of the urban residents nationwide per year (excluding the expenses on the heating energy of the central heating facilities) have grown from 38.82 in 1991 to 235.43 in 1998 and 258.09 in 1999, well above the rent expenses for the period. Besides, it is impossible to carry out timely energy conservation retrofit to the large quantities of old buildings, and the phenomenon of high energy consumption will continue.

The heating energy for urban buildings in China mainly comes from coal, while that for rural buildings mainly comes form firewood and straw. Therefore, carbon dioxide, sulfur dioxide and smoke are discharged in large amount, thus ruining the ecological environment. Besides the environmental pollution, they will aggravate the greenhouse effect on the atmosphere.

Having noticed the seriousness of the above situations, the Ministry of Construction-the functional department of the government for administering engineering construction and the construction industry, urban construction and municipal public utilities, urban and rural housing and real estate and village and town construction-formulated and implemented a series of energy conservation policies in buildings following the policy of Reform and Opening up as early as in 1980.

The work of energy conservation in buildings has gone through the following four stages in our country:

Stage one (~1986): theoretical exploration;

Stage two (1987 ~2000): pilot demonstration and popularizing;

Stage three (2001 ~2005): a transition stage;

Stage four (2006 ~): implementation in an all-round way.

This chapter will elaborate on the major policies and regulations issued, technical standards and norms, main achievements and existing problems in the work of energy conservation in buildings in different stages of the development history of energy conservation in building in China.

1.2.1 Stage one (~1986): Theoretical exploration

The work of energy conservation in buildings of our country began with the implementation of the Reform and Opening up policy at the beginning of the 1980s. Under the support of the National Economy Commission and the State Development Planning Commission, the Ministry of Construction has carried out an investigation on the energy consumption of civil buildings and a research on energy conservation technologies and standards of buildings. The first volume *Energy Conservation Design Standard for Civil Buildings (for Heating and Residential Buildings)* (JGJ 26—86) was issued in March 1986 and put into force on Aug. 1st, 1986. The target of building energy conservation rate is 30%, i.e., the energy consumption of new heating and residential buildings should be reduced by 30% compared with the heat consumption level generally designed for the local residential buildings from 1980 to 1981. Governments of some provinces, autonomous regions and municipalities in the North, some regions in the South as well as the transition regions from North to South have successively formulated the implementation rules on such energy conservation design standard on the basis of the actual conditions of the climate, construction technology, materials and products. Meanwhile, they have organized the relevant departments to carry out the research and formulation of *Thermotechnical and Air-Conditioning Energy Conservation Design Standard of Tourist Hotel Buildings*.

The work at this stage is mainly centered on some theoretical research, from which we have learned about the development situation of energy conservation in buildings overseas, drawn some experience of the development of energy conservation in buildings from the foreign developed countries, made some beneficial explorations of the development of energy conservation in buildings of our country and laid a solid foundation for the work of energy conservation in buildings in the future.

1.2.2 Stage two (1987 ~2000): Pilot demonstration and popularizing

On the basis of the first stage, the Ministry of Construction, the State Development Planning Commission, the National Economy Commission and the National Building Materials Bureau joined to make arrangements and requests for implementing *Energy Conservation Design Standard for Civil Buildings (for Heating and Residential Buildings)* in September 1987. In order to carry out and implement the "Energy Conservation Standard", the Ministry of Construction, the National Building Materials Bureau, the Ministry of Agriculture and the State Land Bureau joined to set up the leading group and office of wall materials innovation and formulated *Opinions on Accelerating the Innovation of Wall Materials and Popularizing Energy Efficient Buildings* in 1988, which was approved by the State Council to be printed and distributed nationwide for implementation. Moreover, they carried out engineering pilot demonstration of energy conservation in buildings in pilot residential communities in Harbin, Heilongjiang Province and Chengdu, Sichuan Province.

In 1992, the Ministry of Construction organized pilot projects of energy conservation in buildings in eight provinces and cities nationwide again. Meanwhile, governments of some places which had done the work of energy conservation in buildings pretty well began to conduct large-scale and high-level pilot projects of energy conservation in buildings. These pilot demonstration yielded sound effects and provided successful experience for promoting the overall work of energy conservation in buildings.

In September 1993, the Ministry of Construction officially issued *Thermotechnical and Air-Conditioning Energy Conservation Design Standard of Tourist Hotel Buildings* (GB 50189—93), which was the first of its kind to aim at commercial buildings in China, and began to carry out the energy conservation work in commercial buildings. Before that, the Ministry of Construction had issued a series of standards and norms in the respect of energy conservation design in buildings such as *Lighting Design Standard for Civil Buildings* (GBJ 133—90) in May 1990 and *Thermotechnical Design Specifications for Civil Buildings* (GB 50176—93) in March 1993.

In 1994, according to the requirements of the Chinese government for strengthening the energy conservation work, the Ministry of Construction established the energy conservation office in 1994 in an effort to promote the sustainable development of human settlements. Since the energy conservation work involves many other aspects, the energy conservation coordinating group of the Ministry of Construction has been specially founded in order to facilitate the work. A new stage thus began characterized by organized formulation and implementation of building energy conservation policies.

First, *Building Energy Conservation "Ninth Five-Year" Plan and Plan for* 2010 was formulated, establishing the target, emphasis, task, implementing measures and steps of energy conservation; second, *Energy Conservation Design Standard for Civil Buildings (for Heating and Residential Buildings)* (JGJ 26—95) was revised to save energy by 50% ("New Standard" for short); *Building Energy Conservation Technical Policy and Energy Conservation Technical Policy for Municipal Public Utilities* were drawn up and issued; and the building energy conservation center of the Ministry of Construction was organized and built. From then on, the preparations in the aspects of technology, technical standard, organization and policy had been completed for conducting energy conservation in buildings all over China.

In September 1996, the Ministry of Construction convened the national building energy conservation working conference, at which it made specific arrangements and work assignments for carrying out the building energy conservation work in an all-round way in China, executing the new standard for energy conservation in buildings and achieving the second-step objective of saving energy by 50%. In February 1997, the Ministry of Construction, the State Development Planning Commission, the National Economy Commission and the State Administration of Taxation also made specific requirements for the time limit and range of implementing *Energy Conservation Design Standard for Civil Buildings (for Heating and Residential Buildings)* ("New Standard").

1.2.2.1 Policies and regulations

In order to encourage and promote the work of energy conservation in buildings, the Chinese government has laid down some encouragement policies and administrative regulations accordingly.

(1) In April 1991, No. 82 Ordinance of the Premier was issued by the State Council, explicitly stipulating that residences conforming to the *Energy Conservation Design Standard for Civil Buildings (for Heating and Residential Buildings)* are energy-efficient residences of the

North and the regulation tax rate of the fixed assets for investment is zero.

(2) In order to promote the engineering progress of the energy conservation in buildings and various kinds of fixed assets projects for investment, the State Development Planning Commission (in charge of investment), the National Economy Commission (in charge of technical transformation) and the Ministry of Construction (in charge of construction) jointly formulated *Interim Regulations on Adding the "Energy Conservation" Chapter to the Feasibility Study Report on Capital Construction and Technical Transformation Projects* in 1992, which stipulates that from the proposal, demonstration and approval of the fixed assets project for investment, we should first make special demonstration, design, examine and approve, as well as construct as regards energy conservation. In December 1997, in line with the relevant provisions of *Law of Energy Saving of the People's Republic of China*, the State Development Planning Commission, the National Economy Commission and the Ministry of Construction jointly made revisions to the original regulations and formulated *Compiling and Appraising Regulations on the "Energy Conservation" Chapter of the Feasibility Study Report on Fixed Assets Projects for Investment*, explicitly stipulating the requirements for energy conservation and the appraisal standards.

(3) Before then, in January 1988, the Ministry of Construction issued *Implementing Regulations on Energy Conservation Administration for Urban Construction*. From the perspective of saving the heating energy for buildings, it requested that "heating for residents and public buildings in the three Norths should make use of various kinds of heat sources and the central heating should be developed in the city. Industrial exhaust heat and geothermal resources should be actively utilized and all newly-built thermal power plants around the city should supply heat to the city. As for new residential and public buildings, heat supply must be oriented to vast stretches of areas and no dispersed boiler should be constructed. The existing low-efficient boilers for dispersed heating should be gradually phased out. Gases, heat and running water for urban residents should be metered and charged for. And flat fee system and free supply should be cancelled. Gases, heat and running water for industrial uses should be metered and supplied on a fixed base. Excess usage should be charged for according to progressive increase measures."

(4) In February 1998, the State Development Planning Commission, the State Economy and Trade Commission, the Ministry of Power Industry and the Ministry of Construction printed and distributed *Several Regulations on Developing Cogeneration* (Jijiaoneng [1998] No. 220);

(5) In order to accelerate the work of energy conservation in buildings and strengthen the energy conservation administration of civil buildings, raise the energy utilization ratio and improve the indoor thermal environment, the Ministry of Construction formulated *Administrative Regulations on Energy Conservation in Civil Buildings* in 1999, Which issued as No. 76 Ministerial Ordinance of the Ministry of Construction of the People's Republic of China. It took effect as from Oct. 1st, 2000.

As administrative rules at the level of the ministries and commissions of the country, No. 76 Ministerial Ordinance takes the lead in stipulating the various tasks, obligations of the relevant responsible body, ways of punishment upon violating and standards with respect to energy conservation in buildings. The regulations are applicable to the examination and approval, designing, construction, project quality supervision, completion acceptance and property management of the following construction projects: ①newly built and extended residential buildings and their ancillary facilities with central heating in severe cold and cold days designated by *Climate Region Standard for Buildings*; ②newly built, rebuilt and extended tourist hotels and their ancillary facilities.

The issuing and implementing of *Administrative Regulations on Energy Conservation in Civil Buildings* (No. 76 Ordinance of the Ministry of Construction) has filled the gap that there were no department rules for energy conservation in buildings to abide by and played an active role in strengthening the energy conservation administration for civil buildings, raising the energy utilization ratio and improving the indoor thermal environment.

(6) Policies for utilizing solar energy and early new energy by buildings of our country.

Our country is abundant in solar energy resources. For over two thirds of the territory, the sunshine hours reach 2200, and the total irradiation per year is around 3340 ~ 8360MJ/(m^2 · y). Heat yielded per square meter per year equals that of 110 ~ 280kg standard coal. It has been 20 years since solar energy was first applied to buildings in China. Although many achievements have been made, the level of application is generally low and the development is retarded. In order to further promote the application of solar energy to buildings, the Ministry of Construction has preliminarily formulated "the sunshine project for residence in China", which includes the target, task and 10 measure of action. Besides, they hope to cooperate with the relevant state departments as well as international organizations, so that they can get the funding and budgetary support.

1.2.2.2 Technical standard and norms

Establishing and perfecting the system of building energy conservation standard and norms is of vital importance to pushing forward the work of energy conservation in buildings in the way of standardization and normalization. Firstly, the building energy conservation system is the standard and basis for constructing energy-efficient buildings. It can guide the relevant responsible bodies such as the design institutes and the construction organizations to conduct their respective construction activities according to the corresponding standards. Secondly, the mandatory provisions in the building energy conservation standard system can normalize the business activities of the relevant building organizations, design institutes and construction units in the process of energy conservation in buildings, and they are of certain mandatory force. Thirdly, the establishment of the building energy conservation standard system will enable the whole process of the planning, designing, examination of drawings, construction, supervision, quality monitoring, completion acceptance and operation of the construction project to have standards to abide by, thus ensuring the work of energy conservation in buildings is put into real practice.

At this stage, the energy conservation standard and norms related with energy conservation in buildings successively promulgated include:

(1) *Heating and Ventilation and Air-Conditioning Design Specifications* (GJG 19—87);

These specifications are applicable to the design of heating, ventilation and air-conditioning of newly built, extended and rebuilt civil and industrial buildings, but not applicable to the design of buildings with special purpose, special purification and protection requirements, clean plants and temporary buildings.

(2) *Lighting Design Standard for Civil Buildings* (GBJ 133—90);

This standard is specifically formulated in order to make the lighting design for civil buildings conform with the building functions and the need to protect people's ocular health, as well as make it be energy efficient, technically advanced, economically reasonable, safe to use and convenient to maintain. This standard is applicable to the lighting design of newly built, rebuilt and extended public buildings and residence.

(3) *Thermotechnical and Air-Conditioning Energy Conservation Design Standard of Tourist Hotel Buildings* (GB 50189—1993);

This standard is applicable to the energy conservation design of newly built, extended and rebuilt tourist hotels. The thermotechnical and air-conditioning energy conservation design of tourist hotel buildings should also fulfill the provisions of the relevant state standard and norms apart from this standard.

(4) *Urban Heat Supply Network Design Specifications* (GJJ 34—90);

These specifications are specifically formulated in order to save energy, protect the environment, promote the production, protect people's life, accelerate the development of the cause of urban central heating as well as raise the level of central heating engineering design. These specifications are applicable to the process system design of newly built or rebuilt urban heat supply pipelines, relay pump stations and consumer substations with thermal power plants and district boilers as the heat sources.

(5) *Thermotechnical Design Specifications for Civil Buildings* (GB 50176—1993);

These specifications are formulated in order to conform the thermotechnical design of civil buildings with the regional climate, ensure the basic requirements for the indoor thermal environment, consist with the state principle of saving energy and put forward high returns on investment. They are applicable to the thermotechnical design of civil buildings. The thermotechnical design of buildings mainly includes the heat preservation, heat insulation and damp-proof design of buildings and their envelope structure.

(6) *Energy Conservation Design Standard for Civil Buildings* (*for Heating and Residential Buildings*) (JGJ 26—1995);

This standard is applicable to the thermotechnical and heating energy conservation design of newly built and extended residential buildings with central heating. Residential buildings mainly include housing construction (accounting for around 92%), dormitories, guesthouses, hotels and nursery construction, etc. And the central heating refers to the way of supplying heat to buildings through pipelines from such heat sources as dispersed boilers, community boilers and urban heat supply network. If there is any requirement for energy conservation by rebuilt residential buildings, it should be executed according to the provisions of relevant existing standard and norms of the state. With regards to the other civil buildings with similar functions of use as residential buildings as well as ancillary buildings of industrial enterprise, since what kinds of buildings they include on earth and how to utilize them are not specific enough, they do not fall into the scope of application of this standard. As for residential buildings for which there is temporarily no condition to practice central heating, the energy conservation of their envelope structure should be carried out according to this standard. First, it will help energy conservation and improve the indoor thermal environment; and second, it will create favorable conditions for setting up the central heating when possible in the future. This standard was approved on Dec. 7th, 1995 and put into effect on July 1st, 1996.

(7) *Energy Conservation Retrofit Technical Regulations of Existing Heating and Residential Buildings* (JGJ 129—2000);

These regulations are formulated in an effort to implement the *Law of Energy Saving of the People's Republic of China* and the state regulations with respect to energy saving, change the current situation that energy consumption for heating of the large quantities of existing residential buildings is large and the thermal environment is of poor quality in the severe cold and cold regions of our country, save energy and improve the thermal environment through taking effective technical measures of energy conservation retrofit. These regulations are applicable to the energy conservation retrofit of existing residential buildings with central heating in severe cold and cold regions of China; as for existing residential buildings without central heating, the energy conservation retrofit of the heating system of their envelope structure should be carried out in direct accordance with the relevant provisions of the regulations.

1.2.2.3 Main achievements

On the basis of the work at the first stage and after the unremitting efforts of over a decade, our country has made great achievements in the field of energy conservation in buildings, mainly in the following aspects:

(1) Having carried out the research on the buildings energy conservation technologies in a deep-going way, and yielded a series of scientific and technological achievements with practical value. Over the decade, the relevant departments of the Chinese government have been always regarding energy conservation in buildings as a major aspect of the scientific and technological work of buildings. Starting with improving the thermal instrlation performance of the envelope structure of buildings as well as raising the quality of the living condition, they have arranged hundreds of scientific and technological research projects in the aspects of energy conservation building system, new type energy-efficient walls and roof insulating materials, closed energy-efficient insulating doors and windows as well as heat supply and heating system, and have made a series of scientific and technological achievements on energy conservation in buildings which are of a certain level and practical value. Among the achievements, over 10 have been awarded the National Prize for Progress in Science and Technology, and 69 awarded the Prize for Progress in Science and Technology by the Ministry of Construction, mainly including residential building applicable technology research and pearlite insulation mortar, faced polyphenyl board heat insulation, reflecting insulating curtain, energy conservation retrofit of old houses, insulating composite walls and roof, concrete and rock wool composite external wall panel, heat supply pipe network hydraulic equilibrium technology, energy conservation retrofit of existing buildings, air brick walls, buildings with aerated concrete

walls, energy conservation design principle and method for heating and residential buildings, pumecrete small building-block walls, etc. Besides, a multitude of energy conservation technology systems have been formed which accords with the national conditions of our country.

(2) Having conducted the developing, popularizing and application of products related with energy conservation in buildings and promoted the industrialization of the building energy conservation technology. By combining the climate and resource conditions of our country, large quantities of new type composite walls and their assorted insulating products of various kinds have been developed which meet the requirements of the building energy conservation technology.

Moreover, great achievements have been made in such aspects as solar energy building application technology, hydraulic equilibrium temperature control valve of the heating system, radiator, heat supply metering, building and urban lighting energy-saving electrical appliance as well as the control system and software development.

(3) Led by pilot demonstration, a multitude of energy-saving residence and buildings have been constructed. Since 1992, we have conducted building energy conservation pilot projects and pilot housing estate construction successively in 8 cities in Beijing, Hebei Province, Liaoning Province, Gansu Province and Ningxia. In 1999, we organized 20 pilot projects and pilot housing estate. Besides, different types of building energy conservation pilots were launched in some other places, which brought along the construction of energy-saving buildings. According to incomplete statistics, the area of energy-saving residence had accumulated to 140 million square meters by 1999.

(4) Having formulated the policy of national building energy conservation technology training and carried out the training work of energy conservation in buildings on a large scale. We have adopted the strategy of central-local two-stage training: at first, the building energy conservation center of the Ministry would conduct teacher training for the local; and then the local government would organize building energy conservation training in the locality, which has yielded rather good effects. To 2000, there have been two advanced training classes nationwide, and over 800 people from Beijing, Tianjin, Hebei, Inner Mongolia, Hubei, Chongqing, Shanxi and Ningxia have took part in the building energy conservation training, which has played an effective role in promoting the work of energy conservation in buildings throughout the country.

(5) Having extensively launched the international cooperation on energy conservation in buildings. Since the 1980s, the relevant authorities of the Chinese government have successively cooperated with other countries. They cooperated with Sweden to carry out a research on the natural cooling of residence in tropical and subtropical zones. They collaborated with Britain to build demonstration energy-saving residence and make demonstration retrofit to the original residence. They established contact with the building energy conservation institutions of Denmark, Germany, Finland, France and America, and carried out inter-governmental cooperation on energy conservation in buildings with Canada. As the first batch of priority projects of the sustainable development of human settlements in implementing the China Agenda for the 21st Century, the cooperation was

officially launched in August 1997. Cooperation between some international organizations of energy conservation in buildings and our country is in progress.

1.2.2.4 Existing Problems

Since the work of energy conservation in buildings is relatively new, and our country has no successful experience in this regard, we have been exploring and progressing. Although we have made some achievements, we have also met many problems demanding prompt solution. The problems at this stage mainly include:

1. The technical data of the building energy conservation standard is backward.

The developed countries in the world attach great importance to the work of energy conservation in buildings, and continually revise their building energy conservation standard. For example, Denmark has revised it for 6 times and Britain, France and Germany have revised for 4 times to 2004. In particular, with the continuous improvement in the comfortable degree of people's life, the energy conservation standard of new construction has been three to five times of the original standard in Britain and Germany. However, the building energy conservation standard of China was formulated in 1986, and was revised only once in 1995. Therefore, the technical data with regard to heat-transfer coefficient of the envelope structure, heating, ventilation and air-conditioning prescribed by the building energy conservation technical standard is well below the level of the developed countries.

2. The implementation rate of the building energy conservation standard is low.

Since the building energy conservation standards issued by the state are not mandatory, they have not been entirely carried out and implemented yet so far. There has been lacking the force in execution and the situation of lax law enforcement has been very serious. In 2000, the Ministry of Construction organized a check on the implementation of the building energy conservation design standard in the two municipalities and some provinces and autonomous regions in the North to find that the number of energy-saving buildings meeting the building energy conservation design standard only accounted for 6.4% of the total number of buildings at that period. By the end of 2000, the floorage of existing buildings nationwide had consisted of 7.66 billion square meters (residential buildings taking up 57.6%) in the city and 20.04 billion square meters (residential buildings taking up 80%) in the countryside. Among them, only 180 million square meters are up to the heating building energy conservation design standard, only accounting for 0.6% of the total floorage of the urban and rural buildings and 2.3% of the floorage of urban buildings.

The implementation rate of the energy conservation standard of new construction is extremely imbalanced nationwide, which is shown in the following respects:

(1) Imbalanced development between different regions. On the whole, the development in the North is relatively rapid as a result that the building energy conservation design standard was issued early. In contrast, the implementing process in the transition region and the South is still in its infancy and is slow. Within the same province (district or city), generally speaking, the work will progress quickly in areas that are fairly developed economically, while the work is retarded in less-developed areas.

(2) Imbalanced development between city and countryside. At present, the work of energy conservation in buildings is mainly carried out in cities and the various measures and steps are implemented well. While outside the urban area, especially in villages and towns, the work is not conducted, the energy conservation design standard is basically not executed for new construction and the relevant management measures are not in place.

Since the energy conservation retrofit of existing construction involves such aspects as investment and financing, house ownership and regulations, among the over 30 billion square meters of existing construction nationwide, the vast majority are still non-energy-saving construction and are wasting energy greatly.

3. The utilization ratio of new technology, new materials and new products of energy conservation in buildings is low.

Since the strategy of energy conservation was proposed at the beginning of the 1980s, many experts and scholars have become fully aware of the important role of building energy conservation in energy conservation, and carried out a lot of research and development of new technology, new materials and new products of energy conservation in buildings in scientific institutes and institutions of higher learning. So far, the scientific research has yielded many achievements in the aspects of ventilation technology, solar protection technology, heliotechnics, reclaimed water system technology, ground source technology, energy-saving wall materials, energy-saving doors and windows as well as heating and refrigeration equipment. However, most of these new technologies and new products are just used in research papers and are seldom put into practice. The R&D is seriously divorced from practical application, so that its due social and ecological value is not brought into play. Although in some places, the energy-saving technology and materials developed are put into use, such problems usually exist in use as the inferior quality of insulating materials, immature construction technology and unstable performance of the energy-saving products, which similarly hold back the contributions of new technology, new materials and new products of energy conservation to the work of energy conservation in buildings. Key technologies of energy conservation in buildings, such as the outer wall envelope system, efficient heating and cooling system and the application of renewable energy sources to buildings, are not well coordinated with each other. Besides, some problems of the technical details of durability (with the same life span as buildings), fire prevention, wall bricks fixing externally, and repairing and maintaining are not properly solved. Altogether, these problems have made the property developers full of worries in their technological choice. Compared with the international level, the existing technologies are mostly of a low level, the system is poor supported and the industrialization is of a low degree. If the energy conservation standard is raised substantially, most of the existing technologies will be difficult to handle accordingly.

4. The market of energy conservation in buildings is developing slowly.

Since the construction of energy-saving buildings in China is mainly through some pilot demonstration projects in some cities, there has been a small supply and a mature market of energy conservation in buildings has not taken shape yet. Therefore, we cannot conduct effective resource allocation to energy-saving buildings, or exert an influence on their supply and demand and price orientation by making use of the market mechanism. The market of energy-saving buildings has not grown well and progressed in difficulty. It lacks the market supervision and management mechanism and is poorly-ordered. It makes the energy-saving buildings impossible to be traded in accordance with the normal competition criterion. Energy-saving buildings are usually squeezed out by traditional buildings on the market and it is hard for them to occupy the market share. Moreover, the building energy conservation technology, materials and talent market have not been established yet, which makes it difficult to provide corresponding technical service and reserve force for carrying out the work of energy conservation in buildings.

1.2.3 Stage three (2001 ~ 2005): Transition stage

Entering into the 21st century, the work of energy conservation in buildings continues with the past and opens up the future. Constantly faced with new opportunities and challenges, it has developed by leaps and bounds through the concerted efforts of the whole country. Since the energy conservation in buildings was popularized in the Northern region with heat provision in 1980s, the building energy conservation work has gone through a difficult but splendid development history of over 20 years. Its popularizing has covered the severe cold and cold region in the North, the transition region with hot summer and cold winter as well as the region with hot summer and warm winter in the South. Residential buildings and public buildings are all included, and the energy conservation standard for public buildings also applies to regions in temperate climatic zone. However, since a long time ago, the energy conservation in buildings has not been attached enough importance to by the relevant departments in some places, where the competent authorities of construction had an insufficient understanding of the importance, there lacked proper management and supervision, so that the work of energy conservation in buildings suffered undue impairment and losses. Various misconducts appeared, for example, the compulsory standard articles of energy conservation in buildings were not strictly abided by, and the technical measures of the building energy conservation standard were reduced or cancelled at will. Meanwhile, the violation of the building energy conservation standard was not investigated and punished in some places.

The following part will elaborate on the main policies and regulations, technical standard and norms issued, major achievements made and the existing problems with regard to the implementing of the energy conservation work in buildings of our country in the first five years of the 21st century.

1.2.3.1 Policies and regulations

With the in-depth development of the work of energy conservation in buildings, No. 76 Ministerial Ordinance becomes inadequate to meet the requirements of the new situation: First, the application scope is limited, and it is difficult to fulfill the requirements of the energy conservation management of civil buildings (for residential and public uses) in regions with hot summer and cold winter as well as regions with hot summer and warm winter; second, in the process of the engineering construction of buildings, the energy conservation management procedure is not linked up and there are still management gaps in some links; third, the management system of the building energy conservation work is not perfect, the overall supervision is insufficient and new mechanism should be introduced; fourth, the energy conservation performance after the completion of the buildings cannot be established, so it is difficult to provide energy conservation indicators for house-buyers and effectively restrain the construction organizations' violation of the energy conservation standard.

In order to solve the new problems faced with the building energy conservation work, timely adapt to the energy conservation of residential buildings in regions with hot summer and cold winter and regions with hot summer and warm winter, as well as the energy conservation of public buildings, esp. large public buildings of which the individual construction floorage exceeds 20,000 square meters in various climatic zones, and strengthen the supervision of the relevant responsible body on energy conservation in buildings at the stage of designing, construction, supervision, quality monitoring and completion acceptance, the Ministry of Construction organized to revise the original No. 76 Ministerial Ordinance *Administrative Regulations on Energy Conservation in Civil Buildings* in 2005. On the basis of summarizing the experience of promoting the work of energy conservation in buildings domestically, they have collected, analyzed and learnt the successful practice of energy conservation in buildings from overseas, esp. from the developed countries. After repeated discussions and revisions, the new version of *Administrative Regulations on Energy Conservation in Civil Buildings* was issued as No. 143 Ministerial Ordinance of the Ministry of Construction of the People's Republic of China. It took effect as from Jan. 1st, 2006.

The main measures of *Administrative Regulations on Energy Conservation in Civil Buildings* (No. 143 Ministerial Ordinance) include:

(1) The new Regulations enlarge the scope of adjustment so as to adapt to the new situation of energy conservation in buildings.

Firstly, in order to facilitate the construction system and the whole society to understand and grasp the meaning of energy conservation in buildings, and in the light of the flaw in the original No. 76 Ministerial Ordinance *Administrative Regulations on Energy Conservation in Civil Buildings* as being void of a definition of energy conservation in buildings, the new Regulations give an explicit definition of energy conservation in buildings and emphasize that energy conservation in buildings is a "rational and effective activity to make use of energy". Meanwhile, they make adjustments in the following aspects:

First, the scope of application is widened. The regions of application are enlarged above all. With the improvement of people's living standard, there are higher and higher demands for the use comfort of buildings. As for regions with hot summer and cold winter, people demand heating in winter and cooling in summer; while for regions with hot summer and warm winter, cooling in summer has become a universal phenomenon, which has led to the continuous rising of the energy consumption in buildings. Therefore, there is an urgent need to strengthen the building energy conservation management. In the new Regulations, the scope of application is widened to include all climatic zones of China. Next, the applicable types of buildings are enriched. In the past, the Ministry of Construction only promulgated and implemented the energy conservation design standard for residential buildings. With the issuing of Energy Conservation Design Standard for Public Buildings on April 4th, 2005, the conditions are ripe for strengthening the energy conservation management of civil buildings in an all-round way. As a result, the new Regulations widen the scope of application to include all civil buildings for residential and public purposes.

Second, the scope of statistics of energy consumption is widened. The previous No. 76 Ordinance only prescribes to record and report the energy consumption of heating equipment. In view of the difference in energy use between buildings in various climatic zones, the new Regulations stipulate that the heat supplying units, the units owning the property rights of buildings and their entrusted estate management units should do a good job of energy conservation in the energy system of buildings and accept the check on the operation of energy-consuming equipment. The management should be strict and impartial.

(2) Define clearly the responsible body of the various links and practice closed management in the overall process:

The new Regulations make revisions to the original management procedure in the following aspects: First, the link of check on the design and construction drawing. It is stipulated that the censorship of the design and construction drawing should issue the examination report or give the comments on the design of energy-saving projects; second, it prescribes that the competent authorities of construction should monitor and examine the construction quality of the envelope structure of buildings and the heating or cooling system which will have a direct influence on the energy conservation performance of the buildings; third, it requires the real estate developers should display such basic information as the energy conservation measures of the commercial housing they sell and the insulating performance index of the envelope structure prominently at the sales site, and specify such information in *Residence Working Instructions*; fourth, the Regulations lay down the operation and management standard of energy-saving buildings and the corresponding management system. For those that take the liberty of changing the energy conservation measures and affect the interests of others, they should be ordered to make amendments and bear the related costs.

(3) Push forward energy conservation in buildings in an all-round way through combining planning, standard and refrofit together.

The building energy conservation planning is a systematic project, and it is a subsystem of the energy conservation planning of the country or that region. The new Regulations specify that: the competent authorities of construction of the State Council should formulate the national special planning for energy conservation in buildings on the basis of the national energy conservation planning; the competent construction authorities of the People's government of provinces, autonomous regions and Municipalities should lay down the local special planning for energy conservation in buildings based on the local energy conservation planning and organize its implementation. Besides, the Regulations also make requirements for the town and country planning, energy conservation standard and the energy conservation retrofit of existing buildings.

First, energy conservation in buildings is required to be highlighted in the link of town and country planning. Town and country planning is the blueprint and basis of town and country construction. It normalizes the principles and ways of comprehensive utilization and economization of energy and resources in town and country construction, and has a close relationship with energy conservation in buildings. Therefore, the new Regulations propose that various types of town and country planning should carry out research on the influence of comprehensive utilization and economization of energy and resources on the overall arrangement of towns and countries, setting up of the functional zones, construction characteristics and infrastructure allocation, and raise the energy utilization ratio of buildings.

Second, the building energy conservation standard system should be perfected. The perfection of the building energy conservation standard system has a direct impact on the quality and benefits of the launching of the building energy conservation work. An important factor of the high level of energy conservation in buildings in developed countries is that they have a thorough set of building energy conservation standard system. Therefore, the top priority in pushing forward the building energy conservation work of our country is to set up and perfect the building energy conservation standard system. The new Regulations propose that: the competent construction authorities of the State Council should organize the formulating of the relative standard of energy conservation in buildings and establish and perfect the building energy conservation standard system in accordance with the state of building energy conservation development and the principle of being technically advanced and economically reasonable; the competent construction authorities of the People's government of provinces, autonomous regions and Municipalities should execute the relevant national regulations on energy conservation in civil buildings strictly, and they can formulate local standard or implementing regulations that are more strict than the national energy conservation standard for civil buildings.

Thirdly, requirements are also made for energy conservation retrofit of existing buildings. Energy conservation retrofit of existing buildings has long been a long-standing, big and difficult problem of the building energy conservation work. However, the previous No. 76 Ministerial Ordinance has not clearly put forward an energy conservation retrofit plan of existing buildings. Therefore, the new Regulations add this part of content, proposing that the state encourages diversified and multi-channel investment on energy conservation retrofit of existing buildings, and the investors are entitled to returns on energy conservation retrofit according to the agreement. The state encourages the research and formulating of the financing methods of energy conservation retrofit of existing buildings in the locality and the related incentive policies. Meanwhile, it is required that energy conservation retrofit of existing buildings should take into account of the life span of buildings. The necessity, feasibility and return on investment should be verified in a scientific way. Moreover, energy conservation retrofit should comply with the requirements for building energy conservation standard, guarantee the safety of structure and optimize the functions of buildings.

(4) Strengthen the energy use system management and set up the energy consumption statistical system.

Two systems have been established in order to effectively promote the energy conservation management in the service phase of buildings. First, the system of energy-saving building operation management has been set up. The operation management of energy-saving buildings is the terminal link to ensure that energy conservation in buildings will actually yield energy-saving benefits. The key of the previous phenomenon of "being not energy-efficient of energy-saving buildings" lies in the neglect of the management in the operational process of energy-saving buildings. Therefore, the new Regulations propose to set up the system of energy-saving building operation management, under which the house owners of the estate management unit should build energy use files, make inspection and evaluation of the equipment and system in a timely way and carry out maintenance and updating regularly. Second, the energy consumption statistical system is set up. Based on the experience of developed countries, the establishment of the building energy consumption statistical system can enable us to understand and master the development trend of energy consumption in buildings in the macroscopic view, and provide detailed, accurate and reliable data for controlling the growth of energy consumption in buildings and carrying out the work of energy conservation in buildings effectively. As a result, the Regulations explicitly put forward that the heat supplying units, the units owning the property rights of buildings and their entrusted estate management units should make a record of and report the energy consumption data in accordance with the relevant provisions.

(5) enhance the construction of energy conservation demonstration projects, and promote the development of building energy conservation

Since the Ministry of Housing and Urban-Rural Development launch building energy conservation demonstration projects (district) in 1999, 5 batches of energy conservation demonstration projects have been approved by 2005 and 7 batches of that, more than 130 projects and demonstration area about 1500 million m^2, by 2007 when this work has been done. The competed projects play a positive role in promoting building energy conservation. First of all, this work has promoted the development of a batch of advanced energy-saving technology system and products, and improved and enhance their integration applications and the technological level of the building energy efficiency; secondly, it has established building energy efficiency design standards, set the building energy efficiency special planning, policies and regulations, and initially established the building energy efficiency technical support system; thirdly, it has promoted local development of building energy efficiency design standards implementation details, operational procedures, standard atlas and a series of technology and management system, which provide security for building energy saving technology and management; fourthly, it is to promote renewable energy application in buildings, to promote appropriate water saving technologies, new wall materials and energy conservation building materials production and application.

(6) Strengthen the energy conservation technical training and improve the capabilities of duty performance.

In view of the current situation that the professionals and technicians in the fields of design, construction, supervision and quality inspection of buildings lack the professional knowledge of energy conservation in buildings and cannot well execute the building energy conservation design standard, the Regulations stipulate that the professional technicians engaged in design and examination should receive training on the energy conservation standard and technology, and the registered architects, registered engineers of survey and design, supervising engineers and builders should make the energy conservation design standard and energy conservation technology as the required courses of further education.

1.2.3.2 Technical standard and norms

At this stage, the technical standard and norms formulated mainly include:

1. *Energy Conservation Design Standard of Residential Buildings in Regions with Hot Summer and Cold Winter* (JGJ 134—2001)

This standard is applicable to the building energy conservation design of new, rebuilt and extended residential buildings in regions with hot summer and cold winter. It raises requirements for energy-saving methods from the perspective of the building thermotechnical and heating ventilating and air-conditioning design with regard to residential buildings in regions with hot summer and cold winter, and defines the prescriptive control indicators and performance control indicators. The implementation of this standard can reduce the energy consumption from building utilization by over 50%, improve the quality of the living condition, bring along the development of such relevant industries as new-type building walls, energy-saving doors and windows, heating and air-conditioning and solar energy, etc., and yield remarkable social, economic and environmental benefits.

The prescriptive control indicators of this standard are those prescribing the heat-transfer coefficient limit of the envelope structure of residential buildings; the other kind of indicators are performance control indicators (overall indicators of energy conservation), prescribing the energy consumption indicator of heating and air-conditioning equipment allowed for per square meter floorage of residential buildings. Prescriptive indicators are easy and convenient to operate, while performance indicators leave much room to the designers. Heat transfer of heating and air-conditioning in residential buildings in regions with hot summer and cold winter is an unstable heat-transfer process. As a result, when applying the performance indicators, the dynamic simulation software should be used to calculate the energy consumption of the whole year progressively.

2. *Energy Conservation Inspection Standard of Heating and Residential Buildings* (JGJ 132—2001)

This standard is formulated to carry through the national laws, regulations and policies on energy conservation and verify the actual results of energy conservation in heating and residential buildings. It is applicable to the residential building with central heating in severe cold and cold regions. In verifying the energy conservation effects, we should not only conform to this standard, but also comply with the provisions of some relevant compulsory standard of the country.

3. *Energy Conservation Design Standard of Residential Buildings in Regions with Hot Summer and Warm Winter* (JGJ 75—2003)

Compared with the standard for the central regions with hot summer and cold winter, this standard does not give a fixed energy consumption indicator of air-conditioning and heating equipment allowed for per square meter floorage, but define an energy consumption limit. The specific way is to first calculate the heating and air-conditioning energy consumption limit of the building on the basis of the construction shape designed by the architect as well as parameters specified by the prescriptive indicators. Next, based on the actual parameter of the building, calculate the energy consumption by changing the heat-transfer coefficient of the envelope structure and the window types, until the result is smaller than the energy consumption limit. In this way, no matter for one storey villa, low level townhouses, multi-storey or high-rise houses, there is always a basis for calculating the energy consumption limit reasonably.

4. *Technical Regulations on External Insulation on Outer Walls* (JGJ 144—2004)

These regulations are laid down in an effort to normalize the technical requirements for external insulation on outer walls, ensure the project quality and make it technically advanced, safe and reliable, as well as economically reasonable. They are applicable to the external insulation on outer walls of concrete and masonry structure of new residential buildings.

5. *Technical Regulations on Solar Water Heating System Application of Civil Buildings* (GB 50364—2005)

The GB 50364—2005 regulations are laid down to enable the solar water heating system of civil buildings to be safe and reliable in use, stable in performance and in harmony with the buildings and the surroundings, normalize the design, installation and acceptance check of the solar water heating system, as well as ensure the project quality. They are applicable to new, extended and rebuilt civil buildings with the solar water heating system in cities and towns, the retrofit of the installed solar water heating system in existing buildings, and the addition of solar water heating system to existing buildings.

6. *Energy Conservation Design Standard of Public Buildings* (GB 50189—2005).

This is the first comprehensive national standard of energy conservation design of public buildings approved in our country. The indoor calculating parameter of the air-conditioning system of public buildings prescribed by this standard is: the temperature of ordinary rooms should be 20℃ in winter and 25℃ in summer; however, for halls and corridors, it should be 18℃ in winter, and the temperature difference between indoor and outdoor should be no more than 10℃ in summer. If designed in line with such parameter, the situation of high energy consumption through heating in winter and cooling in summer will be greatly relieved in shopping malls and office buildings.

This standard is applicable to the energy conservation design of new, extended and rebuilt public buildings. Under the condition of guaranteeing the same comfort parameter of the indoor thermal environment, through improving the heat preservation and heat-proof performance of the envelope structure of the buildings, raising the energy efficiency ratio of heating equipment, ventilating device, air-conditioners and the system, and increasing the efficiency of the lighting equipment, the total energy consumption of heating, ventilation, air-conditioning and lighting for the whole year will drop by 50% compared with the public buildings designed and constructed in the 1980s.

The promulgating and implementation of this standard symbolizes the launching of the building energy conservation work in an all-round way in the field of civil building. It is an important move in striving to develop energy-saving and land-saving residential and public buildings, formulating and enforcing a stricter standard of energy conservation, material saving and water saving, which will play a vital role in relieving the energy shortage and the contradiction between the economic and social development of our country.

7. *Technical Regulations on Ground Source Heat Pump System Engineering* (GB 50366—2005)

These regulations are applicable to the design, air-conditioning and acceptance check of water heating project which carries out heat supplying, air-conditioning or domestic hot water heating through the technology of vapor compression heat pump, with rock-soil body, underground water and surface water as low temperature heat source, and with water or water solution of anti-freeze as the heat-transfer medium.

1. 2. 3. 3 Main achievements

At the third stage, according to the overall scheme of the energy conservation and pollutant discharge reduction work of the Party Central Committee and the State Council, various regions have generally pressed on with efforts the work of energy conservation in buildings, and made some achievements in this regard.

1. Great progress has been made in executing the energy conservation design standard in new buildings

First, it is required to design the new buildings according to the energy conservation design standard, and the proportion of energy-saving buildings increases continuously. By the end of 2005, the proportion of construction projects in various regions for which the energy conservation design standard was practiced at the stage of design had been 57. 7%. Such proportion at the stage of construction was 20. 8%. The area of energy-saving buildings constructed nationwide was 1. 06 billion square meters, accounting for 7% of the existing building area in cities and towns. Among it, the area in the cold regions in the North accounted for 11. 3%, that in regions with hot summer and cold winter accounted for 3. 8% and that in regions with hot summer and warm winter 2. 4%. The proportion of energy-saving buildings to the total amount of buildings in cities and towns has been increasing gradually.

Second, some provinces and cities have practiced the design standard of saving energy by 65% in advance. For example, Beijing, Tianjin, Shandong, Henan, Shenyang and Dalian have taken the lead in executing such design standard, while Hebei, Gansu, Shanghai and Chongqing are prepared to execute such standard in an all-round way.

2. The large-scale application of renewable energy sources in buildings has shown a favorable momentum and the application area has been continuously enlarged

Most provinces and cities of the country have made investigation on the conditions of renewable energy sources and their utilization in the respective regions. Some provinces and cities have set the objective of "the eleventh five-year period", issued the standard and norms for promotion and application, developed and integrated products, formulated the policy of economic incentive, and organized the popularizing of the application of renewable energy sources in buildings in the locality by combining the demonstration work of the application of renewable energy sources in buildings of the Ministry of Construction and the Ministry of Finance. By the end of 2005, the building area with solar energy photo-thermal application in cities and towns nationwide had been 230 million square meters, and the building area with the application of the shallow geothermal energy heat pump technology had been 26.5 million square meters.

3. The work of heat supplying structural reform has been steadily pushed forward in cities and towns

First, provinces in the North which have basically changed the practice of making compensation for heating expenses secretly to publicly account for 60% of the regions with heating provision in the North. The other provinces have all drawn up the plan of implementing reforms in an all-round way in "the eleventh five-year period". And 65% of the cities above the prefecture level have completed the reform of heating expenses.

Second, the various regions have attached great importance to guaranteeing the heat supplying for the low-income groups and generally implemented the measures of guaranteeing heat supplying in the winter, which would be institutionalized step by step, thus effectively promoting the social stability and the smooth proceeding of reform.

Third, by closely centering around the subject of energy conservation in buildings, the various regions have carried out pilot demonstration of heat metering and made beneficial explorations in heating efficiency improving, energy conservation and the innovation management mechanism.

4. The construction of building energy conservation system and mechanism has made remarkable development

First, the energy conservation planning for buildings has been drawn up and the objectives of the work specified. 28 provinces and cities nationwide have formulated their special planning for energy conservation in buildings in "the eleventh five-year period", put forward the goals and ways of thinking of energy conservation in buildings in that period, formulated the working measures and specified the direction and emphasis of the work of energy conservation in buildings.

Second, most provinces and cities of the country have issued their local rules and regulations. Altogether 20 provinces and cities have issued their local regulations, and 28 provinces and cities have issued the government directives, prescribing the administration, system and responsibilities of energy conservation in buildings.

Third, the coordination mechanism of the building energy conservation work has been constantly improving. In some regions, the leading group of energy conservation in buildings has been set up. With the responsible leader of the government as the group leader, and the departments of construction, development and reform (economy and trade), finance, environmental protection and science and technology taking part in, the leading group has convened joint conferences regularly and played an important role in conduct researches on the system and mechanism, financial input and tax concessions.

1.2.3.4 Existing problems

While vigorously developing energy conservation in buildings and making achievements, the various regions also meet with some problems demanding solution:

1. Weak awareness of energy conservation of the relevant subjects

Since energy conservation in buildings is a systematic project, each link from the planning and designing of buildings, through the construction process to the completion and utilization has a bearing on the achievement of the energy conservation goals. The field of energy conservation in buildings involves such subjects as government departments, real estate developers, owner or user, the planning and designing units, material and equipment supplier, construction unit, supervision unit and estate management unit, etc.

In the meantime, energy conservation in buildings is a long-term project and the officials' performance for the current period cannot be reflected. Therefore, the government departments lack the awareness of popularizing energy conservation knowledge rapidly, supporting the promotion and application of new technology, new materials and new products of energy conservation in buildings, and monitoring the implementation of energy conservation standard, resulting that the implementation of the strategy of energy conservation in buildings cannot be pushed forward in an effective way.

2. Unsmooth flow of information on energy conservation in buildings

First of all, since the information on the research and development of new technology, new materials and new products of energy conservation in buildings cannot be rapidly delivered to the developers and designing units on the market of real estate development, the traditional construction technologies still occupy a primary position on the market, and the promotion and application of new energy-saving technologies and products are held up. Next, on the real estate trading market, the knowledge on the quality, functions and performance of the construction between the supplying party and the demanding party is seriously asymmetrical. As a result, it is difficult for the demanding party to give an accurate judgment of whether the envelope structure, heating and air-conditioning facilities in buildings are of energy-saving property, whether the whole construction is up to the energy conservation standard, which construction products can be referred to as energy-saving buildings and which cannot. They are only aware of the average quality of the construction products on the market, and would just like to pay on the basis of the average quality. Adverse selection hence appears on the market. Energy-saving buildings are gradually being phased out of the trading market by ordinary buildings at a relatively low price, and their position on the market is hindered. The incompleteness and insufficiency of information on the market of energy conservation in buildings severely hinders the cultivation and perfection of such market.

3. Unsound management system of energy conservation in buildings

The key to implementing the strategy of energy conservation in buildings in an overall and effective way lies in that a sound management system of energy conservation in buildings must be set up, which should include an assessment system of energy consumption in buildings, an energy-saving product certification system, a research and development system of energy-saving technology, a publicizing and implementing system of energy conservation standards and a supervision system of the standard implementation, etc. However, the above systems have not been set up or improved in China at present, and the non-standard management system has seriously hindered the launching of the building energy conservation work in the following aspects: first, there is enough scientific proof of people' s evaluation on energy-saving buildings, which is also one of the reasons why consumers have had difficulty in selecting building products; second, there lacks the coordination between superior and subordinate, so it has been difficult for the higher authorities to supervise and administer the implementation of the energy conservation standard by the subordinate units; next, some links in building energy conservation has become disjointed with others. Since there is no unified administration, some related organizations which all carry out the work of building energy conservation have been assigned to different departments for management, and it has been impossible for them to get informed of each other' s work. For example, the wall material innovation work extensively promoted in our country at present is an important link in the work of energy conservation in buildings. However, since the work has been assigned to different ministries and commissions (with the Ministry of Construction responsible for energy conservation in buildings and the State Economy and Trade Commission responsible for wall material innovation), they failed to closely relate with each other with regard to the work of energy conservation in buildings. There have been contradictions between the two party and the expected results cannot be achieved.

4. Short of the economic incentive policy of energy conservation in buildings

From the experience of the various countries in the world, energy conservation in buildings is a field of public welfare, or a field where the market mechanism does not work. Therefore, it cannot work by only relying on the market mechanism. We should rather make full use of legal, administrative and economic incentive means through policies in order to guide, normalize and promote the development of such work. However, from the macro perspective, the field of energy conservation in buildings is not included in the key fields of the fiscal policy and the monetary policy currently implemented in our country; from the micro perspective, the state has not specially issued policies and regulations to promote the work of energy conservation in buildings. The existing *Law of Energy Saving of the People' s Republic of China* only includes provisions on principles, hence difficult to handle. The work of energy conservation in buildings is currently carried out by solely relying on the building energy conservation design standard, and there lacks substantial economic incentive policy and necessary financial support for energy conservation in buildings. Moreover, the standard and norms are actually not compulsory for the developers and consumers-the two big subjects of building energy conservation, as a result, energy conservation has not achieved obvious results. Besides, the work of energy conservation in buildings requires large amount of funding, it is difficult to promote the conscious activities of developers and consumers by only relying on the mandatory implementation of building energy conservation legislation and standard without formulating economic incentive policies in respect of fiscal levy, and the strategy of energy conservation in buildings surely will progress slowly.

5. Obstructed by the heat supplying fee system

Reducing the energy consumption in heating is a key link in energy conservation in buildings. Only by improving the users' consciousness of energy conservation in heating can the pace of energy conservation in buildings be truly accelerated. At present, the heat supplying to urban buildings in the North of China is mainly through a heat supplying pattern with cogeneration central heating and district boilers as the main part, and gases, electrical central air-conditioning and other means as the supplemental. However, the charging for central heating still applies the welfare-oriented mode under the planned economy system, i. e. to calculate the heating fee based on the floor-age, and the amount of energy consumption is unrelated with the users' benefits. Moreover, most of the present heating systems adopt the mode of vertical single valve in series. As a result, the users cannot regulate the heat amount by themselves, and the external network cannot adapt to the dynamic adjustment control of the system, thus resulting in a serious waste of energy. Under such fee system, the heat supplying enterprises lack the motivation for independent management and cannot fulfill the users' requirements for thermal comfort, while the users lack the initiative in reducing energy consumption in heating. The metering and charging for heating of buildings on the basis of the quantity of heat is the goal of the structural reform of heating in cities and towns. Besides, it is a great move of saving energy, improving the indoor thermal environment, making the residents' life more comfortable and protecting the ecological environment. Only by speeding up the reform of the heat supplying system in cities and towns and practicing the metering and charging for heating comprehensively can energy conservation yield economic benefits and stimulate the vast residents' zeal for energy conservation in buildings.

1.2.4 Stage four (2006 ~): Implementation in an all-round way

With the launching of the building energy conservation work in an all-round and in-depth way, as a result of the great importance attached to the work of energy conservation and pollutant discharge reduction by the Party Central Committee and the State Council, the Standing Committee of the National People's Congress initiated the revising of *Law of Energy Saving of the People's Republic of China* in the first half year of 2006. Before that in the first half year of 2005, the Ministry of Construction had joint with the Legal Affairs Office of the State Council and begun the drafting and argumentation of *Energy Conservation Ordinance for Civil Buildings* of the State Council. Meanwhile, the No. 143 Ministerial Ordinance *Administrative Regulations on Energy Conservation in Civil Buildings* of the Ministry of Construction had laid a solid foundation for the revision and formulating of the above two laws and regulations. To incorporate building energy conservation into *Law of Energy Saving and Energy Conservation Ordinance for Civil Buildings* without delay and make legally-binding stipulations and regulatory system design can enable energy conservation in buildings to go on a legalized, institutionalized and normalized track as soon as possible. As a result, the principal leaders and the related leaders of the Ministry of Construction, the responsible persons of the departments and bureaus as well as the related experts have paid close attention to the legislative work of energy conservation in buildings, appointed some comrades to take part in the revising work of the *Law of Energy Saving*, actively reported the practical situation of energy conservation in buildings to the leaders of the Standing Committee of the National People's Congress, leaders of the Finance and Economic Commission as well as the law revising group, and advised on the legal measures that should be taken. Under the direction of the leaders at various levels, with the support of the vast staff and workers of the construction system and the whole society, after careful investigation and analytical demonstration, the laws and regulations such as the revised *Law of Energy-Saving of the People's Republic of China, Energy Conservation Ordinance of Civil Buildings and Energy Conservation Ordinance of Public Institutions* of the State Council have all made compulsory stipulations of energy conservation in buildings. At the same time, the standing committees of many provincial or municipal People's Congress or the local governments have formulated the local laws and regulations by taking into consideration the local practical situation. The system construction of the building energy conservation laws and regulations is making steady and sound development. The work of energy conservation in buildings has stepped to a new level.

1.2.4.1 Policies, laws and regulations

1. The revised *Law of Energy Saving of the People's Republic of China* has become the upper law of energy conservation in buildings

The *Law of Energy Saving of the People's Republic of China* was revised and passed at the 30th meeting of the Standing Committee of the 10th National People's Congress on Oct. 28th, 2007, and put into force as from April 1st, 2008. In Chapter 3 "Rational use and energy conservation", "Energy conservation in buildings" is exclusively listed as the third section, which makes explicit stipulations on the supervisory authorities of energy conservation in buildings, the planning of building energy conservation, the execution of the building energy conservation standard, the publication of information on the energy conservation technology, the air-conditioning temperature control of the indoor heating of public buildings, the implementation of the metering and charging system on the basis of the quantity of heat, the popularizing of new energy-saving wall materials and equipment as well as the utilization of such renewable energy sources as the solar energy, etc., and specifies the corresponding punishment for violations in the chapter of the legal obligation. These are the highest legal basis of energy conservation in buildings. Leaders of the relevant departments and bureaus as well as the experts on building energy conservation sent by our Ministry have taken part in the whole process of revising the *Law of Energy Saving of the Peoples' Republic of China*, and we have found the following highlights in the course of revising the law personally:

(1) Learning from the experience of international energy conservation code

On June 12th 2006, Vice-chairman Li Tieying of the 10th National People's Congress made a keynote speech at the international seminar on the revising of the *Law of Energy Saving*, at which he expressed: the National People's Congress of China and the Chinese government attach great importance to the work of energy conservation and economization. Energy efficiency in China lags behind that in the developed countries greatly, which is out of line with the requirements of economic growth in China. Besides, he presented the followings ideas: Energy conservation and economization is a profound revolution in the theory of economic development. From massive energy consumption to energy conservation and economization, it is not only a profound revolution in the relationship between human and nature, but also in the relationship between man and society, and man and nature. Development no longer refers to the pure growth of GDP, the massive consumption and waste of energy resources, the serious pollution and damage to the environment or the use of resources deserved by our descendants. In contrast, development should and must be sustainable, should and must be energy-efficient and should and must ensure the harmony between human and nature. Growth must rely on economization and growth is not opposite to economization. Economization is growth in itself. It is economization on the basis of growth, and economization in the process of manufacturing and energy resources consumption. What we pursue is "economization-oriented growth and growth-oriented economization". The scientific development we refer to is economic development which is sustainable, sound, conservation-oriented and environmental-friendly. Development characterized by high energy consumption, serious pollution, large waster and low benefits is difficult to keep on, and modernization cannot be accomplished through the development pattern characterized by large energy consumption. The principle and objective of development is sound and sustainable development featured by high benefits, high efficiency, economization and environmental protection. In a word, scientific development means sustainable development. Energy conservation and economization is a new mode of growth, a reform, a technological revolution as well as the mandatory obligations of the government.

At this international seminar, representatives from the western developed countries such as America, EU and Japan introduced the conditions of the energy conservation legislation of their respective countries and their experience from different perspectives. In particular, the practice of the Japanese government's direct monitoring of the 1000 key enterprises of energy utilization introduced by representatives from Japan at the seminar served as a rather good example for the energy conservation work of China.

(2) Strengthening the constraining force and operability on the basis of our national conditions

In revising the *Law of Energy Saving*, we must implement the Scientific Outlook on Development as well as the basic state policy of energy conservation, learn from the foreign advanced experience and improve the energy conservation management system by proceeding from the reality of our country, in an effort to provide necessary legal safeguard for promoting energy conservation in the whole society. The following aspects are stressed in the course of the draft formulating:

1) Improve the basic system of energy conservation. According to our national conditions and the requirement for realizing the sustainable economic and social development, energy conservation is a long-term principle of our country and we must persist in it. Therefore, the revising of the *Law of Energy Conservation* should not only focus on solving the outstanding problems currently, but also focus on the long-term system normalization. For this purpose, the draft specifies the strategic position of energy conservation in the economic and social development of our country, and stipulates a series of basic systems of energy conservation, such as the implementation of the target responsibility system and the assessment and examination system of energy conservation, the situation of the performance of the State Council and the local people's governments at different levels above the county level of reporting the energy conservation work to the parallel People's Congress every year and the performance of the provincial people's governments of reporting the target responsibility system of energy conservation to the State Council every year, and the implementation of the energy

conservation assessment and examination system of fixed assets projects for investment and the system of reporting the energy utilization situation of key energy utilization units, etc.

2) Reflect the organic combination of market regulation and government management. Different countries have different ways and methods of energy conservation management. In some countries and regions such as Europe, some economic means such as the fiscal levy policy are employed to guide the energy utilization act, while in other countries such as Japan, a system of government management and supervision has been set up on the basis of energy conservation standard and laws and regulations. The government guides the energy utilization of key enterprises in a detailed way and the management measures are compulsory. In view of the actual situation of our country at present, we must strengthen government supervision and guide and normalize the energy utilization act by comprehensively employing the economic, legal and necessary administrative means, while paying attention to giving play to the market mechanism. To this end, on one hand, the draft emphasizes the role of economic means and the market economic laws in energy conservation management, making stipulations on encouraging and guiding energy conservation through such polices as fiscal levy, price, credit and government procurement, as well as supporting and popularizing such energy conservation methods as power demand side management, energy performance contracting and energy conservation protocols. On the other hand, the draft also makes some mandatory measures of energy conservation management. For example, the manufacturing of high energy-consuming products must conform to the unit energy consumption limit label. For industrial products to which the production permit applies according to law, if they are highly energy-consuming, causing serious pollution and wasting resources, the competent authorities should not issue the production permit; for energy-consuming products characterized by extensive application and large energy consumption such as household appliances, televisions, power transformers and automobiles, the energy efficiency label management should be executed, and in manufacturing or importing the energy-consuming products listed into the specified catalogue, the energy efficiency must be labeled; the energy utilization condition report of key energy-utilizing units should be examined, and compulsory energy audit should be conducted to key energy-utilizing units featured by unsound system of energy conservation management, low energy utilization ratio and failure to implement the energy conservation measures, etc.

3) Strengthen the pertinence and operability of laws. Based on the energy conservation situation of our country, we strive to specify more operable solutions to some outstanding problems. Several years ago, the State Council announced its decision of strengthening the energy conservation work, it also printed and distributed a comprehensive work plan of energy conservation and pollutant discharge reduction. The relevant departments of the State Council issued some regulations, policies and measures of energy conservation. Those proved to be effective are incorporated into the laws to the greatest extent. Meanwhile, since the energy conservation work involves a wide range of fields and a lot of links, and some problems are rather complicated, it is difficult to give specific provisions for all in the law. Therefore, while putting forward some requirements of principle and orientation, the draft authorized some related departments to formulate the specific methods.

(3) Proving a strong legal basis for energy conservation and pollutant discharge reduction

In order to coordinate with the revising of the *Law of Energy Saving*, the State Council and related departments have organized to formulate or revise some supporting systems and standards, including: energy conservation target responsibility system and the implementation measures of assessment and examination, energy conservation assessment and examination management method of fixed assets projects for investment, energy conservation management regulations of civil buildings, the energy conservation special fund management method as well as over 50 energy efficiency standards with regard to industry, construction and transportation. The formulation and implementation of these supporting systems and standards will greatly enhance the operability of the laws.

It should be emphasized that to do a good job of energy conservation lies in adjusting and optimizing the industrial structure fundamentally. The draft explicitly expresses that the state will execute the industrial policy in favor of energy conservation and environmental protection, impose restrictions on the development of the such industries as consuming large amount of energy and causing serious pollution, encourage the development of production capacity characterized by low energy consumption and little pollution, and strive to develop the service industry as well as the high and new tech industries. Besides, the draft also make stipulations on eliminating the backward industrial capacity and establishing such mechanism, controlling the contaminant release of products characterized by high energy consumption and serious pollution, and implementing tax, credit, power rate and land price concession for projects characterized by high energy consumption and serious pollution. These management systems and incentive measures will propel the adjustment of the industrial structure and promote the development of the national economy towards the direction of energy conservation and environmental protection.

2. Main contents revised of the Law of Energy Saving

The *Law of Energy Saving* currently in effect consists of 6 chapters, altogether 50 articles, and the draft consists of 7 chapters, altogether 85 articles. Many revisions have been made to the currently *Law of Energy Saving* and the main revisions include:

(1) Widening the adjustment scope of energy conservation. Construction and transportation are important fields of energy consumption. According to data provided by the previous National Ministry of Construction, energy consumption in buildings accounts for roughly 27. 5% of the total consumption of the final energy sources nationwide at present. Based on measure and estimate, in 2005, energy consumption in transportation took up around 16. 3% of the total consumption of the final energy sources nationwide. And with the increasing of automobiles, the proportion would rise accordingly. In order to reinforce the energy conservation work in these aspects, the draft adds the contents of "energy conservation in buildings" and "energy conservation in transportation" in chapter 3, mainly stipulating some important energy conservation systems and management measures, for example, the separate metering for heating and the metering and charging system based on the amount of heat used should be gradually implemented; when selling the commodity houses, the real estate developing enterprises should explicitly express the information on energy consumption index, etc. ; the transportation work of developing, manufacturing, marketing and using energy-sav-

ing and environmental-friendly cars and ships should be encouraged, the system of dumping and renovating old vehicles be implemented and the development, promotion and application of clean new-energy autos using alternative fuels be encouraged, etc.

Government agencies are major departments of energy consumption, and to do a good job or energy conservation in government agencies will set an example and drive the whole society. According to measure and calculate, the energy consumption amount of government agencies accounted for about 6. 7% of the total consumption of the final energy sources nationwide in 2005, and it grew rapidly. In order to strengthen the energy conservation management of government agencies and show the leading role of government agencies in energy conservation, the draft newly adds the section of "energy conservation in public institutions", specifying the obligations of government agencies in respect of energy conservation, such as the implementation of energy conservation target responsibility system, the execution of the energy consumption quota management of government agencies, the strengthening of the energy utilization system management of the units and giving priority to the products included into the energy conservation government procurement list when conducting purchasing, etc.

With regard to industrial energy conservation, the draft adds the following contents: optimizing the energy utilization structure and the enterprise layout; restraining the new construction of fuel oil generator set, carrying out energy conservation scheduling of power grid, and giving priority to arranging clean and efficient sets with low energy consumption, and restraining the power generation by sets with high energy consumption and serious pollution; and encouraging the industrial enterprises to employ the technology of utilizing waste heat and excess pressure, the clean coal technology and cogeneration.

Key energy-utilizing units are big consumers of energy in our country. In 2006, the energy consumption amount of 922 key energy-consuming enterprises in the 9 industries of steel, nonferrous metal, coal, electricity and chemical engineering, etc. accounted for around 31. 5% of the total consumption of primary energy nationwide. Stressing the energy conservation work of key energy-utilizing units is of great significance to relieving the energy and environmental constraints faced with the economic and social development. For this purpose, the draft specially includes the section of "energy conservation in key energy-utilizing units", further defining the energy conservation obligations of key energy-utilizing units and strengthening the management and supervision.

In regard to energy conservation in agriculture and rural places, the draft does not stipulate in a separate section. The main reasons are: the commercialization rate of rural energy is low in our country. Over a half of the energy utilization in the life of rural residents comes from firewood and straws, while in the fields of production in rural places, energy utilization is mainly from agricultural machinery, production of fisheries and the drainage and irrigation equipment. The key of energy conservation in rural places lies in eliminating backward agricultural equipment technically, vigorously developing methane, and popularizing the solar energy utilization technology, energy-saving rural houses and fuel-saving stoves, etc. These contents have been stipulated in chapter 4 "technological advance" of the draft.

With respect to energy conservation in life, the draft does not stipulate in a separate section. The main contents in this regard, such as the gradual implementation of separate metering for heating, the encouraging of installing and using the solar energy utilization system as well as the promoting of the application of energy-saving air-conditioners and lighting fixture, are stipulated in other chapters and sections.

The development and utilization of new energy sources and renewable energy sources is an important way of saving conventional energy sources. In view that the *Law of Renewable Energy Sources* makes stipulations on it, the *Law of Energy Saving* just gives some provisions to link up.

(2) Perfecting the energy conservation standard system and supervisory system Perfect the energy conservation standard system and supervisory system. Energy conservation standard is not only the basis for enterprises to implement energy conservation management, but also the basis for government to strengthen energy conservation monitoring. The administration of government on the energy conservation work involves a wide range of aspects. To build the energy conservation monitoring of the government on the basis of the legal system, the scientific energy conservation standard system must be set up. At present, the energy conservation standard of our country is not well organized. The revision of the *Law of Energy Saving* this time further stipulates compulsory energy efficiency standard of energy-utilizing products (equipment) and the unit energy consumption limit standard of highly energy-consuming products should be formulated, and the building energy conservation standard as well as the fuel consumption limit standard of commercial vehicles for transportation should be perfected. Based on the above standards, the draft specifies stricter methods of energy conservation management, for example, the system of elimination should be executed for energy-utilizing products (equipment) not up to the energy efficiency standard; the manufacturing of highly energy-consuming products must be rectified within a prescribed period of time if the energy consumption exceeds the limit; the selling and importing products (equipment) not conforming to the energy efficiency standard is prohibited. The draft also stipulates that the construction projects not conforming to the relevant energy conservation standard are not allowed to begin; for construction projects which have begun, the examination on the condition of the implementation of the energy conservation standard should be carried out; for the buildings which have been completed but not up to the energy conservation standard, it is not permitted to conduct the completion acceptance procedures. The formulating and perfecting of these standards and management methods will be helpful for controlling energy consumption from the source, restraining the serious activities of wasting energy, and speeding up the elimination of backward highly energy- consuming products and equipment.

(3) Intensifying the efforts to encourage the energy conservation retrofit. Intensify the policy incentive forces. The strengthening of the energy conservation work requires the government to adopt the incentive policy for guidance and promoting. The draft adds the chapter of incentive policies, specifying the fiscal, taxation, price, credit and government procurement policies implemented

by the country to promote energy conservation. Such policies mainly include: for energy conservation technology and products listed into the catalogue for promotion, tax preference is practiced, and through the financial subsidies and the tax supportive policy, the popularizing and application of energy-saving air-conditioners, lighting fixture and environmental-friendly automobiles is supported; the tax policy in favor of energy conservation is practiced, the importing of advanced energy-saving technology and equipment is encouraged and the export of products characterized by high energy consumption and serious pollution is controlled; the central and provincial financial departments establish the special fund for energy conservation, encourage the raising of energy conservation fund through multi channels, and support the R&D, demonstration and popularization of energy conservation technology as well as the carrying out of key energy conservation projects; the government procurement list of energy conservation is made and promote energy conservation through the government procurement policy; the financial institutions are guided to increase the credit aid to energy conservation projects and provide concessional loan for such eligible project as the technical refrofit of energy conservation; the price policies in favor of energy conservation are executed such as the peak and valley power prices and differential power prices; the polices of encouraging co-generation as well as power generation and heating by utilizing waste heat and excess pressure are formulated and put into effect.

(4) Specifying the subjects of energy conservation management and supervision. In order to strengthen the work of energy conservation supervision, the *Law of Energy Saving* stipulates that the local people's government at various levels above the county level should specify the department responsible for managing the energy conservation work, and the related government departments should perform the supervision and administration obligations with regard to energy conservation according to law so as to ensure that the energy conservation system and measures prescribed by law will be stressed and the unlawful energy utilization act will be investigated.

(5) Reinforcing the legal responsibility. First, the clauses of legal responsibility are increased. The draft makes stipulations on 18 legal responsibilities, 10 more that the current *Law of Energy Saving*, including the violation of construction, designing, building, and construction supervision units of the relevant standard of energy conservation in buildings, the refusal of key energy-utilizing units to implement the rectification requirements of the rectification not meeting the requirement, the failure of key energy-utilizing units to submit the report of the energy utilization condition on time or the report including untrue contents as well as the failure to set up posts of energy management in accordance with the stipulations, forging and tampering with energy statistical data or making up false energy statistical data, as well as the failure to install or use energy measuring instruments, etc. Second, the penalties for violation are increased. As prescribed by the draft, if the estate developing enterprises fail to explicitly express the information on energy consumption index, etc. to the purchasers, or conduct misleading propaganda by utilizing the above information in the marketing of commodity houses, after being ordered to rectify such acts but they fail to do so within the time limit, penalties will be imposed on them; as for cases of gross violation, the qualifications will be degraded, until the qualification certificate is withdrawn. Third, the

legal responsibilities of some public institutions and energy conservation services such as the governments are reinforced, including: the legal responsibilities of rectifying or approving the construction of such projects as not conforming to the relevant energy conservation standard or the requirements for unit energy consumption limit of highly energy-consuming products, of not giving priority to energy-saving products in purchasing or purchasing the products which have been expressly phased out by the state, and the legal responsibilities of energy conservation assessment, detection or authentication services to provide false information.

1.2.4.2 Technical standard and norms

In the recent five years, with the in-depth development of the work of energy conservation in buildings in our country, the construction of technical standard and norms has also been accelerated. Some important technical standard and norms have been successively issued, which play a key role of guidance and normalization in the process of the development of energy conservation in buildings.

1. *Green Architecture Evaluation Criterion* (GB/T 50378—2006)

This criterion is drawn up to implement the state technical and economic policies of resources conservation and environmental protection, promote the sustainable development and normalize the evaluation on green architecture. It is applicable to the evaluation on residential buildings as well as such public buildings as office buildings, shopping malls and hotels. This criterion defines such terms as green architecture and heat island index, set up the index system of green architecture evaluation, and stipulate the specific requirements for the various indexes of the green architecture evaluation index system. The criterion was put into effect as from June 1st, 2006.

2. *The Construction Quality Acceptance Specification of the Building Energy Conservation Projects* (GB 50411—2007)

This specification is the first construction quality acceptance specification with the purpose of meeting the requirements for the building energy conservation design. It has five outstanding features: first, it specifies 20 compulsory provisions. According to the relevant laws and administrative regulations, the compulsory provisions of the engineering construction standard must be executed to the letter. They not only involve process control, but also the professional regulating and testing of construction equipment. Therefore, they are the emphasis of the acceptance of the building energy conservation projects. Second, it stipulates that the supporting documents for the quality of the materials and equipment entering the site should be examined, and the sampling and re-inspection of key energy conservation materials and equipment in various fields should be carried out. Third, it proposes that the on-site entity inspection on the energy conservation structure of outer walls, the on-site entity inspection on the gas tightness of external windows in severe cold regions, cold regions and regions with hot summer and cold winter, and the energy conservation performance testing of the construction equipment engineering system should be conducted. Fourth, the building energy conservation project should be incorporated into the construction project acceptance system as a complete subproject, thus providing sufficient basis for the technical requirements in various aspects in the design, construction, acceptance and management of energy conservation in the construction projects, forming a closed cycle from design, construction through to acceptance, and enabling the quality of the building energy conservation projects to be controlled. Fifth, the principle is highlighted characterized by being based on the fulfilling of the functional and performance requirements, guided by process control and supplemented by field inspection. It is of a complete structure and rich contents. Therefore, it will play an important role in advancing the implementation of the building energy conservation targets.

This specification is targeted at a wide range of parties, by which the subjects of various parties taking part in the construction of the building energy conservation projects must abide. It is the basis for the directors to perform supervisory and management obligations according to law in the construction of the building energy conservation projects. Meanwhile, it is the basic requirement of the construction users for judging the qualification of the buildings and making proper use of them.

3. *The Energy Consumption Data Acquisition Standard of Civil Buildings* (JGJ/T 154—2007)

This standard is formulated with the purpose of strengthening the macro-control and scientific decision-making in the energy field of our country, guiding and normalizing the data acquisition work of energy consumption in buildings and promoting the development of the work of energy conservation in buildings in our country. It is applicable to the acquisition and submission of various types of energy consumption data during use of the buildings by urban residents in our country.

4. *The Energy Audit Guide Rule for Office Buildings of the State Organs and Large Public Buildings* (2007)

This guide rule is specially formulated in an effort to raise the level of energy management for buildings, further save energy, reduce the consumption of water resources and make wise use of resources. This technical guide rule is applicable to the office buildings of state organs (including those of the People's Congress, the People's Political Consultative Conference and the Party committee), large public buildings of which the area of single building exceeds 20000 square meters (especially hotels invested and managed by governments, restaurants above the three star level included into the state procurement list as well as commercial office blocks), and university campus the whole floorage of which exceeds 20000 square meters.

5. *Solar Heating Projects Technical Specification* (GB 50495—2009)

This specification is set up in order to enable the design, construction and acceptance of solar heating projects to be technically advanced, economically reasonable and safe and applicable, as well as ensure the quality of the projects. It is applicable to the projects with the application of the solar heating system in new, extended and rebuilt civil buildings, as well as the projects which conduct refrofit or add the solar heating system to existing buildings.

6. *Energy Conservation Testing Standard for Public Buildings* (JGJ/T 177—2009)

This standard is drawn up to strengthen the energy conservation supervision and management of public buildings, coordinate the energy conservation acceptance of public buildings, normalize the testing methods of building energy conservation as well as promote the sound and ordered development of the cause of energy conservation in buildings in China. It is applicable to the energy conservation examination of the various functions of public buildings.

7. *The Data Monitoring System Technical Guide Rule of the Demonstrative Projects of the Application of Renewable Energy Sources in Buildings* (2009)

This technical guide rule is formulated in an effort to master the actual operational effects of the demonstrative projects of the application of renewable energy sources in buildings implemented by the Ministry of Housing and Urban-Rural Development and the Ministry of Finance, guide the operational management of the demonstrative projects, provide basic data support and experience reserves for the large-scale application of renewable energy sources in buildings, accelerate the popularizing of the application of renewable energy sources in buildings and promote the relevant technical progress. It is applicable to the demonstrative projects of the application of renewable energy sources in buildings already approved by the Ministry of Housing and Urban-Rural Development and the Ministry of Finance, the demonstrative projects of the application of solar photoelectricity in buildings, as well as the construction projects included in the demonstration of the application of renewable energy sources in buildings in urban and rural areas. The construction of the data monitoring system of other projects of the application of renewable energy sources in buildings can refer to this technical guide rule. However, it is not applicable to the construction of any data monitoring system used for trade settlement and charging.

8. *Energy Conservation Testing Standard for Residential Buildings* (JGJ/T 132—2009)

This standard is formulated to coordinate the energy conservation acceptance of residential buildings and normalize the ordered development of building energy conservation testing work. It is applicable to the energy conservation testing of new, extended and rebuilt residential buildings.

9. *Energy Conservation Design Standard of Residential Buildings in Severe Cold and Cold Regions* (JGJ 26—2010)

This standard is applicable to the various kinds of residential buildings, including residence, dormitories, residential apartments, residential areas in commercial-and-residential buildings, nurseries and kindergartens, etc., with the energy sources for heating including coal, electricity, oil, gas or renewable energy, and the system referring to central or dispersed heating. The implementation of this standard is not only helpful for saving energy consumption in heating, but also for improving the thermal comfort of buildings and bettering the living environment of the people.

10. *Energy Conservation Design Standard of Residential Buildings in Regions with Hot Summer and Cold Winter* (JGJ 134—2010)

This standard mainly puts forward some energy conservation measures in the aspects of construction, the envelope structure and the design of heating, ventilation and air-conditioning for residential buildings in regions with hot summer and cold winter, and specifies the control indicators of energy conservation in heating and air-conditioning.

11. *Technical Specification of the Application of Solar Photovoltaic System to Civil Buildings* (JGJ 203—2010)

This specification is formulated to normalize the popularizing and application of the solar photovoltaic system in civil buildings and promote the combination of the photovoltaic system and the construction, and it is applicable to the photovoltaic system projects in new, rebuilt and extended civil buildings, as well as the design, installation, acceptance and running maintenance of installing the photovoltaic system project on existing civil buildings or transforming the installed photovoltaic system project.

1.2.4.3 Main achievements

In the recent five years, the various regions have generally intensified their efforts on the building energy conservation work in accordance with the overall scheme of the work of energy conservation and pollutant discharge reduction of the Central Party Committee and the State Council, and the work of energy conservation in buildings has made sound progress, mainly in the following aspects:

(1) Increase control. The implementation of the compulsory energy conservation standard in new buildings has yielded outstanding results. Based on the summarization of data submitted by different regions, 57.7% of the construction projects in various regions carried out the energy conservation design standard at the designing stage, and 23.8% carried out such standard at the stage of construction in 2005. By the end of 2009, 99% of the new buildings in cities and towns nationwide had implemented the compulsory energy conservation standard at the designing stage, and the figure had been 90% at the stage on construction. Therefore, the objective has been basically achieved that "over 90% of the new buildings should implement the compulsory energy conservation standard at the stage of construction" proposed by the State Council. For the whole year, the floorage of newly added energy-saving buildings amounted to 960 million square meters, equaling the energy conservation capacity of 9 million tons of standard coal. The aggregated floorage of energy-saving buildings accomplished amounted to 4.08 billion square meters in the whole country, accounting for 21.7% of the floorage in cities and towns. And this proportion will grow year after year. All or part of the new buildings in Beijing, Tianjin, Hebei, Henan, Liaoning, Jinlin, Heilongjiang and Qinghai have implemented the standard of saving energy by 65%.

(2) Stock adjustment. The metering for heating and energy conservation retrofit in existing buildings have been advanced steadily in regions with heating provision in the North. Up to the beginning of the heating season in 2009, the area of energy conservation retrofit accomplished in 15 provinces and cities in the North had reached 109.49 million square meters, among which 69.84 million square meters were transformed in 2009, over-fulfilling the annual retrofit task of 60 million square meters set by the State Council. According to measure and calculate, the projects of which the energy conservation retrofit have been completed will develop a capacity of saving 750000 tons of standard coal, and reducing the discharge of 2 million tons of carbon dioxide. Through the energy conservation retrofit to existing buildings, the indoor temperature rises by 3 ~ 6℃ during the heating period, while in some projects, it rises by over 10℃, and the indoor thermal comfort improves obviously. In Tianjin, Hebei, Shandong, Shanxi, Inner Mongolia, Jinlin and Gansu, the metering and charging system on the basis of the heat quantity used has been implemented synchronous with some projects of retrofit. The residents can save the expenses on heating by over 10% on average. Therefore, the mass base has been preliminarily formed in favor of the retrofit. Based on the

results of site inspection, the Ministry of Finance has allocated RMB 1. 27 billion of reward funds to assist the retrofit projects. The work of energy conservation retrofit to existing buildings has been carried out in Shanghai, Jiangsu, Hunan and Shenzhen, and explorations and practice have been made with regard to the launching of such work in the transitional regions and the South.

(3) Energy conservation monitoring. The energy conservation operation and the construction of the retrofit service system have developed further in office buildings of the state organs and large public buildings. By the end of 2009, the work of energy consumption statistics had been completed on 29359 office buildings of the state organs and large public buildings throughout China, among which 2647 had been indentified as key energy-utilizing buildings. Energy audit had been conducted on 2175 buildings of such kind, and the energy consumption condition of 2441 buildings had been publicized. The energy consumption monitoring platform has passed the acceptance check in Beijing, Tianjin and Shenzhen. A real-time dynamic monitoring has been carried out on 758 buildings nationwide. The work of the first batch of 12 pilot units of the construction of conservation-oriented campus has been steadily promoted and yielded remarkable effects. Energy consumption per capita has fallen by over 60% compared with that of the 72 colleges and universities directly affiliated to the Ministry of Education in 2005. In 2009, another 10 universities were established as the pilots for the construction of a conservation-oriented campus. The central finance has allocated RMB 170 million as budget subsidy to regions other than the 24 demonstrative provinces and cities which carried out the construction of the energy conservation monitoring system earlier on, and established Jiangsu, Inner Mongolia and Chongqing as the second batch of pilots for the construction of the energy consumption monitoring platform.

(4) Structural optimizing. Breakthroughs have been made in the integrated and large scale application of renewable energy sources in buildings. In accordance with the strategic arrangement of "expanding domestic demands, maintaining the growth, adjusting the structure and promoting the people's livelihood" by the Party Central Committee and the State Council as well as the requirement of the development of the application of renewable energy sources in buildings, the Ministry of Finance and the Ministry of Housing and Urban-Rural Development has made timely adjustments of the methods and contents of demonstration and initiated the "Solar Roof Program" in our country. In 2009, they supported 111 demonstrative projects of the application of solar photo-electricity in buildings, with a total installed capacity of 91 megawatt. The implementation of the work of "urban demonstration of the application of renewable energy sources in buildings" and "the demonstration of the application of renewable energy sources in buildings in rural regions" has been organized. The first batch of 21 demonstrative cities and 38 county-level demonstration points in rural areas has been established. The manner of the work of the application of renewable energy sources in buildings has been propelled from individual project to the overall region, and both urban and rural regions have been taken into considerations. By the end of 2009, the area with the application of solar photo-electricity had been 1. 179 billion square meters nationwide, and that with the application of shallow ground energy had been 139 million square meters, rising by 14. 2% and 35. 4% respectively compared with that in 2008. The installed capacity of the application of photo-elec-

tricity in buildings had been 420.9 megawatt, which had made breakthroughs in its growth.

(5) Modal transformation. The retrofit and upgrading of the work of energy conservation in buildings are promoted. According to the requirements of the State Council, some provinces and cities have regarded the popularizing of the construction of green buildings as well as low-carbon ecological urban regions as a key point in promoting the modal transformation of urban and rural construction. They have earnestly organized the reporting and implementing of the work of "two hundred projects of low energy-consuming buildings and green buildings" as well as "the green building evaluation identification". Meanwhile, they have also compiled the green building evaluation criterion, organized the green building demonstrative projects by taking into consideration the actual conditions of the local place, and made increasing efforts to popularize the green buildings. In Tianjin Zhongxin Eco City, Shenzhen Guangming New Zone, Hebei Tangshan Caofeidian New City, Jiangsu Suzhou Industrial Park as well as the energy-saving and environmental-friendly supporting pilot areas of Changzhutan in Hunan and Wuhan in Hubei, the construction of low-carbon ecological urban areas is being practiced. Besides, great efforts have been made in Dalian to develop the environmental-friendly residence. The area popularized amounts to 1 million square meters per year, accounting for 20% of the floor space completed of the whole city. Hence, the energy conservation level of new buildings has been raised and the energy conservation mode been transformed.

(6) Quality control. The application level of the energy-saving materials and products in buildings has been continuously raised. Centered around the implementation of the *Notice of the Ministry of Housing and Urban-Rural Development, the State Administration for Industry and Commerce and the General Administration of Quality Supervision, Inspection and Quarantine of the People's Republic of China on Strengthening the Quality Supervision and Management of Energy-Saving Material and Products in Buildings* (Jianke〔2008〕No. 147), various regions have preliminarily founded a long-acting mechanism of quality supervision of energy-saving materials and products in buildings through the methods of adopting random inspection on the market, inspection tours and special examination, establishing the system of register, registration and publicizing of materials and products, issuing the catalogues for promotion, restriction and elimination, as well as setting up the mechanism of supervision by public opinions and the assessment system. As a result, problems in the manufacturing, circulation and utilization of energy-saving materials and products in buildings have been basically rectified, which would ensure the quality of the building energy conservation projects in an effective way. The innovation work of wall materials has yielded positive effects, the management system has been further straightened out and the relative rules and regulations as well as the system of standard and norms have been further improved. The output of new type wall materials accounts for 61% of the total output of wall materials, and the application proportion reaches 60%.

1.2.4.4 Existing problems

As a systematic engineering with prominent technical and political characteristics, the work of energy conservation in buildings has not been implemented comprehensively for long in our country and its overall level of development has been low. There are still many problems at present, mainly in the following aspects:

(1) Some local governments have not had an adequate understanding of the energy conservation work in buildings. Firstly, they lack the understanding of the development trend of energy conservation in buildings. The work of energy conservation in buildings in some provinces and cities is still limited to the implementation of the energy conservation standard in new buildings. They have not attached proper importance to the development of green buildings, the energy conservation retrofit to existing buildings, the reform of metering for heat supplying and the application of renewable energy sources in buildings, and the work in these regards has been relatively backward. Secondly, the assessment of energy conservation in buildings has not been incorporated into the work at the governmental level. The examination and evaluation of energy conservation in buildings has still been limited to the system of housing and urban- rural development in some provinces (regions, cities) and has not been incorporated into the target assessment system of the energy consumption reduction per unit GDP in the locality. Therefore, it is difficult for related departments to join forces, the corresponding policies and funds are difficult to put into effect. Thirdly, not enough emphasis has been laid on the capacity building of energy conservation in buildings. In some competent authorities of housing and urban-rural development at the provincial level, there is only one or two staff responsible for the management of energy conservation in buildings, and there is no special administrative or executive organization. As a result, the implementation of various policies and systems would be greatly affected. Fourthly, the supervision of energy conservation in buildings, especially that at the stage of construction and completion acceptance remains to be intensified. In examinations, some civil construction projects have been found to violate the compulsory provisions of the energy conservation standard. Their primary problems include the voluntary modification of the design, the cheating on workmanship and materials as well as unqualified construction technology at the stage of construction, which have influenced the implementation of the energy conservation standard.

(2) The various management systems of energy conservation in buildings have not been well organized. On one hand at the legal level, the actual implementation of the *Law of Energy Saving* and the *Administrative Regulations on Energy Conservation in Civil Buildings* requires the formulating of a series of workable departmental regulations and normative documents, and the various regions are also required to draw up local laws and regulations and implementing rules on the basis of their respective actual conditions. So far, the work in this regard has been just initiated. On the other hand from the perspective of economic policy, the transformation of the building energy conservation work from the one-sided compulsory promotion by the government to the advancing by the combined efforts of government regulation and market guidance demands such economic policies as necessary fiscal subsidies, tax concessions and loan interest subsidies. In 2009, the central finance allocated RMB 3. 85 billion as specific grant. And it also required the local governments to render support accordingly. It can be seen from the inspection results that the economic support for energy conservation in buildings has been increased in various places, but it is far from enough. In particular, the various places should increase their support in the respects of the metering for heating

and the energy conservation retrofit of existing residential buildings in the regions with heating provision in the North.

(3) The level of new buildings in carrying out the energy conservation standard remains to be raised further. On one hand, there is imbalance in the implementation of the building energy conservation standard. In general, with regard to the implementing of the building energy conservation standard, it is worse at the stage of construction than at the stage of design, it is worse in small and medium-sized cities than in big cities, and it is worse in economically less developed countries than in economically developed countries. On the other hand, there is still gap in executing the compulsory standard of energy conservation at the stage of construction. The related practitioners do not have an accurate understanding of *the Construction Quality Acceptance Specification of the Building Energy Conservation Projects*, and during the construction process of building energy conservation projects, the construction technology of such heat insulating as on outer walls, doors and windows is not qualified and there are quality loopholes. There generally lacks the capability of testing the energy conservation performance of energy-saving materials, products and components in buildings in various places, especially in cities below the prefecture level, resulting in the absence of government supervision.

(4) It still has a long way to go for the energy conservation retrofit work of existing buildings in the North. At first, the progress is relatively slow. There is still one year left for "the eleventh five-year period". The area of retrofit completed so far accounts for 73% of the total work of retrofit, and there are still nearly 50 million square meters to be accomplished. Besides, the acceptance work of the transformation projects lags behind. There is considerable pressure in the work of the last year of "the eleventh five-year period". Next, the financing channels of retrofit have not been established yet. Seen from the progress in various places at present, the work is promoted basically by relying on the funds from the central and local finance. The mechanism of financing is yet to be founded through multi-channels such as the heat supplying enterprises, residents, energy service companies and the financial institutions. Third, the metering and charging system of heat supplying lags behind and the returns on retrofit cannot be fully reflected. The heat metering and charging system has not been executed in most places so far, and there is waste by the heat metering devices already installed.

(5) The work of energy conservation in buildings in rural places has not been initiated yet. So far, the work of building energy conservation has not been carried out in the vast rural places of our country. With the constant improvement of the living standard in rural places, the level of the utilization of commercial energy and other energy will also be continuously raised. Measures need to be taken to guide its development in a scientific way.

(6) The application of renewable energy sources in buildings has progressed slowly. Our country is presently the largest manufacturer of solar photovoltaic cell in the world. However, 80% of the products are exported and the proportion of their application in domestic buildings is still very low. The reason lies in that the integration design standard of solar water heaters and buildings has not been issued yet. Although the Ministry of Construction issued documents on populari-

zing the application of renewable energy sources in buildings in 1995, it is still at the pilot stage as a result that the relevant departments lack effective incentive measures.

1.3 The main way of thinking for the next-step work of energy conservation in buildings

1.3.1 The requirements for the building energy conservation work under the new situation

At present, China is implementing the third-step strategic objective of building a moderately prosperous society of a higher level benefiting a population of 1.3 billion. The Party and the government pay more attention to resources economization and environmental protection, pay more attention to the people's livelihood and social harmony and pay more attention to coping with the climatic change. They have popularized energy conservation and pollutant discharge reduction as an important move in implementing the Scientific Outlook on Development and the basic state policy of resources economization throughout the whole country. In 2009, the Chinese government made a solemn promise at the United Nations Climate Change Conference in Copenhagen, Denmark, that the carbon emission in 2020 in China will reduce by 40% to 45% compared with that in 2005. By the end of 2009, the objective of energy consumption reduction for per 10 thousand yuan GDP during "the eleventh five-year period" nationwide had been accomplished by 15.38%. At the beginning of 2010, due to the large amount of new energy-consuming projects in several places, the energy consumption per unit GDP increased rather than decreased, and the energy conservation and pollutant discharge reduction was faced with a very serious situation.

Based on the situation of the building energy efficiency change from 1980 to 2009 in China, the current situation of building energy consumption and environmental pollution, as well as the forecast of basic trend of the social and economic development in the future in our country, the targets of energy conservation in buildings we strive for in 2020 are: energy efficiency in buildings will be improved comprehensively, the objective of a moderately prosperous society will be accomplished and the major energy utilization in buildings and the total demand for resources remain rational growth.

1.3.2 Prospects of the building energy conservation work

In order to fulfill the development goals of energy conservation in buildings, improve the people's living environment and meet the requirements for development under the new situation, we must formulate proper plans and define our way of thinking for the building energy conservation work at the next stage.

(1) Strengthen the system and mechanism buildings of energy conservation in buildings. First, continue to improve the system of building energy conservation regulations. Put into effect the basic legal system established by the *Law of Energy Saving* and the *Energy Conservation Ordinance for Civil Buildings*, and make research on the formulating of supporting department regula-

tions and policy measures. Second, work out a special planning of energy conservation in buildings for "the twelfth five-year period", and specify the goals, way of thinking, key tasks and safeguard measures of the building energy conservation work. Guide the various regions to formulate their own special planning of energy conservation in buildings for "the twelfth five-year period". Third, continue to improve the building energy conservation standard system. Promulgate and implement the compulsory building energy conservation standard of saving by 65% in the North, and guide the regions where conditions permit to formulate and implement the compulsory standard of green buildings. Fourth, research and improve the economic system, and form a fiscal and policy system which encourages the development of energy-saving and land-saving environmental-friendly buildings, green buildings and the application of renewable energy sources in buildings. Energetically cultivate a building energy conservation service system and speed up the promotion of energy performance contracting. Fifth, proceed to push forward the advance of building energy conservation science and technology, strive to make breakthroughs in key technologies of energy conservation in buildings by relying on the national scientific and technical support program projects and accelerate the commercialization of scientific and technological achievements through publishing the catalogues of technology and products restricted or prohibited.

(2) Proceed to do a good job of energy conservation in new buildings. At first, continue to intensify the supervision of the implementing of the energy conservation standard of new buildings, pay attention to the supervision of the standard implementation of new buildings at the stage of construction, do a good job of the implementing of *the Construction Quality Acceptance Specification of the Building Energy Conservation Projects* in order that the proportion of new buildings executing the compulsory energy conservation standard at the stage of construction will have reached over 95% by the end of 2010. Second, push forward the systems of the energy efficiency assessment identification of civil buildings, green building assessment identification and the publicizing of the energy conservation information of civil buildings in an all-round way. Third, proceed to promote the implementation of the energy conservation standard of saving by 65% for new buildings in regions where conditions permit, and strive to carry it out in a comprehensive way throughout China during "the twelfth five-year period". Fourth, vigorously promote the green buildings, and implement the construction work of "100 green building demonstrative projects and 100 low energy consumption demonstrative projects". Fifth, continue to hold the yearly international intelligence, green buildings and building energy conservation conference and new technology and products exposition to set up an international exchange platform of green buildings and building energy conservation.

(3) Increase the efforts of the heating metering and energy conservation retrofit of existing residential buildings in regions with heating provision in the North. Urge and guide the multi-channel funds raising for retrofit to implement the heating metering and energy conservation retrofit of existing residential buildings, and strive to accomplish the retrofit task of 150 million square meters set by the State Council in 2010. Earnestly implement the *Heating Metering and Energy Conservation Retrofit Projects Acceptance Methods of Existing Residential Buildings in Regions with Heating Provision in the North*, conduct the acceptance inspection of the retrofit projects already completed to en-

sure that the retrofit projects would yield expected effects of energy conservation and environmental protection. Summarize the retrofit experience of Tianjin, Inner Mongolia, Jinlin and Tangshan, guide the various regions to establish the mode of retrofit on the basis of their respective local conditions and encourage the local governments to increase their efforts in rending support in respects of policy and funds. Make research on the course of implementing the heating metering and energy conservation retrofit work of existing residential buildings for"the twelfth five-year period".

(4) Strengthen the energy conservation management of office buildings of the state organs and large public buildings. Carry out the construction of the energy conservation supervision system of office buildings of the state organs and large public buildings throughout the country according to the requirement of the *Energy Conservation Ordinance for Civil Buildings*. Further widen the scope of the energy consumption dynamic monitoring platform pilots and basically establish the energy consumption transmission and analysis platform with the framework of the ministerial, provincial and municipal levels. On the basis of energy consumption statistics, energy audit and energy consumption dynamic monitoring, direct the locality to implement energy conservation operation and retrofit of highly energy-consuming buildings. Guide the various places to research and formulate the local energy consumption limit standard of office buildings of the state organs and large public buildings as soon as possible, guide and restrain the energy-utilizing acts of energy-utilizing units. Do a good job of the construction of the two batches of"conservation-oriented institutions of higher learning"in 30 colleges and universities.

(5) Do a good job of the integrated and large-scale application of renewable energy sources in buildings. First, the Ministry of Finance and the Ministry of Housing and Urban-Rural Development continue to strengthen the management of the 371 demonstrative projects already initiated and do well the energy efficiency testing work of the demonstrative projects of the application of renewable energy sources in buildings. The various regions organize the implementation of the demonstrative projects of the application of renewable energy sources in buildings by combining their respective actual conditions. Second, proceed to lead the development of the application of renewable energy sources in buildings to a higher level with the emphasis on the urban demonstration and rural demonstration of the application of renewable energy sources in buildings as well as the demonstration of the solar photo-electricity application in buildings. Third, summarize the experience of demonstration, perfect the technical standard of the application of renewable energy sources in buildings, key technical design guideline, key construction technical guideline and the reliability and applicability assessment standard of key equipment, and do well the preparation work of mandatorily popularization in regions where conditions permit for "the twelfth five-year period". Fourth, research the utilization of such renewable energy sources and new energy as solar energy, methane and straw to solve the energy utilizing in rural places, launch a series of demonstrative projects which adopt economic use technologies and guide the rational growth of energy utilization in rural buildings.

(6) Double the efforts of advancing the popularizing and application of new type materials of building energy conservation. At first, do well the popularizing and application of new wall materi-

als. Join efforts with related departments to continue to do a good job of prohibiting the use of solid clay bricks. Promote the utilization of high- performance, low material consuming and renewable building materials such as high- strength steel and high performance concrete. Put into effect the *Interim Measures of Special Fund Management of Renewable and Energy- Saving Building Materials*, and support the comprehensive utilization of construction waste in earthquake stricken areas. Second, intensify supervision to ensure the quality of energy-saving building materials. Proceed the implementation of the *Notice of the Ministry of Housing and Urban-Rural Development, the State Administration for Industry and Commerce and the General Administration of Quality Supervision, Inspection and Quarantine of the People' s Republic of China on Strengthening the Quality Supervision and Management of Energy- Saving Material and Products in Buildings* (Jianke 〔2008〕 by No. 147), and strengthen the quality supervision of energy- saving building materials in the course of manufacturing, circulating and use.

(7) Establish and perfect the building energy conservation design, monitoring and assessment system. First, perfect and strictly enforce the existing energy conservation laws and regulations and standard and norms, and do well the implementation of the *Energy Conservation Ordinance for Civil Buildings*. Guide the various regions to intensify the legislation of energy conservation in buildings. Second, practically perform the government' s public management obligations in the field of building energy conservation, propel the people' s government of various places to incorporate building energy conservation into the overall target of the energy consumption reduction per unit GDP in the locality, specify the tasks, set up the target responsibility system, perfect the supporting measures, put into effect the economic incentive measures and conduct examination and assessment. Third, the competent authorities of housing and urban- rural development at various levels should organize the examination of building energy conservation, conduct assessment on the achieving of energy conservation targets, the implementation of the management system as well as the execution of compulsory energy conservation standard, carry out examination and evaluation and put into effect the target responsibility system and accountability system of energy conservation according to the relevant legal system and mandatory energy conservation standards.

Sustainable development is of great significance to the sound and ordered economic development of China. With a large population and a low productivity, not only the per capita resources are few, but also the energy utilization ratio is low. The present and a rather long period from now on is a favorable period for the development of energy conservation in buildings. With the continuous development of the energy conservation technology, more and better ideas and products of energy conservation will spring up. We should actively make research on and popularize the utilization of energy-saving products in an effort to meet the requirements for saving energy and improving the living environment, foster the idea of arcology, respect the natural environment, make planning and design through the method of the unification of science and technology, economic benefits and social benefits, incorporate the energy conservation consciousness into every link in the designing so as to enable the building energy conservation to yield considerable value of practical application as well as meet the requirements of the energy conservation objectives at each stage.

第2章　民用建筑能耗统计调查制度

民用建筑能耗是指民用建筑在使用过程中各类能源消耗量，具体包括维持建筑功能和建筑物在运行过程中满足采暖、空调、照明、电梯、热水供应、烹调、家用电器以及办公设备等功能需求的各类能源消耗量。一个国家或地区建筑能耗在总能耗中的比例，反映了这个国家或地区的经济发展水平、气候条件、生活质量以及建筑技术水平。住房和城乡建设部研究制定了建筑能耗统计调查制度，并先后于2008年和2010年在23个城市和全国范围内推行了民用建筑能耗统计。

2.1　建立建筑能耗统计调查制度的必要性

建筑用能是能源消耗的主要组成部分，同时建筑节能也是节约能源的重要领域。目前我国建筑能耗约占全社会总能耗的1/4强，做好建设领域节能减排工作，已经成为国家能源战略的重要组成部分，在“十一五”国家发展规划纲要中提出的单位GDP能耗下降20%的节能目标中，建筑节能承担着艰巨的1.1亿吨标准煤节能减排任务，对于国家节能减排目标的实现具有重要的作用。

建筑能耗统计数据是科学制定建筑节能规划和政策法规，推动建筑节能工作快速健康发展的重要基础条件。全面开展建筑能耗统计，将能够掌握我国的建筑能耗总量和建筑能耗水平，为制定建筑节能政策、衡量建筑节能工作成效提供基本依据。然而，从现行的国家统计年报体系中很难得到比较准确的建筑能耗统计数据，致使各级政府行政管理部门在制定节能减排目标，制定相关发展规划、工作计划及政策法规和标准规范时，缺乏有效的建筑能耗数据作为依据，已经成为制约建筑节能工作进一步发展的重要阻碍。因此，建立建筑能耗统计体系对于推进建筑节能工作又好又快的发展具有非常重要的意义。

2.2　国内外民用建筑能耗统计工作的基本情况

2.2.1　国内情况

在我国，建筑能耗统计属于能源统计范畴。早在新中国成立初期，工业统计中就建立了原煤、原油、电力、天然气的产量统计。随后，又在物资统计里建立了以反映各种能源在生产、销售平衡和能源收入、拨出、消费为主要内容的以实物为主的单项能源统计。20世纪80年代以来，由于能源在国民经济中的战略地位日益突出，在工业统计和物资统计的基础上分离出能源统计。但是目前我国的能源消耗的统计体系是按照行业分类沿用“工厂法”，分工业、农业、建筑业、交通运输及邮电通信、批发零售、生活消费和其他等多个部门统计，并不是按产业活动原则分类。建筑能耗的调查统计作为能源统计中的一个消费环节，长期被分割汇杂在能源消耗的各个领域之中。例如，居住建筑的能耗被归入城乡居民生活能源消费，而其他各类建筑能耗被归入非物质生产部门的能源消费，对于民用建筑在使用过程中各类能源的消耗量并没有一个确切的数字。

近些年来，建筑能耗在全国总能耗中比例逐年增加，建筑节能逐步得到社会的广泛重视，不少业内人士进行了一些建筑能耗调查，并在相关的节能潜力研究等方面进行了积极有益的尝试，获取了一些典型的基础数据。

早在1989年，以涂逢祥教授为首的“中国建筑节能经济技术政策研究”项目组，对我国北方采暖地区和长江沿岸的重庆、宜昌、武汉、南京四城市的各种建筑类型进行了调查统计，其目的是了解我国城市热环境与能耗状况，完善我国建筑节能政策、计划，这是我国历史上最早的全方位建筑能耗调查。

沈阳建筑大学魏积义等，在对我国三北地区建筑能耗调查的基础上，对我国的建筑能耗现状进行了分析，为建筑节能研究工作提供充分的理论依据，并在此基础上分析得出了有效的建筑节能途径。

住房和城乡建设部科技发展促进中心与哈尔滨工业大学合作，对哈尔滨市建筑物的基本情况、单体建筑能耗、居民住宅的能耗总量、采暖区煤耗量进行了调查，并在此基础上编制了建筑能耗统计软件。

清华大学对北京5座具有典型意义的旅馆类建筑能耗现状和北京市的410户城市居民家用空调器的耗电量进行了调查与分析。

重庆大学付祥钊教授对长江流域居住建筑能耗进行了调查，并在统计数据的基础上对热环境质量、室内空气品质和新风量、采暖空调系统能效比和性能系数、采暖期空调期除湿期天数及建筑热工特性等影响长江流域住宅供暖空调能耗水平的因素进行了研究。

广州大学对广州8个区633户住宅建筑能耗现状进行了调查与研究，通过调查得到了广州市住宅单位面积能耗、人均能耗、户均能耗指标，并提出了该地区住宅建筑可行的节能改造措施。

上海同济大学龙惟定教授等对上海公共建筑能耗现状进行了调查分析，提出用能量效率作为建筑节能的评价指标较之用单位面积平均一次能耗更为合理。

由此可以看出，我国政府部门、大专院校和科研院所在建筑能耗调查与节能潜力研究方面做了很多积极有益的工作，这些基础数据的积累为建筑节能标准的制定、建筑节能法规体系的建立提供了有力的理论与现实基础，同时也为建立全国统一的建筑能耗统计方法和体系积累了经验。但是之前所进行的能耗统计调查对象还不够全面，只停留在个别的建筑类型或部分城市的小范围内的某类建筑能耗统计，并不能全面真实地反映出我国建筑能耗的实际状况，同时由于没有完善的统计制度作保障，建筑能耗统计工作取得的实际效果还不够显著。

2.2.2　国外情况

发达国家在进行能源统计时，一般按照四个部门分别统计：即工业、交通、商用和居民。一般可以把商用和居民两项作为建筑能耗看待。因此，发达国家的耗能部门实际上就是工业、交通和建筑三大家，而它们各自在总能耗中所占有的比例基本上也是1/3。20世纪70年代的石油危机以来，建筑节能逐步被西方国家所重视，而发达国家开展建筑节能的实践经验表明，全面、翔实地了解建筑物的能耗数据已成为推动建筑节能工作的关键。

美国建筑能耗调查统计始于20世纪70年代，由美国国家标准局进行，其目的主要是进行既有建筑节能改造。调查涉及的内容非常详细，具体内容包括建筑物类型、所属关系、特征、围护结构状况、采暖/空调系统情况、照明、太阳辐射状况、用能种类、年总能耗、成本、运行维护程序，通过统计调查的信息，分析节能潜力与措施。目前美国已经建立建筑能耗统计数据库。健全的能耗信息统计体系是美国政府取得建筑节能工作成功的重要保证。

英国开展的NDBS(Non-Domestic Building Stock)项目，对英国境内已建和在建的工业建筑、商业建筑和公共建筑等进行了全面的统计，建立了包括建筑类型、结构类型、建造年代、墙体材料、空调形式、能耗情况等的详细数据库。

加拿大在1993年和1997年对居住建筑的能耗量进行了统计，具体内容包括建筑物的围护结构、采暖和制冷设施、家用电器和耗能设备，以及家庭结构等。此外，加拿大和美国DOE合作开发了设备使用和更新数据软件，为住宅建筑能耗模拟提供了科学可靠的方法。

2.3 建筑能耗统计工作试行阶段实施情况

为系统全面地掌握我国建筑能耗的情况，住房和城乡建设部决定逐步在全国推行民用建筑能耗统计工作，先期组织在部分基础情况较好的城市中试行建筑能耗统计调查工作，以便为下一阶段在全国范围内实施建筑能耗统计调查工作奠定良好的基础。结合国家对统计工作的有关要求，住房和城乡建设部组织研究制定了《民用建筑能耗统计报表制度》(以下简称《报表制度》)，在国家统计局审核批准的基础上，于2007年8月印发(建科函〔2007〕271号)，规定自2007年8月起在全国23个城市范围内试行民用建筑能耗统计工作。《报表制度》作为国家统计局批准建立的统计制度之一，是政府部门统计的重要组成部分。《报表制度》是全面系统反映我国建筑能耗基本状况和发展趋势的重要平台，通过《报表制度》的发布和实施，民用建筑能耗统计工作在23个城市中按照统一规范的方式进行，为我国建筑节能工作提供了大量重要的基础数据和资料。

2.3.1 能耗统计工作概况

考虑到不同气候区的建筑能耗状况存在一定的差异，此次建筑能耗统计工作选择在23个试点城市全面开展，并针对不同类型的民用建筑采取了不同方式进行能耗调查。与以往在部分地区针对典型建筑所进行的能耗统计调查相比，统计规模大、代表性强。通过建筑能耗统计工作，可基本上反映了23个城市民用建筑能耗的总体水平。

2.3.1.1 统计调查范围

23个城市，包括北京、天津、上海、重庆、石家庄、唐山、沈阳、哈尔滨、南京、常州、福州、厦门、济南、郑州、鹤壁、武汉、广州、深圳、海口、三亚、成都、绵阳、西安等，这些城市基本上涵盖了我国不同气候区、不同规模、不同经济发展水平等不同类型的城市，具有一定的代表性。

2.3.1.2　统计调查内容

根据建筑节能工作的实际需要，除应掌握我国建筑能耗总量的同时，还需要了解我国建筑能耗特点，包括不同功能建筑耗能的特点、不同地域建筑耗能的特点。因此，确定以整栋建筑为单位，除对民用建筑在使用过程中电力、煤炭、天然气等各类能源消耗信息进行统计调查外，还应对与建筑能耗相关的信息，如建筑类型、建筑面积、建成年代等建筑基本信息进行统计调查。此外，考虑到集中供热（或制冷）能耗在建筑能耗中占有较大的比重，同时该部分能源消耗数据并不能直接通过对民用建筑进行调查所取得，而只能通过对为民用建筑提供集中供热（制冷）的锅炉房（热力站）、制冷站进行统计调查获取相关能耗数据。因此，将集中供热（供冷）信息作为民用建筑能耗统计调查的一个重要组成部分。

根据上述的考虑，确定的统计内容包括民用建筑基本信息和能耗信息、民用建筑集中供热（冷）信息三个方面（统计内容见表2-1）。根据确定的统计调查内容在《报表制度》中设置民用建筑基本信息和能耗信息、民用建筑集中供热（冷）信息统计三类统计报表。

民用建筑能耗统计工作调查内容及方式　　**表2-1**

调查对象		调查方式	调查范围及内容
民用建筑	政府办公建筑和大型公共建筑	全面调查	对23个城市范围内的全部政府办公建筑和大型公共建筑的基础信息①和能耗信息②进行统计调查
	居住建筑和中小型公共建筑	抽样调查	对通过随机抽样确定的23个城市中的265个街道和21个镇范围内的居住建筑和中小型公共建筑基础信息进行统计调查，并对所确定的居住建筑和中小型公共建筑分时期③、分建筑类型④均按照20%的比例随机抽取建筑样本，并进行能耗信息调查
锅炉房（热力站）、制冷站		全面调查和抽样调查相结合的方式	对为能耗统计样本建筑提供集中供热（冷）的锅炉（机）房（制冷站）的基本信息⑤进行调查

① 民用建筑基础信息调查内容包括：建筑名称、建筑面积、建筑层数、建筑类型、建筑功能、竣工时期、供热形式、供冷形式等9项统计指标。

② 民用建筑能耗统计信息调查内容包括：民用建筑在使用过程中电力、煤炭、天然气等各类能源的消耗量，集中供热耗热量和集中供冷耗冷量，以及太阳能热水系统和太阳能光伏发电系统等可再生能源应用量等9项统计指标。

③ 考虑到我国在不同阶段实施了不同的节能标准，建筑物的保温隔热性能会有一定的不同，与建筑能耗密切相关。为此结合建筑节能标准不同实施阶段对居住建筑和中小型公共建筑进行了划分，具体分为1990年前（含1990年）竣工、1991～2000年（含2000年）竣工以及2001～至今三个阶段。

④ 由于不同类型或功能的民用建筑能耗差异较大，为此按照建筑类型分类方式对居住建筑和中小型公共建筑进行拆分。其中居住建筑分为低层居住建筑、多层居住建筑、中高层和高层居住建筑3类，中小型公共建筑分为办公建筑（不含政府办公建筑）、商场建筑、宾馆饭店建筑以及其他公共建筑四类。

⑤ 锅炉房（热力站）、制冷站基本信息的调查内容包括：供热（冷）面积、燃料种类和消耗量以及集中供热（冷）量等10项统计指标。

2.3.1.3　统计调查方式

考虑实际工作的需要和统计调查工作的可行性，确定民用建筑能耗统计工作分类进行，采取全面调查和抽样调查相结合的方式。对于大型公共建筑和国家机关办公建筑，由于其建筑数量相对较少，但能耗很高，应重点掌握这两类建筑的能耗状况，确定采取全面调查方式；对于居住建筑和中小型公共建筑，由于数量大，难以实现全面调查，这两类建筑采取分类抽样调查的方式(统计调查方式见表 2-1)。

2.3.1.4　统计数据来源方式

在《报表制度》中分别对各不同统计调查对象的数据来源方式进行了说明(见表 2-2)，有效保障了各地按照统一的方式实施统计工作，在一定程度上保证了统计工作的可行性和统计数据的准确性。

民用建筑能耗统计数据来源方式　　**表 2-2**

统计调查对象			统计数据来源方式
民用建筑	各类民用建筑	基本信息	市级相关行政主管部门委托相关机构并采取以下四个方式实施统计工作： 利用行政管理掌握的信息组织填报； 到城市建设档案馆进行资料文案调查； 组织专人进行现场调查和统计； 由物业管理部门配合调查填报
		能耗信息	市级相关行政主管部门委托相关机构并采取以下两个方式实施统计工作： 由电力、燃气等能源供应部门提供数据； 组织专人采取抄表或询问住户等方式进行现场调查和统计
锅炉房(热力站)、制冷站			市级相关行政主管部门组织民用建筑集中供热(冷)锅炉(机)房(制冷站)产权单位或实际运行管理单位采取以下两个方式实施统计并填报： 通过供用热(冷)双方确认的供用合同； 相关燃料用量或供应量计量装置

2.3.2　取得的成效

统计工作试行以来，23 个试点城市结合本地实际情况，按照《报表制度》的要求，对能耗统计工作进行了积极有效的探索，大部分城市逐步建立起良好的能耗统计工作体系，能耗统计工作得到了显著的推进，首次获取了大量的能耗统计基础数据信息，对于进一步推进建筑节能工作提供了重要的数据支撑，同时为下一步在全国更大范围内实施统计工作奠定了良好的基础。

2.3.2.1　建立了建筑能耗统计数据库

统计工作实施以来，得到了 2007 年度的 181763 栋(68711 万 m^2)建筑的基本信息和 61960 栋(36163 万 m^2)建筑的能耗信息，2008 年度的 179319 栋(69001 万 m^2)建筑的基础信息和 51988 栋(34176 万 m^2)建筑的能耗信息(见表 2-3)，在此基础上首次建立了包含有大量详细信息的能耗统计数据库。

民用建筑能耗统计调查数量　　**表 2-3**

调查内容 调查年度	建筑基本信息		建筑能耗信息		锅炉房(个)
	数量(栋)	面积(万 m^2)	数量(栋)	面积(万 m^2)	
2007 年	181763	68711	61960	36163	1230
2008 年	179319	69001	51988	34176	941

2.3.2.2 初步掌握了各城市民用建筑能耗的基本情况

在对统计数据进行归纳分析的基础上，初步掌握了各城市、各气候区的居住建筑、中小型公共建筑、大型公共建筑和国家机关办公建筑能耗状况，同时对各气候区和全国建筑能耗状况进行了推算，初步得出了一些结论。但由于建筑能耗统计工作是首次在全国较大范围内实施，实施时间较短，数据的可靠性和代表性还存在一定的问题，同时统计数据分析方法还不够科学和完善，部分结论有待进一步的证实和研究。

为了提高统计数据的准确性和代表性，保障数据分析结果的科学可信，对试行 2008 年度能耗统计工作的 13 个❶城市中的 31433 栋建筑的能耗数据进行了初步的筛选，剔除无效样本 4200 栋(为提高统计数据的准确性，对单位面积能耗量过小和过大的反常数据作为无效样本进行了适当的剔除)，有效样本量共计 27233 栋，占调查总量的 86.63%，在能耗统计有效样本数据的基础上进行了分析。

由于我国横跨五个气候区，而只有北方地区采用较大规模的采暖，比较我国北方和南方的建筑能耗，发现往往在剔除了采暖能耗后，从北方到南方同类建筑的能耗水平没有大的差异，民用建筑的能耗状况并没有显现出明显的地域特点。因此，分别对民用建筑除采暖外能耗和采暖能耗进行汇总分析，以便于统一分析民用建筑的能耗特点。

1. 民用建筑除采暖外能耗数据分析

针对民用建筑除采暖外能耗，对民用建筑各类能源的消耗比例构成进行了分析，同时结合影响建筑能耗的因素，分别按照建筑类型、气候区、竣工时期、建筑功能等分类方式对民用建筑能耗状况进行了比对和分析。

(1) 民用建筑除采暖外能源消耗比例构成

全国民用建筑所消耗的能源形式多样，随各气候区用能特点以及各地的能源政策等情况差异而不同，电是最主要的能源形式(占各类能源消耗总量的 83.52% ~98.21%)，使用的能源也包含部分煤炭、天然气、人工煤气、液化石油气等(见表 2-4)，各气候区电力消耗比例略有差别，其中夏热冬冷地区和夏热冬暖地区由于夏季较为炎热，空调使用频率较高，其电力消耗比例较严寒地区和寒冷地区略高。

民用建筑除采暖外各类能源消耗比例构成 **表 2-4**

气候区 / 能源种类	所占比例(%)			
	严寒地区	寒冷地区	夏热冬冷地区	夏热冬暖地区
电	83.52	87.05	91.41	98.21
煤		3.01		
天然气	8.50	8.89	5.86	
液化石油气	3.61	2.12		1.20
人工煤气	3.21			
其他能源	1.16	1.05	2.73	0.85
合计	100	100	100	100

❶ 在试行民用建筑能耗统计的城市中，以实施能耗调查数量较多且统计指标较为完整作为基本判定原则，确定对 13 个城市的民用建筑能耗统计数据进行分析。13 个城市包括上海、天津、重庆、石家庄、唐山、福州、厦门、郑州、成都、西安、哈尔滨、南京、常州等。

其中居住建筑能源消耗种类以电力(占居住建筑各类能源消耗总量的68.30%～78.89%)、天然气、液化石油气为主(见表2-5)，在公共建筑中电力是最主要消耗能源种类，占公共建筑各类能源消耗总量的85.78%～97.81%(见表2-6)。

居住建筑除采暖外各类能源消耗比例构成　　表2-5

能源种类＼气候区	所占比例(%)			
	严寒地区	寒冷地区	夏热冬冷地区	夏热冬暖地区
电	74.55	71.20	68.30	78.89
煤		6.12		
天然气	10.85	16.86	20.55	
液化石油气	7.03	2.12	1.15	18.05
人工煤气	6.55	3.66	9.89	3.06
其他	1.02	0.04	0.11	
合计	100	100	100	100

公共建筑除采暖外各类能源消耗比例构成　　表2-6

能源种类＼气候区	所占比例(%)			
	严寒地区	寒冷地区	夏热冬冷地区	夏热冬暖地区
电	92.34	89.09	91.26	99.71
煤		2.61		
天然气	7.84	7.86	6.01	
液化石油气	2.64	0.17	0.01	
人工煤气	2.26	0.22	2.5	
其他	1.48	0.05	0.23	2.19
合计	100	100	100.01	100

(2) 不同类型民用建筑除采暖外能耗状况

统计调查结果表明，各类建筑除采暖外能耗强度从大到小依次为大型公共建筑、中小型公共建筑、国家机关办公建筑和居住建筑，大型公共建筑能耗强度较中小型公共建筑、国家机关办公建筑和居住建筑分别高出54.6%、113.1%和219.4%。同时，1915栋大型公共建筑能源消耗量占所调查21720栋民用建筑能源消耗总量的80.2%，节能潜力巨大(见表2-7和图2-1)。同时在调查中发现同一地区同类型建筑物之间的能耗存在两倍以上的差异是普遍现象。

各类民用建筑除采暖外能耗状况　　表2-7

建筑类型	居住建筑	中小型公共建筑	大型公共建筑	国家机关办公建筑	合计
建筑数量(栋)	13708	4026	1915	2071	21720
单位面积能耗量[kgce/(m^2·a)]	9.13	27.46	43.28	23.97	—

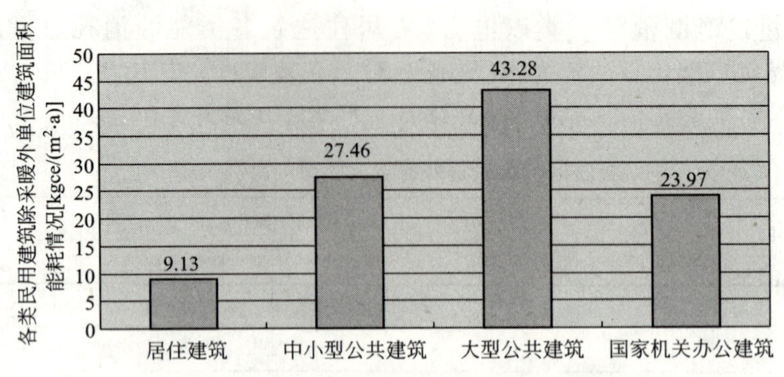

图 2-1 各类民用建筑除采暖外能耗状况

同时，发现不同功能的中小型公共建筑、大型公共建筑的除采暖外能耗量差异性较大，宾馆饭店、商场建筑和办公建筑能耗较高(见图 2-2)，这三种类型的公共建筑数量较大。因此，对于公共建筑的节能改造的重点应以商场建筑、宾馆饭店建筑和办公建筑为主。

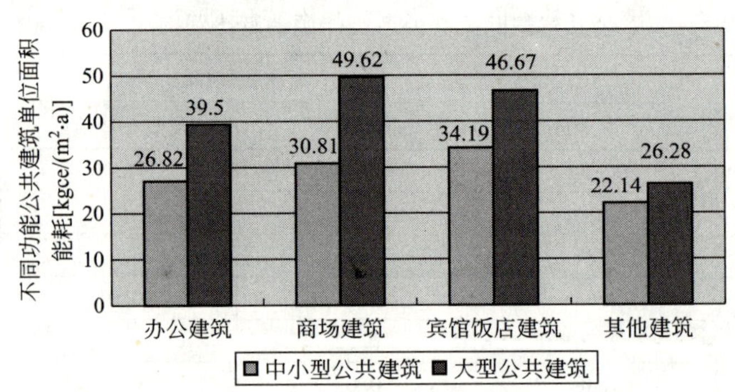

图 2-2 不同功能公共建筑除采暖外能耗状况

(3) 不同规模城市民用建筑除采暖外能耗状况

不同城市规模民用建筑除采暖外能耗强度差别较大，其中公共建筑除采暖外能耗强度的高低基本上是与城市规模的大小趋于一致(见表 2-8)。

不同规模城市民用建筑除采暖外能耗状况 **表 2-8**

各类建筑 \ 各类型城市		超大城市	特大城市	大城市	中型城市	小城市
单位建筑面积能耗量[kgce/(m²·a)]	居住建筑	12.43	9.85	11.94	5.74	7.08
	中小型公共建筑	29.0	27.28	29.22	16.1	10.29
	大型公共建筑	47.36	34.93	32.05	28.82	22.54
	国家机关办公建筑	21.18	20.77	24.06	15.93	8.62

(4) 不同经济发展水平城市民用建筑除采暖外能耗状况

从城市地域分布情况来看，东部地区和中部地区各类建筑除采暖外能耗强度总体上较西部地区高(见表 2-9)。

不同经济发展水平城市的各类建筑除采暖外能耗状况　　表 2-9

各类建筑 \ 各类型城市		东部地区	中部地区	西部地区
单位建筑面积除采暖外能耗量[kgce/(m^2·a)]	居住建筑	12.6	10.04	7.79
	中小型公共建筑	29.31	33.23	25.2
	大型公共建筑	47.83	33.04	29.19
	国家机关办公建筑	24.1	23.6	12.71

（5）不同气候区民用建筑除采暖外能耗状况

严寒地区、寒冷地区、夏热冬冷地区和夏热冬暖地区的各类建筑单位面积的能耗量基本上呈现出逐步上升的趋势(见表 2-10)。究其原因是在剔除采暖的情况下，电力成为了主要的能源形式，而我国自北向南，随着空调度日数的增加，空调的能耗也逐渐增大。

不同气候区民用建筑除采暖外能耗状况　　表 2-10

各类建筑 \ 气候区		严寒地区	寒冷地区	夏热冬冷地区	夏热冬暖地区
单位建筑面积除采暖外能耗量[kgce/(m^2·a)]	居住建筑	8.75	8.99	9,46	10.38
	中小型公共建筑	20.39	25.78	24.09	30.83
	大型公共建筑	38.81	42.61	46.64	45.71
	国家机关办公建筑	14.44	26.69	25.23	30.46

2. 北方采暖地区城镇集中供热能耗量分析

严寒和寒冷地区中 5 个城市范围内为民用建筑提供集中供热的 627 个锅炉房所消耗的能源以煤炭为主，其消耗量占各类能源消耗总量的 99.49%(见表 2-11)，同时单位面积平均集中供热能耗量为 21.89kgce/(m^2·a)，约占严寒、寒冷地区民用建筑能耗总量的 60.37%。

严寒、寒冷地区民用建筑用于集中供热各类能源消耗情况　　表 2-11

能源种类	电力	煤炭	天然气
占各类能源消耗总量的比例(%)	0.06	99.49	0.45

其中寒冷地区的 4 个城市所调查的建筑均采用集中供热，其单位面积采暖能耗量分布于 10.02～35.14kgce/(m^2·a)范围内，其单位面积平均集中供热能耗量约为 15.13kgce/(m^2·a)，约占寒冷地区 4 个城市民用建筑能耗量的 49.9%；严寒地区的哈尔滨市所调查的建筑均采用集中供热，其单位面积集中供热能耗量分布于 20.13～84.48kgce/(m^2·a)范围内，其单位建筑面积平均集中采暖能耗量为 34.97kgce/(m^2·a)，约占哈尔滨市民用建筑能耗总量的 73.3%。

3. 中外建筑能耗比较分析

（1）北方城镇民用建筑采暖能耗量明显高于美国

尽管中美两国地理状况和气候大致相同，我国北方地区建筑采暖能耗量占我国城镇建筑能耗接近 40%，是建筑能耗最主要的部分。而美国采暖能耗仅为 21.3%。同时我国北方城镇采暖能耗量为 21.89kgce/(m^2·a)，而美国仅为 9.79kgce/(m^2·a)。其能源效率水平与建筑物的保温水平、采暖方式和系统状况有关。

(2) 我国城镇住宅除采暖外单位面积能耗量与发达国家存在着较大的差距

我国城镇住宅除采暖外单位面积能耗量仅为美国、日本、加拿大的1/3，不到韩国的1/2(见图2-3)。城镇居住建筑除采暖外人均能耗明显低于欧美发达国家人均水平，不到美国的1/10。但是调查中发现部分居住建筑的单位建筑面积能耗达到或超过了发达国家的平均水平。主要的原因受居住者和使用者生活模式的影响。

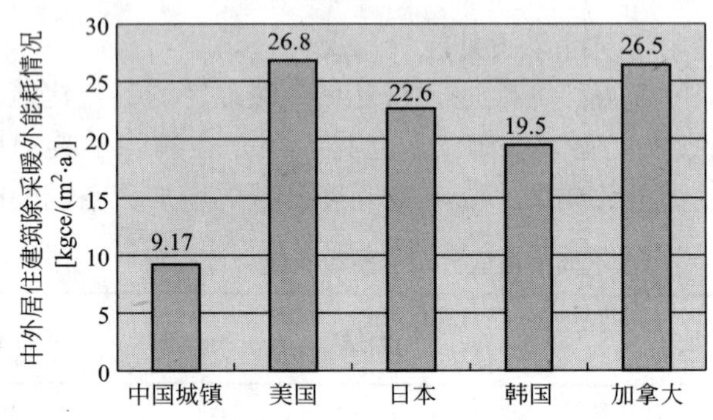

图 2-3　中外居住建筑除采暖外能耗情况

(3) 我国城镇公共建筑能耗(含采暖)明显低于发达国家

我国城镇公共建筑能耗强度仅为美国、加拿大的1/3强，不到日本和韩国公共建筑能耗的1/2(见图2-4)。但是调查中发现有部分大型公共建筑的单位建筑面积能耗达到或超过了发达国家的平均水平。其主要原因是空调系统不同、设备运行方式不同所致。

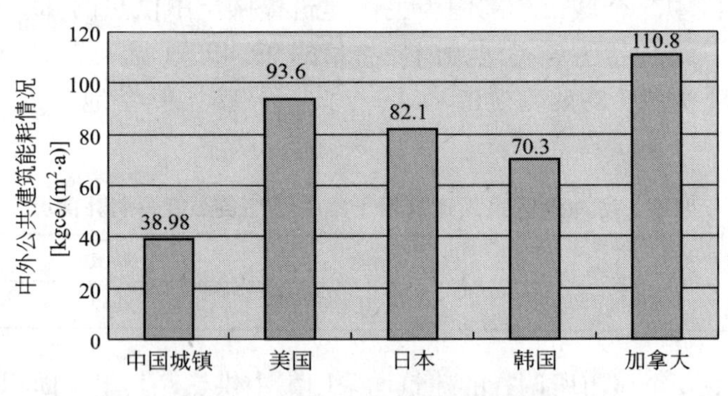

图 2-4　中外公共建筑能耗情况

2.3.2.3　在开展建筑节能相关工作中发挥了重要支撑作用

23个试点城市在开展建筑能耗统计工作的基础上，通过对统计数据进行分析，同时根据统计数据分析结果，有针对性地开展了相关的建筑节能工作，充分发挥了数据支撑作用，并取得了显著的成效。其中厦门市建设与管理局在统计数据的基础上编写了2009～2011年建筑节能发展专项规划，确定对能耗水平较高的67栋大型公共建筑实施节能运行管理的目标；哈尔滨、石家庄、郑州等北方采暖地区城市确定了既有居住建筑节能改造范围和对象，对节能潜力进行了预测，并在此基础上深入推进了既有建筑改造和供热改革工作；同时能耗统计工作也为各城市实施国家机关办公建筑和大型公共建筑监管体系的建设工作奠定了良好的基础条件。

2.3.3 主要经验及做法

2.3.3.1 领导重视、措施到位。

加强对统计工作的组织领导，出台了相关的政策措施，及时解决了统计中的实际困难，确保了统计工作所需的人力和经费的落实，为统计工作顺利开展提供了必要的组织保障。

上海市建立了建筑能耗统计工作通报表彰制度，有效调动了各单位和工作人员的积极性；郑州市编制印发了《郑州市民用建筑能耗统计工作考核实施细则》，将统计工作纳入辖区内的各区、县(市)建设领域节能减排目标责任制考核的重要内容。

2.3.3.2 形成各部门分工配合的工作局面。

初步建立了能耗统计实施领导机构，形成了机关事务管理机构、房产管理部门以及电力、燃气、热力、档案等相关部门和单位的工作协调机制，能源供应单位积极提供能耗数据，配合进行能耗数据核查，形成了良好的统计工作格局，有力推动了统计工作的深入实施。

其中，郑州市民用建筑能耗统计工作是由主管副市长牵头负责的，郑州市建筑节能与墙体材料革新领导小组负责统一协调和领导，市建委、市财政局、市统计局和市直机关事务管理局、房管局等机构和单位作为组成部门，有效保障了郑州市统计工作的顺利实施。

2.3.3.3 做好专业技术服务

在建筑能耗统计工作过程中，科研院所、大专院校等专业技术人员具体参与到统计工作中，充分发挥了科研院所、大专院校专业人员的技术资源优势，从而有力保障了统计工作顺利进行，同时也在一定程度上提高了统计数据的准确性。

2.3.3.4 广泛的宣传和指导

在建筑能耗统计工作过程中，充分利用广播、电视、报纸、杂志、网络等传媒手段宣传介绍民用建筑能耗统计工作，使得一些单位和个人认识到能耗统计的重要性，在能耗统计工作进行过程中给予了积极配合，及时提供能耗统计工作所需的数据。

其中，郑州市、石家庄市等城市结合能耗统计工作的进展情况印发《工作简报》，对统计工作进行阶段性总结，并总结交流了实施统计工作的经验与教训，解答实际工作过程中遇到的问题，从而有效促进了能耗统计工作的深入实施。

2.3.4 存在的主要问题及原因

建筑能耗统计工作与其他部门的统计工作相比有其特殊性和复杂性，存在着涉及面广、专业性较强的特点。此外，民用建筑能耗统计工作首次在全国较大范围内实施，是一项新的统计制度，前期没有任何实际工作经验，适应和理顺关系需要一定的过程，客观上为能耗统计工作带来了较大的难度。统计工作试行以来部分城市未能按照要求组织实施并完成统计工作，同时统计数据准确性和可靠性不能得到有效的保障。影响民用建筑能耗统计工作进展的主要原因如下：

2.3.4.1 分工不明

在《民用建筑能耗统计报表制度》中规定能耗统计工作由建设行政部门负责组织实

施，但未能进一步明确能耗统计工作涉及的能源生产供应、消费等部门和单位的分工和职责，由于没有法定性的规定，难以分清各个部门的责任，顺畅的统计工作体系未能建立，从而使数据收集难度加大，影响了统计工作的质量和实效性。

2.3.4.2　职责不清

各试点城市在布置工作时虽指定由建设行政主管部门牵头负责，但未能同时明确统计工作所涉及的房管、城建、市政等建设行业系统内部各相关职能部门职责。从试行情况看，作为能耗统计牵头部门的建设行政主管部门，许多地方并没有将统计工作作为常态化的工作列入本部门的重点工作进行部署和推动，而仅仅把统计工作当作临时性的工作，委托有关机构实施统计调查工作，对统计实施情况关心和重视程度严重不足，工作经费、人员等必要的工作条件没有得到有效解决，统计机构及统计人员职责不清，严重影响了统计工作的效率和质量。

2.3.4.3　管理不规范

部分省市没有建立起统计资料的收集、审核、报送等完整规范的统计工作管理机制，存在着布置任务多，审核少的现象，对上报数据严重缺少必要的抽查、复核环节，数据质量得不到保证。

2.3.4.4　奖惩措施不到位

缺乏对各级住房城乡建设行政主管部门、统计机构及人员执行统计工作的考核与奖惩措施，不能充分调动各级统计机构和人员的积极性，难以保证统计工作的质量。

2.4　全国范围内民用建筑能耗统计工作实施情况

在23个城市范围内试行民用建筑能耗统计工作的基础上，住房和城乡建设部决定继续在全国更大范围内实施能耗统计工作。为保障统计工作的顺利实施，住房和城乡建设部于2010年3月印发了《民用建筑能耗和节能信息统计报表制度》（建科〔2010〕31号），民用建筑能耗统计工作在全国范围内全面实施。

2.4.1　《民用建筑能耗报表制度》修订情况

在23个城市范围内试行建筑能耗统计工作的基础上，经过总结经验和教训，同时结合建筑节能工作的实际需要，住房和城乡建设部组织对《民用建筑能耗统计报表制度》进行了修订，并得到了国家统计局的审核批准。修订包括以下四个方面：

2.4.1.1　增加了统计内容

1. 建筑节能信息

为全面掌握各地建筑节能工作的进展情况，增加新建建筑节能信息、既有建筑节能改造信息，以及可再生能源建筑规模化应用信息三个方面的统计内容。

2. 北方采暖集中供热信息

依据《民用建筑节能条例》第34条“县级以上地方人民政府建设主管部门应当对本行政区供热单位的能源消耗情况进行统计调查和分析，并制定供热单位能源消耗指标”的规定，为全面掌握采暖地区供热单位的能源消耗情况，增加了北方采暖地区集中供热信息统计内容，确定对全国15个省、区、市为民用建筑提供集中供热信息的热电厂，以及供热能力在 7MW 以上的锅炉房的能源消耗情况进行统计调查。

3. 农村居住建筑能耗信息

为全面掌握全国民用建筑的能耗状况，增加了农村居住建筑能耗信息的统计内容。但考虑到各地目前工作基础比较薄弱，同时在实施农村居住建筑能耗信息统计工作过程中需投入更大的人力、物力和财力，统计工作将会遇到更多的难度，为此在《报表制度》中将此部分统计内容作为选填项，并未强制要求各地组织实施统计工作，由各地结合本地实际情况，组织实施。

根据上述确定统计调查内容，将《民用建筑能耗统计报表制度》名称也相应修改为《民用建筑能耗和节能信息统计报表制度》。

2.4.1.2　扩大了统计范围

为全面掌握全国民用建筑能耗的实际状况，贯彻执行《民用建筑节能条例》，将国家机关办公建筑和大型公共建筑相关统计由 23 个城市扩大到全国范围内；居住建筑和中小型公共建筑相关统计内容由 23 个城市扩大到全国 79 个[1]城市范围内。

2.4.1.3　改进了报送形式

在总结过去民用建筑能耗统计工作试行过程由于相关机构和单位分工不明、职责不清的原因，而出现的统计数据收集难度大的现象。依据《中华人民共和国统计法》的有关规定(第七条“国家机关、企业事业单位和其他组织以及个体工商户和个人等统计调查对象，必须依照本法和国家有关规定，真实、准确、完整、及时地提供统计调查所需的资料，不得提供不真实或者不完整的统计资料，不得迟报、拒报统计资料。”)。在《报表制度》中进一步对各相关统计内容的填报主体进行了说明(见表 2-12)，有效提高了统计工作的可操作性。

建筑能耗和节能信息统计报表的填报主体　　**表 2-12**

<table>
<tr><th colspan="2">统计对象</th><th>填报单位</th></tr>
<tr><td rowspan="4">民用建筑的基本信息和能耗信息(“城镇节能基 1 表”、“城镇节能台 1 表”或“城镇节能基 2 表”)</td><td>国家机关办公建筑</td><td>国家机关事务管理机构或供能单位</td></tr>
<tr><td>大型公共建筑</td><td rowspan="2">建筑所有人、使用权人或供能单位</td></tr>
<tr><td>中小型公共建筑</td></tr>
<tr><td>居住建筑</td><td>房管部门或供能单位</td></tr>
<tr><td>北方采暖地区城镇民用建筑集中供热信息(“城镇节能台 2 表”或“城镇节能基 3 表”)</td><td>北方采暖地区为民用建筑提供集中供热的热电厂，以及供热能力在 7MW 及以上的锅炉房</td><td>集中供热(冷)单位，区域热力站，或自有锅炉房(制冷站)产权单位</td></tr>
<tr><td>能耗统计建筑集中供热(冷)信息(“城镇节能基 4 表”)</td><td>为能耗统计建筑提供集中供热(冷)的锅炉房(热力站)、热电厂或制冷站</td><td>供热(冷)公司、热电厂，或自有锅炉房(制冷站)产权单位</td></tr>
</table>

[1] 79 个城市包括：北京、天津、上海、重庆、石家庄、秦皇岛、唐山、太原、大同、临汾、呼和浩特、赤峰、哈尔滨、大庆、齐齐哈尔、长春、吉林、松原、沈阳、大连、丹东、本溪、济南、青岛、淄博、东营、南京、无锡、常州、合肥、铜陵、马鞍山、杭州、宁波、绍兴、舟山、福州、厦门、莆田、南昌、新余、景德镇、郑州、鹤壁、南阳、武汉、襄樊、宜昌、长沙、株洲、湘潭、广州、深圳、东莞、佛山、南宁、柳州、梧州、海口、三亚、昆明、丽江、贵阳、六盘水、成都、绵阳、拉萨、西安、咸阳、宝鸡、兰州、张掖、甘南藏族自治州、银川、吴忠、西宁、格尔木、乌鲁木齐、库尔勒(建办科函〔2010〕507 号)。

续表

统计对象		填报单位
建筑节能信息统计（“城镇节能基5表”、“城镇节能基6表”和“城镇节能基7表”）	新建建筑节能信息	建设工程质量监督部门或建筑节能管理部门
	既有建筑节能改造信息	建设工程质量监督部门、建筑节能管理部门或房管部门
	可再生能源建筑应用信息	建设工程质量监督部门、建筑节能管理部门或可再生能源供应商

2.4.1.4　调整了“报送频率”

原《报表制度》所确定的统计频率为半年报和年报，但从实施情况看，大部分城市未能按照要求实施半年报统计报表的上报工作，同时从统计数据的分析情况看，半年报报表的分析作用并不显著，为此取消了半年报。

居住建筑和公共建筑的数量较多，统计调查工作大，根据试行民用建筑能耗统计以来的情况，实施这两类建筑的相关统计工作占用了大量的时间和精力，同时对部分城市2007年度和2008年度能耗统计数据进行分析，这两类建筑的能耗水平变化并不大。为此将居住建筑和中小型公共建筑的统计频率调整为两年报。

2.4.2　民用建筑能耗和节能信息统计工作部署和实施

按照《报表制度》的要求，住房和城乡建设部建筑节能与科技司于2010年8月在北京分别举办了北方地区和南方地区民用建筑能耗和节能信息统计工作培训班，对全国建设行政主管部门开展民用建筑能耗和节能信息统计工作进行了动员、部署和培训，标志着民用建筑能耗和节能信息统计工作正式在全国全面启动。

同时，为了进一步规范和加强对建筑能耗和节能信息统计工作的管理，提高统计数据质量和公信力，住房和城乡建设部组织制定了《民用建筑能耗和节能信息统计管理办法》（以下简称《管理办法》），重点对统计机构和人员职责、统计工作的管理、统计资料的管理和发布、统计工作的考核和奖惩等方面做出了明确的规定，以解决统计工作遇到的实际问题，《管理办法》将于近期印发。

第3章　新建建筑节能

根据发达国家的经验，随着城市化率的提高，建筑领域的能耗和排放将迅速增长，占到其全社会总量的40%左右。目前我国正经历着世界上有史以来最快的城市化进程，每年新增建筑数量惊人，建筑终端能耗占到全社会总能耗的27%左右。随着我国城市化的加速发展和人民生活水平的不断提高，为适应城镇人口飞速增加的需求和继续改善人民生活水平的需要，我国建筑能耗将呈现继续增长的趋势。因此可以说，建筑节能是时代赋予我们的新责任与新任务，任重而道远。通过加快体制机制创新，从新建建筑入手，着力降低建筑能源消耗，成为促进建筑节能工作、完成减排任务的重要举措。

3.1　新建建筑节能体制机制建设

我国新建建筑规模十分巨大。目前，我国城市人口以每年近1%的速率发展，人口向城市转移的总量持续高速增长，城市住宅建设和更新改造任务繁重(见图3-1)。近几年来，每年全国房屋竣工面积达16亿m^2到20亿m^2，截至2009年底，全国城乡房屋建筑面积共计为470亿m^2，其中城市为188亿m^2。预计到2010年底，全国房屋建筑面积为520亿m^2，其中城市为191亿m^2；在2020年之前，我国每年城镇新建建筑的总量将持续保持在10亿m^2左右，预计到2020年底，我国还将建成约300亿m^2的房屋，其中新增城镇居住建筑面积约为100亿~150亿m^2，公共建筑面积约为100亿m^2。全国民用建筑面积达到近700亿m^2，其中城市261亿m^2(见图3-2)。从2000年到2015年是我国民用建筑发展的鼎盛期，预计到2015年民用建筑保有量的一半是2000年以后新建的，可以说，如此大规模的新增建筑，在世界建筑史上也少见。

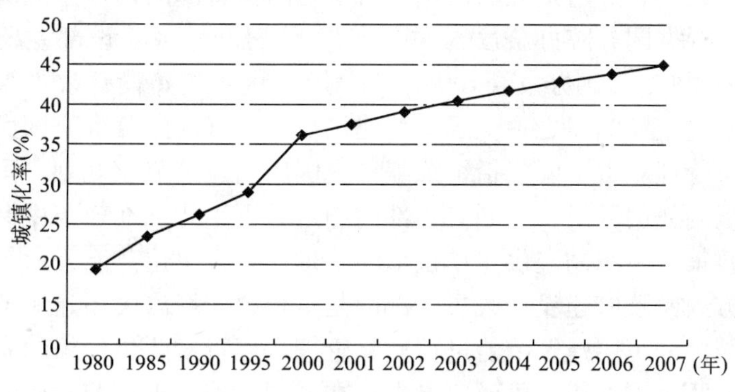

图3-1　我国城镇化率曲线

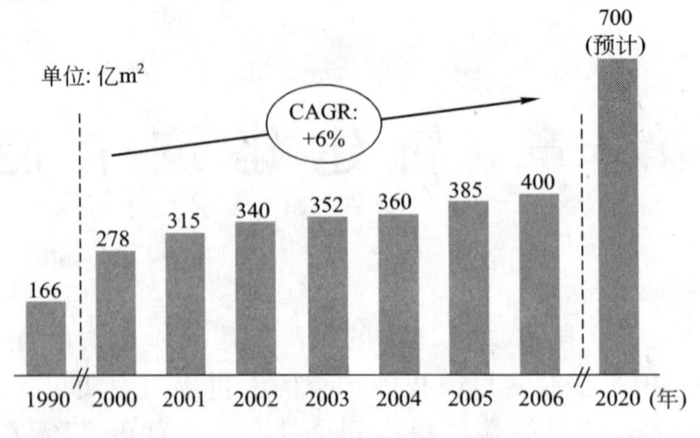

图 3-2　我国建筑面积预测

3.1.1　新建建筑节能体制建设

所谓体制创新，就是要建立与履行建筑节能职能相适应的组织机构及其运转方式。建立建筑节能监管体制就是从建设服务型政府的目标出发，以政府履行经济调节、市场监管、社会管理、公共服务的职能为落脚点，建立一套既与原有的工程建设管理体制相衔接，又与在建筑使用过程中提高建筑能效、降低建筑能耗相适应的管理体制。

我国的建筑节能工作从 20 世纪 80 年代中期展开，其基本思路是由北而南，由输入型节能为主向输入型与输出型节能并重转变。从 1986 年起开始施行民用建筑的节能设计标准，主要偏重于北方地区采暖住宅节能，并且 1999 年已经把北方地区建筑节能设计标准纳入强制性标准进行贯彻，由北而南推行。所谓输入式节能，即建筑物本身的节能，也就是人们通过改进建筑物的围护结构、采用新型保温材料等方式尽可能地减少建筑物本身的能量损失，从而达到节能的目的。输出式节能，即提高建筑供热系统的热效率，采用太阳能等可再生能源来降低建筑能耗。如采用集中供热、分户热计量和热收费等方式达到节省建筑能耗的目的。为开展建筑节能工作，国家先后出台了一系列政策法规和标准，尤其是 2008 年国务院令第 530 号颁布的《民用建筑节能条例》，确立了建筑节能管理体制，提供了加强建筑节能管理的法律保障。

3.1.1.1　行政管理体制

国务院建设行政主管部门是全国民用建筑节能的主管部门，对全国的民用建筑节能工作进行监督管理。根据国务院办公厅《关于印发 住房和城乡建设部主要职责、内设机构和人员编制规定的通知》（国办发〔2008〕74 号），国务院建设行政主管部门为住房和城乡建设部，是国务院组成部门之一。国务院建设行政主管部门负责全国民用建筑节能的监督管理工作。监督管理职责主要包括组织编制全国民用建筑节能规划、国家民用建筑节能标准、推广禁止限制使用目录，会同有关部门制定可再生能源在建筑中利用、建筑能效测评与标识的有关政策，组织制定供热单位节能管理、建设单位节能公示有关规定等。

县级以上地方人民政府建设行政主管部门是本行政区域内民用建筑节能工作的主管部门，对本行政区域内的民用建筑节能进行监督管理。职责主要包括组织本行政区域内的民用建筑节能规划，并上报本级人民政府批准；在规划、施工等环节对建筑节能的审查、审批和监督检查；组织调查统计和分析本行政区域内既有建筑的有关情况，制订既有建筑节能改造计划，并报请本级人民政府批准后组织实施等。根据《民用建筑节能条例》的相关规定，县级以上人民政府有关部门，包括发展改革、财政、税务、环境保护等部门，按照职责分工，负有一定的建筑节能监督管理职责。

3.1.1.2　日常管理机构

目前，建筑节能已经逐步从单体建筑向小区、区域节能扩展，从新建建筑节能向既有建筑节能扩展，从使用常规能源向强制推广可再生能源扩展。建筑节能的工作范围越来越广，加强建筑节能管理机构建设是确保建筑节能工作顺利开展的前提和基础。早在1994年建设部就成立节能工作协调组与建筑节能办公室，制定政策，组织实施。随着国家对建筑节能工作的重视逐步加强，2006年9月，建设部在科技发展促进中心设立了建筑节能中心。2008年，根据国务院办公厅《关于印发住房和城乡建设部主要职责、内设机构和人员编制规定的通知》(国办发〔2008〕74号)的规定，住房和城乡建设部设立建筑节能与科技司，其主要职责是拟订建筑节能的政策和发展规划并监督实施；组织实施重大建筑节能项目；指导房屋墙体材料革新工作；组织拟订住房和城乡建设的科技发展规划和经济政策；组织重大科技项目研究开发；组织国际科技合作项目的实施及引进项目的创新工作，指导科技成果的转化推广。

20世纪80年代末，随着建筑节能试点工作的开展，黑龙江、江苏、上海等省市在全国率先成立了墙体材料革新与建筑节能办公室。在试点的基础上，1992年国务院出台《批转国家建材局等部门关于加快墙体材料革新和推广节能建筑意见的通知》，明确要求各地加强对墙体材料革新与建筑节能工作的组织领导。之后，各地纷纷加强了墙体材料革新与建筑节能工作的组织领导，成立了墙体材料革新与建筑节能工作领导小组，并下设了办公室。领导小组办公室大部分设在建设主管部门，小部分设在建材主管部门。随着机构改革，建材主管部门撤销，墙体材料革新工作移交经贸委或发改委。近年来，随着国家对建筑节能工作逐步重视，为进一步推进建筑节能工作，建筑节能管理机构建设进一步加快，建筑节能管理机构组织网络进一步健全，建立了从省级到市级的建筑节能监督管理机构，并安排落实建筑节能专职管理人员。北京、天津、河北、山东、安徽、陕西、新疆、青海、广东、重庆、四川等省区市还将建筑节能与墙改管理机构合设，由建设主管部门管理。各地的建筑节能管理机构一般由同级编办批准成立，是同级建设主管部门的直属事业单位，同时接受领导小组的领导。其中省级建筑节能管理机构一般为正处级，设区市建筑节能管理机构一般为正科级，工作经费和人员工资由地方财政供养或专项经费解决。

3.1.1.3　技术支撑体系

技术支撑体系是建筑节能工作可持续开展的强大动力。近年来，在科研开发方面，国家比较注重发挥科技先导和支撑作用，围绕建筑节能重点工作，积极筹措资金，安排科研项目，为建筑节能深入发展做好科技储备。国家鼓励高等院校、科研机构和企业研究开发符合国家产业导向和市场需求的建筑节能新技术和新产品。目前清华大学、天津大学、湖南大学、华南理工大学等高校纷纷成立了建筑节能研究中心，一些科研机构和企业也成立了建筑节能技术研发机构，重点研究开发建筑节能结构体系、新型墙材、节能门窗、节水器具、太阳能等可再生能源应用技术、浅层地能应用技术、既有建筑节能改造技术、中水回用技术等新技术和新产品，同时也为社会培养了一大批产学研相结合的技术人员和毕业生。

在科技推广方面，国家鼓励高等学校、科研机构、民营企业和个人成立科技推广机构，完善科技成果推广工作机制，充分发挥科技推广中介机构联系政府、行业、企业和市场的优势，为成果推广提供全过程服务。科技推广中介机构面向市场、面向企业、面向工程，在科技成果工程应用项目的决策、规划、设计、生产、施工等多个环节，为成套技术系统集成的工程应用创造条件。

在产业化基地建设方面，近年来，国家以技术标准编制、科研项目、示范工程等为依托，重点扶持了一些有条件的企业建立了建筑节能产业基地，内容涉及高效节能建筑材料、高效采暖与制冷系统设备、太阳能及其他可再生能源应用技术与设备等。这些产业化生产基地的建设，为建筑节能技术研发、推广和示范做出了巨大的贡献。

3.1.2 新建建筑节能机制建设

机制是一定的体制职能作用有效发挥所不可缺少的有力手段。建筑节能体制要想正常地发挥作用，必须通过一定的内在机制予以确保。

3.1.2.1 新建建筑节能标准体系

目前新建建筑节能的标准体系主要包括：设计标准、验收标准和运行检测标准三个组成部分。

1. 设计标准

建筑节能设计标准与气候关系密切。我国五个不同的建筑气候分区分别是：严寒地区、寒冷地区、夏热冬冷地区、夏热冬暖地区和温和地区。除温和地区外，我国大部分气候区域的建筑需要采取一定的技术措施来保证冬夏两季的室内热舒适环境，北方严寒地区和寒冷地区主要考虑冬季采暖，南方夏热冬暖地区主要考虑夏季空调，长江流域的夏热冬冷地区则要兼顾冬季采暖和夏季空调。因此，我国建筑节能设计标准体系包括《严寒和寒冷地区居住建筑节能设计标准》JGJ 26—2010、《夏热冬冷地区居住建筑节能设计标准》JGJ 134—2001、《夏热冬暖地区居住建筑节能设计标准》JGJ 75—2003 和《公共建筑节能设计标准》GB 50189—2005 四部分，基本能够满足我国各气候区域的新建建筑节能设计的要求。

《严寒和寒冷地区居住建筑节能设计标准》对采暖地区的新改扩建居住建筑从围护结构和采暖、通风与空调系统两方面提出了明确的节能要求。

《夏热冬冷地区居住建筑节能设计标准》主要内容包括三个方面：居住建筑室内热环境设计计算指标和建筑节能目标；建筑围护结构保温隔热性能要求；采暖空调和通风系统设计节能要求。

《夏热冬暖地区居住建筑节能设计标准》对住宅建筑的墙体和屋顶热工性能提出了较高的要求，另外对窗户遮阳要求比较高。

《公共建筑节能设计标准》适用于全国各个气候地区，但是针对不同的气候区域分别提出了节能措施和要求。除了对建筑围护结构的保温隔热性能做出规定外，重点提出了空调系统的节能设计。

2. 验收标准

《建筑节能工程施工质量验收规范》GB 50411—2007 的颁布和实施标志着我国建筑节能工作从设计、施工到竣工验收都有法可依。

《建筑节能工程施工质量验收规范》依据国家现行法律法规和相关标准，总结了近年来我国建筑工程中节能工程设计、施工、验收和运行管理方面的实践经验和研究成果，借鉴了国际先进经验和做法，充分考虑了我国现阶段建筑节能工程的实际情况，突出了验收中的基本要求和重点，是我国第一部涉及多专业、以达到建筑节能设计要求为目标的施工质量验收规范。规范的主要内容包括总则、术语、基本规定、墙体节能工程、幕墙节能工程、门窗节能工程、屋面节能工程、地面节能工程、采暖节能工程、通风与空调节能工程、空调与采暖系统冷热源及管网节能工程、配电与照明节能工程、监测与控制节能工程、建筑节能工程现场检验、建筑节能分部工程质量验收、附录等，基本包含了建筑节能的方方面面。其定位在于：对建筑节能材料设备的应用、建筑节能工程施工过程的控制和对建筑节能工程的施工结果进行验收。

《建筑节能工程施工质量验收规范》具有五个明显的特征：一是强制性条文除涉及结构和人身安全、环保、节能性能、功能方面外，还涉及过程控制和建筑设备专业的调试和检测，这是建筑节能工程验收的重点。二是规定对进场材料和设备的质量证明文件进行核查。三是推出工程验收前对外墙节能构造现场实体检验、外窗气密性现场实体检验和建筑设备工程系统节能性能检测。四是将建筑节能工程作为一个完整的分部工程纳入建筑工程验收体系，使涉及建筑工程中节能的设计、施工、验收和管理等多个方面的技术要求有法可依，形成从设计、施工到验收的全过程管理机制，使建筑节能工程质量得到控制。五是突出了以实现功能和性能要求为基础，以过程控制为主导、以现场检验为辅助的原则，具有较强的科学性、完整性、协调性和可操作性，起到了对建筑节能工程质量控制和验收的作用，对推进建筑节能目标的实现将发挥重要作用。通过这五条特征，保证和加强了建筑节能设计文件的执行力度，节能建筑不节能的现象将得到有效遏制。

3. 运行检测标准

运行检测标准主要有《住宅性能评定技术标准》GB/T 50362—2005 和《绿色建筑评价标准》GB/T 50378—2006。

《住宅性能评定技术标准》是对住宅性能的评定提出了统一的指标和方法，对提高住宅质量、引导住宅开发和住房理性消费起到了重要的作用。该标准正文分为 8 章：总则、术语 、住宅性能认定的申请和评定、适用性能的评定、环境性能的评定、经济性能的评定、安全性能的评定和耐久性能的评定，其中第四章至第八章分别阐明了各性能的评定项目、满分分值、分项评定内容和评定方法，五方面性能的评分表分别列于该标准的附录中。《住宅性能评定技术标准》把住宅性能分解为适用性能、环境性能、经济性能、安全性能和耐久性能 5 个方面共 268 条具体指标，通过对各项指标的打分和综合评价，最终以总分高低作为基本依据，确定住宅的综合性能等级。住宅性能评定原则上以单栋住宅为对象，也可以单套住宅或住区为对象进行评定，它将住宅综合性能按照得分的高低，划分为 A、B 两个级别：A 级住宅——执行了现行国家标准且性能好的住宅；B 级住宅——执行了现行国家强制性标准，但性能达不到 A 级的住宅。其中 A 级住宅根据得分多少和能否达到规定的关键指标，又分为 1A、2A、3A 三个级别。《住宅性能评定技术标准》的特点还在于以下几方面：一是适用于城镇所有新建和改建住宅的性能评定，而不是单纯的评优标准；二是住宅性能级别要根据得分高低和部分关键指标双控确定；三是实行第三方认证，认定过程做到科学、公平、公正；四是认定结果能反映住宅的综合性能水平，鼓励开发商提高住宅性能；五是体现节能、节地、节水、节材等产业技术政策，倡导一次装修。

《绿色建筑评价标准》是我国第一部从住宅和公共建筑全寿命周期出发，多目标、多层次对绿色建筑进行综合性评价的推荐性国家标准，其中将绿色建筑定义为：在建筑的全寿命周期内，最大限度地节约资源(节能、节地、节水、节材)、保护环境和减少污染，为人们提供健康、适用和高效的使用空间，与自然和谐共生的建筑。《绿色建筑评价标准》中建立了适合于我国国情的绿色建筑评价体系，由节地与室外环境、节能与能源利用、节水与水资源利用、节材与材料资源、室内环境质量和运营管理六类指标组成，对积极引导和大力发展绿色建筑，促进节能省地型住宅和公共建筑的发展都具有十分重要的意义。《绿色建筑评价标准》具有非常显著的特点：一是科学性。根据绿色建筑评估的目标，通过定性定量的比较和研究，筛选出能反映绿色建筑目标本质和真实性的代表指标，保证绿色建筑评价的准确性和真实性。二是综合集成性。《绿色建筑评价标准》集合了规划、建筑、环境保护、能源、水处理、运营管理等多种学科和交叉学科的知识和技术。这些知识和技术的有机融合是绿色建筑评价体系可靠性、完备性和实现相对优化的保障。三是易操作性。《绿色建筑评价标准》不仅能够用来对绿色建筑进行评判，还能用来指导绿色建筑的设计和施工，具有很强的实践性。标准的易操作性奠定了广泛使用的基础。

从国家层面看，目前已初步建立起建筑节能标准体系，《严寒和寒冷地区居住建筑节能设计标准》、《夏热冬冷地区居住建筑节能设计标准》、《夏热冬暖地区居住建筑节能设计标准》、《公共建筑节能设计标准》、《建筑节能工程施工质量验收规范》、《供热计量技术规程》、《绿色建筑评价标准》先后颁布实施，《节能建筑评价标准》、《既有建筑节能改造技术规程》等即将颁布实施，建筑节能标准体系基本可以实现“三个全覆盖”，即：严寒及寒冷、夏热冬冷、夏热冬暖等各气候区全覆盖，住宅、公共建筑等各类型建筑全覆盖，设计、建造、验收、使用、改造等各过程全覆盖，为推进建筑节能提供了基本的技术依据。

3.1.2.2　闭合监管体系

自全面开展建筑节能工作以来，建筑节能的深度、广度不断扩大，面临的挑战和压力也越来越大。新中国成立以来，我国借鉴各国工程建设管理经验，从工程项目的规划、立项、设计、施工、竣工验收到交付使用等各个环节，逐步形成了一套比较完整的工程建设管理体制，这个管理体制以规范工程建设各方市场主体行为和保证工程建设质量安全为核心，其工作的侧重点是工程的建设。而建筑节能工作关注的是建筑长期使用过程中能源消耗的降低上，其侧重点是建筑的使用，原有的建筑管理体制已经不能满足建筑节能工作的新要求。创新监管体系，建立与建筑节能新要求相适应的新建建筑闭合监管体系已经成为当务之急。

通过对建筑实施从规划设计到施工再到验收使用的全过程监管，可以有效促进建筑节能工作的闭合式监管，对于拓展建筑节能管理范围和创新建筑节能管理模式具有重要意义。2005 年，建设部出台《关于新建居住建筑严格执行节能设计标准的通知》，对建设相关环节的责任和要求做了明确规定。2008 年，国务院颁布的《民用建筑节能条例》以专章对从规划、设计、施工图审查、建设、监理、验收、销售、保修等方面对新建建筑各环节的法律责任做了进一步细化和明确。包括六大监管内容的新建建筑闭合监管体系基本形成，如图 3-3 所示。

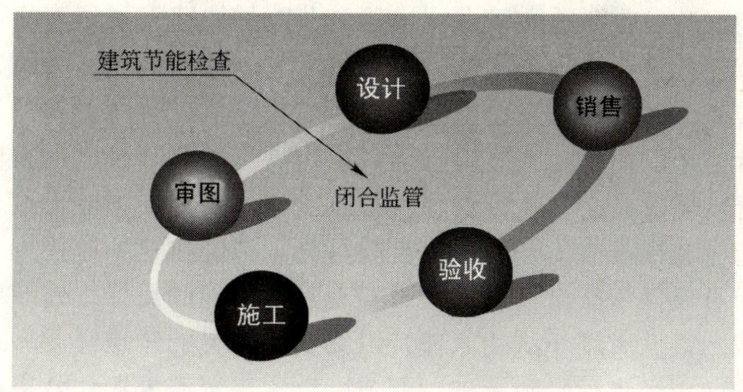

图 3-3 建筑节能闭合管理示意图

一是规划许可环节监管。在规划许可阶段，要求城乡规划主管部门在进行规划审查时，应当就设计方案是否符合民用建筑节能强制性标准征求同级建设主管部门的意见；对于不符合民用建筑节能强制性标准的，不予颁发建设工程规划许可证。新建建筑达到节能标准，在规划环节，有规划阶段的工程建设规划许可制度，由城市规划行政主管部门进行管理。

二是设计环节监管。在设计阶段，要求新建建筑的施工图设计文件必须符合民用建筑节能强制性标准。施工图设计文件审查机构应当按照民用建筑节能强制性标准对施工图设计文件进行审查；经审查不符合民用建筑节能强制性标准的，建设主管部门不得颁发施工许可证。在设计环节，施工图设计文件审查制度由施工图设计文件审查机构及相应的勘察设计管理部门进行管理，保证新建建筑达到节能标准。

三是建设环节监管。在建设阶段，建设单位不得要求设计单位、施工单位违反民用建筑节能强制性标准进行设计、施工；设计单位、施工单位、工程监理单位及其注册执业人员必须严格执行民用建筑节能强制性标准。工程监理制度，由监理公司具体实施，保证新建建筑达到节能标准。

四是验收环节监管。在竣工验收阶段，建设单位应当将民用建筑是否符合民用建筑节能强制性标准作为查验的重要内容，对不符合民用建筑节能强制性标准的，不得出具竣工验收合格报告。对新建的国家机关办公建筑和大型公共建筑，要求国家机关办公建筑和大型公共建筑的所有权人应当对建筑的能源利用效率进行测评和标识，并按照国家有关规定将测评结果予以公示，接受社会监督。工程验收制度，由工程质量安全监督机构及相应的行政管理部门进行管理，保证新建建筑达到节能标准。

五是商品房销售环节监管。在商品房销售阶段，要求房地产开发企业向购买人明示所售商品房的能源消耗指标、节能措施和保护要求、保温工程保修期等信息。

六是售后服务环节监管。在使用保修阶段，明确规定施工单位在保修范围和保修期内，对发生质量问题的保温工程负有保修义务，并对造成的损失依法承担赔偿责任。

3.1.2.3 激励机制

加快建筑节能的发展，一方面要加强行政监督管理，严格执行建筑节能强制性标准条文；另一方面还要出台相关建筑节能的财政税收激励政策，培育建立建筑节能的市场运行机制，既发挥市场经济杠杆调节的作用，又可弥补市场机制失灵的缺陷。

制定建筑节能财政税收激励政策以促进建筑节能的快速发展很有必要。按照建筑节能设计标准建造的节能建筑要增加成本，大体上每平方米建筑面积需要增加100元，且设计施工的难度相对较高，房地产开发商不愿意建造节能住宅。节能建筑的增量成本只能通过提高住宅的销售价格予以消化，最终由购房者承担。这种节能投入的回收期长，而且包含着节约资源、改善环境等社会效益，购房者很难接受。因此，不能形成节能住宅的有效市场需求，建造节能住宅很难成为开发商的自觉行为。节能建筑的应用与市场机制的作用产生了矛盾，这种矛盾仅仅依靠市场调节很难实现建筑节能的目标，建筑节能领域是市场机制部分失灵的领域。根据市场经济的原理，市场机制失灵的领域需要政府机构的介入，政策导向必不可少，应用经济激励政策进行调节，以实现资源配置的效率。

经过近20年的不断完善，我国以财税政策为主的建筑节能激励机制基本建立。1991年4月16日，国务院令第82号发布《中华人民共和国固定资产投资方向调节税暂行条例》，利用税收政策贯彻国家产业发展政策，控制投资规模，引导投资方向，调整投资结构，促进国民经济持续、稳定、协调发展。条例中规定，对“北方节能住宅”（即满足《民用建筑节能设计标准》规定的住宅），其固定资产投资方向调节税执行零税率。1993年4月20日，国家计委、国家税务局发布了《关于北方节能住宅投资征收固定资产投资方向调节税的暂行管理办法》（计投资〔1993〕653号文）规定了具体的执行标准，即凡符合《民用建筑节能设计标准（采暖居住建筑部分）》，且采用新型墙体材料或新型复合墙体，其固定资产投资方向调节税税率为零。该政策的实施对北方采暖地区推广节能建筑起到了推动作用。2000年，由于新的激励政策的出台，国家停止了固定资产方向调节税的征收。

财政部和国家税务总局于1994年发布《关于企业所得税若干优惠政策的通知》，规定企业利用本企业外的大宗煤矸石、炉渣、粉煤灰作主要原料，生产建材产品的所得，自生产经营之日起，免征所得税5年。该项激励政策对促进资源综合利用、发展新型墙体材料产业、限制使用实心黏土砖起到了极大的推动作用。我国现行的企业所得税优惠政策中，对利用生产过程中的废渣、废气、废水生产产品也给予了一定的税收优惠。

为了加快新型建筑墙体材料产业的发展，以适应建筑节能市场的需要，国家出台了多项增值税优惠政策，有效地激励了新型节能建材产品的大规模生产和应用。1992年，国务院《关于加快墙体材料革新和推广节能建筑的意见》规定，对新型墙体材料产品继续免征增值税，对实心黏土砖一律不得减免税。2001年，财政部发布《关于部分资源综合利用及其他产品增值税政策问题的通知》，对于非黏土烧结多孔砖和空心砖、烧结页岩砖、混凝土空心砖和小型砌块、蒸压加气混凝土砌块、石膏砌块、GRC墙板、纤维水泥板、蒸压加气混凝土板、轻集料混凝土板、钢丝网架夹心板、石膏墙板、金属面夹心板、复合墙板等部分新型墙体材料产品减半征收增值税。

为激励和引导建筑节能工作，财政部、住房和城乡建设部先后在可再生能源建筑应用、国家机关办公建筑和大型公共建筑节能监管体系建设、北方采暖地区既有居住建筑供热计量及节能改造等方面制定了财政支持政策。2009年中央财政共安排补助资金38.7亿元。

3.1.2.4 监督机制

加强建筑节能目标责任和考核评价是完成建筑节能任务的必要手段和措施。国务院

《节能减排综合性工作方案》明确要求，建立健全节能减排工作责任制和问责制。建设部《关于落实〈国务院关于印发节能减排综合性工作方案的通知〉的实施方案》中明确提出到“十一五”期末，建筑节能实现节约1亿吨标准煤的目标，其中新建建筑实现节能6150万吨标准煤。要求将节能减排指标完成情况列入对各级建设行政主管部门考核评价体系，抓紧制定具体的评价考核实施办法。为贯彻落实《民用建筑节能条例》，住房和城乡建设部建立了一套建设领域节能减排监督考核机制，近几年来组织了对各省市建设领域节能减排工作的监督和检查，对促进建筑节能减排事业的发展起到了积极的作用。

自2005年以来，建设部每年组织一次建筑节能设计标准实施情况监督检查，至今已经连续开展了5年。2004年民用建筑在设计阶段执行节能设计标准约为50%，在施工阶段执行节能标准的约为23%。2005年，在设计阶段执行民用建筑节能标准的占53%，在施工阶段占25%。2006年，随着国家强制推行建筑节能力度的不断加大，民用建筑执行节能标准的比例大幅提高，在设计阶段执行民用建筑节能标准的达到了96%，在施工阶段也占到了54%。2007年，在设计阶段执行民用建筑节能标准的达到了97%，在施工阶段占71%。2008年，在设计阶段执行民用建筑节能标准的达到了98%，在施工阶段占82%。到2009年底，全国城镇新建建筑设计阶段执行节能强制性标准的比例为99%，施工阶段执行节能强制性标准的比例为90%，基本完成国务院提出的“新建建筑施工阶段执行节能强制性标准的比例达到90%以上”的工作目标。按照住房和城乡建设部的部署和要求，各地也纷纷开展建筑节能检查。应该说，建筑节能专项监督检查的常态化和制度化对提高建筑节能水平起到巨大的督促作用。

3.1.2.5 供热计量改革

冬季采暖是我国北方地区人民生活的基础需求。我国北方地区一直实行的是福利供热，职工家庭采暖由单位交纳采暖费。随着住房制度和劳动人事制度改革，这种“用热的不交费，交费的不用热”的福利制度已明显不适应，城镇供热普遍存在粗放管理、无自动调控手段，致使节能建筑的采暖能耗仍然很大，浪费严重。2003年7月，建设部、国家发展和改革委员会、财政部、人事部、民政部、劳动和社会保障部、国家税务总局、国家环保总局八部委联合下发《关于城镇供热体制改革试点工作的指导意见》，决定在我国东北、华北、西北及山东、河南等地区开展城镇供热体制改革的试点工作。

自2003年供热体制改革以来，供热计量改革经历了三个阶段：一是2003~2007年的供热计量试点阶段。2005年12月经国务院同意，建设部等八部委又联合下发《关于进一步推进城镇供热体制改革的意见》，决定进一步推进城镇供热体制改革工作。二是2007~2009年的供热计量全面启动阶段。在热费制度改革基本完成的情况下，2007年全国供热计量改革经验交流现场会(天津)决定把供热体制改革的重心转移到供热计量改革上来，供热计量改革成为供热体制改革的重点和中心环节。三是2009年以来的供热计量全面强制推进阶段。2009年供热计量工作现场会(唐山)决定在北方地区全面推进供热计量改革，2010年住房和城乡建设部、国家发展改革委、财政部、国家质检总局联合下发了《关于进一步推进供热计量改革工作的意见》，首次提出对新建建筑和经节能改造的既有建筑要取消面积热费，全面实行计量收费。

实施供热计量改革是新建建筑节能体制机制建设的关键。推进供热计量改革可以提高节能建筑达标率，确保新建建筑节能落到实处。北方地区建筑耗能包括在采暖、空调、通风、热水、照明、电器等方面的能耗，其中供热采暖能耗占主要部分。在建筑节能中，供热采暖节能必须承担至少1/3的任务指标。目前北方地区供热采暖能耗高，比重大。据统计，全国目前供热采暖耗能全年约为1.3亿吨标煤，占全社会总能耗的10%，北方地区约占总能耗的20%。北方地区城镇既有建筑65亿m^2，其中集中供热面积25.2亿m^2，其中大部分为非节能建筑，平均耗能是气候相近发达国家的2～3倍。推进供热计量改革，实行按用热量计量收费，是检验节能建筑是否节能的最直观、最有效的手段。如果建筑的耗热量没有超过耗热指标就是合格的节能建筑，反之就是不合格的节能建筑。如果建筑节能没有供热计量相配套，建筑节能工作做得再好也只能是"节能建筑不节能，用户节能不省钱"。实施供热计量后，新建建筑热计量欠账至少可以控制在5%以下。这样，推进供热计量改革，不仅可以有效解决新建热计量欠账的问题，而且还可以大幅度提高节能建筑达标率。推进供热计量改革可以提高供热效率和用户行为节能的积极性，直接降低供热能耗。各地实践证明，通过对热能生产、热能输送、热能交换分段进行热计量，建立有效的能耗监测系统，促进锅炉、热网和热力站等环节增大调控能力，综合效率预计可以提高20%以上。通过对用户热计量收费，提高公众节能意识。解决室温偏高开窗放热浪费，促进用户自主调温节能降耗，可以节能15%左右，达到70%以上的用户通过节能减少热费支出的效果。在过去很长一段时间，建筑节能的重点是围护结构节能改造，其实围护结构节能仅是为建筑节能创造了条件，在北方地区，建筑节能的水平最终主要反映在供热采暖能耗指标上，供热采暖节能是建筑节能的终端。实践证明，仅对既有建筑热计量改造并实行热计量收费后，约节能20%，每年可节约1260万吨标准煤。如果既有建筑热计量改造和围护结构节能改造同时进行，节能的潜力可达50%，即每年节约3150万吨标准煤。所以说，推行供热计量改革是实现建筑节能最直接、最有效的措施。

自2003年以来，国务院、住房和城乡建设部以及相关部门下发了一系列有关供热计量改革的政策文件。这些政策文件为供热计量提供了政策技术依据，指明了供热计量改革路线图。一是新建建筑必须安装供热计量装置和温度控制装置。二是既有居住建筑进行节能改造时必须同步进行供热计量改造，中央财政给予一定数额奖励。三是供热单位对新建建筑和经供热计量改造的既有建筑必须进行供热计量收费。四是供热计量技术路线包括户用热量表法、分配计法、温度流量法、时间面积通断法四种。

供热计量改革的核心内容是改革现行的热费计算方式，逐步取消按面积计收热费，实现按用热量分户计量收费。供热计量改革包括供热计量收费、新建建筑供热计量、既有居住建筑供热计量和公共建筑供热计量四方面内容。具体到新建建筑，供热计量的主要内容包括：一是供热计量收费。研究制定科学合理的两部制供热计量价格、供热计量收费，建立实施供热计量收费运行机制。从2010年开始，北方采暖地区新竣工建筑及完成供热计量改造的既有居住建筑，取消以面积计价收费方式，实行按用热量计价收费方式。二是新建建筑供热计量装置安装。新建建筑必须符合《建筑节能工程施工质量验收规范》、《供热计量技术规程》等有关供热计量强制性条文的具体规定。对违反供热计量要求的单位和个人，要责令改正并依法追究责任。新建建筑室内供热系统应安装计量和调控装置，包括计量装置、水力平衡阀、散热器恒温阀等装置，达到分户热计量的要求。三是新建供热系统计量和调控装置安装。新建室外供热系统的热源、热力站、管网、建筑物必须安装计量装置和水力平衡、气候补偿、变频等调控装置，达到系统可调控和分段计量的要求。

北方采暖地区地级以上城市有125个，目前开展供热计量改革的城市有85个，占68%。截至2009年底，北方采暖地区15个省、直辖市、自治区安装供热计量装置的面积达到约4亿m^2，其中实现供热计量收费1.5亿m^2，比2008年增加了1亿m^2。山东省、北京市、天津市、河北省、辽宁省等5个省市的供热计量收费面积都超过1000万m^2。实施供热计量收费的地区，节能效果明显，天津、承德、榆中县的供热企业通过计量收费实现供热系统节能20%以上。同时，供热计量改革的节费效果也很明显，在实施热计量改革的地方，70%左右的居民通过行为节能节省了热费支出，得到了实惠，热计量改革得到了居民的广泛支持。

3.1.3 新建建筑节能法制建设

节约能源是我国的一项长期战略方针，是落实科学发展观、实现经济社会可持续发展的要求。党中央、国务院高度重视民用建筑节能工作，国务院领导对民用建筑节能工作曾多次做出批示，要求研究制定节能规划、措施和制度。正是在节能的背景条件下，为了加强民用建筑节能管理，降低民用建筑使用过程中的能源消耗，提高能源利用效率，国务院颁布了《民用建筑节能条例》并于2008年10月1日起实施。《民用建筑节能条例》对新建建筑节能、既有建筑节能、建筑用能系统运行节能等方面做出了详细的规定。

在《民用建筑节能条例》中明确规定了八项基本制度：新建建筑市场准入、能效标识与测评、能耗统计、既有建筑节能改造、建筑用能系统运行管理、可再生能源利用、建筑节能推限禁、建筑节能市场培育。其中涉及新建建筑节能的主要是新建建筑市场准入、能效标识与测评制度。

3.1.3.1 市场准入制度

建立完善的新建建筑市场准入制度，对新建建筑全面强制实施建筑节能设计标准，从源头上切实降低建筑能耗水平，是一个低成本、高产出、最为行之有效的途径。

建筑节能设计标准是建设节能建筑的基本技术依据，是实现建筑节能目标的基本要求，其中强制性条文规定了主要节能措施、热工性能指标、能耗指标限值，考虑了经济和社会效益等方面的要求，必须严格执行。如何保证新建建筑符合建筑节能标准，就必须设立市场准入制度。通过对新建建筑节能全过程闭合式监管，可以保证建筑节能标准得到切实执行，有效降低新建建筑能耗。

新建建筑市场准入制度的主要内容是民用建筑从城市详细规划编制、建设工程规划许可证、施工图设计文件审查、施工许可、工程竣工验收、能效测评标识、销售使用、供热与采暖及照明、建筑节能工程保修等环节，对建筑节能进行全过程闭合式管理。新建建筑市场准入的法律依据是《民用建筑节能条例》第11~23条。条例充分利用了建筑工程设计施工过程中已有建设工程用地规划许可和施工许可两个行政许可，在不增加新的行政许可的前提下，加强了对新建建筑节能实施全过程的监管。条例对建设单位、设计单位、施工单位、监理单位、房地产开发单位等各环节各方主体的节能义务都做出了合理界定。同时，条例进一步强化了规划部门、建设行政主管部门等政府管理部门的监管职责，明确规定了对不符合民用建筑节能强制性标准的，不得颁发建设工程规划许可证，不得颁发施工许可证。

国家机关办公建筑和大型公共建筑是我国当前建筑节能工作的重点。由于国家机关办公建筑的能耗费用由国家财政负担，大型公共建筑往往产权复杂，这两类建筑的产权人往往缺乏建筑节能的动力，导致这两类建筑能耗浪费严重。大型公共建筑单位建筑面积能耗大约是普通居住建筑的10倍左右。以北京市为例，大型公共建筑仅占全市总建筑面积的5.4%，但其电耗接近全市住宅的总电耗。为从源头上控制国家机关办公建筑和大型公共建筑能耗，条例对于新建的国家机关办公建筑和大型公共建筑，明确规定了强制能源利用效率测评和标识的准入制度。

切实提高新建建筑的能源利用效率，不仅要依靠立法保障，更要依靠市场的力量。目前我国的建筑节能市场体系作为一个新兴的领域尚待完善和建设，房屋的节能水平无法成为衡量和影响房地产销售价格的主要因素，所以房地产开发企业往往不愿意开发节能建筑。针对这种情况《民用建筑节能条例》明确规定实行民用建筑节能信息公示制度。所谓的节能信息公示制度是指建设单位在房屋施工、销售现场，按照建筑类型及其所处气候区域的建筑节能标准，根据审核通过的施工图设计文件，把民用建筑的节能性能、节能措施、保护要求以张贴、载明等方式予以明示的活动。通过建筑节能信息公示制度，不仅可以使业主对所购房屋能耗水平有所了解，也可以为政府部门建筑节能决策提供能耗支撑。更重要的是，通过载有能耗信息的合同，使房地产开发企业对新建建筑的能耗指标负有合同义务。如果新建建筑达不到能耗指标，房地产开发企业将承担相应的违约责任。2009年，各地纷纷出台建筑节能信息公示政策和文件，绝大多数城市将建筑节能信息公示制度列入了强制性日常工作内容。北京市相关部门根据建筑节能信息公示制度的要求，修订了《北京市商品房预售合同》与《北京市商品房现房买卖合同》；天津市明确了销售现场公示牌的尺寸要求、字体要求和公示方法要求；重庆市还研发了信息公示平台系统，并投入了试运行，实现了建筑节能信息网上公示，方便公众查询了解欲购买和已购买房屋节能信息。可以说，实行建筑节能信息公开制度对有效提高房地产开发企业和业主的建筑节能意识，促进建筑节能市场的形成都具有极其重要的意义。

3.1.3.2　建筑能效标识与测评制度

能效标识是附着在产品上的信息标签，用来表示产品的能源性能，通常以能耗量、能源效率或能源成本的形式给出，以便在消费者购买产品时，向消费者提供必要的信息。建筑能效测评标识是能效标识在建筑节能领域的应用，其特定对象是建筑物。建筑能效测评标识是指对建筑能源消耗量及其用能系统效率等性能指标进行核查、计算和检测，给出其所处水平，并依据测评结果，对建筑能耗相关信息向社会或建筑所有权人明示的活动。

随着建筑节能法制建设的不断推进和完善，建筑节能领域相继颁布了一系列政策法规，并在相关文件中对建筑能效测评标识都提出了规定和要求。国务院《关于加强节能工作的决定》（国发〔2006〕28号）第二十五条指出：加快实施强制性能效标识制度，扩大能效标识在家用电器、电动机、汽车和建筑上的应用，不断提高能效标识的社会认知度，引导社会消费行为，促进企业加快高效节能产品的研发。国务院《关于印发〈节能减排综合性工作方案〉的通知》（国发〔2007〕15号）第二十七条指出：强化新建建筑执行能耗限额标准全过程监督管理，实施建筑能效专项测评，对达不到标准的建筑，不得办理开工和竣工验收备案手续，不准销售使用。这一规定说明了建筑能效标识的具体建筑类型和标识阶段。《民用建筑节能条例》第二十一条规定：国家机关办公建筑和大型公共建筑的所有权人应当对建筑的能源利用效率进行测评和标识，并按照国家有关规定将测评结果予以公示，接受社会监督。

正是在这样的背景下，建筑能效测评标识制度应运而生。建筑能效测评标识制度在我国是一项全新的制度，通过该制度的实施，可以使建筑节能管理从立项、设计、施工、竣工延伸到销售、使用阶段，形成闭合式管理制度模式。建筑能效测评标识涉及建设行政管理部门、测评机构、消费者以及房地产开发商等多方责任主体，能够调动相关主体的节能积极性，对利用市场化机制推动建筑节能工作提供了一条新的途径，从而带动整个建筑节能市场的良性循环，对我国建筑节能管理模式的创新有重要的参考意义。

为推进能耗测评标识制度，2008 年住房和城乡建设部先后制定了《民用建筑能效测评标识管理暂行办法》、《民用建筑能效测评机构管理暂行办法》和《民用建筑能效测评标识技术导则》（试行）等政策文件，对建筑能效测评标识制度的适用范围、组织机构、标识程序、监督管理、法律责任等方面进行约束和规定，如图 3-4 所示。

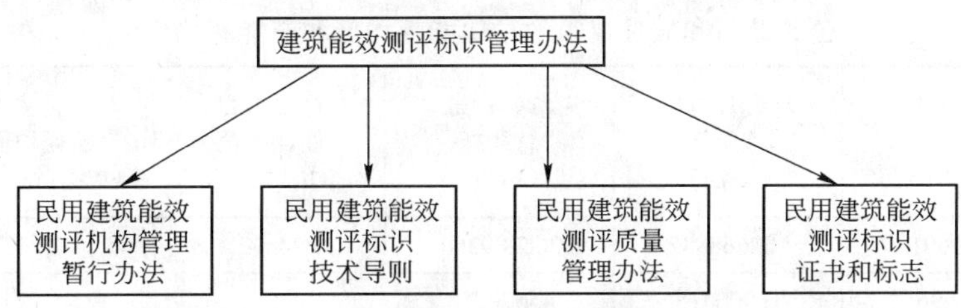

图 3-4　建筑能效测评标识组织框架

根据《民用建筑能效测评机构管理暂行办法》的规定，住房和城乡建设部按照程序认定了第一批国家级能效测评机构，各省也纷纷认定了省级能效测评机构（见表 3-1）。能效测评机构的建立为建筑能效测评标识的推广提供了技术支持。

国家级建筑能效测评机构分布　　**表 3-1**

气候区域	东北区	西北区	西南区	
测评机构	辽宁省建设科学研究院	陕西省建筑科学研究院	四川省建筑科学研究院	
气候区域	华东区	华南区	华中区	华北区
测评机构	上海市建筑科学研究院	深圳建筑科学研究院有限公司	河南省建筑科学研究院	中国建筑科学研究院

2009 年，住房和城乡建设部在部分试点省市对新建国家机关办公建筑和大型公共建筑以及申请国家级或省级节能示范工程的建筑等开展了建筑能效标识工作。根据《民用建筑能效测评标识技术导则》，建筑能效测评内容包括基础项、规定项和选择项。其中基础项是指按照国家现行建筑节能设计标准的要求和方法，计算或实测得到的建筑物单位面积采暖空调耗能量。规定项是指除基础项外，按照国家现行建筑节能设计标准要求，围护结构及采暖空调系统必须满足的项目。选择项是指对高于国家现行建筑节能标准的用能系统和工艺技术加分的项目。建筑能效标识划分为五个等级，并以星级示意。节能率达到 50% ~65% 为一星，65% ~75% 为二星，75% ~85% 为三星，85% 以上标识为四星（见表 3-2）。

建筑能效标识等级划分 **表 3-2**

基础项	规定项	选择项	等级示意
节能 50% ~65%	均满足要求	若分数超过 60 分(满分 100 分),则可再加一星。五星为最高级别	★
节能 65% ~75%	均满足要求		★★
节能 75% ~85%	均满足要求		★★★
节能 85% 以上	均满足要求		★★★★
节能 85% 以上	均满足要求		★★★★★

2009 年、2010 年两年申报能效标识的有 71 个项目,有 45 个项目通过审核,并获得不同星级评定。其中三星级的 5 个、二星级的 21 个、一星级的 19 个。获得星级的项目的单位面积采暖空调耗能量均值为:公共建筑约为 95kWh/(m^2·a),居住建筑约为 46kWh/(m^2·a);建筑节能率均值为:公共建筑约为 61%,居住建筑约为 56%(见表 3-3 和表 3-4)。

公共建筑和居住建筑的总体能耗均值和节能率均值 **表 3-3**

建筑类别	标识项目总面积(m^2)	标识项目总能耗(kWh)	参照建筑总能耗(kWh)	标识项目能耗均值[kWh/(m^2·a)]	参照建筑能耗均值[kWh/(m^2·a)]	节能率均值
公共建筑	1081691	102668882	265209269	94.92	245.18	61.29%
居住建筑	436696	19900515	45520258	45.57	104.24	56.28%

各星级能耗均值和节能率均值 **表 3-4**

标识等级	标识项目总面积(m^2)	标识项目总能耗(kWh)	参照建筑总能耗(kWh)	标识项目能耗均值[kWh/(m^2·a)]	参照建筑能耗均值[kWh/(m^2·a)]	节能率均值
★	770795	51635557	108964062	66.99	141.37	52.61%
★★	515194	44417928	96288457	86.22	186.90	53.87%
★★★	232397	26515912	105477008	114.10	453.87	74.86%

目前大部分省市已制定了建筑能效测评标识实施细则和实施方案,认定了一批省级测评机构,建立了地方技术标准等,也通过一些具体项目的检测。

3.2 新建建筑节能技术和产品推广与应用

建筑节能已经成为全世界建筑行业的共识,无论是建筑师、材料产品的生产厂家还是相关的科研机构都在进行研究和探索。在各种各样的新技术、新产品、新材料不断产生的情况下,如何选择先进、成熟、适用的建筑节能新技术、新产品、新工艺、新材料,并加以推广应用是建筑节能工作者面临的一个重要的问题。

3.2.1 围护结构节能技术

建筑节能是一门综合性学科,涉及建筑、施工、采暖、通风、空调、照明、电器、建材、热工、能源、环境、检测、计算机应用等许多专业内容。绝大部分建筑节能新技术、新产品、新工艺、新材料都是多种学科边缘交叉、结合后形成的。目前新建建筑节能技术主要包括墙体节能技术、屋面保温隔热技术、外窗节能和遮阳技术等。

3.2.1.1 墙体节能技术

墙体节能技术包括外墙外保温技术、外墙自保温技术、外墙内保温技术三方面。

1. 外墙外保温技术

建筑室内热环境与室外气候环境状态和建筑围护结构有密切联系，改进建筑围护结构形式以改善建筑热性能是建筑节能的重要途径。外墙外保温系统被证实是提高建筑围护结构热工性能的有效手段之一。

外墙外保温系统主要是指固定在建筑外墙外表面的非承重保温构造，一般由粘结层、保温层、防护层和饰面层组成，外保温系统构造如图3-5所示。

粘结层——一般为聚合物砂浆；

保温层——包括各类具有绝热性质的有机材料和无机材料，如EPS板、XPS板、PU板、岩棉、玻璃棉、膨胀珍珠岩保温砂浆等；

防护层——一般为包含有增强材料(如玻纤网格布或镀锌钢丝网)或锚固材料(锚栓等)的聚合物砂浆；

饰面层——包括涂料饰面、面砖饰面、石材饰面等。

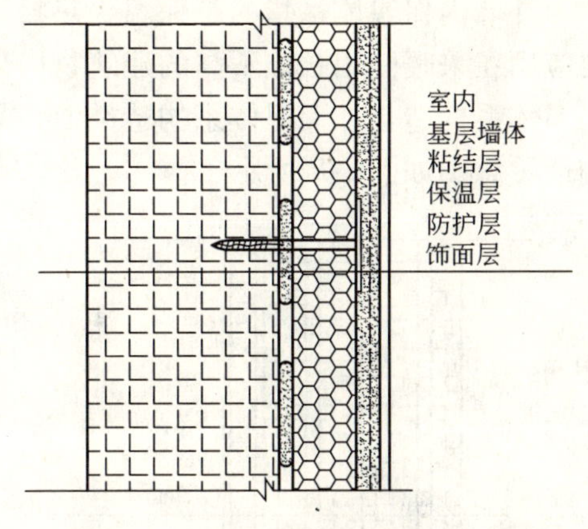

图3-5 外墙外保温系统构造示意图

外墙外保温系统的主要优点在于：

(1) 适用范围广，保护建筑主体结构，延长建筑物的使用寿命；

(2) 基本消除热桥影响，改善墙体潮湿情况；

(3) 提高墙体防水和气密性，有利于保持室温稳定，改善室内热环境质量；

(4) 便于管理维护以及既有建筑节能改造的实施；

(5) 减少保温材料用量，增加房屋使用面积等。

目前在我国技术比较成熟，应用范围比较广的外墙外保温系统主要有以下几种形式：

(1) 粘贴保温板外保温系统；保温板材料主要为EPS板，XPS板和PU板；

(2) 胶粉聚苯颗粒保温浆料外保温系统；

(3) EPS板现浇混凝土外保温系统；

(4) EPS钢丝网架板现浇混凝土外保温系统；

(5) 胶粉EPS颗粒浆料贴砌EPS板外保温系统；

(6) 现场喷涂硬泡聚氨酯外保温系统；

(7) 保温装饰板外保温系统。

同时，还有部分无机保温砂浆如珍珠岩保温砂浆外保温系统也有应用。随着建筑安全性能要求的不断提高，尤其是建筑外保温防火问题成为热点问题之后，具备良好防火性能的新技术和新材料得到了推崇。外墙外保温技术的应用范围包括新建建筑和既有建筑节能改造等。

2. 外墙自保温技术

外墙自保温体系一般是指由单一材料制成的具有保温隔热功能的砌块或块材，主要用来填充框架结构中的非承重外墙。外墙自保温体系构造如图3-6所示。

目前我国大中城市和经济发达的城镇，外墙自保温材料种类有：加气混凝土砌块、炉(矿)渣混凝土砌块(实心或空心)、陶粒混凝土砌块(实心或空心)、普通混凝土空心砌块等。此外，部分中小城镇、农村地区所使用的实心黏土砖和黏土空心砖也属于外墙自保温材料。由于气候环境原因，外墙自保温体系较多地应用在我国南方地区。

另外，有部分地区采取两层保温能力差的墙体材料夹一层绝热能力好的保温材料(或什么都不加，做成空气层)构成的复合墙体也属于墙体自保温体系的范畴。填充的保温材料种类包括EPS板、XPS板、PU板、岩棉、玻璃棉等，其主要特点是结构防护能力好。

3. 外墙内保温技术

外墙内保温体系指的是保温隔热材料位于建筑物室内一侧的保温形式。外墙内保温主要应用在采暖使用频率不高的建筑物内部。因此，在我国南方地区应用较为合适。外墙内保温体系构造与外保温体系构造类似，只不过是保温系统位于外墙内侧。外墙内保温体系构造示意图如图3-7所示。

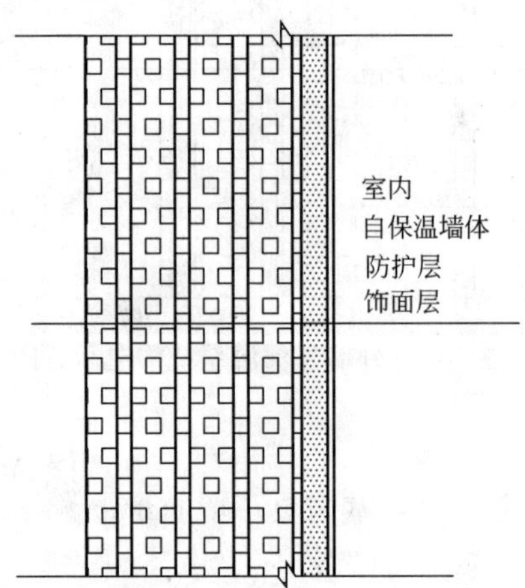

图3-6　外墙自保温体系构造示意图

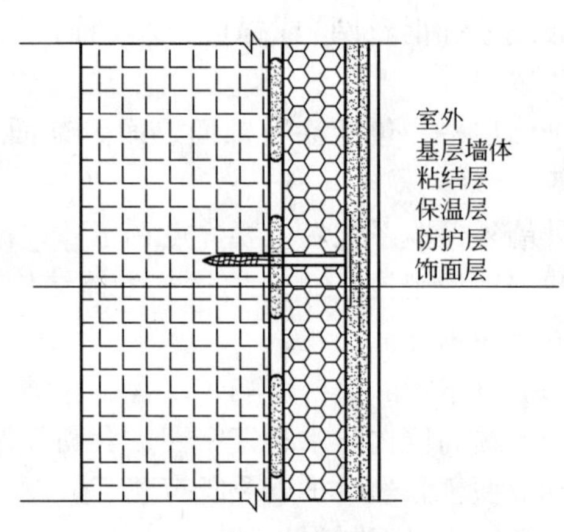

图3-7　外墙内保温体系构造示意图

外墙内保温体系各构造层所使用的材料与外保温体系类似。此外，常见的外墙内保温体系保温材料还包括石膏保温复合板等。外墙内保温的特点是施工方便，多为干作业施工，有利于提高施工效率，同时保温层可有效避免墙体外部恶劣气候的破坏作用，对传统建筑立面设计、设备、管线的安装等不受影响，造价相对低廉。

3.2.1.2　屋面保温隔热技术

屋面热传导对建筑室内热环境影响颇大，同时由于屋面遭受季节性变化破坏和气候环境的侵蚀，容易发生诸如冻裂或胀裂的情况，因此屋面保温隔热技术不仅影响了建筑节能，也关系到工程质量问题。屋面在建筑中对热量的吸收和散失量如图3-8所示。

屋面保温隔热技术包括常规保温屋面、倒置式保温屋面、通风屋面、绿化屋面、蓄水屋面、遮阳屋面等，以下简要介绍常见屋面保温隔热技术。

屋面保温隔热材料一般分三类：一是松散型材料，如炉渣、矿渣、膨胀珍珠岩等；二

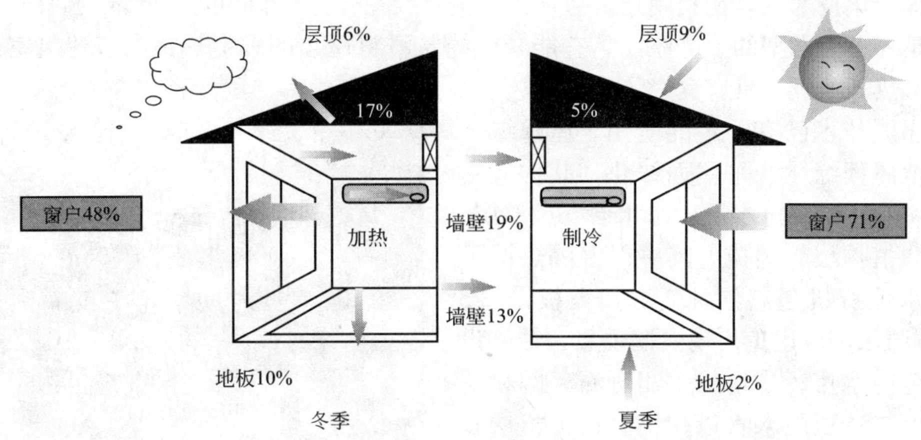

图 3-8　建筑热量散失示意图

注：数据来自单层窗户

是现场浇筑型材料，如现场喷涂硬泡聚氨酯整体防水屋面、水泥炉渣、沥青膨胀珍珠岩等；三是板材型，如 EPS 板、XPS 板、PU 板、岩棉板、泡沫混凝土板、膨胀珍珠岩板等。

常见的正置式屋面保温隔热构造如图 3-9 所示。在正置式屋面中，防水层位于保温层之上，起到保护保温层的作用。

倒置式屋面就是将憎水性保温材料设置在防水层上的屋面。材料科学的发展为倒置式屋面的设计应用提供了基础。倒置式保温屋面与普通保温屋面相比较，主要有如下优点：

（1）构造简化，避免浪费；

（2）不必设置屋面排汽系统；

（3）防水层受到保护，避免热应力、紫外线以及其他因素对防水层的破坏；

（4）出色的抗湿性能使其具有长期稳定的保温隔热性能与抗压强度；

（5）如采用有机塑料保温板等材料，能保持较长久的保温隔热功能，持久性与建筑物的寿命等同；

（6）憎水性保温材料可用电热丝或其他常规工具加工，施工快捷简便；

（7）日后屋面检修不损材料，方便简单。

常见倒置式保温屋面构造如图 3-10 所示。

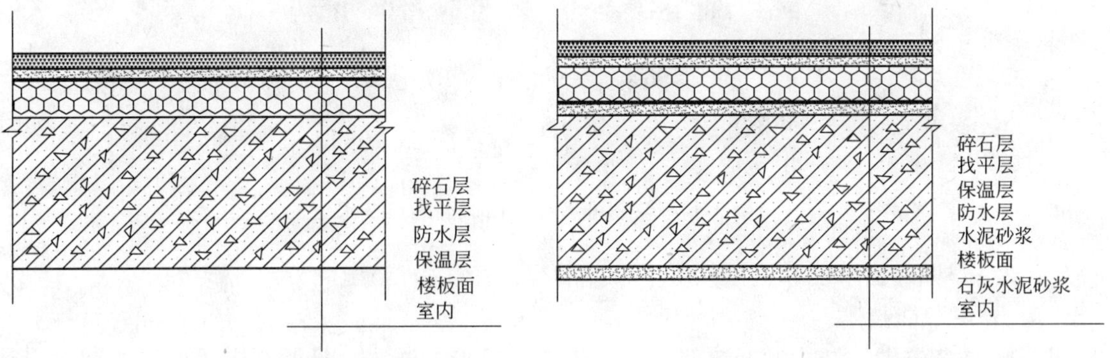

图 3-9　正置式屋面保温隔热构造示意图　　图 3-10　倒置式保温屋面构造示意图

屋顶绿化技术主要是利用建筑屋顶面积植草栽花，甚至栽种灌木、堆砌假山、设置喷泉等，是一种生态型的节能屋面，它能减少建筑材料屋顶的辐射热，调节建筑室内环境，减弱城市热岛效应，具有良好的夏季隔热、冬季保温特性和热稳定性，在南方地区作为屋顶保温隔热技术已有一定的应用。屋顶绿化可分为坡屋面绿化和平屋面绿化，其构造主要由保温隔热层、防水层、排水层、过滤层、土壤层和植物层等组成。其中保温隔热层可采用憎水性有机塑料泡沫(如 EPS 板，XPS 板等)；防水层应避免出现渗漏现象，最好设计成复合防水层；排水层多用砾石、陶粒等材料，可与屋顶雨水管道相结合；种植层多采用人工配置土壤，以便减轻屋顶荷重，保证结构安全(见图 3-11 ~图 3-13)。

图 3-11　绿化屋面

图 3-12　蓄水屋面

图 3-13　遮阳屋面

随着科技的不断发展进步，国内外应用于屋面保温隔热的高效新技术和新材料越来越多，如聚氨酯屋面保温隔热技术等，具有更好的性能和使用寿命。图 3-14 为国内外应用比较成熟的聚氨酯新型屋面保温隔热系统。聚氨酯屋面保温隔热系统的主要优点在于保温隔热性能好，耐候性突出，使用寿命长，施工高效快捷等。

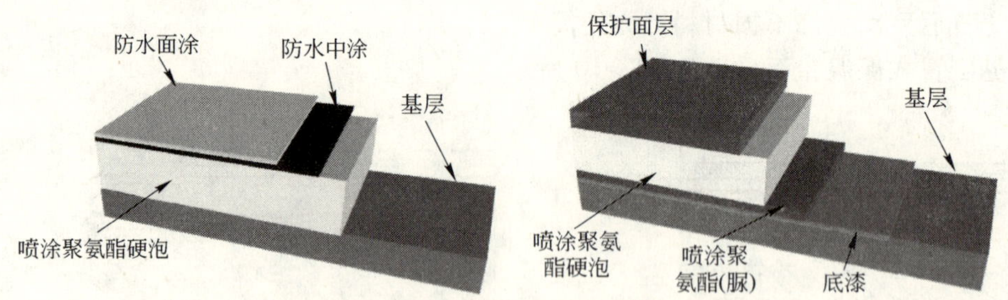

图 3-14　聚氨酯新型屋面保温隔热技术

3.2.1.3　外窗节能和遮阳技术

1. 外窗节能技术

外窗是建筑围护结构的开口部位，首先应满足采光通风、日照视野等的基本要求，还应具备良好的保温隔热、密闭隔声的性能。由于我国幅员广阔，气候多样，对外窗的性能要求也不尽相同。我国北方采暖地区对外窗的要求之一就是冬季要阻止室内热量传递到室外，并具有良好的气密性；我国南方地区则要特别重视外窗隔热性能，主要是指夏季阻止外部热量向室内传热。与建筑墙体相比，外窗属于轻质薄壁构件，是建筑能耗比例较大的部件，也是节能技术的重点。

提高外窗保温隔热性能以降低能耗的主要措施有以下几点：

（1）采用导热系数小的材料制作窗框，如PVC塑料窗框、铝合金断热桥窗框、塑钢窗框、铝塑复合窗框、铝木复合窗框等，加强窗户框料的阻热性能，有效改善金属窗框热传导带来的能量损失。此外，还可提高窗框型材的保温隔热能力，大力发展断热型材和断热构造。

（2）设计合理的外窗密封结构，选用性能优良的密封材料，提高外窗的气密性、水密性和抗风压能力，减少热量流失，降低建筑能耗。

（3）提高外窗玻璃的隔热品质，减少通过采光玻璃的辐射与热传导所带来的能量损失。

（4）根据当地条件选择适宜的窗型。

由以上措施要求发展起来的外窗节能技术包括：

（1）断热桥铝合金外窗

断热桥铝合金外窗是在铝合金外窗的基础上为了提高保温性能而做出的改进型，通过导热系数小的隔条将铝合金型材分为内外两部分，阻隔了铝的热传导，减少了室内热损失。

断热桥铝合金外窗的突出优点是强度高，保温隔热性能好，刚性和防火性能较好，同时采光面积大，耐大气腐蚀性好，综合性能高，使用寿命长。在目前建筑节能形势的要求下，使用断热桥铝合金外窗是提高建筑用窗性能的首选。

（2）中空玻璃外窗

中空玻璃是由两片(或两片以上)平行的玻璃板，以内部注满专用干燥剂(高效分子筛吸附剂)的铝管间隔框隔出一定宽度的空间，使用高强度密封胶沿着玻璃的四周边部粘合而成的玻璃组件，常见构造如图3-15所示。

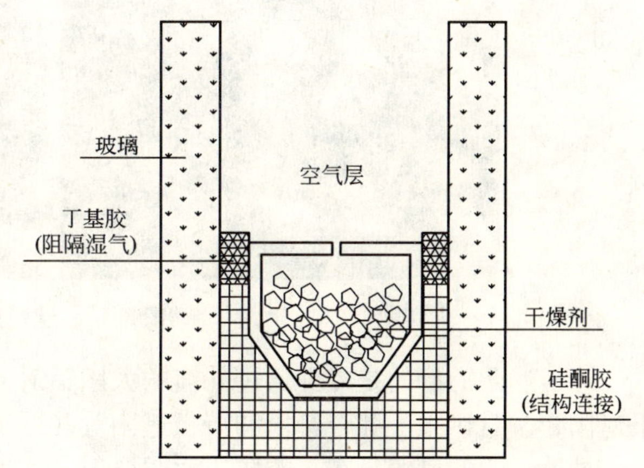

图3-15　中空玻璃细部构造示意图

中空玻璃外窗指以中空玻璃为主要隔热部件的外窗。如在中空玻璃中充装惰性气体将进一步增大中空玻璃的热阻；如采用热反射镀膜玻璃或Low-E镀膜玻璃更可显著提高外窗的保温性能。

（3）玻璃隔热涂料技术和贴膜技术等

既有建筑节能改造需要大量使用玻璃隔热涂料技术和贴膜技术等。玻璃隔热涂料和贴膜技术夏季可以有效反射太阳辐射热量，冬季能将热量保持在室内，其技术优点在于增强了外窗的保温隔热性能，施工环保、快捷，提高了建筑物性能。目前国际上已有技术推广，国内建筑使用较少。

(4) 门窗性能标识制度

由于外窗涉及的技术参数较多，为了便于消费者准确识别窗户的性能、恰当地选择窗户、规范窗户产品市场、提高公众的节能意识，有必要实施门窗性能标识。门窗性能标识采取自愿的方式，门窗产品与建筑节能相关的性能包括保温、隔热和气密性能。保温性能用传热系数表示，隔热性能用遮阳系数或太阳得热系数表示，气密性能用单位缝长或单位窗面积空气渗透量表示。

门窗性能标识系统包括四个方面的指标：传热系数、遮阳系数(或太阳得热因子)、可见光透射率、空气渗透率。但由于我国气候特征的差异，各气候区对门窗的性能指标要求也有所差异。例如在北方寒冷地区，窗户以保温性能为主，而对隔热性能要求很低；在南方炎热地区，窗户节能主要体现在隔热性能上，对保温性能要求不高；在长江中下游的过渡地区，窗户的保温性能和隔热性能则都很重要，需要均衡两者关系。

2. 遮阳技术

为了防止夏季太阳辐射直接或间接进入室内，减少室内得热量，可以采用有效遮阳的方式。通过遮阳技术能够满足夏季室内舒适环境要求，降低空调能耗。特别是在住宅建筑窗墙比越来越大的情况下，建筑遮阳技术的发展和应用更加重要和必要。

遮阳技术包括外窗遮阳和外墙遮阳，如图 3-16 所示。

图 3-16　建筑遮阳

外窗遮阳的目的是减少透过外窗的太阳辐射，减少室内得热。外窗遮阳技术主要有水平遮阳、垂直遮阳、综合遮阳和挡板遮阳等几种形式。

外墙遮阳的目的是在夏季防止太阳照射在外墙表面，使外墙表面温度升高，增加向室内的传热量。外墙遮阳技术包括建筑构件遮阳和垂直绿化等。

3.2.2　建筑采暖和制冷技术

3.2.2.1　建筑采暖技术

采暖技术包括供热和采暖两方面。常见的供热方式包括热的产生方式(燃煤、燃气、燃油、电等）和热源同供热终端的联系方式（集中供热和分散供热），采暖方式包括热媒种类（热水、水蒸气、热空气）和热的传播方式（对流和辐射等）。

主要热源通常有燃煤、燃气和燃油锅炉。目前我国北方采暖地区以集中燃煤供热为主，随着环保要求的提高和节能技术的发展，部分地区正在逐步改变以燃煤为主的供热局面，其他供热方式如燃气锅炉、燃油锅炉、电锅炉、热泵技术等慢慢发展起来了。常见供热系统示意图如图3-17所示。

热源 → 热网 → 热用户

图3-17　供热系统示意图

对于目前常用的锅炉供热简要介绍如下。

（1）集中燃煤锅炉供热是目前应用较广的方式，其优点是便于集中管理，运行成本低；但存在初投资高，收费困难的问题，同时锅炉房和煤场占地面积大。

（2）燃油锅炉环境效益比燃煤好，锅炉效率高，自动化水平高，管理强度低；但由于锅炉房需独立建设，占地大，涉及燃油安全与消防问题，系统较复杂，运行费用高，仍存在一定程度的环境污染等问题，应用较少。

（3）分散燃气锅炉供热的显著优点是环境效益好，锅炉效率高，节能，自动化水平高；但锅炉房需独立建设，占地大，涉及燃气安全与消防问题，系统较复杂，运行费用较高。

（4）燃气壁挂式采暖炉具有用户调节方便，节能，便于计量和收费，无锅炉占地（占用一定的建筑空间），节省热网投资，可将集中锅炉房的一次性大量投资变为灵活的分散投资等优点而应用较多；但存在燃气安全及消防、环保问题，还有用户使用费用高，设备折旧年限短，户内水平管网布置困难等问题，因此应慎用。

（5）楼栋式燃气锅炉供热环境效益好，节能，节省热网投资和占地面积，自动化水平高，运行管理简单方便；缺点是锅炉房占用楼内建筑面积，存在燃气安全和消防问题，不便于大规模集中管理。

（6）蓄热式电锅炉供热不排放有害气体，没有废弃物，无污染，无噪声，有利于环境保护，既能削峰填谷，又可充分利用低谷电价，达到经济运行的目的，使用户和电力部门都得到效益，自动化程度高，运行安全可靠；但由于要利用低谷电价，必须有蓄热水箱或相变材料，占地面积大，初投资较高。

3.2.2.2　建筑制冷技术

制冷技术一般通过空调系统实现，空调系统主要由空气处理设备、空气输送管道以及空气分配装置所组成，基本原理是由冷热源产生冷量或热量，经风机或水泵送到房间，再经送风口或风机盘管等末端设备将冷量或热量送进房间，从而保证房间的环境要求。空调系统一般用于夏季制冷和冬季采暖，南方地区主要用于夏季制冷，目前全国范围内冬季也有空调采暖的发展趋势。空调系统示意图如图3-18所示。

按照输配介质的不同，可将空调系统分为全空气系统、空气－水系统、全水系统和制冷剂系统四大类。

（1）全空气系统：室内负荷全部由经过处理的空气来负担的空调系统；

（2）空气－水系统：风机盘管＋新风、诱导器＋新风；

（3）全水系统：室内热湿负荷全靠水作为冷热介质来负担；

（4）制冷剂系统：输配介质为制冷剂，如家用空调系统、冷库系统、VRV机组等。

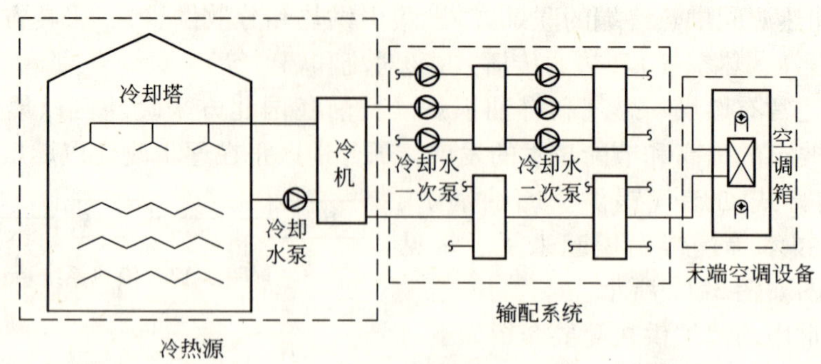

图 3-18　空调系统示意图

制冷技术的节能措施包括以下几点：合理降低室内温湿度标准；减少新风负荷，降低新风能耗；选择节能空调系统，减少输送系统能耗；采用高效设备；空调系统运行管理的自动控制调节；冷热量回收装置；采用天然能源作为冷热源等。

3.2.3　建筑照明节能技术

照明系统节能是建筑节能的重要组成部分，目前照明系统节能技术主要包括天然采光技术和智能控制系统技术。

3.2.3.1　天然采光技术

在建筑设计过程中，为节约照明用电，实现照明节能，除了采用高光效光源、高效率节能灯具外，应尽可能充分利用天然采光，将室外的自然光经过系统采光器把热量和有害的光线隔绝后通过光导管传输进入室内，达到减少甚至完全取代白天的电力照明的效果。充分利用自然光，不但节约能源，而且可以获得全自然的光照环境，提高工作效率，促进人们身心健康。利用天然光，主要包括利用屋顶采光，利用外墙开大面积采光窗采光，利用天井采光。其采用的方式主要有反射镜方式、光导纤维及光导管等。目前采用天然光的技术主要有：

(1) 带反射挡光板的采光窗。这是大面积侧面采光最常用的一种方式。其优点是能有效地反射阳光，把阳光通过顶棚反射到室内深处，提高靠内墙部位的照度，同时降低窗口部位的亮度，使整个室内光线分布更加均匀。

(2) 阳光凹井采光窗。这是一种接收由顶部或高侧窗入射的太阳光比较有效的采光窗。通过一个内部带有光反射井的上部或顶部采光口，将阳光经过反射变为间接光。窗的挑出部分和井筒特性可按日照参数进行设计，提高表面的反光系数，可提高窗的阳光利用效能。

(3) 带跟踪阳光的镜面格栅窗。这是一种由计算机控制、自动跟踪阳光的镜面格栅，该窗的最大优点是可自动控制射进室内的光量和热辐射。

(4) 用导光材料制成的导光遮光窗帘。这种窗帘可遮挡阳光直射至室内，同时可将光线导向室内深处，其功能和涂有高反光材料的遮阳板相似。

(5) 导光玻璃和棱镜板采光窗。导光玻璃是将光纤维夹在两块玻璃之间进行导光。棱镜板采光窗是在聚丙烯板上压出折射光的小棱镜或用激光方法在聚丙烯板上加工出平行的棱镜条，将阳光导入或折射到室内深处。

3.2.3.2 智能控制系统技术

随着数字控制技术不断发展，照明控制系统逐步走向了智能化。采用智能照明控制系统，可以使照明系统工作在全自动状态，按预先设定的若干基本状态进行工作。智能照明控制系统使用了先进的电力电子技术，能进行智能调光，当室外光较强时，室内照度自动调暗，室外光较弱时，室内照度则自动调亮，使室内的照度始终保持在恒定值附近，从而能够充分利用自然光实现节能的目的。

智能照明控制系统技术不仅具备开关灯控制，而且还能对光源进行调光控制。它是一个集多种照明控制方式、现代化数字控制技术和网络技术于一身的控制系统。

智能照明控制系统，按照网络的拓扑结构可以分为集中式和分布式。集中式智能照明控制系统主要为星形拓扑，即以中央控制节点为中心，把若干外围节点连接起来的辐射式互连结构。各照明控制器、控制面板等设备均连接到中央控制器(CPU)上，由中央控制器向照明控制器等末端执行单元传送数据包。分布式智能照明控制系统以中央监控为中心，组建控制主干网和多个控制子网，各照明控制器、控制面板等设备均具有中央处理器CPU单元，每个控制器和面板都可以直接连接在子网上。系统将原控制中心的控制功能分散至靠近末端的控制设备，通过一种访问控制策略，决定设备与监控中心信息传输的顺序。

3.2.4 技术需求

3.2.4.1 规划建筑节能研究

随着建筑节能工作的不断深化，建筑节能的涵盖范围已不仅仅局限于单栋建筑，而是逐步扩大到小区、区域和城市级别上，在区域规划层面上开展建筑节能研究越来越受到各界重视。目前国内外主要从能源领域的政府管制和节能立法、能源结构优化策略、城市能源需求和消费、可再生能源开发利用、城市能源中心规划分布、区域建筑节能规划及其评价体系等几个方面开展研究，并取得了一系列成果。制定区域层面的建筑节能规划，建立建筑节能大范围多层次综合技术规范和评价方法，推进城市级建筑节能管理与实施将为政府部门制定城市规划节能相关法规和政策提供科学依据与技术支撑，也为建筑节能措施的实施效果提供执法检查和成效考核的客观依据。

传统能源规划方法通过不断扩大供应侧的能力来满足日益增长的需求侧的要求，而综合资源规划方法的核心在于改变过去单纯以增加资源供给来满足日益增长需求的思维定势，将提高需求侧能源利用效率从而节约的资源统一作为一种替代资源看待。通过规划实现建筑节能首先是设定区域的节能目标以及环境目标、社会目标等。其次是对区域或城市可用资源量进行识别和估算，对区域或城市内能源系统负荷的预测，然后是针对需求侧的能源管理，对能源系统的优化配置，并制定和执行相关配套政策。

区域规划层面建筑节能的战略重点在于：在规划层面，如何将建筑节能思想和技术在区域规划中得到体现并能保障实施。其主要内容包括：开展影响城市能源消耗的主要因素及其实际成效研究；建立基于节能约束条件下的城市规划编制方法和技术标准；城市用能规划研究；构建基于节能的城市规划创新技术体系；选择部分城市进行区域规划层面建筑节能示范并评估实施效果。

3.2.4.2　被动式建筑节能技术研究

目前各种节能技术和措施大量涌现，迫切需要投入工程实践应用，导致市场混乱，良莠难辨(一些技术本身不具备科学性、一些技术全生命周期能源资源环境成本过高、一些技术投资较大回收期过长、一些技术实践运行效果不佳)。考虑到目前国家财力有限，难以大规模对各种节能技术应用给以支持的现状，开发、应用和推广各种被动式且行之有效的节能技术可能成为目前我国节能事业发展的蹊径。

被动式建筑节能技术研究的战略重点在于被动式节能技术的遴选和规范化，以及被动式节能技术的集成化综合应用。其主要任务包括：被动式节能技术的合理性和适用性的评价方式和指标研究；被动式节能技术相关产品研发和系列标准研究；被动式节能技术遴选；多项被动式节能技术集成化综合应用研究；被动式节能技术集成与工程实践应用示范等。

3.2.4.3　建筑节能定量化研究

建筑节能的迅速发展主要体现在新建建筑执行节能标准的比例越来越高、既有建筑节能改造面积越来越大、可再生能源在建筑中规模化应用越来越多，但所有这些都只是形成了建筑节能潜力，并没有形成实际的节能量。同时，无论是对单项技术还是技术集成，都缺乏定量化的评价方法。因此，要保证建筑节能依靠自身机制实现可持续发展，建立建筑节能统计、监测、考核评价体系尤为重要，其实质就是确定建筑节能效果和节能量的有效手段。建筑能耗统计，目的是了解建筑能耗状况、掌握建筑用能变化、发现建筑用能规律；建筑能耗监测，目的是检验建筑能耗数据质量、核算建筑节能量、评价建筑用能状况；建筑节能考核，目的是审查节能目标完成情况、核查节能工作措施落实情况、发现节能工作问题、总结节能工作经验。

建立建筑节能定量化体系的战略重点在于科学建立建筑能耗基线，运用统计、定额、市场机制等手段，核定节能量。其主要任务包括：完善民用建筑能耗统计体系；研究建立建筑能效测评技术体系；建立建筑能耗监测和定额体系；建筑节能领域 PCDM 应用研究；碳足迹方法对建筑能源应用的环境影响评价研究；市场机制推动建筑节能工作研究。

3.2.4.4　分布式能源技术研究

分布式能源一般可以认为是区域热电冷联产或者建筑热电冷联产的统称。对于用户来说，分布式能源优化整合了建筑能源供应系统，实现了能源的梯级利用，大大降低了运行成本，同时实现了较低的碳排放水平。分布式能源的内部条件是指建筑应当使用集中空调、采暖和热水供应方式具有较大的电、热、冷负荷与电热(冷)比，核心问题是冷、热、电联供，而如何确定冷、热、电之间的合理匹配是一个需要考虑多种影响因素且需因地制宜地权衡的问题。分布式能源的潜在市场非常大，包括广大家庭的制冷、采暖、供电市场和小型商业建筑等冷、热、电负荷需求较少的能源市场等。

热电冷联产的原理是锅炉产生的蒸汽在背压汽轮机或抽气汽轮机发电，除满足各种热负荷外，其排汽或抽气还可作为吸收式制冷机的工作蒸汽，生产 6～8℃的冷水用于空调或工艺冷却。它的优点在于：一是蒸汽不在降压或经减温减压后供热，而是先发电，然后用抽汽或排汽满足供热制冷的需要，可以提高能源利用率；二是增大背压机负荷率，增加机组发电，减少冷凝损失，降低煤耗；三是保证生产工艺，改善生活质量，减少从业人员，提高劳动生产率；四是代替数量大、形式多的分散空调，改善环境景观，减少多点能耗，避免热岛现象。

小型区域热电联产或热电冷联产，一般有中小型热电联产机组向一个区域(如住宅、工业商业建筑群或大学校园)供应蒸汽或高温水用于工艺或采暖。有时在热电站直接使用热能，通过吸收式制冷机产生空调冷水、通过余热锅炉产生低温热水或用直燃型吸收式冷热水机组同时产生冷水和热水，再通过管网供应给用户。

3.2.4.5 低碳经济下建筑领域技术研究

随着石油价格的不断攀升，应对气候变化的呼声日益高涨，尤其是全球性的金融危机爆发，引发了低碳经济的发展浪潮。低碳经济以低能耗、低排放、低污染为基础，其实质是提高能源利用效率和创建清洁能源结构，核心是技术创新、制度创新和可持续发展观的改变。发展低碳经济是一场涉及生产模式、生活方式、消费手段、价值观念和国家权益的全球性革命，主要内容包括低碳产品、低碳技术和低碳能源应用。

我国正处于工业化和城市化进程之中，GDP 总值和一次能源消费量逐年增长。当前，"降低能耗"、"提高能效"是实现低碳的主要途径。因此，要达到社会发展目标，解决经济发展和环境破坏之间的矛盾，走节能减排道路是我国的最佳选择。我国已承诺到 2020 年单位国内生产总值二氧化碳排放比 2005 年下降 40% ~45%，作为约束性指标纳入国民经济和社会发展中长期规划，并制定相应的国内统计、监测、考核办法。我国还决定，通过大力发展可再生能源、积极推进核电建设等行动，到 2020 年我国非化石能源占一次能源消费的比重达到 15% 左右；通过植树造林和加强森林管理，森林面积比 2005 年增加 4000 万 hm^2，森林蓄积量比 2005 年增加 13 亿 m^3。为了达到上述目标，需要加快建设以低碳排放为特征的工业、建筑、交通体系。

建筑是节能减排的重要载体，低碳经济下建筑领域的重点在于从建筑能源系统输入源头提高清洁能源应用比例；从建筑能源使用系统提高能效；从建筑能源系统终端减少需求和降低能耗。我国建筑节能的发展经历了从单体建筑到小区、区域乃至城市节能的拓展，从常规化石能源向可再生能源的转变，从新建建筑节能向既有建筑节能的覆盖，从城市节能向农村节能的延伸。在这样的背景下，遵循建筑节能和绿色建筑标准，实施既有建筑节能改造，提高城市能源系统效率，降低建筑能源需求等，实现节能目标和节能模式的双跨越，不仅有助于减少我国社会经济发展的碳排放问题，更能为缓解世界能源和环境压力做出贡献。

建筑能耗是城市节能减排的重点环节。与发达国家相比，我国建筑存在较大的节能空间，大力发展新型建筑材料，合理运用自然采光通风等被动式节能技术以及绿色照明系统、被动式太阳能住宅、太阳能供热和热泵技术等，提倡节能建筑和绿色建筑，从建材生产、建筑设计到运行维护阶段，全程引入节能减排理念，充分利用建筑节能技术，对我国建筑以及城市的节能减排具有重要意义。

3.2.5 示范推广

近年来，国家对建筑节能新技术的推广力度越来越大，产生了一大批示范工程，起到了很好的示范引领作用。

3.2.5.1 技术推广

为了促进建设科技成果推广转化，建设部早在 2001 年就以建设部令第 109 号颁布了

《建设领域推广应用新技术管理规定》，2002 年，建设部出台了配套的《建设部推广应用新技术管理细则》。管理规定和管理细则的出台确立了建设领域新技术实行推广应用制度。《节约能源法》和《民用建筑节能条例》规定，国家推广使用民用建筑节能的新技术、新工艺、新材料和新设备，限制使用或者禁止使用能源消耗高的技术、工艺、材料和设备。明确国务院节能部门和建设主管部门应当制定、公布并及时更新推广使用、限制使用、禁止使用目录。《节约能源法》和《民用建筑节能条例》上述规定，将建设领域新技术推广应用制度提高到了法律高度。

这里的建筑节能新技术是指经过鉴定、评估的先进、成熟、适用的技术、材料、工艺、产品。限制、禁止使用的落后技术，是指已无法满足工程建设、城市建设、村镇建设等领域的使用要求，阻碍技术进步与行业发展，且已有替代技术，需要对其应用范围加以限制或者禁止使用的技术、材料、工艺和产品。

目前，建筑节能新技术推广应用和落后技术限制、禁止使用的主要方式有三种：一是建设部《重点实施技术》。由国务院建设行政主管部门根据产业优化升级的要求，选择技术成熟可靠，使用范围广，对建设行业技术进步有显著促进作用，需重点组织技术推广的技术领域，定期发布。《重点实施技术》主要发布需重点组织技术推广的技术领域名称。二是《推广应用新技术和限制、禁止使用落后技术公告》。根据《重点实施技术》确定的技术领域和行业发展的需要，由国务院建设行政主管部门和省、自治区、直辖市人民政府建设行政主管部门分别组织编制，定期发布。技术公告主要发布推广应用和限制、禁止使用的技术类别、主要技术指标和适用范围。限制和禁止使用落后技术的内容，涉及国家发布的工程建设强制性标准的，应由国务院建设行政主管部门发布。三是《科技成果推广项目》。根据技术公告推广应用新技术的要求，由国务院建设行政主管部门和省、自治区、直辖市人民政府建设行政主管部门分别组织专家评选具有良好推广应用前景的科技成果，定期发布。推广项目主要发布科技成果名称、适用范围和技术依托单位。其中，产品类科技成果发布其生产技术或者应用技术。

推广使用建筑节能技术。首先是推广节能建筑材料，必须提高建筑物的围护结构的隔热性能，才能有效降低建筑物本身的耗能；其次是推广建筑设备节能技术，这方面主要包括采暖、空调、通风设备及系统；最后是推广节能型建筑环境控制系统，这方面主要是指中央空调的智能化即通过计算机实现智能化控制的中央空调系统可以最大限度地实现节能。建筑节能新技术的开发和推广是一个实验、试点工程、现场测试、反馈、再实验、再检测的反复循环过程，如图 3-19 所示。

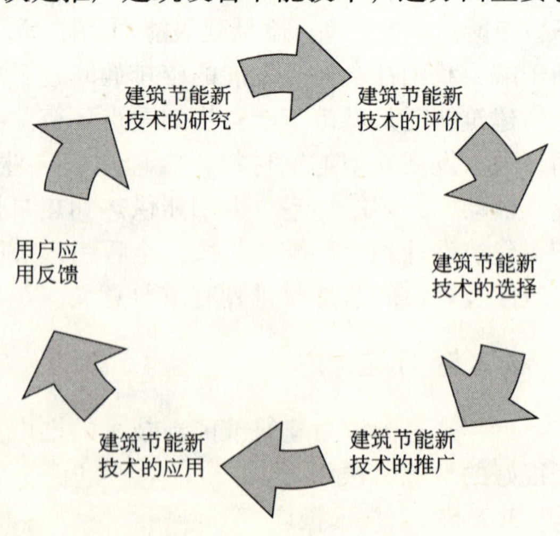

图 3-19　建筑节能新技术推广的循环过程示意图

为加快重点节能技术的推广普及，引导用能单位采用先进的节能新工艺、新技术和新设备，提高能源利用效率，2008 年国家发展改革委发布了《国家重点节能技术推广目录》（第一批），推广涉及煤炭、电力、钢铁、有色金属、石油石化、化工、建材、机械、纺织等 9 个行业，共 50 项高效节能技术。其中涉及建筑节能 3 项：适用于建筑墙体保温的聚氨酯硬泡体用于墙体保温配套技术、适用于建筑物采暖制冷的地源热泵中央空调系统技术和水源热泵中央空调系统技术。2009 年，国家发展改革委发布了《国家重点节能技术推广目录》（第二批），推广涉及煤炭、电力、钢铁、有色金属、石油石化、化工、建材、机械、纺织、建筑、交通等 11 个行业，共 35 项高效节能技术。其中涉及建筑节能 3 项：适用于供热的基于吸收式换热的热电联产集中供热技术和供热系统智能控制节能改造技术、适用于新建建筑墙体的夹芯复合轻型建筑结构体系节能技术。多年来，住房和城乡建设部在建筑节能新技术推广方面做了大量的工作，推广应用了一大批先进、成熟、适用的技术，本书将设专门章节讨论，这里不再赘述。

3.2.5.2　工程示范

建筑节能试点示范工程（小区）建设，是以建筑节能为主要标志的综合运用节能规划设计、新型复合墙体、节能门窗、节能型采暖与通风、太阳能热水器、照明节电设备等综合或单项节能技术的住宅工程。1998 年，建设部出台了《建筑节能试点示范工程（小区）工作要点》，组织开展建筑节能试点示范工程工作。2004 年，建设部出台的《建筑节能试点示范工程（小区）管理办法》，标志着建筑节能示范工作逐步走向了规范化。管理办法要求示范工程应重点抓好下列成套节能技术和产品的应用：新型节能墙体、保温隔热屋面、节能门窗、遮阳和楼梯间节能等技术与产品；供热采暖系统调控与热计量和空调制冷节能技术与产品；太阳能、地下能源、风能和沼气等可再生能源；建筑照明的节能技术与产品；其他技术成熟、效果显著的节能技术和节能管理技术。

近年来，在绿色建筑、太阳能光热、光电利用、浅层地能热泵技术应用、新型建筑材料及结构体系工程化应用、建筑工业化、康居工程等方面组织实施了一批示范项目。其中包括“100 项绿色建筑示范工程与 100 项低能耗建筑示范工程”（简称双百工程）、科技示范项目、可再生能源建筑应用示范项目、绿色建筑等。通过工程示范，加速了科技成果的转化，提高了建筑节能新技术的应用水平。通过工程示范，一大批新技术走向了成熟，如屋面保温技术、门窗制作工艺和加工、采暖系统、空调系统、新风系统、太阳能热水系统，既推广了建筑节能技术和产品，又引导了建筑节能的发展方向。

3.2.6　节能宣传

建筑节能技术和产品要取得理想的实施效果，重在宣传引导，尤其要加强经常性的节能宣传和培训，提高全社会的节能意识。通过宣传普及建筑节能知识，使公众对建筑节能的技术、材料及其效果、投资有相当认知。

近年来，各级建设主管部门以节能宣传周、无车日、节能减排全民行动等活动为载体，充分利用各种媒体，采取组织专题节目、设置专栏以及宣贯会、推介会、现场展示、发放宣传册等方式，开展形式多样、内容丰富的建筑节能公共宣传活动，广泛宣传建筑节能的重要意义和推进建筑节能的相关政策、管理措施等，提高了全社会的节能意识。特别是在《民用建筑节能条例》颁布实施后，各级住房城乡建设主管部门结合条例的宣传贯彻，组织相关单位的管理和技术人员进行了多轮次的条例宣贯会，对条例规定的法律制度进行培训和讲解，培训了一大批熟悉建筑节能政策、技术标准的管理和技术人员。

在建筑节能技术和产品宣传方面，值得一提的是“国际智能、绿色建筑与建筑节能大会暨新技术与产品博览会”（简称绿色大会）。绿色大会是由中华人民共和国住房和城乡建设部牵头，国家发改委、科技部、环保部、财政部等重要部委联合主办，以及国外相关政府机构、协会大力支持和积极参与的国际性盛会。大会从2005年到2010年成功举办了六届。绿色大会分研讨会和博览会，内容涉及绿色建筑设计理论技术和实践、绿色建筑智能化技术与产品、低碳生态环保技术与产品、绿色建材技术与产品、外墙保温技术和产品、供热计量等十几个主题，对更好地把握技术引进及创新方向，推动管理创新和制度创新发挥了重要作用。

在各级建筑节能管理机构的共同努力下，2009年建筑节能材料和产品应用水平不断提高。各地通过采取市场抽查、巡查和专项检查，建立材料产品备案、登记、公示制度，发布推广、限制和淘汰目录，建立舆论监督和考核评价机制等方式，初步建立起建筑节能材料和产品质量监管的长效机制，建筑节能材料和产品在生产、流通和使用环节存在的问题初步得到纠正，有效保证了建筑节能工程质量。墙体材料革新工作取得积极成效，管理体制进一步理顺，相关规章制度、标准规范体系进一步完善，新型墙体材料产量占墙体材料总产量的比重为61%，应用比例达到60%。

3.3 新建建筑执行节能标准成效

新建建筑严格执行节能标准一直是住房和城乡建设部的重点工作之一，通过多年的努力，新建建筑执行节能标准的比例逐年攀升，成效显著。

3.3.1 节能标准执行率

我国正处于工业化、城镇化快速发展时期，每年城乡新增建筑面积在18亿~20亿m^2。抓好新建建筑执行节能设计标准，一直是建筑节能工作的重中之重。住房和城乡建设部陆续下发了《关于加强民用建筑工程项目建筑节能审查工作的通知》、《关于新建居住建筑严格执行节能设计标准的通知》等文件。2005~2009年，按照国务院的要求，住房和城乡建设部组织开展了5次建筑节能专项检查工作，对建筑节能工作开展不力的省市进行了公开的通报批评，对违反建筑节能设计标准强制性条文的工程发出了执法告知书。各地充分利用现有法律法规确定的许可和制度，逐步建立起从设计、施工图审查、施工、竣工验收备案到销售、使用等环节的全过程监管机制。通过这些措施，新建建筑执行节能强制性标准的比例不断提高。新建建筑在设计阶段节能标准执行率从2005年的53%增长到2009年的99%，在施工阶段从21%上升到90%。

2009年，全国城镇新建建筑在设计阶段执行节能标准的比例达到99%，施工阶段执行节能标准的比例超过90%，分别比2008年提高了1个和8个百分点(见图3-20)，基本完成国务院提出的“新建建筑施工阶段执行节能强制性标准的比例达到90%以上”的工作目标。北京、天津、河北、河南、辽宁、吉林、黑龙江、青海等省市新建建筑全部或部分实施65%节能标准。目前在建筑设计和施工阶段基本上已经全部严格执行节能50%以上的标准。

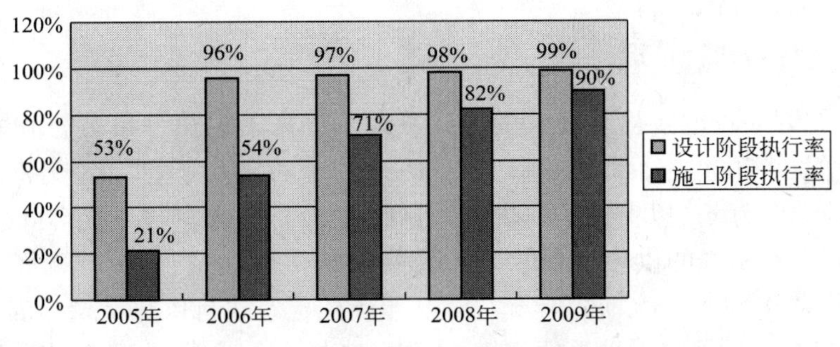

图 3-20　2005～2009 年设计、施工阶段执行节能标准比例

3.3.2　节能建筑总量和比例

随着建筑节能工作的深入开展，节能建筑面积呈现出加速增长态势，在城镇建筑面积的比例也在逐年提高，形成的节能能力不断提高。

从节能建筑的面积上看，2007 年全国城镇已累计建成节能建筑面积 21.2 亿 m^2，2007 年 1～10 月份新建的节能建筑可形成 500 万吨标准煤的节能能力。2008 年全国城镇已累计建成节能建筑面积 28.5 亿 m^2，2008 年 1～10 月份新建的节能建筑可形成 900 万吨标准煤的节能能力。2009 年全国累计建成节能建筑面积 40.8 亿 m^2，全年新增节能建筑面积 9.6 亿 m^2，可形成 900 万吨标准煤的节能能力，如图 3-21 所示。

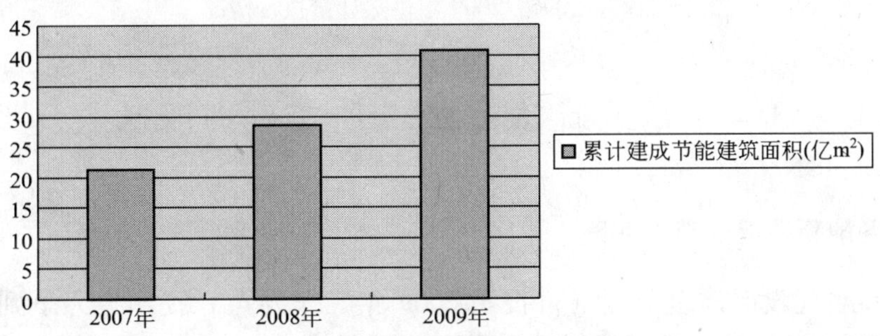

图 3-21　2007～2009 年节能建筑面积

从节能建筑占城镇建筑面积的比例上看，2007 年全国城镇已累计建成节能建筑面积占城镇既有建筑总量的 11.7%，2008 年全国城镇已累计建成节能建筑占城镇既有建筑总量的 16.1%，2009 年全国累计建成节能建筑占城镇建筑面积的 21.7%，如图 3-22 所示。

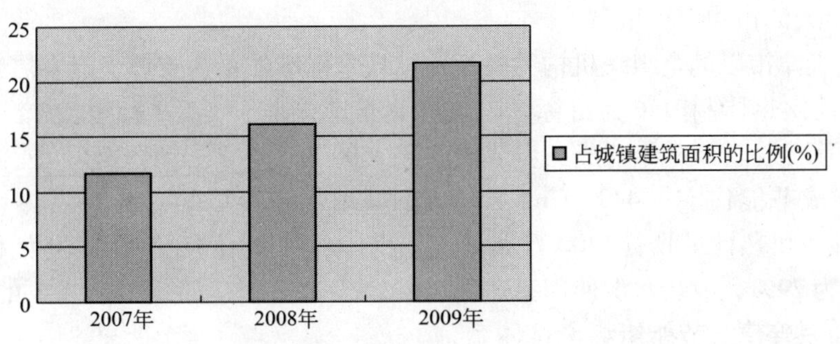

图 3-22　节能建筑占城镇建筑面积的比例

3.3.3 供热计量执行情况

自2006年北方采暖地区强制推行供热计量改革以来，供热计量装置安装面积和收费面积逐年大幅增长。2009年，北方采暖地区15个省、直辖市、自治区安装供热计量装置建筑面积达到36000万m^2以上，实现供热计量收费1.5亿m^2，分别比2008年增加了1.6亿m^2和1亿m^2。在实现的供热计量收费中公共建筑供热计量收费0.92亿m^2，占61%；住宅供热计量收费0.58亿m^2，占39%。2009年新建建筑执行供热计量标准的比例有了明显提高。2009年1~10月北方采暖地区15个省、直辖市、自治区新建建筑3.4亿m^2，其中达到安装分户供热计量装置的有1.6亿m^2，占新建建筑总量48%，较2008年同期(34%)提高14个百分点，如图3-23所示。

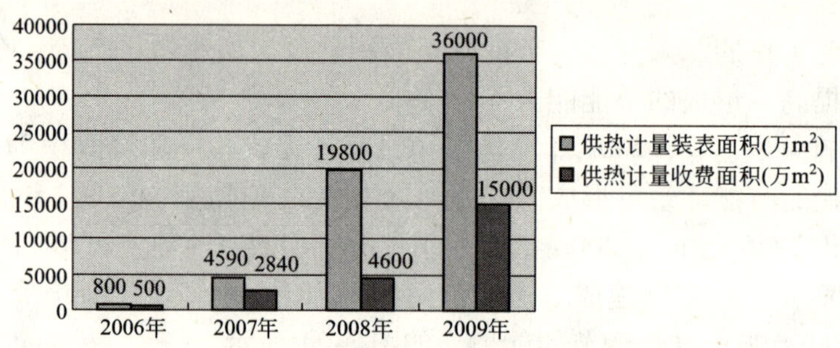

图3-23 2006~2009年供热计量执行情况

3.4 各地新建建筑节能实践与探索

3.4.1 各地新建建筑节能实践

《住房和城乡建设部建筑节能与科技司2009年工作要点》提出，力争到2009年底，全国新建建筑施工阶段执行节能强制性标准的比例达到90%以上；全面推行建筑能效测评标识制度，实施民用建筑节能信息公示制度；推动有条件的城市执行新建建筑65%的节能标准等新建建筑节能工作目标和重点。2009年，各地积极探索，突出思路创新、机制创新和管理创新，明确工作目标，落实责任、配套政策，新建建筑节能工作迈上了新台阶。这里选取部分省市分享其2009年新建建筑节能实践。

3.4.1.1 天津市

2009年，天津市以健全组织机构为保证、以技术标准体系为支撑、以发展新型墙体材料为基础、以推动供热体制改革为目标、以加强建筑节能监管为手段，大力推进新建建筑节能，取得了显著成效。2009年建成三步节能住宅1500万m^2，共建成三步节能住宅共计5600万m^2，累计建成节能住宅11449万m^2，占全市城镇住宅存量的62%。供热计量面积达到1800万m^2，实行供热计量收费1300万m^2。新型墙体材料生产能力达到70亿标砖，新型墙体材料应用率为79%，散装水泥使用率达到70%。天津市新建建筑节能主要的做法有：

1. 建立和完善建筑节能组织考核体系

天津市政府专门成立了建筑节能领导小组，主管城建副市长任组长，市发展改革委、统计局、财政局等相关部门作为成员单位，建立多部门协调机制。市政府确定“十一五”期间新建建筑节能考核指标有：一是建成节能住宅占全市住宅比重每年提高4个百分点；二是新型墙体材料累计达到286亿块标砖，市场占有率达到85%；三是全市散装水泥使用率达到72%以上。天津市建交委将新建建筑节能考核指标分解到区县，列入年度目标考核。

2. 大力推进政策法规体系建设

天津市政府以政府令的形式先后发布了《天津市建筑节能管规定》、《天津市墙体材料革新和建筑节能管理规定》、《天津市集中供热管理规定》、《天津市发展散装水泥管理办法》、《天津市生活废弃物管理规定》等行政规章。天津市建交委相继出台了《关于新建居住建筑严格执行节能设计标准的通知》、《天津市建筑节能技术资料备案管理办法》、《关于实施建筑节能工程质量专项验收制度的通知》、《天津市民用建筑节能信息公示实施细则》、《关于新建住宅室内采暖系统一律安装热计量收费装置的通知》等规范性文件。从建筑节能设计、施工图审查、施工许可、材料备案、施工监理、竣工验收、供热计量、能效检测、建筑节能信息公示等环节进行了规范，形成了长效的闭合式管理机制。编制印发了《居住建筑和公共建筑节能设计标准》、《民用建筑节能工程施工技术规程》、《民用建筑节能工程质量验收规程》、《民用建筑围护结构节能检测技术规程》、《集中供热住宅计量供热设计和质量验收规程》、《建筑节能门窗技术标准》等强制性技术标准24项，推荐性标准4项，形成了完整的建筑节能技术法规体系，编制了工程建设标准设计图集37项。此外，编制了《居住建筑节能设计施工图编制深度图样》、《公共建筑节能设计施工图编制深度图样》，为建筑节能设计和审查提供了技术保障。目前，天津市逐步形成法律、行政规章、技术法规等多层面的建筑节能和减排管理体系，构建了由2部地方法律、5个政府令、12项规范性文件、24项强制性标准构成的建筑节能减排法律法规体系。

3. 加强建筑节能监管

加强建筑节能工程监管，实行10项管理制度：一是加强建筑节能设计管理，严格执行建筑节能设计标准；制定建筑节能施工图审查要点，提高建筑节能设计水平，对达不到节能标准要求的建筑工程一律不予通过施工图审查；二是实行建筑节能工程技术资料备案制度，未办理建筑节能技术资料备案的不颁发施工许可证；三是加强进场材料质量管理，实行建筑节能材料备案和推荐建筑节能系统组成制度，提高进场材料质量；四是加强建筑节能施工队伍管理，建立建筑节能工程施工队伍的资格标准，未取得专项资格的企业不得承揽墙体保温工程；五是实行持证上岗制度，开展建筑节能专业技术培训，提高施工队伍的施工技术水平；六是实行建筑节能工程过程监控制度，从开工、施工、竣工“三个环节”实施“四不准，四控制”的监管措施；七是实行建筑节能工程竣工专项质量验收制度，对建筑节能工程实行分项、子分部和分部工程等阶段专项验收，达不到要求的建设单位不得验收，建设主管部门不予建设工程质量备案；八是实行建筑节能工程信息公示制度，印发天津市民用建筑节能信息公示实施细则，规定了信息公示的具体要求；九是实行国家机关办公建筑和大型公共建筑能效测评制度，竣工后委托专业机构进行理论测评，没进行能效测评的不予以竣工备案；十是实行供热计量设计和验收制度，新建建筑必须按照供热计量规程设计和施工，实施专项验收制度。

4. 推进新型墙材发展

组织编制砂加气混凝土、钢丝网架夹芯板等应用图集和施工技术标准，编制建筑节能材料推广、限制、禁止使用目录，为优质节能材料进入市场创造条件。截至目前，全市新型墙体材料生产能力70亿块标砖，占全市墙体材料应用率79%，其中蒸压灰砂加气混凝土生产能力达到100万m^3。2009年，天津市推广应用新型墙体材料，节省土地约9955亩，节约煤炭达到了40万吨标煤，利废达到330万t。2009年全市散装水泥供应量达到518万t，比2008年增加10万t。散装水泥使用率达到70%，继续保持了全国先进水平。推广使用散装水泥、预拌混凝土、预拌砂浆节约包装费3.62亿元，减少粉尘排放量4.56万t。综合利用固体废弃物220万t。

5. 加强宣传培训

2009年举办了施工企业工程技术、工程监理人员、工程质量监督机构、建筑外墙保温工程等技术和管理人员专项培训，宣讲《民用建筑节能条例》和建筑节能相关规章，讲解建筑节能相关技术标准规程。提高从业人员建筑节能政策和技术水平，还举办了从业人员资格年检培训。2009年建筑节能技术培训达到4500人次。

3.4.1.2 北京市

北京市建筑节能工作从1988年起步至今，累计建成节能住宅27666万m^2，其中符合节能30%设计标准要求的住宅6500万m^2，符合节能50%设计标准的住宅12500万m^2，符合节能65%设计标准的住宅8666万m^2，节能住宅占全部住宅的74.1%。累计建成节能民用建筑33013万m^2，节能民用建筑占现有全部民用建筑总量的54.49%。2009年，北京市新增民用建筑3266.91万m^2，其中居住建筑1796.8万m^2，公共建筑1470.11万m^2，节能标准执行率继续达到100%。北京市新建建筑节能主要的做法有：

1. 完善建筑节能法律标准体系

北京市人大于1999年发布《北京市实施〈中华人民共和国节约能源法〉办法》。北京市人民政府于2001年发布《北京市建筑节能管理规定》（市政府令第80号），于2006年发布《北京市节能监察办法》（市政府令第174号）。2010年北京市人大对《北京市实施〈中华人民共和国节约能源法〉办法》进行了修改。在标准体系方面，北京市相继在1988年、1998年、2004年制订了节能30%、50%、65%的北京地区居住建筑节能设计标准的实施细则和北京市《居住建筑节能设计标准》，2006年对该标准进行了修订，将供热系统安装气候补偿系统、楼宇热计量表等作为强制性条文实施。2005年发布北京市《公共建筑节能设计标准》。从开展建筑节能工作以来，北京市编制和发布了建筑节能地方标准、规程50余项。近一两年编制、发布、修订的有《公共建筑节能检测评估标准》、《居住建筑节能保温工程施工质量验收规程》、《公共建筑节能施工质量验收规程》、《新建集中供暖住宅分户热计量设计技术规程》、《外墙外保温施工技术规程（喷涂硬泡聚氨酯外墙外保温系统）》等地方标准。

2. 完善新建建筑节能的激励政策

北京市近年来使用新型墙体材料专项基金对达到抗震节能墙改要求的新建农民住宅给予每户2万元补助，新建抗震节能型农宅从2006年的234户，发展到2009年的6000多户，充分发挥墙改基金支持新建建筑节能的作用。

3. 强化建筑节能工程与建筑材料的监督管理

一是加强固定资产投资项目的节能评估审查工作。根据北京市有关规定，固定资产投资项目立项时，20万m^2以上的居住小区及2万m^2以上的大型公共建筑，由市发改委组织节能评估审查。二是加强施工图节能设计审查。建立了施工图设计审查“二审制”和审图机构定期上报审查情况制度。2009 年，北京市规划委员会修订《北京市建筑工程施工图设计文件审查要点》，设立了“节能专篇”。据统计，自 2007 年 1 月至 2009 年 11 月，北京市建筑工程施工图设计文件审查项目数共计 4990 项，建筑节能方面的内容终审合格率达 100%。三是加强监督管理。市区两级建设工程质量监督部门采用了网格式管理模式，探索加强建筑节能监督的新模式。东城区实行节能专业主监人试点，形成“专业齐全、分工明确、齐抓共管”的节能工程质量监管体系。专业主监人参加节能工程的质量监督交底，《建设工程质量监督报告》经节能专业主监人签字。此种监督模式已经纳入有关区县的质量监督工作程序，正在总结经验，逐步正规化和制度化。

3.4.1.3 河北省

2009 年，河北省城镇竣工节能建筑 1944 万 m^2，累计竣工节能建筑 1.48 亿 m^2，约占全省城镇建筑面积的 18%；新建建筑施工图设计阶段节能标准执行率达 100%，竣工验收阶段达 96.6%。河北省新建建筑节能的主要做法：

1. 不断完善政策法规

已形成较为完善的建筑节能法规体系，出台了两个条例(《河北省节约能源条例》、《河北省民用建筑节能条例》)、两个政府规章(《河北省墙体材料革新与建筑节能管理暂行规定》、《河北省粉煤灰综合利用暂行规定》)、三个政府文件(省政府《关于加快发展循环经济的实施意见》、《关于推进节能减排工作的意见》、《关于加强节能工作的决定》)，对建筑节能工作提出明确规定和要求。

2. 健全技术标准体系

河北省在全国较早实施居住建筑节能 65% 设计标准，并先后制定《河北省民用建筑节能设计规程》、《河北省公共建筑节能设计标准》、《河北省民用建筑节能工程质量验收规程》、《既有居住建筑节能改造技术标准》、《民用建筑太阳能热水系统一体化技术规程》、《居住建筑节能构造》、《公共建筑节能构造》等 20 多个地方标准，为全面开展建筑节能提供了有效的技术支撑。编制了《CL 体系技术规程》、《CL 结构工程施工质量验收规程》等新型结构体系规范，加大了节能新型结构体系推广力度。

3. 制定建筑节能激励政策

2007 年以来，河北省财政设立建筑节能专项资金，用于建筑节能技术标准的制定、课题研究、示范项目补助等，3 年累计补助资金 1200 万元。自 1992 年开始征收墙改节能专项基金，用于新型墙体材料与建筑节能科学研究、技术发展和推广应用、发展新型墙体材料与加强建筑节能管理等。邢台、承德、张家口、石家庄、唐山、邯郸等市，也制定了建筑节能方面相关激励政策。

4. 建立考核和评价体系

河北省政府将建筑节能列入“三年大变样”考核内容，定期向各市委、市政府通报进展情况。河北省住房和城乡建设厅结合每年全省建筑节能专项检查，对各市建设主管部门进行考核评价，以得分多少进行全省排队。

3.4.1.4 青岛市

青岛市 2007 年全面执行居住建筑节能 65% 设计标准。2009 年，青岛市新增节能建筑 880 余万 m^2，其中居住建筑 548 万 m^2。青岛市新建建筑节能的主要做法：

1. 健全法规标准体系

2005 年，青岛市以市长令形式出台《青岛市新型墙体材料应用与建筑节能管理规定》，2009 年出台《青岛市民用建筑节能条例》并于 2010 年正式实施，为建筑节能工作提供了法律保障。先后编制实施了《青岛市居住建筑节能设计实施细则(65% 标准)》、《青岛市公共建筑节能设计标准补充规定》、《青岛市居住建筑外墙外保温体系技术规定》、《青岛市公共建筑围护结构节能技术规定》，初步建立了建筑节能标准规范体系。

2. 创新新建建筑监管模式

打造“一二三四监管模式”。一个体系即闭合监管体系，对新建建筑节能从立项到销售结束，进行全过程监管；两个关口即把好建筑节能材料和建筑节能认定两个关口，对不符合建筑节能标准及未经备案的建筑节能材料和产品不得应用到工地上；同时对未经建筑节能认定或节能认定不合格的工程项目，不予进行竣工验收备案；三个结合即日常监管、专项检查与墙改基金返还相结合；四个重点即重点抓好项目立项前的用能评估、规划许可前的节能审查、施工许可前的施工图审查、竣工验收备案前的节能认定四个关键环节。

3.4.1.5 江苏省

截至 2009 年底，江苏省累计建成节能建筑 25229 万 m^2，设计阶段 100% 执行建筑节能标准，施工过程中建筑节能标准执行率达 92.3%，主要做法有：

1. 开展了建筑节能考核评价

江苏省政府批准下发了《江苏省节能目标责任评价考核暂行办法》，对新建建筑施工阶段节能强制性标准执行率、实施既有居住建筑节能改造、可再生能源建筑应用及加强建筑节能管理体系等内容进行考核评分。

2. 加强建筑节能法制化、规范化

江苏省政府制定颁布的《江苏省建筑节能管理办法》，省政府办公厅还转发了《关于推进全省节约型城乡建设工作的意见》，南京、苏州、扬州等地市政府先后出台了管理规定，建筑节能工作逐步走上法制化制度化轨道。

3. 积极出台并完善建筑节能经济政策

2008 年设立了江苏省设立省级建筑节能专项引导资金，每年投入 1 亿元用于补助各类建筑节能项目。南京市、苏州市每年分别拿出 1000 万元和 200 万元用于住宅节能改造，苏州工业园区拿出 6000 万元用于支持建设绿色建筑。

3.4.1.6 重庆市

重庆市新建建筑在设计阶段执行节能强制性标准比例达到 96%，施工阶段执行节能强制性标准比例达到 91%，其主要做法是：

1. 强化建筑节能技术支撑体系

重庆市先后修订了《居住建筑节能设计标准》、《居住建筑节能 65% 设计标准》，编制发布了《建筑玻璃隔热膜工程技术规程》、《挤塑聚苯板屋面保温建筑构造图集》等 8 个建筑节能应用技术标准和图集。投入财政资金 2837 万元、社会配套资金 6732 万元，组织实施了科研攻关，取得了节能型烧结页岩空心砖、节能型陶粒混凝土空心砌块墙体自保温体系、高效节能门窗以及高效节能地表水水源热泵机组等一系列具有自主知识产权，申报国家专利 17 项。

2. 着力发展建筑节能产业

重庆市先后编制发布了五期《重庆市建设领域限制、禁止使用落后技术通告》，对生产能耗高、资源能源利用效率低、产品热工性能差、不利于实施建筑节能的22项落后建筑材料、产品、技术和工艺做出了限制或禁止使用的规定。组织召开技术研讨会，认定推广了39项建筑节能技术，促进了建筑节能新技术、新产品在建设工程的应用。

3. 提高绿色建筑发展水平

重庆市发布实施了《绿色生态住宅小区建设技术规程》、《绿色建筑标准》，成立了绿色建筑专业委员会和绿色建筑技术委员会，积极推进绿色建筑。截至2009年，全市绿色生态住宅在建面积已达660万m^2，竣工近230万m^2，绿色建筑的技术水平和工程质量不断提高。

3.4.1.7 深圳市

深圳市围绕绿色建筑与低碳生态城市建设，全面推进建筑节能减排工作。截至2009年，深圳市累计建成节能建筑3250万m^2。其主要做法是：

1. 完善建筑节能法规和技术标准体系

《深圳经济特区建筑节能条例》自2006年实施以来，深圳市相继出台了一系列的建筑节能与绿色建筑配套性政策文件11部。2009年，《深圳市建筑废弃物减排与综合利用条例》正式实施，为建筑资源的节约与综合利用提供了法规依据。

2. 探索建立节能改造激励机制

为了充分发挥市场机制在既有建筑节能改造中的应用，深圳市加大财政资金补贴，采用合同能源管理模式，实行节能收益分成，鼓励社会工程开展节能改造工作。目前，已有十几家单位采用合同能源管理模式进行了节能改造，效果明显。

3. 大力发展绿色建筑和可再生能源建筑应用

目前，深圳市绿色建筑和建筑节能示范项目53个，建筑面积560万m^2。12层以下新建住宅建筑强制安装太阳能热水系统全面落实，使用太阳能热水的建筑面积800万m^2，涉及太阳能集热器面积40万m^2，年平均增长率超过37%。

3.4.2 取得的经验及存在的问题

3.4.2.1 取得的经验

近年来，我国新建建筑节能在取得显著成效的同时，在法规制度、管理体制、监管体系和科技支撑等方面也积累了宝贵的经验。

1. 制度完善，推进建筑节能

在法律法规方面，各地积极制定本地区的节能行政法规。河北、陕西、山西、湖北、湖南、重庆、青岛、深圳等地出台了建筑节能条例，有15个省(区、市)出台了资源节约及墙体材料革新等相关法规，22个省(区、市)出台了相关政府令，以《节约能源法》为上位法，《民用建筑节能条例》为专门法规，各地方行政法规相配套的建筑节能法律体系初步建立。在经济政策方面，各地积极制定财政支持政策。北京、上海、内蒙古、山西、青海、江苏、湖北、广西、深圳等地对建筑节能的财政支持力度较大，安排了专项资金。2009年，各省(区、市)共安排10.3亿元支持建筑节能工作，形成了财政支持建筑节能的良好工作局面。在目标责任方面，各省(区、市)均制定了建筑节能“十一五”专项规划，提出了建筑节能具体节约目标，总计1.39亿吨标准煤，并按重点领域进行了分解，其中有27个省(区、市)明确了建筑节能承担本地区单位GDP能耗下降的任务，部分省市采取逐级签订责任书的方式，将建筑节能目标及任务层层落实。

2. 组织健全，保证建筑节能

为加强建筑节能组织领导，各地纷纷建立了建筑节能协调议事机制。各省(区、市)住房城乡建设主管部门均成立了主要领导或分管领导任组长的建筑节能领导小组。其中北京、天津、上海、黑龙江、吉林、山西、陕西、内蒙古等省(区、市)成立了政府分管领导任组长，住房城乡建设、发展改革(经贸)、财政等相关部门参加的建筑节能工作协调领导小组，各城市也成立了相应机构，形成了各部门联动、齐抓共管的局面。建筑节能管理机构能力进一步加强。山西省省、市、县三级都建立了建筑节能监管机构，建筑节能专职管理人员100多人。上海市19个区(县)都设立了建筑节能管理办公室，管理人员共101人。全国有18个省(区，市)将墙体材料革新工作和建筑节能工作统一交由住房城乡建设主管部门负责，以墙改为抓手推进建筑节能，效果明显。

3. 监管闭合，落实建筑节能

各地充分利用现有法律法规确定的许可和制度，逐步建立起从设计、施工图审查、施工、竣工验收备案到销售和使用等环节的监管机制，效果明显。在设计环节，建立了建筑节能设计审查质量的专项调审制度；在施工图审查环节，对建筑节能进行专项审查；在施工环节，全面执行《建筑节能工程施工质量验收规范》，制定专项建筑节能施工方案、建筑节能监理工作导则及工程质量监督要点，规定了严格的节能审查监管工作程序和要求，确保节能工程质量；在竣工验收环节，部分省市实施了建筑节能专项验收，部分地区已开始实施民用建筑能效测评标识制度，哈尔滨市对70余个节能建筑小区进行了检测认定，面积达610余万 m^2，对达标的节能建筑颁发了节能建筑认定证书和节能建筑标识牌；在商品房销售环节，部分省市实施了建筑节能信息公示制度，南京市在房屋销售和交付中，统一使用含节能条款的《质量保证书》、《使用说明书》和新修订的销售合同。同时，各省市都组织开展了建筑节能专项检查，通过采取对违规工程停工整顿、违章企业通报批评、违法行为依法处罚等措施，加大了执法力度，在社会上形成了良好的建筑节能氛围。

4. 科技支撑，引导建筑节能

在技术标准方面，各地非常重视建筑节能标准体系建设工作，结合地区实际，及时把一些先进成熟的技术产品编入工程技术标准和标准图，通过技术规范强制推广新技术、新产品，既为建设科技和建筑节能工作提供了有力的支撑，又加速了科技成果的转化。江苏、浙江、广西、深圳、太原等地制定了绿色建筑相关标准，具有前瞻性、地域性和经济性特点，发挥了标准的引导和规范作用。在科研开发方面，各地比较注重发挥科技先导和支撑作用，围绕建筑节能重点工作，结合地区实际，积极筹措资金，安排科研项目，为建筑节能深入发展做好科技储备。在示范推广方面，各地以建筑节能示范工程为载体，一方面积极申报国家级示范项目；另一方面结合本地实际，不断丰富示范类型，提高示范水平。通过示范既推广了建筑节能技术和产品，又引导地区建筑节能的发展方向。

3.4.2.2　存在的问题

1. 部分地方政府对建筑节能工作的认识不到位

虽然多数省市对抓新建建筑执行节能标准非常重视，但是仍有部分地区对建筑节能发展趋势认识不到位，重视程度有待提高。对建筑节能的考核没有纳入政府层面，部分省(区、市)对建筑节能的考核评价仍局限在建设系统内部，没有纳入本地区单位GDP能耗下降目标考核体系，致使相关部门难以形成合力，相应的政策、资金难以落实。在机构建设方面，部分省级住房城乡建设主管部门建筑节能管理人员只有1～2人，没有专门的管理和执行机构，各项政策制度的落实大打折扣。在标准执行方面，存在着施工阶段随意变更设计、偷工减料、施工工艺不过关等问题，影响了节能标准的落实，新建建筑施工及竣工验收阶段的监管还有待强化。从住房和城乡建设部近几年对全国建设工程的节能检查情况来看，新建建筑在设计阶段执行标准的比例接近100%，在施工阶段却未能达到100%，有多方面的原因，其中重要的一点是监管没有到位。设计阶段有施工图审查制度，但施工阶段的监管手段比较缺乏，且在既定的非节能事实前没有应有的惩戒措施，或者当前的"违法违规"风险成本太低，责任追究体制不完善，影响了施工阶段的节能政策未能得到严格的贯彻执行。此外，在建筑物使用维护阶段的节能监管如何体现和约束也需要进行探索。

2. 建筑节能激励长效机制尚未建立

建筑节能是一个长期的带有公益性质的领域，但同时作为市场机制部分失灵的领域，需要国家在政府主导的同时出台经济激励政策，对市场加以指导。发达国家"胡萝卜+大棒"的经验告诉我们，建立基于市场的节能长效机制，通过价格、财税等经济激励手段调动各方面参与节能的积极性，引导节能技术、节能产品、节约型生活消费模式的发展，对于推动建筑节能工作将发挥重要作用。在法律层面，《节约能源法》已完成修订并颁布，《民用建筑节能管理条例》也开始实施。但要使这些法律制度真正得到落实，一方面需要制定一系列具有操作性的部门规章或规范性文件，另一方面各地也要结合本地实际制定地方性法规和实施细则。目前，这方面工作还刚刚启动。在经济政策层面，建筑节能工作要实现由单纯政府强制推进转变到政府监管与市场引导相结合推动，需要予以必要的财政补贴、税费优惠、贷款贴息等经济政策。2009年中央财政共安排专项补助资金38.5亿元，并要求地方政府同时予以支持。但从各地对建筑节能的经济支持来看，力度远远不够。目前我国建筑节能工作更多的仍然是依靠行政手段，而经济激励的手段、范围和模式非常有限，导致一些政策没有发挥理想效果。例如，能源价格政策和形成机制、能源费用征收机制、热计量改革和收费机制等相关政策并未得到落实；对于先进的节能技术和产品(如绿色建筑、节能空调)缺乏经济政策激励(如减免税、财政补贴、贴息等)和推广机制，对节能型生活消费方式的引导也大多侧重于宣传和提高意识方面，缺乏从价格、税收方面的经济支持手段。同时，目前针对建筑节能的经济政策主要是财政补贴的方式，受财政预算额度影响较大，不够稳定，建筑节能税费优惠等稳定、长效的激励政策尚未建立。此外，关于新建建筑节能的法律层面，要使《节约能源法》、《民用建筑节能管理条例》真正得到落实，需要制定一系列具有操作性的部门规章或规范性文件，各地也要结合本地实际制定地方性法规和实施细则。

3. 新建建筑执行节能标准的水平有待进一步提高

总的来说，建筑节能标准的执行存在不平衡现象。执行建筑节能标准，施工阶段比设计阶段差，中小城市比大城市差，经济欠发达地区比经济发达地区差。二是施工阶段执行节能强制性标准还有差距。相关从业人员对《建筑节能工程施工质量验收规范》没有准确掌握，建筑节能工程施工过程中，外墙、门窗等保温工程施工工艺不过关，存在质量隐患。各地尤其是地级以下城市普遍缺乏建筑节能材料、产品、部品的节能性能检测能力，造成政府监管缺位。

4. 新建建筑节能技术水平有待提高

随着能源形势的压力和建筑物的需求越来越高，对建筑节能技术的要求也越来越高。目前在建筑节能技术的发展过程中需要解决的几个问题包括：一是施工工艺成熟度。建筑节能技术要求工艺成熟度高，具有施工简单、成本低、应用范围广等特点，以保证在长久的使用中能够经受外界气候条件的影响，同时在保证建筑物舒适环境的条件下减少建筑节能成本，便于推广应用，如目前常见的聚苯板薄抹灰外墙外保温系统、围护结构自保温体系等。二是技术适用性。建筑节能技术应具有一定的适用性，并非一种节能技术能够适应所有建筑物的要求，也并非所有节能技术能够适应同一建筑物。在建筑节能设计或施工过程中，应注重建筑节能技术的适用性。建筑节能不是节能技术的堆砌，而是节能技术的合理组合和应用，才能达到节能效果，若不加分析地应用，可能会引起相反的效果。应根据当地实际情况和要求选用不同的节能技术，力求节能效果最大化。如北方采暖地区偏重保温，常采用聚苯板薄抹灰外墙外保温系统等，而南方地区则比较偏重隔热，常采用遮阳技术等。三是系统化施工。目前大部分节能技术不能在工厂一次性完成，仍需在施工现场进行诸如搅拌、喷涂等工序，不仅效率较低，而且对于环境的二次污染较严重。由于对施工环境的要求越来越严格，建筑节能技术的应用应尽量减少施工现场湿作业，避免粉尘等造成二次污染。在技术条件成熟时，应采用保温装饰板、各类装配式构件等，提高系统化施工效率。四是节能材料检测评价认证。目前我国建筑节能材料检测市场规模庞大，但与之匹配的检测技术和检测人员尚不能满足市场需求，需要进一步加强检测机构服务能力建设。此外，诸如节能材料与非节能材料的评估认证体系尚未建立，市场准入制度等管理手段也急需完善，中介服务机构等也需要扶持。

5. 农村建筑节能工作尚未启动

目前，我国广大农村地区的建筑节能工作尚未广泛开展。随着农村生活水平的不断改善，使用商品能源和用能水平将不断提高，需采取措施，引导其科学发展。

参 考 文 献

[1] 武涌等. 中国建筑节能管理制度创新研究. 北京：中国建筑工业出版社，2007

[2] 朱明硕，陈校. 浅谈照明节能技术的应用. 电气应用（3），2010：54～57

[3] 陆岳文. 建筑节能新技术推广现状分析与对策研究［学位论文］. 重庆：重庆大学建设管理与房地产学院，2008

[4] 关于2009年全国建设领域节能减排专项监督检查建筑节能检查的通报（建科〔2010〕45号）. 北京：住房和城乡建设部，2010-04-07

[5] 国务院法制办农业资源环保法制司，住房和城乡建设部法规司，建筑节能与科技司. 民用建筑节能条例释义. 北京：知识产权出版社，2008

[6] 郝斌，刘幼农，程杰，郭梁雨. 建筑能效测评标识试点实施分析与启示. 暖通空调（10），2009：9-12

[7] 郝斌，林泽，马秀琴. 建筑节能与清洁发展机制. 北京：中国建筑工业出版社，2010

[8] 林泽，郝斌，戚仁广. 供热计量改革的SWOT分析. 区域供热（6），2008：5-10

第4章 既有建筑节能

既有建筑是指已经建成并投入使用的工业与民用建筑。既有建筑不同于一般工业产品，一旦建成投入使用，就会持续产生能耗，而且是在长达50~70年，甚至更长的时间，将在其寿命期内持续不断地消耗着有限的能源资源。

民用建筑是指居住建筑、国家机关办公建筑和商业、服务业、教育、卫生等其他公共建筑。在保证民用建筑使用功能和室内热环境质量的前提下，降低其使用过程中的能源消耗活动，这是《民用建筑节能条例》给出的民用建筑节能的定义。

既有建筑节能研究的重点是民用建筑节能，即主要研究在保证既有居住建筑、国家机关办公建筑和其他公共建筑等正常使用功能和室内热环境质量的前提下，采用科学技术与先进的管理手段，如何最大限度地减少建筑物在使用运行过程中供热采暖、空调制冷、照明及其他设备能源消耗。工业建筑作为一个特定领域，不作为本章重点讨论的内容。

实现既有建筑节能，就是从根本上减少非节能建筑的总体数量，一是从源头严格控制非节能新建建筑的建设；二是加快对既有非节能建筑的围护结构、用能系统的节能改造速度，加强节能运行管理。不同类型的既有建筑，实现节能的途径不同。但不外乎是从技术、管理和行为三个方面，即技术节能、管理节能和行为节能。所谓技术节能，是指在充分考虑建筑物所在地区气候条件的基础上，充分利用自然通风、光照等条件，通过采取对建筑围护结构保温隔热改造，选用能效高的用能设备与产品，使用可再生能源等措施，降低维持建筑基本功能所需要的能耗。

既有建筑节能改造是实现既有建筑节能的有效途径之一，属于技术节能的范畴，是指对不符合建筑节能标准要求的既有居住建筑和公共建筑等，按照所处的气候区域，对应执行北方采暖地区、夏热冬冷地区和夏热冬暖地区的居住建筑或公共建筑节能设计标准，对建筑物的围护结构(含墙体、屋顶、门窗等)、供热采暖或空调制冷(热)建筑用能系统进行改造，使建筑围护结构的热工性能和用能系统的热效率符合相应的建筑节能设计标准要求。对于不同的气候区，既有建筑节能改造的内容与重点也不相同。

管理节能是指在建筑物的全寿命期中，充分发挥政府的公共管理职能，行使行政权力，促使建筑的规划、设计、建造、维护与使用者，按照节能标准的要求实施。

行为节能是指在日常生活工作中，建筑使用人在充分了解建筑中的采暖、空调、照明、电气等用能设备特性的基础上，可以采取合理设置空调温度、减少运行时间、使用空调时关好门窗、自觉减少用电设备待机时间、减少长明灯等措施，以减少不必要的能源消耗，从而达到节能的目的。行为节能可以通过实施节能的重要性和普及用能设备常识宣传相结合，逐步培养良好的用能习惯来实现。从严格意义上划分，行为节能是一种精细化的使用管理活动，属于管理节能的范畴。行为节能成本最低，但效果却非常明显。

本章将从既有建筑节能的现状、重要意义、法规政策、标准规范、工作成效、问题与建议几个方面予以阐述。

4.1 我国既有建筑现状

4.1.1 我国既有建筑分类分布情况

跨入21世纪，伴随着我国社会经济的持续快速发展，人民生活水平不断提高，城镇化进程进一步加快。2006～2009年，城镇化率从43.9%提高到46.6%，上升2.7个百分点，城镇人口数量从5.77亿增加到6.22亿，净增0.45亿，平均每年新增城镇人口1500万人。而城镇人口数量的增加，意味着需要建设大量的住房及公共服务配套设施，因此又进一步带动了建筑业的蓬勃发展。

4.1.1.1 我国既有建筑总体状况

近几年，我国既有建筑存量持续增加，2006年全国建筑业交付使用的建筑面积17.97亿m^2，2007年20.40亿m^2，2008年22.36亿m^2，2009年24.54亿m^2，见表4-1。交付使用的建筑面积逐年增长，年增长率分别达到了13.5%、9.6%和11%。截至2009年底，既有建筑总面积达461亿m^2。2010年，由于受到全球金融危机的影响，我国建筑业发展速度有所放缓，按建成投入使用建筑面积20亿m^2估算，到2010年底，全国既有建筑面积高达480亿m^2。其中，城镇建筑面积约为215亿m^2，农村建筑面积约为265亿m^2。今后10～15年，仍将以每年20亿m^2以上速度递增。

表4-1同时还反映出2006～2009年，全国各省、自治区、直辖市建筑业交付使用建筑面积情况。

全国及各省、自治区、直辖市2006～2009年建筑业交付使用建筑面积(万m^2)　表4-1

	2006年	2007年	2008年	2009年		2006年	2007年	2008年	2009年
全国	179673.0	203992.7	223591.6	245401.6①	河南	6530.0	9177.8	10394.3	11994.2
北京	4785.8	4945.9	4802.9	5225.5	湖北	7376.2	8425.0	9152.5	10280.7
天津	1735.6	2101.4	1643.7	2240.1	湖南	7451.7	8202.4	9077.5	10073.8
河北	6024.1	6311.0	7009.9	7751.0	广东	10628.9	11141.4	10913.8	11115.7
山西	1647.0	1833.9	2320.7	2285.7	广西	2479.3	2894.2	3142.2	3613.9
内蒙古	2089.2	3185.7	3238.7	3140.6	海南	315	281.5	340.7	390.5
辽宁	6259.9	6051.4	6707.5	9928.4	重庆	5305.7	5750.7	6485.3	7473.2
吉林	1932.7	2542.6	3378.1	3946.3	四川	9177.5	9630.6	9853.9	11393.5
黑龙江	2380.0	2381.3	2414.5	3420.1	贵州	1107.9	1204.3	1211.0	1244.1
上海	6506.4	6090.2	5723.9	5719.9	云南	3136.9	3148.5	3336.7	3771.2
江苏	28715.4	34992.2	40735.8	43307.5	西藏	148.4	161	128.3	177.5
浙江	29151.4	34085.6	37339.0	40239.7	陕西	2128.0	2351.5	3020.1	3128.2
安徽	5916.5	7213.7	7874.2	8812.4	甘肃	1638.4	1472.7	1842.8	1724.4
福建	4825.6	6010.3	7637.8	7435.1	青海	160.6	174	189.2	211.7
江西	4358.6	4571.4	5238.6	5944.1	宁夏	576.9	648.5	741.2	948.0
山东	13538.3	15162.6	15540.9	16646.9	新疆	1645.0	1849.6	2156.0	2517.8

① 全国建筑业统计数据；数据来源：2007～2010中国统计年鉴，中国统计出版社。

2006～2009 年，我国全社会竣工房屋面积及华北、东北、华东、华中、华南、西南、西北各地区全社会竣工房屋面积如表 4-2 所示。

2006～2009 年全国与各地区全社会竣工房屋面积（万 m^2）　　表 4-2

	2006 年	2007 年	2008 年	2009 年
华北地区	24877.3	27026.4	27931.1	31344.9①
东北地区	18153.2	20537.1	23241.2	25027.7
华东地区	75606.8	84052.9	91687.9	98512.5
华中地区	34027.6	41436.1	45047.0	52396.9
华南地区	20893.7	22479.2	24632.4	26232.2
西南地区	26497.5	27896.3	28478.1	49798.3
西北地区	12440.6	14957.6	18587.7	18673.6
全国	212542.2	238425.3	260307.0	302116.5

① 全社会竣工房屋建筑统计数据；数据来源：2007～2010 中国统计年鉴，中国统计出版社。

2009 年，各地区全社会竣工房屋面积分布比例如图 4-1 所示，从图中可以看出，目前我国的既有建筑增量主要集中在经济发达的华东地区，占到 2009 年全社会竣工房屋面积增量的 32.6%；华中地区占 17.3%、西南地区 16.5%、华北地区 10.4%、华南地区 8.7%、东北地区 8.3%，而西北地区为 6.2%，所占比例则相对较小。

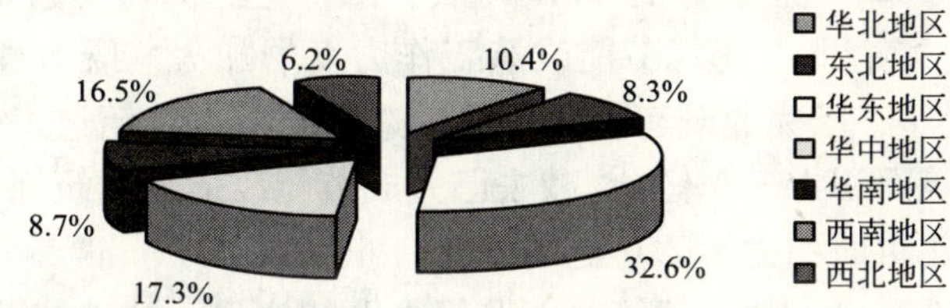

图 4-1　2009 年各地区全社会竣工房屋面积统计图

全国城镇竣工房屋面积占全社会竣工房屋面积比例如表 4-3 所示，从表中可以看出，从 2006 年至 2009 年，我国城镇竣工房屋面积占全社会竣工房屋面积比例分别为 56.8%、56.3%、56.5%、54.5%，平均约为 56%。从中不难看出，我国城镇竣工房屋面积占全社会竣工房屋面积比例基本稳定在 55% 左右。

2006～2009 年全国城镇竣工房屋面积及其所占全社会竣工房屋面积的比例　　表 4-3

年份	全社会竣工房屋面积	城镇竣工房屋面积	比例
2006 年	212542.2	120705.3	56.8%
2007 年	238425.3	134247.5	56.3%
2008 年	260307.0	147066.4	56.5%
2009 年	302116.5	164539.3	54.5%

数据来源：2007～2010 中国统计年鉴，中国统计出版社。

4.1.1.2　全国城镇既有节能建筑情况

自从我国第一部《民用建筑节能设计标准（采暖居住建筑部分）》JGJ 26—86 于 1986

年3月颁布以来，特别是“十一五”期间，建筑节能工作力度不断加大，所建成的城镇既有节能建筑面积数量快速增长。2007年全国城镇已累计建成节能建筑面积21.2亿m^2（城镇既有建筑总量181.2亿m^2），2008年达到31.2亿m^2（2008年10月底前28.5亿m^2；2008年年底，城镇既有建筑总量193.8亿m^2），2009年全年建成节能建筑面积增量9.6亿m^2（按施工阶段节能标准执行率90%计，则城镇建筑增量为10.56亿m^2），到2009年底，已累计达到40.8亿m^2（2009年底城镇既有建筑总量204.4亿m^2）。

既有节能建筑总量在城镇建筑总量中的比例逐年增加，2007年达到11.7%，2008年16.1%，2009年上升到21.7%。形成的节能能力也在同步提升，2007年1~10月份建成的节能建筑可形成500万吨标准煤的节能能力，2008年1~10月份建成的既有节能建筑可形成节能能力900万吨标准煤，2009年亦可形成900万吨标准煤的节能能力。

北京市既有节能建筑总量和在既有民用建筑中所占比例在全国都处于领先的地位。从1988年起至2009年底，累计建成节能住宅27666万m^2，其中符合节能30%设计标准要求的住宅6500万m^2，符合节能50%设计标准的住宅12500万m^2，符合节能65%设计标准的住宅8666万m^2，节能住宅占全部住宅的74.1%。累计建成节能民用建筑33013万m^2，节能民用建筑占现有全部民用建筑总量的54.49%。建成的节能建筑每年可节约采暖能耗413万吨标准煤，减排CO_2 1032万吨。

4.1.1.3　全国城镇既有非节能建筑状况

由上述城镇既有节能建筑面积反算可以得出，2007年城镇非节能既有建筑面积为160亿m^2；2008年为162.6亿m^2；到2009年底，累计达到163.6亿m^2。

“十一五”以来，随着既有建筑节能改造工作力度的加大，既有建筑节能改造的推进速度加快，截至2009年，已完成既有建筑节能改造的面积累计超过1亿m^2。如果将2009年城镇非节能既有建筑面积163.6亿m^2减去已完成节能改造的建筑面积1亿m^2，则2009年底城镇非节能既有建筑面积为162.6亿m^2。

通过以上数据不难看出，随着建筑节能监管力度的增强，城镇非节能既有建筑增量逐年减少，而随着既有建筑节能改造工作推进力度的加大，既有建筑节能改造面积逐年增多，两者对比，出现此消彼长的趋势。到目前阶段，增减数量已基本趋于平衡。因此，在一段时期内，城镇非节能既有建筑面积存量将会基本控制在162亿m^2左右。

4.1.1.4　我国既有建筑分类特点

我国既有建筑分类情况是通过对上海市统计年鉴分析和对上海市、辽宁省、武汉市、重庆市和西安市几个有代表性的省、市的抽样调查结果进行综合分析，得出如下结论：

（1）结构形式多样化。从历史悠久的木结构，到剪力墙结构、框架-核心筒结构，以及大量应用于工业建筑的钢结构等。

（2）结构发展高层化。城市人口激增，土地价格飞涨，造成“高地价—高容积率—高层建筑”，建筑高层化已经成为未来一段时期的必然趋势。而建筑高层化发展必然带动剪力墙结构和框架-核心筒结构技术的发展。

（3）改造情况多元化。现实情况中多种因素都会导致改造需求。从辽宁省既有建筑改造情况反映出北方地区既有建筑改造主要集中在节能改造方面；而上海市则主要集中在平改坡改造，说明由于气候条件的差异，南方城市对既有建筑的改造除了节能改造外，对隔热和防水改造也非常重视。因此，还应注意既有建筑维护管理与改造的地域性问题。

居住建筑在既有建筑中占有很大比例。以上海市为例进行统计分析，其主要年份各类存量建筑构成情况（按建筑面积计算）如表4-4所示，居住建筑在既有建筑中始终占据很大比例，从1978年的47.58%，到1990年的51.58%，直到2000年至今一直维持在60%左右。至2007年底，上海市各类既有建筑达7.49亿m^2，既有居住建筑4.33亿m^2。

上海市主要年份各类既有建筑存量构成情况（单位：万m^2） **表4-4**

		1978	1990	2000	2006	2007
居住建筑	花园住宅	128	158	250	1464	1639
	公寓	90	118	206	528	531
	职工住宅	1140	4884	17939	36504	38836
	新式里弄	433	474	428	534	531
	旧式里弄	1777	3067	1896	1689	1366
	简屋	464	123	84	37	35
	其他	85	77	62	101	345
	合计	4117	8901	20865	40857	43283
非居住建筑	工厂	2543	4822	5739	13276	14526
	学校	504	927	1417	2456	2562
	仓库堆栈	354	472	650	1305	1342
	办公建筑	228	599	2416	4674	4972
	商场店铺	228	403	1191	3788	4029
	医院	123	203	367	591	602
	旅馆	55	237	376	651	679
	影剧院	20	34	47	72	72
	其他	481	658	1138	2612	2806
	合计	4536	8355	13341	29425	31590
总计		8653	17256	34206	70282	74873

注：数据来源于上海市统计年鉴数据采集与分析。

既有居住建筑与既有非居住建筑中各类建筑所占比例，是通过对表4-4统计，得出构成图，如图4-2所示。可以看到，在居住建筑构成中，职工住宅所占比例高达89.7%；在非居住建筑中，厂房占46%，办公建筑与商场店铺各占约15%，学校和仓库堆栈各占8%左右，其他建筑所占比例均比较小。

8层以上既有建筑构成情况如表4-5所示。按照《高层建筑混凝土结构技术规程》的规定：10层及10层以上或建筑高度大于28m的建筑物称为高层建筑，而100m成为另一个分界线，即100m以上则属超高层建筑。表4-5为上海市主要年份8层以上既有建筑基本情况，并从中得出近年来上海市8层以上既有建筑构成情况如图4-3所示。可以看到，8层以上既有建筑主要集中在11~15层的小高层建筑，16~19层与20~29层各占20%左右，10层以下及30层以上超高层建筑所占比例较小。同时反映出上海市高层建筑正以越来越快的速度发展。

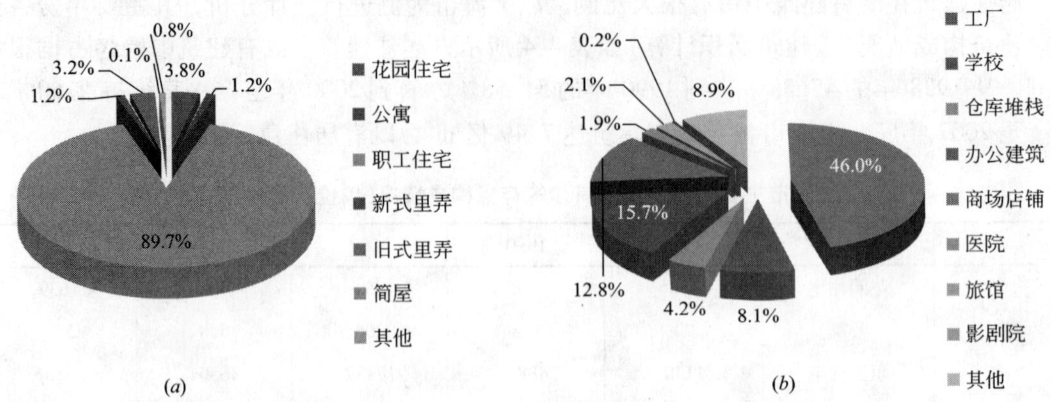

图 4-2　上海市 2007 年既有建筑构成(按建筑面积统计)
(*a*)居住建筑构成；(*b*)非居住建筑构成

上海市主要年份 8 层以上房屋建筑基本情况(面积单位：万 m^2)　　**表 4-5**

类别	单位	1980 年	1990 年	2000 年	2006 年	2007 年
总计	数量(幢)	121	748	3529	11989	13114
	面积	127	914	6180	14821	15766
8 ~ 10 层	数量(幢)	78	207	536	1556	1658
	面积	68	170	451	969	1049
11 ~ 15 层	数量(幢)	33	244	684	4897	5515
	面积	42	242	875	3597	3990
16 ~ 19 层	数量(幢)	7	145	831	2486	2739
	面积	12	182	1100	2966	3191
20 ~ 29 层	数量(幢)	3	137	1266	2316	2425
	面积	4	229	2695	4695	4850
30 层以上	数量(幢)		15	212	734	777
	面积		92	1059	2594	2686

从上海市 1978 ~ 2007 年主要年份交付使用的建筑面积统计结果(见图 4-3 和图 4-4)，可以看出，自 20 世纪 90 年代起，上海市的建筑业就步入快速发展期。

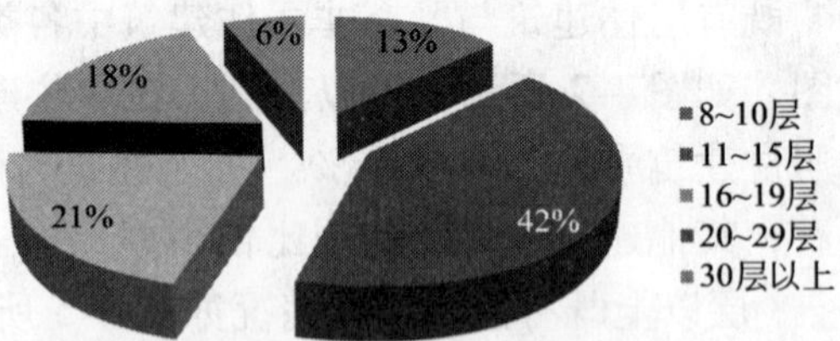

图 4-3　上海市 2007 年 8 层以上建筑构成(按幢数计)

据《2007 年上海市国民经济和社会发展统计公报》，2007 年上海市全年建成与住宅同步交付使用的配套公共建筑设施面积 329.47 万 m^2；旧区改造稳步推进，全年拆除住宅建筑面积 690 万 m^2，比上年下降 18.7%；动迁居民 4.9 万户，下降 36.1%。完成旧住房综合改造 1000 万 m^2。至 2007 年末，城镇居民人均住房建筑面积 32.2m^2；人均居住面积达到 16.5m^2，居民居住条件得到很大改善。

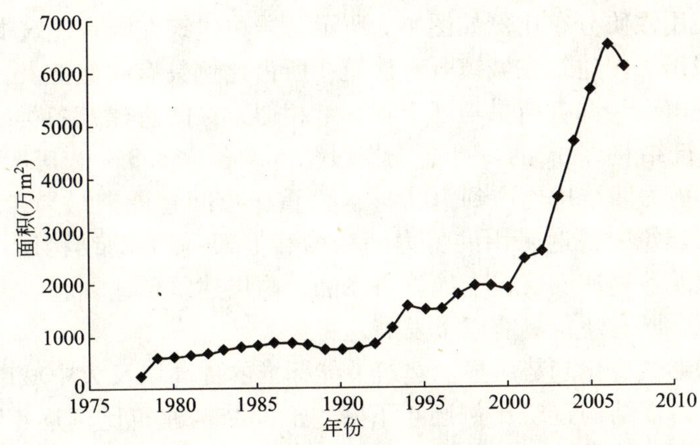

图 4-4　上海市主要年份交付使用建筑面积

上海市既有建筑在市区和郊区的分布比例，截至 2007 年底，经统计分析得出市区和郊区既有建筑的分布比例大致持平。从中反映出一个普遍问题：近年来，由于市区内土地资源越来越少，开发成本越来越高，可供开发的空间已经不多。因此，郊区将成为城市下一轮新建建筑发展的重点区域；而在市区，既有建筑改造必将成为今后一段时期的工作重点。

实际的问卷调查得出近似的结果。通过对上海、辽宁、武汉、重庆以及西安 5 省市的问卷调查(内容主要是建筑基本信息、结构基本信息、建筑使用情况、维护改造等情况。具体包括：建筑结构形式、建筑层数与高度、建筑使用性质、建筑采暖方式、供热使用燃料、建筑楼板情况、建筑基础形式、建筑所在场地类别、建筑外围护墙体采用的材料、建筑建成后是否改变原使用性质、建筑使用过程中是否进行过改造等)结果进行数据统计分析，得出具有普遍性结果。

图 4-5、图 4-6、图 4-7 分别代表辽宁省既有建筑的竣工年代、结构形式和使用性质的分布比例，涉及各种结构形式，具有普遍代表性。其中，砖混结构超过既有建筑结构形式的一半，占 55.1%，其次是框架结构，占 29%。由于近年来高层建筑的兴起，图 4-6 中所示的剪力墙结构也占有一定比例。

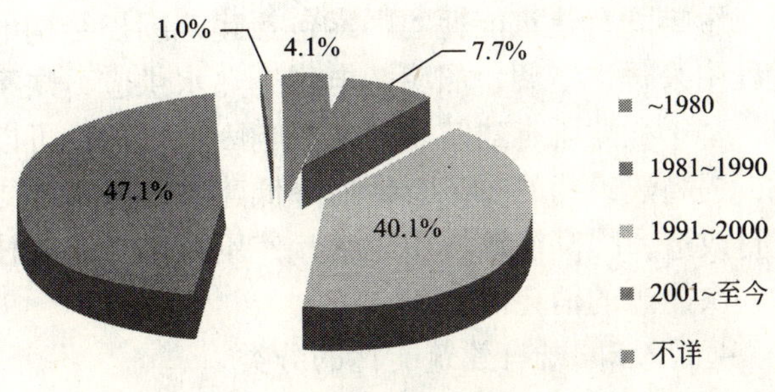

图 4-5　竣工年代

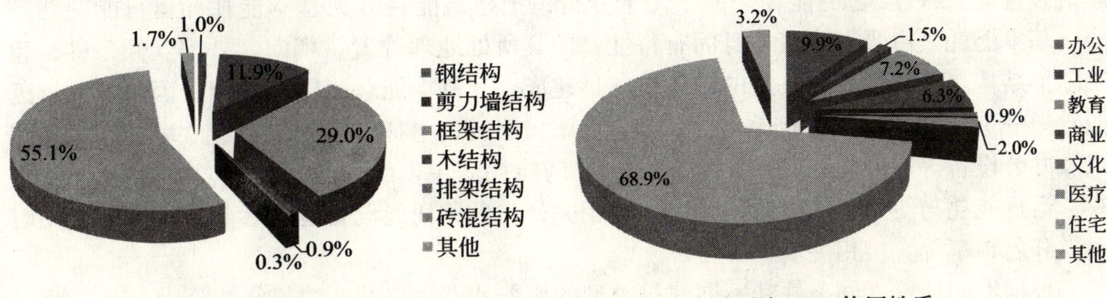

图 4-6　结构形式

图 4-7　使用性质

既有建筑的使用性质分布比例如图4-7所示，居住建筑在既有建筑中占68.9%的较大比例，这与全国城镇居住建筑在城镇既有建筑中所占比例具有相似性。

武汉市、西安市问卷调查结果与辽宁省非常相似，在既有建筑各类结构形式中，砖混结构超过既有建筑结构形式的一半，分别是56.4%、58.3%；其次是框架结构，占26.1%、18.6%；剪力墙结构也占到10.7%。而重庆市问卷调查结果涉及大量高层建筑，分析表明，在高层建筑中普遍采用的剪力墙结构和框架-核心筒结构所占比例超过50%，说明近年来随着建筑业高速发展，土地价格飞涨，高层建筑迅速崛起。

调查分析发现，既有建筑具有以下发展趋势：

(1) 房屋结构形式变化趋势明显。建筑节能标准的提高以及大中城市禁止使用黏土砖政策的贯彻落实，砖混结构建筑比例逐年下降，框架结构建筑比例逐年稳步上升；同时，随着经济发展，高层建筑数量逐年增多，越来越多的房屋建筑采用了框架结构形式。

(2) 竣工年代越早的房屋建筑改造比例越大。房屋建造越早，建筑服役时间越长，出现结构、经济、功能、技术、社会以及法规性退化可能越大，尤其是建于20世纪80年代以前的建筑，没有采取节能措施，对改造的需求更加迫切。所以，20世纪80年代以前建造的砖混结构建筑将成为北方采暖地区近期节能改造的主要结构形式之一。

4.1.2 我国既有建筑的能耗状况

4.1.2.1 既有建筑能耗的概念

广义建筑能耗是指从建筑材料制造、建筑施工和建筑使用全过程的能源消耗。狭义建筑能耗是指维持建筑功能和建筑物在使用运行过程中所消耗的能量，包括照明、采暖、空调、电梯、热水供应、炊事、家用电器以及办公设备等的能耗。对于既有建筑而言，因建筑材料制造与建筑施工能耗已计入工业能耗，所以，既有建筑能耗采用狭义建筑能耗更确切。

影响既有建筑能耗的因素包括建筑围护结构的基本热工特性，以及建筑物在使用运行过程中采暖、空调、照明、电梯、热水供应、炊事、家用电器与办公等用能设备特性。

基于上述既有建筑能耗的影响因素分析，可以通过以下途径：包括采用物质或技术手段，提高建筑物的热工特性，降低建筑物的基本能耗；通过对供热系统、采暖制冷系统等进行改造，提高能源使用效率；使用可再生能源技术，替代传统能源，从而减少既有建筑对一次能源的消耗。

4.1.2.2 既有建筑能耗的分类

本书所研究的既有建筑能耗，主要是既有居住建筑(住宅)和既有公共建筑(大型公共建筑和普通公共建筑)的能耗。为了便于分析，把建筑能耗分为基本能耗和运行能耗两部分。基本能耗是由既有建筑自身固有特性，即其所处地理位置、朝向、外部气候条件、建筑围护结构热工特性等所决定的，建筑一旦建成，其基本能耗也随之确定，因此，可以近似看做一个定值；而运行能耗包括采暖、空调、照明、电梯、热水供应、炊事、家用电器以及办公设备等的能耗，其中，以采暖、空调能耗为主，约占既有建筑总能耗的60%左右。运行能耗与使用者的行为、习惯密切相关，与各种耗能设备运行参数的设定、使用时间、开启频率等直接相关。

根据不同地域气候条件和不同建筑类型的用能特点，将既有建筑能耗分为以下三类：

北方采暖地区供热用能：北方采暖地区是指包括严寒和寒冷地区的北京、天津、山西、内蒙古、黑龙江、吉林、辽宁、河北、山东、河南、陕西、甘肃、宁夏、青海、新疆等15个省、市、自治区，人口总数约占全国总人口的40%。北方地区城镇采暖用能是我国既有建筑用能的主要组成部分，并且占据当地社会总能耗的很大比例。因此，北方采暖地区的供热节能，既是当地节能工作的重点领域，更是既有建筑节能工作的重中之重。

公共建筑用能：包括大型公共建筑和普通公共建筑用能。大型公共建筑用能是指单栋面积超过2万m^2、采用中央空调采暖或制冷的大型购物中心、综合商厦、高档宾馆、写字楼等的空调、照明、电梯、热水供应、办公设备等能源消耗。普通公共建筑用能则包括宾馆、饭店、商场、商店、办公楼、教学楼等的照明、空调、电梯、热水供应、办公设备等能源消耗。此类建筑数量很大，面积约70亿~80亿m^2，单位面积能耗是城镇居民住宅能耗的5~8倍。因此，大型公共建筑和普通公共建筑都是既有建筑节能的重点。

居民生活用能：居民生活用能包括照明、空调、家用电器及长江流域冬季分散采暖用能。随着人民生活水平的逐步提高，近几年农村家电下乡补助政策的实施，上述电器的普及率逐年上升，城镇和农村居民生活用电量呈现较快增长。

4.1.2.3　我国既有建筑的能耗状况

据国家统计局2010年8月发布的2009年统计数据，我国能源消费总量达30.66亿吨标准煤，比2008年增长5.2%。即使按2009年全国建筑能耗占全社会终端能耗比较保守数字的28%测算，建筑能耗已高达8.58亿吨标准煤，数量非常之大。

我国城镇建筑中约有162亿m^2属于非节能建筑，在这些建筑中，特别是在1986年以前建造的，没有采取任何节能措施，建筑保温隔热性能差、采暖(制冷)系统热效率低，单位建筑面积使用(采暖)能耗高。

随着人民生活水平的不断提高，人们对于建筑热环境舒适性的迫切要求改善，能源消耗逐年上升。三北采暖地区除冬季采暖需要消耗大量能源外，部分地区夏季空调制冷能耗也非常可观；过去作为“非采暖区”的我国中部的长江流域，冬季正越来越广泛地使用采暖设施；南方炎热地区、中部地区及北方大部分地区普遍安装空调，用以改善夏天室内环境质量。2009年，全国城镇居民家庭每百户空调拥有量达到107台，夏季用电负荷的急剧上升是导致大部分城市拉闸限电的主要原因。在通常情况下，单位体积空气每降低1℃所需要的能耗，是同样体积空气升高1℃所需要能耗的6倍。因此，夏季制冷的空调能耗已成为建筑能耗的主要组成部分。

北方地区城镇采暖能耗占据当地社会总能耗很大比重。2009年，由于冬季采暖，导致北方采暖地区15个省、市、自治区单位GDP能耗比全国平均水平高52.6%。

公共建筑能耗在既有建筑能耗中亦占有较高的比重。公共建筑除采暖外的单位建筑面积能耗，与其规模、体量密切相关，并与服务标准和用能特点的不同存在很大差别，而与所处不同气候区没有明显的差异。有资料显示，采用中央空调的大型公共建筑单位面积能耗比普通公共建筑高2~4倍，比城镇居民住宅则高出10~20倍，是欧洲、日本等发达国家同类建筑的1.5~2倍。尽管此类建筑面积仅有7亿~8亿m^2，但是用电量却很高，单位面积耗电量达到100~350kWh。另据相关资料显示，国家机关办公建筑和大型公共建筑年耗电量约占全国城镇总耗电量的22%，具有较大的节能潜力，且每年新增数量较大，直接导致大部分城镇用电负荷的急剧攀升。普通公共建筑面积约70亿~80亿m^2，单位面积耗电量为40~60kWh。单位面积耗电量是城镇居民住宅耗电量的5~8倍。因此，大型公共建筑和普通公共建筑都是既有建筑节能工作的重点。

城镇居民生活单位面积耗电量为10~20kWh；农村居民生活单位面积耗电量为5~10kWh，约为城镇居民生活用电量的一半。随着人民生活水平的逐步提高，近几年农村家电下乡补助政策的实施，农村家用电器的普及率逐年上升，农村居民生活用电量增长较快。

总之，建筑能耗（主要是既有建筑能耗）占全社会总能耗的比例逐年增加，引起了政府主管部门的高度重视和全社会的广泛关注。

4.2 既有建筑节能的重要意义

4.2.1 既有建筑总量大能耗高

既有建筑总量大，覆盖面广。据测算，截至2009年底，全国既有建筑面积已超过460亿m^2，而既有节能建筑面积仅为40.8亿m^2，这其中包括了1986~2009年期间不同时期按节能30%、50%及65%不同节能标准建成的建筑。不符合节能标准要求的既有建筑存量巨大，总量约420亿m^2，分布在全国严寒、寒冷、夏热冬冷、夏热冬暖及温和地区广阔范围内，覆盖面非常广泛。

在上述420亿m^2的既有非节能建筑中，城镇既有非节能建筑高达162亿m^2，这些既有非节能建筑尤其是公共建筑运行能耗高，污染重。

北方采暖地区供热采暖能耗是建筑能耗的重要部分，且单位建筑面积采暖能耗高，据有关统计资料显示，单位建筑面积采暖能耗相当于气候相近发达国家的2~3倍。

国家机关办公建筑和大型公共建筑高耗能的问题更加突出。有关资料显示，2003年全国各级政府机构能源消费量达6335万吨标准煤，其中电力911亿kWh，超过全国8亿农民全年生活用电量总和，政府机构能源费用开支达1240亿元。另据北京市有关机构调查，目前政府机构和公共设施的单位建筑面积能耗是普通住宅的10~20倍。

同时，由于既有居住建筑围护结构保温隔热性能差，供能系统效率低，建筑使用运行能耗数量相当惊人。由于我国的能源消费结构中，以煤炭、天然气、石油为主，导致在消耗大量煤炭、石油、天然气等宝贵能源资源的同时，产生并排放出大量CO_2、SO_2、NO_x气体及烟气和粉尘，对环境造成严重污染。

根据《国务院关于印发节能减排综合性工作方案的通知》（国发〔2007〕15号）、《国务院批转节能减排统计监测及考核实施方案和办法的通知》（国发〔2007〕36号），在“十一五”期间，单位GDP产值能耗下降20%左右，全社会需实现节约5.6亿吨标准煤的目标，其中建筑节能要实现节约1.1亿吨标准煤，占总节约量的20%，建筑节能已经成为全社会节能工作的重要组成部分。住房和城乡建设部将节约1.1亿吨标准煤任务分工部署五个领域进行落实与实施。其中，北方地区供热体制改革和既有居住建筑节能改造、大型公共建筑节能管理与改造两个领域，分别承担了节约1600万吨和1100万吨标准煤的任务，既有建筑节能任务非常艰巨。

4.2.2 我国能源资源相对匮乏

我国人口众多，能源资源相对不足，人均拥有量远低于世界平均水平。如石油、天然气人均剩余可采储量仅为世界平均水平的7.7%和7.1%，储量比较丰富的煤也只有世界平均水平的58.6%。

同时，由于我国正处在工业化和城镇化加速发展阶段，能源消耗强度较高，消费规模不断扩大，特别是高投入、高消耗、高污染的粗放型经济增长方式，加剧了能源供求矛盾和环境污染状况。2009年，全国一次能源生产总量27.5亿吨标准煤，而全国能源消费总量为30.66亿吨标准煤，尽管一次能源生产总量比2008年增长5.2%，但仍不能满足国民经济发展对能源的需求。而且，能源利用率只有33%，比国际先进水平低10%左右。能源问题已经成为制约经济和社会发展的重要因素，更加凸显出开展既有建筑节能工作的必要性。

4.2.3 实施既有建筑节能刻不容缓

建筑节能关系国家能源安全，是当前我国节能降耗的重点领域，既有建筑节能是建筑节能工作的重要组成部分，实施既有建筑节能，不但关系到节约1600万吨和1100万吨标准煤的任务完成与否，而且直接关系到建筑节能目标的完成与否，更直接关系到全国节能减排总体目标的实现与否。实施既有建筑节能，不但有利于节约大量煤炭、天然气、石油等不可再生的宝贵能源资源，而且有助于减排大量的CO_2、SO_2、NO_x等烟气和粉尘，减轻大气污染，减少温室气体排放，缓解地球变暖的趋势，还可以拉动和扩大内需，改善人民生活和工作环境条件，还人们一个清澈的蓝天，打造一个舒适美好的家园，保证国民经济持续稳定发展。

既有建筑节能既是推进建筑节能工作的难点，也是全面降低建筑能耗的关键，依法进行既有建筑节能改造非常必要。节能改造系统复杂，不仅涉及建筑物产权单位，而且涉及能源生产、能源输配、能源使用等各方主体利益，关系复杂，相互制约。因此，必须依据《民用建筑节能条例》和《公共机构节能条例》等专门性条例和法规，明确既有建筑节能改造的作用和地位，制定既有建筑评定方法和既有建筑节能改造的施工验收等实施办法，切实保障既有建筑节能改造的推进和顺利实施。

实施既有建筑节能改造，可以显著降低建筑物自身能耗，减少用户冬季采暖或夏季制冷能源消耗，改善用户室内热环境，并为用户节省能源开支，减轻家庭困难居民的经济负担；推行既有建筑节能改造，有利于推进按实际用热量收费的供热体制改革，并为可再生能源的利用提供可能，有效降低建筑用能对煤炭、石油、天然气、电力等常规能源的依赖，缓解城市用电高峰负荷压力，从而为优化城市能源供应结构、减轻城市能源供应负担、保障城市用能安全提供有利条件；实行既有建筑节能改造，还有助于美化建筑外立面，与城市旧城区环境整治改造相结合，逐步解决城市新旧建筑反差过大带来的不协调问题，亮化城市形象，美化城市风貌，有利于社会稳定和城市的和谐发展。

对既有建筑的节能改造应及早开展，否则，既有建筑的数量将越积越多，国家将更难以承受节能改造的经济支出，人民仍将生活在空气质量越来越差的环境中。而尽早对既有建筑进行节能改造，可以提高建筑物内热舒适度，减少能源资源的浪费。政府机构办公建筑及大型公共建筑是耗能大户，且产权关系单一和相对明晰，节能降耗潜力很大，应优先进行低成本改造，加快对高能耗大型公共建筑全面彻底的节能改造。

4.2.4 既有建筑节能势在必行

工业、建筑、交通是三大用能大户，建筑节能已成为我国能源发展战略的重要组成部分。伴随着城镇化的快速发展，既有建筑能耗占全社会商品能源总消费量的比例将会持续上升，对我国国民经济发展和人民生活的影响日渐突出。而根据发达国家的经验，随着我国城镇化进程的快速推进和人民生活水平的不断提高，既有建筑能耗的比例将持续增长，并最终达到1/3左右。既有建筑节能将成为我国实施能源节约的重要方面。

供电紧张已经成为制约我国国民经济发展、影响居民生活的突出问题。每到炎热的夏季，不少城市拉闸限电，不仅影响工业生产，而且严重影响居民的生活。其主要原因是居民家用空调和公共建筑空调峰值用电瞬时增加，超过供电负荷。随着优先发展服务业战略的实施，公共建筑的数量和面积还会持续增加，用电量将不断攀升。尽管国家每年投入巨资，建设发电设施，但是始终跟不上工业与民用电力快速增长的需求。因此，加快实施既有建筑节能，可以减缓空调用电增长的速度，缓解用电紧张状况。

实施既有建筑节能，对现有非节能既有建筑进行大规模的节能改造，加强国家机关办公建筑和大型公共建筑运行节能管理，鼓励广大居民行为节能，倡导健康的低碳生活方式，是建设和谐社会的具体要求，不但刻不容缓，而且势在必行，甚至需要付出十几年、甚至几十年的艰苦努力。

4.3 既有建筑节能改造的原则与实施步骤

4.3.1 既有建筑节能改造的原则

既有建筑节能改造是指对不符合民用建筑节能强制性标准的既有建筑的围护结构、供热系统、采暖制冷系统、照明设备和热水供应设施等实施的节能改造活动。《民用建筑节能条例》对既有建筑节能改造确定了以下原则：

（1）既有建筑节能改造应当根据当地经济、社会发展水平和地理气候条件等实际情况，有计划、分步骤地实施分类改造。

我国地域幅员辽阔，南北跨度大，从北到南跨越了严寒地区、寒冷地区、夏热冬冷地区、夏热冬暖地区和温和地区五个气候区，南北气候条件迥异，经济发展水平极不平衡，对既有建筑节能改造的迫切程度存在很大差别。所以，应当根据各地区经济发展水平和地理气候条件等实际情况，有计划、分步骤地实施分类改造。对于北方采暖地区既有建筑的节能改造重点是：提高建筑外围护结构的保温隔热性能和供热采暖系统的热效率；对于过渡地区既有建筑的节能改造重点是：提高建筑外围护结构的保温隔热性能、改善室内热环境，或者对已有不符合节能标准要求的供热采暖或空调制冷系统进行改造；南方夏热冬暖地区的既有建筑节能改造的重点是：提高建筑外围护结构的隔热性能、增加遮阳措施，提高空调制冷系统的效率。在上述三个不同气候区，需要同时兼顾建筑外围护结构的保温与隔热、供热采暖与空调制冷系统的效率。在既有建筑节能改造时，应综合考虑合理利用太阳能、水能、地能、风能等可再生资源。

（2）应当在对既有建筑基本情况和能耗状况调查统计和科学分析的基础上，制定既有建筑节能改造计划，明确节能改造的目标、范围和要求，制定合理可行的改造方案，按计划进行。

（3）在尊重建筑所有权人意愿的基础上，结合扩建、改建，逐步对不符合民用建筑节能强制性标准的居住建筑和其他公共建筑实施节能改造。

（4）实施既有建筑节能改造，应当符合民用建筑节能强制性标准，并应优先采用遮阳、改善通风等低成本改造措施。且规定既有建筑围护结构的改造和供热系统的改造应当同步进行。

（5）对实行集中供热的建筑进行节能改造，应当安装供热系统调控装置和用热计量装置；对公共建筑进行节能改造，还应当安装室内温度调控装置和用电分项计量装置。

（6）实施既有建筑节能改造应按一个热源或热力站所覆盖区域为单元，进行统一规划和设计，同步实施供热管网、室内采暖系统以及建筑围护结构的节能改造。没有条件同步成区域实施改造的，也应尽量对成片的建筑同步实施建筑围护结构或室内采暖系统的改造，并对该片建筑的供热管网增加调控功能。

（7）国家机关办公建筑的节能改造费用，由县级以上人民政府纳入本级财政预算；居住建筑和教育、科学、文化、卫生、体育等公益事业使用的公共建筑节能改造费用，由政府、建筑所有权人共同负担；国家提倡并鼓励社会资金投资既有建筑节能改造。

4.3.2 既有建筑节能改造的工作目标

《建设部建筑节能“九五”计划和2010年规划》制定的既有建筑节能的基本目标是：北方采暖地区对热环境差或能耗大的既有建筑的节能改造工作，2000年起重点城市成片开始，2005年起各城市普遍开始，2010年重点城市普遍推行。对集中供热的民用建筑安设热表及有关调节设备并按表计量收费的工作，1998年通过试点取得成效，开始推广，2000年在重点城市成片推行，2010年基本完成；夏热冬冷区2005年重点城镇开始成片进行既有建筑热环境及节能改造，2010年起各城镇开始成片进行建筑热环境及节能改造。并拟优先选择以下三类项目，进行改造示范：

（1）现有采暖建筑节能改造示范工程。采用外墙保温、窗户加层、门窗密封等措施，对既有建筑节能改造可节能30%以上。“九五”期间计划示范建筑面积为20万m^2。

（2）夏热冬冷区建筑节能及热环境改造示范工程。选择有代表性的住宅小区和公共建筑进行示范改造。改造后冬季室温可提高4～7℃，夏季室温可降低2～4℃。“九五”期间计划示范建筑面积为10万m^2。

（3）集中采暖地区按热量计费示范工程。根据一些发达国家的经验，采取供热计量收费措施，可节能20%～30%。改变常用的单管系统，并要设散热器恒温阀等调控装置。应在试点的基础上，组织住宅小区工程示范10万m^2。

“十五”期间，确定的既有建筑节能工作重点是：研究研讨并努力推进既有建筑节能改造和公共建筑节能工作。在重视改善围护结构保温隔热性能的同时，积极推进供热采暖体制改革，加强供热采暖和空调制冷系统的设计与运行管理节能工作，积极提高用能设备的整体效率。

建设部《关于发展节能省地型住宅和公共建筑的指导意见》（建科〔2005〕78号）提出的既有建筑节能改造的具体目标是：到2010年，既有建筑节能改造逐步开展，大城市完成应改造面积的25%，中等城市完成15%，小城市完成10%；到2020年，北方和沿海经济发达地区和特大城市绝大部分既有建筑完成节能改造。

建设部《关于建设领域资源节约今明两年重点工作的安排意见》（建科〔2005〕98号）要求组织编制好《建设事业"十一五"规划纲要》及配套专项《建筑节能"十一五"规划》，各省、自治区、直辖市建设行政主管部门要在政府机构节能工程实施方案指导下，并要求以政府机构节能改造为突破口，积极探索，推动既有公共建筑的节能改造，切实配合相关部门做好政府机构节能改造工作。要制定改造规划并组织实施，同时注意在实施过程中，总结经验，形成相关的技术标准、规范，建立技术体系，探索相关的经济激励政策，推动本地区既有建筑的节能改造。

国务院《关于印发节能减排综合性工作方案的通知》（国发〔2007〕15号）的印发，拉开了北方地区大面积开展既有居住建筑供热计量和节能改造的序幕。通知要求在"十一五"期间，北方采暖地区17个省、自治区、直辖市、计划单列市及新疆建设兵团要完成1.5亿m^2的既有居住建筑供热计量及节能改造任务(见表4-6)。

"十一五"北方采暖地区既有居住建筑供热计量及节能改造任务分解表　　表4-6

省市	应改造面积(万m^2)	省市	应改造面积(万m^2)
北京	2000	河南	360
天津	1300	陕西	200
内蒙古	700	甘肃	350
山西	460	宁夏	200
河北	1500	青海	30
黑龙江	1500	新疆	700
吉林	1300	大连	500
辽宁	1900	青岛	300
山东	1600	新疆生产建设兵团	100
总计	15000万m^2		

"十一五"期间，国务院下达给建筑节能的目标任务是节约1.1亿吨标准煤，住房和城乡建设部分工部署五个领域落实实施。其中，北方地区供热体制改革和既有居住建筑节能改造、大型公共建筑节能管理与改造两个领域，分别承担了节约1600万吨和1100万吨标准煤的任务。

4.3.3　既有建筑节能的工作思路

基本工作思路是：

既有建筑节能工作按照《建设部建筑节能“九五”计划和2010年规划》、《建设部建筑节能“十五”计划纲要》组织开展。

在全国范围内，由易到难，从点到面，有序推进。

按地域范围：由北到南，逐步扩展。先从北方采暖地区开始，逐步扩展到中部夏热冬冷地区，并尽快扩展到夏热冬暖地区；从大城市逐步向中小城市、县镇拓展，再扩展到广大农村地区。

按建筑类型：先从北方采暖地区既有居住建筑节能改造开始，再在公共建筑中开展；从室内热环境不良和有利于改造的既有建筑开始，然后是其他高耗能建筑的节能改造。

按建筑产权类型：先从产权关系单一的国家机关办公建筑节能改造开始，再到产权关系独立明晰的其他公共建筑节能改造，逐步扩展到产权关系复杂的其他建筑。

建设部《关于发展节能省地型住宅和公共建筑的指导意见》提出的既有建筑节能的基本思路是：要研究不同历史时期不同性质的既有建筑的节能问题，降低建筑建造和使用过程中总的能源资源消耗。要着力推进既有建筑节能改造政策和试点示范，加快政府既有公共建筑的节能改造。当前要着重从规划、标准、科技、政策及产业化等方面综合研究，积极引进和推广国外的新理念和新技术，并制定规划和政策措施。

4.3.4 既有建筑节能改造的实施步骤

1. 开展既有建筑基本情况和能耗状况调查统计

积极开展既有建筑基本情况和能耗状况调查统计和分析工作，做好既有建筑的建设年代、结构形式、用能系统、能耗指标、产权状况、寿命周期等基本情况和能耗状况调查统计和分析工作，全面掌握本地区既有建筑的总体能耗状况，掌握既有建筑能耗占本地区社会总能耗的比例，为科学制定既有建筑节能改造计划奠定良好的基础条件。

2. 制定合理的既有建筑节能改造规划

根据调查所得既有建筑的能耗高低，分类理清哪些建筑急需改造，哪些建筑需要但可从缓改造，哪些建筑不需要改造，哪些建筑不值得改造，按照轻重缓急排序，制定合理的既有建筑节能改造规划；对于那些高能耗建筑宜及早安排进行改造。近期既有建筑节能改造的重点是国家机关办公建筑和大型公共建筑，以及北方采暖地区既有居住建筑。

3. 组织实施既有建筑改造前的节能诊断

既有建筑节能改造前应进行节能诊断，了解建筑围护结构的热工性能、采暖、空调和照明系统的能耗及运行控制情况、室内热环境状况等，通过设计验算和全年能耗分析，对拟改造建筑的能耗情况及节能潜力做出评价，并以此作为节能改造的依据。还要对既有建筑进行抗震、结构安全、防火性能及使用寿命评估，判定是实施建筑节能改造，还是同步进行建筑安全加固与节能改造，或者不宜进行节能改造，明确节能改造的目标、范围和要求。

4. 实施既有建筑节能改造工程方案设计

根据节能诊断分析得出的既有建筑结构类型、围护结构的热工性能、采暖、空调和照明系统的能耗及运行控制情况及室内热环境的实际状况，进行全年能耗分析和节能设计验算，并根据改造资金的筹措情况和必须满足的当地建筑节能设计强制性标准要求，选择与之相适应材料、设备与经济合理的技术改造方案，并以此作为节能改造的实施依据。

5. 编制可行的既有建筑节能改造施工方案

严格按照《既有采暖居住建筑节能改造技术规程》要求，制定可行的节能改造施工方案，明确人员组织、材料准备、施工程序、安全质量措施等内容，更好地指导节能改造工程施工。

6. 既有建筑节能改造后的验收

严格按照《建筑节能工程施工质量验收规范》要求，组织业主单位、设计单位、施工单位对实施节能改造的墙体、门窗、屋面、供热系统等各分部工程逐项验收，确保改造工程达到预期的节能效果。

4.4 既有建筑节能制度建设

4.4.1 法律法规体系建设

既有建筑节能是建筑节能工作的重要组成部分，适用于建筑节能的有关法律法规，同样适用于既有建筑节能。目前已有的适用于既有建筑节能的法律法规条文主要有：

(1)《中华人民共和国节约能源法》(中华人民共和国第十届全国人民代表大会常务委员会第三十次会议于2007年10月28日修订通过，自2008年4月1日起施行)

《节约能源法》第三章第三节为建筑节能，共有7条。其中，第三十四条，明确了“国务院建设主管部门负责全国建筑节能的监督管理工作”；“县级以上地方各级人民政府建设主管部门负责本行政区域内建筑节能的监督管理工作”。并要求“县级以上地方各级人民政府建设主管部门会同同级管理节能工作的部门，编制本行政区域内的建筑节能规划”，且明确“建筑节能规划应当包括既有建筑节能改造计划”。

第三十八条　国家采取措施，对实行集中供热的建筑分步骤实行供热分户计量、按照用热量收费的制度。新建建筑或者对既有建筑进行节能改造，应当按照规定安装用热计量装置、室内温度调控装置和供热系统调控装置。

第四十条　国家鼓励在新建建筑和既有建筑节能改造中使用新型墙体材料等节能建筑材料和节能设备，安装和使用太阳能等可再生能源利用系统。

第五节公共机构节能之第四十八条：国务院和县级以上地方各级人民政府管理机关事务工作的机构会同同级有关部门制定和组织实施本级公共机构节能规划。公共机构节能规划应当包括公共机构既有建筑节能改造计划。

(2)《中华人民共和国可再生能源法》(中华人民共和国第十届全国人民代表大会常务委员会第十四次会议于2005年2月28日通过，自2006年1月1日起施行)。

《可再生能源法》的第四章第十七条：国家鼓励单位和个人安装和使用太阳能热水系统、太阳能供热采暖和制冷系统、太阳能光伏发电系统等太阳能利用系统。

国务院建设行政主管部门会同国务院有关部门制定太阳能利用系统与建筑结合的技术经济政策和技术规范。

房地产开发企业应当根据前款规定的技术规范，在建筑物的设计和施工中，为太阳能利用提供必备条件。

对已建成的建筑物，住户可以在不影响其质量与安全的前提下安装符合技术规范和产品标准的太阳能利用系统；但是，当事人另有约定的除外。

(3)《民用建筑节能条例》(2008 年 7 月 23 日国务院第 18 次常务会议通过，自 2008 年 10 月 1 日起施行)。

该条例是在《民用建筑节能管理规定》(建设部令 76 号修订成为 143 号)的基础上，对《节约能源法》中建筑节能的相关条款进一步具体和细化，针对民用建筑节能而制定的专门性法规。其中，第三章共七条，是针对既有建筑节能的专门规定。给出了既有建筑节能改造的定义，规定了既有建筑节能改造的原则、目标、范围、要求，明确了既有建筑节能改造的实施主体、审批程序、措施、改造费用来源等内容。对既有建筑节能改造工作具有非常明确的实际指导作用。

如第二十四条，既有建筑节能改造应当根据当地经济、社会发展水平和地理气候条件等实际情况，有计划、分步骤地实施分类改造。明确了既有建筑节能改造的原则。

第二十五条，县级以上地方人民政府建设主管部门应当对本行政区域内既有建筑的建设年代、结构形式、用能系统、能源消耗指标、寿命周期等组织调查统计和分析，制定既有建筑节能改造计划，明确节能改造的目标、范围和要求，报本级人民政府批准后组织实施。明确了县级以上地方人民政府建设主管部门的工作职责。

第二十六条，国家机关办公建筑、政府投资和以政府投资为主的公共建筑的节能改造，应当制定节能改造方案，经充分论证，并按照国家有关规定办理相关审批手续方可进行。

第二十七条，居住建筑和本条例第二十六条规定以外的不符合民用建筑节能强制性标准的其他公共建筑，在尊重建筑所有权人意愿的基础上，可以结合扩建、改建，逐步实施节能改造。

第二十八条，实施既有建筑节能改造，应当符合民用建筑节能强制性标准，优先采用遮阳、改善通风等低成本改造措施。既有建筑围护结构的改造和供热系统的改造，应当同步进行。

第二十九条，对实行集中供热的建筑进行节能改造，应当安装供热系统调控装置和用热计量装置；对公共建筑进行节能改造，还应当安装室内温度调控装置和用电分项计量装置。

第三十条，国家机关办公建筑的节能改造费用，由县级以上人民政府纳入本级财政预算。居住建筑和教育、科学、文化、卫生、体育等公益事业使用的公共建筑节能改造费用，由政府、建筑所有权人共同负担。国家鼓励社会资金投资既有建筑节能改造。

(4)《公共机构节能条例》(中华人民共和国国务院令第 531 号)2008 年 7 月 23 日国务院第 18 次常务会议通过，自 2008 年 10 月 1 日起施行。

为提高公共机构能源利用效率，发挥公共机构在全社会节能中的表率作用，条例要求公共机构应当加强用能管理，采取技术上可行、经济上合理的措施，降低能源消耗，减少、制止能源浪费，有效、合理地利用能源。

第二十条　公共机构新建建筑和既有建筑维修改造应当严格执行国家有关建筑节能设计、施工、调试、竣工验收等方面的规定和标准，国务院和县级以上地方人民政府建设主管部门对执行国家有关规定和标准的情况应当加强监督检查。

第二十一条　国务院和县级以上地方各级人民政府管理机关事务工作的机构会同有关

部门制定本级公共机构既有建筑节能改造计划，并组织实施。

第二十八条　公共机构实施节能改造，应当进行能源审计和投资收益分析，明确节能指标，并在节能改造后采用计量方式对节能指标进行考核和综合评价。

(5)《建设工程质量管理条例》（于2000年1月10日国务院第25次常务会议通过，2000年1月30日起施行）。

对于加强建设工程质量的管理，保证建设工程质量，保护人民生命和财产安全，具有实际指导作用，同样适用于建筑节能改造工程质量的管理。

《民用建筑节能管理规定》，主要是对新建设项目的有关建筑节能审批、设计、施工、工程质量监督以及运营管理做出了规定。

《民用建筑节能管理规定》是《民用建筑节能条例》的基础，对于加强民用建筑节能管理，提高能源利用效率，改善室内热环境质量具有实际指导作用。

民用建筑(居住建筑和公共建筑)节能，是指民用建筑在规划、设计、建造和使用过程中，通过采用新型墙体材料，执行建筑节能标准，加强建筑物用能设备的运行管理，合理设计建筑围护结构的热工性能，提高采暖、制冷、照明、通风、给水排水和通风系统的运行效率，以及利用可再生能源，在保证建筑物使用功能和室内热环境质量的前提下，降低建筑能源消耗，合理、有效地利用能源的活动。

第九条，国家鼓励多元化、多渠道投资既有建筑的节能改造，投资人可以按照协议分享节能改造的收益；鼓励研究制定本地区既有建筑节能改造资金筹措办法和相关激励政策。

第十一条，民用建筑工程扩建和改建时，应当对原建筑进行节能改造。

既有建筑节能改造应当考虑建筑物的寿命周期，对改造的必要性、可行性以及投入收益比进行科学论证。节能改造要符合建筑节能标准要求，确保结构安全，优化建筑物使用功能。

寒冷地区和严寒地区既有建筑节能改造应当与供热系统节能改造同步进行。

4.4.2　国务院有关政策文件

(1)《国务院关于印发节能减排综合性工作方案的通知》（国发〔2007〕15号）

通知提出了明确的工作目标：北方采暖区完成既有居住建筑供热计量及节能改造1.5亿m^2，开展大型公共建筑节能运行管理与改造示范，启动200个可再生能源在建筑中规模化应用示范推广项目；推广高效照明产品5000万支，中央国家机关率先更换节能灯。

通知第二十七条要求严格建筑节能管理。强化新建建筑执行能耗限额标准全过程监督管理，实施建筑能效专项测评，建立并完善大型公共建筑节能运行监管体系。深化供热体制改革，实行供热计量收费。通知强调，2007年着力抓好新建建筑施工阶段执行能耗限额标准的监管工作，北方地区地级以上城市完成采暖费补贴“暗补”变“明补”改革，在25个示范省市建立大型公共建筑能耗统计、能源审计、能效公示、能耗定额制度，实现节能1250万吨标准煤。

(2)《国务院关于加强节能工作的决定》第十一条要求推进建筑节能，其中要求“推动既有建筑的节能改造”。

第十五条，推动政府机构节能。各级政府部门和领导干部要从自身做起、厉行节约，在节能工作中发挥表率作用。重点抓好政府机构建筑物和采暖、空调、照明系统节能改造以及办公设备节能，采取措施大力推动政府节能采购，稳步推进公务车改革。

(3)《国务院办公厅关于印发2009年节能减排工作安排的通知》(国办发〔2009〕48号)。通知中第五条要求"全面开展北方采暖地区既有居住建筑节能改造，2009年改造6000万m^2。"

4.4.3 国务院相关部委政策文件

《财政部关于印发〈北方采暖区既有居住建筑供热计量及节能改造奖励资金管理暂行办法〉的通知》(财建〔2007〕957号)其中，第二章第五条明确规定了奖励资金使用范围包括：

(1) 建筑围护结构节能改造奖励；

(2) 室内供热系统计量及温度调控改造奖励；

(3) 热源及供热管网热平衡改造等改造奖励。

第三章明确了奖励原则和标准：

第六条，奖励资金采用因素法进行分配，即综合考虑有关省(自治区、直辖市、计划单列市)所在气候区、改造工作量、节能效果和实施进度等多种因素以及相应的权重。

第七条，专项资金分配计算公式：

某地区应分配专项资金额 = 所在气候区奖励基准 × [Σ(该地区单项改造内容面积 × 对应的单项改造权重) × 70% + 该地区所实施的改造面积 × 节能效果系数 × 30%] × 进度系数。

其中，气候区奖励基准分为严寒地区和寒冷地区两类：严寒地区为55元/m^2，寒冷地区为45元/m^2。

单项改造内容指建筑围护结构节能改造、室内供热系统计量及温度调控改造、热源及供热管网热平衡改造三项，对应的权重系数分别为：60%、30%、10%。

节能效果系数则根据实施改造后的节能量确定。

进度系数，根据改造任务的完成时间，分为三档：

2009年采暖季前完成当地的改造任务，进度系数为1.2；

2010年采暖季前完成当地的改造任务，进度系数为1；

2011年采暖季前完成当地的改造任务，进度系数为0.8。

关于印发《北方采暖地区既有居住建筑供热计量及节能改造项目验收办法》的通知(建科〔2009〕261号)，为落实《国务院关于印发节能减排综合性工作方案的通知》(国发〔2007〕15号)要求，指导北方采暖地区做好既有居住建筑供热计量及节能改造工作，住房和城乡建设部针对列入国家"十一五"1.5亿m^2既有居住建筑供热计量及节能改造计划的项目验收，制定了《北方采暖地区既有居住建筑供热计量及节能改造项目验收办法》，办法规定2007年10月1日后竣工的既有居住建筑不得列为改造对象；要求既有居住建筑节能改造与分户热计量改造必须同步实施，并率先实行供热计量收费。不进行分户热计量改造、不实施供热计量收费的，不得通过验收，不得拨付中央奖励资金。

4.4.4　地方法规和政策

各地政府为有效地推进本地区的建筑节能工作，结合当地实际情况，依据《节约能源法》、《民用建筑节能条例》等国家法律法规及相关文件，先后制定发布了既有居住建筑节能改造规划、实施方案、管理方法、审批流程、供热计量方案等政策性文件。对既有居住建筑节能改造的工作目标、范围内容、实施主体、责任部门、费用分担等进行了规定。

如山西省人大于2008年9月颁布了《山西省民用建筑节能条例》，将节能改造纳入法制化轨道；山西省政府出台了《关于加快推进既有建筑节能改造的意见》，提出了既有建筑节能改造的指导思想和原则，明确了改造的目标、任务和保障措施，是山西省推动节能改造的纲领性文件；山西省政府办公厅明确了省级财政按照与中央财政奖励资金1∶1比例配套。太原市委、市政府以党政联席会形式确定市财政以90元/m^2标准对既有居住建筑节能改造实施补贴。

天津市编制了《天津市既有居住建筑供热计量及节能改造技术导则》（试行）和《天津市既有居住建筑供热计量及节能改造测评技术导则》。这些文件明确了改造任务内容、改造标准和财务制度，确保在完成工作任务的同时严格执行国家相关政策要求，对指导开展既有居住建筑供热计量及节能改造工作起到了重要的指导作用。

4.4.5　既有建筑节能制度

制度建设是一切工作的基础和保障。为有效保障既有建筑节能工作的开展，住房和城乡建设部先后组织制定并实施了建筑能耗统计制度、建筑物能源审计制度、政府机关办公建筑和大型公共建筑能耗调查、评价与能效公示制度、建筑节能专项检查制度、按实际用热量计量收费制度、既有建筑节能改造制度，多措并举，助推既有建筑节能。

4.4.5.1　建立并实施了建筑能耗统计制度

由住房和城乡建设部组织研究制定，经国家统计局审核批准，以建科函〔2007〕271号文件发布的《民用建筑能耗统计报表制度》，为全面反映我国建筑能耗的基本状况和发展趋势的基础平台建设，全面掌握我国建筑能耗的实际状况，提供了制度保障。通过全面收集统计建筑能耗数据，掌握我国的建筑能耗总量和建筑能耗水平，掌握不同气候区的建筑能耗状况，能够确定比较准确的节能基准，进而分析得出建筑节能的潜力，确定合理可行的建筑节能目标，是科学制定建筑节能发展规划、节能减排目标、工作计划及政策法规和标准规范，推动建筑节能工作快速健康发展的重要基础。

2007年8月，建筑能耗统计工作在北京、天津、上海、重庆等23个城市范围内试行，统计内容包括23个城市中的各类民用建筑（居住建筑、中小型公共建筑、大型公共建筑和国家机关办公建筑），以及为民用建筑提供集中供热（或供冷）的锅炉房（或热力站）、制冷站的基本信息和能耗信息。2010年，在已有23个试行城市的基础上，将民用建筑能耗统计工作范围扩大到了79个城市。开展建筑能耗统计，为既有建筑节能改造计划的制订，推动既有建筑节能改造工作的开展，奠定了良好的基础。

4.4.5.2　建立并实施了建筑物能源审计制度

建筑能源审计是一种建筑节能的科学管理和服务方法。建筑能源审计是通过对用能单位建筑能源使用的效率、消耗水平和能源利用的经济效果进行客观考察，对用能单位建筑能源利用状况进行定量分析，结合建筑物舒适程度，对建筑能源利用效率、消耗水平、能源经济和环境效果进行审计、监测、诊断和评价，在保证室内热环境品质和舒适度的前提下，最大限度挖掘既有建筑的节能潜力。建筑物能源审计可为能源管理、计量、节既有建筑能改造等提供了基础数据和科学依据。

建筑能源审计制度是保障建筑能源审计工作的顺利开展而制定的。国家相关部委相继出台了《国家机关办公建筑和大型公共建筑能源审计导则》、《大型公共建筑能耗统计技术导则》、《关于加强大型公共建筑工程建设管理的若干意见》（建设部、国家发展和改革委员会、财政部、监察部、审计署；建质〔2007〕1号）、《关于加强国家机关办公建筑和大型公共建筑节能管理的实施意见》（建设部、财政部：建科〔2007〕245号）等政策文件，是建筑能源审计工作的理论依据，对保障建筑能源审计工作的顺利开展提供了政策支持。

4.4.5.3　建立了既有建筑节能改造制度

由于我国既有居住建筑数量大、区域分布广，结构形式多样，建成年代各异，产权形式复杂，能源利用效率低下，因此，既有居住建筑的节能改造是既有建筑节能改造的难点。对既有居住建筑节能改造，应建立国家补贴、地方补助、业主自筹的融资体系，合理进行节能改造方案评估，对于北方采暖地区，应结合供热体制改革，实行按实际用热量收费制度，让投资既有建筑节能改造的业主真正享受到既有建筑节能改造带来的节能收益，以此来提高广大业主投资既有居住建筑节能改造的积极性，扩大既有居住建筑节能改造的市场需求。各地制定了一系列具有实际操作性既有建筑节能改造专项实施方案和项目管理办法。

如北京市建设委员会会同财政局、发展和改革委员会、市政管理委员会、农村工作委员会、规划委员会、住房公积金管理中心为规范既有非节能建筑和集中供热系统节能改造的项目管理，保证既有建筑节能改造项目的顺利实施，完成节能减排目标。根据《北京市“十一五”时期建筑节能发展规划》和《北京市既有建筑改造专项实施方案》，制定了《北京市既有建筑节能改造项目管理办法》（京建材〔2008〕367号）。对涉及既有建筑节能改造相关的改造的技术路线、投资标准，项目年度计划、改造内容和资金预算，改造工作进行指导、监督、验收、考核；财政部和市财政补助资金的审核、拨付、预算资金的使用监督；固定资产投资的改造项目进行审核、组织实施、年度完成改造项目汇总；既有集中供热系统节能改造项目试点示范、节能改造目标分解，组织、审核和汇总年度申请市财政补助的项目年度计划、改造内容和资金预算，协调组织、指导、监督、验收、考核集中供热系统节能改造项目，年度完成改造项目汇总；使用新农村建设专项资金的农民既有住宅节能改造项目的整体审核、改造项目的组织和资金拨付协调工作；对应办理规划许可的改造项目手续办理，制定有关既有建筑节能改造设计标准及技术措施，监督管理设计阶段的标准执行情况、影响原建筑结构安全、外围护等使用功能的情况；按规定审核个人提取住房公积金的申请等相关工作进行了明确分工。资金筹措和管理，既有建筑节能改造的内容及预算编制的上限标准，既有建筑改造资金的来源及申报程序、审核与拨付；项目实施与监督，改造项目的申报，专项实施方案的技术评估，项目实施方案可行性、科学性的审核，固定资产投资项目立项申报程序，项目的设计施工组织，改造项目的安全、质量监督，改造项目工程质量和资金使用情况的验收，报送资金申请材料真实性的审核做出了具体规定。

4.5 既有建筑节能相关标准

4.5.1 《既有采暖居住建筑节能改造技术规程》JGJ 129—2000

为贯彻落实《中华人民共和国节约能源法》及国家关于节约能源的法规，改变我国严寒和寒冷地区大量既有居住建筑采暖能耗大、热环境质量差的现状，采取有效的节能改造技术措施，以达到节约能源、改善居住热环境的目的，制定该规程。该规程适用于我国严寒及寒冷地区设置集中采暖的既有居住建筑节能改造，无集中采暖的既有居住建筑，其围护结构与采暖系统直接按规程的有关规定执行。

4.5.2 《建筑节能工程施工质量验收规范》GB 50411—2007

该规范是我国第一部以达到建筑节能设计要求为目标的施工质量验收规范，是第一次把节能工程明确规定为建筑工程的一项分部工程，实现全方位闭合管理的规范性文件。它具有五个明显的特征：一是明确了20个强制性条文。这些强制性条文既涉及过程控制，又有建筑设备专业的调试和检测，是建筑节能工程验收的重点。按照有关法律和行政法规，工程建设标准的强制性条文，必须严格执行。二是规定了对进场材料和设备的质量证明文件进行核查，并对各专业主要节能材料和设备在施工现场抽样复验，复验为见证取样送检。三是推出了工程验收前对外墙节能构造现场实体检验，严寒、寒冷和夏热冬冷地区的外窗气密性现场实体检验和建筑设备工程系统节能性能检测。四是将建筑节能工程作为一个完整的分部工程纳入建筑工程验收体系，使涉及建筑工程中节能的设计、施工、验收和管理等多个方面的技术要求有了充分的依据，形成从设计到施工和验收的闭合循环，使建筑节能工程质量得到控制。五是突出了以实现功能和性能要求为基础、以过程控制为主导、以现场检验为辅助的原则，结构完整，内容充实，对推进建筑节能目标的实现将发挥重要作用。

该规范使用的对象将是全方位的，是参与建筑节能工程施工活动各方主体必须要遵守的，是管理者对建筑节能工程建设、施工依法履行监督和管理职能的基本依据，同时也是建筑物的使用者判定建筑是否合格和正确使用建筑的基本要求。

4.5.3 《公共建筑节能检测标准》JGJ/T 177—2009

为了加强对公共建筑的节能监督与管理，配合公共建筑的节能验收，规范建筑节能检验方法，促进我国建筑节能事业健康有序的发展，制定该标准。该标准适用于公共建筑各项性能的节能检验。

4.5.4 《居住建筑节能检测标准》JGJ/T 132—2009

为配合居住建筑的节能验收，规范建筑节能检测工作有序开展，制定该标准；该标准适用于新建、扩建、改建居住建筑的节能检测。

4.5.5 与既有建筑节能相关的其他标准

与新建建筑节能相关的《采暖通风与空气调节设计规范》GJG 19—87,《民用建筑照明设计标准》GBJ 133—90,《旅游旅馆建筑热工与空气调节节能设计标准》GB 50189—1993,《城市热力网设计规范》GJJ 34—90,《民用建筑热工设计规范》GB 50176—1993,《民用建筑节能设计标准(采暖居住建筑部分)》JGJ 26—1986、JGJ 26—1995,《严寒和寒冷地区居住建筑节能设计标准》JGJ 26—2010,《夏热冬冷地区居住建筑节能设计标准》JGJ 134—2001、JGJ 134—2010,《采暖居住建筑节能检验标准》JGJ 132—2001,《夏热冬暖地区居住建筑节能设计标准》JGJ 75—2003,《外墙外保温工程技术规程》JGJ 144—2004,《民用建筑太阳能热水系统应用技术规范》GB 50364—2005,《公共建筑节能设计标准》GB 50189—2005,《地源热泵系统工程技术规范》GB 50366—2005,《民用建筑能耗数据采集标准》JGJ/T 154—2007,《太阳能供热采暖工程技术规范》GB 50495—2009,《民用建筑太阳能光伏系统应用技术规范》JGJ 203—2010,《国家机关办公建筑和大型公共建筑能源审计导则》(2007),《可再生能源建筑应用示范项目数据监测系统技术导则》(2009)等系列标准同样适用于既有建筑节能。

4.6 既有建筑节能工作成效

4.6.1 既有建筑节能工作的主要进展

全国既有建筑节能尤其是北方既有居住建筑节能改造工作取得了明显进展，已经从单一工程试点示范，到小规模试点示范小区，逐渐过渡到大规模推进阶段，初步形成了“从北到南，由点到面，顺序展开”的良好局面，实现了“从无到有，积少成多”的跨越式发展。

4.6.1.1 既有居住建筑节能

1. 从小规模试点进入大规模推进

我国的既有建筑节能改造工作从国际交流与合作起步，以单一试点工程示范引路，从研究既有建筑节能改造技术入手，逐步积累经验，编制标准，制定相关政策，进一步扩大试点示范规模，再到“十一五”期间的大规模推进。

1995 年 5 月 11 日，建设部关于印发《建筑节能“九五”计划和 2010 年规划》的通知(建办科〔1995〕80 号)，提出了“九五”期间及 2010 年前对北方采暖地区和夏热冬冷区热环境差或能耗大的既有建筑节能改造的工作目标，提出了对北方采暖地区集中供暖的民用建筑安设热表及有关调节设备，并按表计量收费的工作目标。《建筑节能“九五”计划和 2010 年规划》的实施，标志着既有建筑节能工作有计划、有组织地正式开展。

1997 年，建设部科技司组织有关单位，实施了哈尔滨煤炭院工程建筑面积 2442.1m^2 的中加既有住宅建筑节能改造示范项目，对既有住宅建筑围护结构的节能改造途径和方法进行了有益的探索，对室内外采暖系统的节能改造措施及既有建筑的筹资方法和相关政策进行了系统的研究，为我国既有住宅建筑节能改造标准规范的制定提供了依据，也为严寒地区既有建筑节能改造提供了一个成功的范例。

2002 年 6 月 20 日，关于印发《建设部建筑节能“十五”计划纲要》的通知(建科〔2002〕175 号)确定了既有建筑节能工作重点是：研究研讨并努力推进既有建筑节能改造和公共建筑节能工作。在重视改善围护结构保温隔热性能的同时，积极推进供热采暖体制改革，加强供热采暖和空调制冷系统的设计与运行管理节能工作，积极提高用能设备的整体效率。

2004 年，实施了总建筑面积为 1. 89 万 m^2 的哈表小区中法既有住宅节能改造示范。该工程实施单位采取既有住宅节能改造与平屋面改坡屋面相结合的方式，合理利用平改坡建成的阁楼空间销售取得的收益，补贴节能改造资金，创新了既有住宅节能改造工程融资方式。实现了由单一工程改造向住宅小区成片改造的突破。

2005 年，为了推动中国既有建筑节能改造，中德两国政府批准了中德技术合作“中国既有建筑节能改造项目”，在北方采暖地区既有居住建筑节能改造的政策法规、技术标准、能力建设、产业合作、示范工程建设等方面开展了一系列工作，先后在唐山市、北京市、乌鲁木齐市等成功实施了既有居住建筑节能改造示范工程，在天津市、唐山市、鹤壁市和乌鲁木齐市完成了既有居住建筑基本情况调查，在北方 10 个省市开展了既有建筑节能改造技术巡回宣传活动，为我国大规模开展既有居住建筑节能改造工作进行了有益探索。

2007 年 5 月 23 日，《国务院关于印发节能减排综合性工作方案的通知》(国发〔2007〕15 号)，明确提出了“十一五”期间节能减排工作目标、总体要求和九方面的工作任务，在既有建筑节能改造方面，提出了推动北方采暖区既有居住建筑供热计量及节能改造 1. 5 亿 m^2 的工作任务。2007 年 6 月 26 日，建设部对方案中要求建设领域节能减排工作进行了认真研究，印发了《建设部关于落实〈国务院关于印发节能减排综合性工作方案的通知〉的实施方案》(建科〔2007〕159 号)，要求各省市结合本地区实际，认真抓好落实 1. 5 亿 m^2 的改造任务。标志着既有建筑节能工作首先在我国的北方采暖区有组织有计划地全面展开。

2007 年 12 月 20 日，为进一步推进北方采暖区既有居住建筑供热计量及节能改造工作，发挥财政资金使用效益，财政部印发了《北方采暖区既有居住建筑供热计量及节能改造奖励资金管理暂行办法》(财建〔2007〕957 号)，并预拨了部分奖励资金。这是中央财政首次以奖代拨的方式支持既有建筑的节能改造。2008 年 6 月 23 日，住房和城乡建设部、财政部印发了《关于推进北方采暖地区既有居住建筑供热计量及节能改造工作的实施意见》(建科〔2008〕95 号)，更具体地指导北方采暖地区既有居住建筑供热计量及节能改造工作。2008 年 7 月 10 日，住房和城乡建设部根据《实施意见》要求，组织专家编制并印发了《北方采暖地区既有居住建筑供热计量及节能改造技术导则》(试行)，指导各省市结合本地区开展北方采暖地区既有居住建筑供热计量及节能改造。2009 年 11 月 12 日，住房和城乡建设部印发了《北方采暖地区既有居住建筑供热计量及节能改造项目验收办法》的通知(建科〔2009〕261 号)，指导北方采暖地区做好既有居住建筑供热计量及节能改造的验收工作。

2010 年 5 月 21 日，住房和城乡建设部印发了《村镇宜居型住宅技术推广目录》和《既有建筑节能改造技术推广目录》的通知(建科研函〔2010〕74 号)，从技术层面支持既有建筑节能改造。

2010年6月1日，住房和城乡建设部《关于加大工作力度确保完成北方采暖地区既有居住建筑供热计量及节能改造工作任务的通知》（建科〔2010〕84号），是为贯彻落实《国务院关于进一步加大工作力度确保实现“十一五”节能减排目标的通知》（国发〔2010〕12号）提出的“完成北方采暖地区居住建筑供热计量及节能改造5000万m^2，确保完成‘十一五’期间1.5亿m^2的改造任务”。

财政部会同住房和城乡建设部利用中央财政资金对实施改造项目给予奖励的财政政策，于2007年、2008年、2009年分别专门安排奖励资金9亿元、6.42亿元和12.7亿元，用于对安装热计量装置和实施节能改造项目的补助。

至此，从北方采暖地区既有居住建筑供热计量及节能改造的工作目标、实施步骤、财政资金支持、改造技术指导、技术支持、验收办法已全部配套，实现了对北方采暖地区既有居住建筑供热计量及节能改造工作的全过程闭合管理。

2. 制定了一系列既有建筑节能改造相关政策

各地政府为更有效地推进既有居住建筑节能改造工作，先后制定发布了既有居住建筑节能改造规划、实施方案、管理方法、审批流程、供热计量方案等政策性文件。对既有居住建筑节能改造的工作目标、范围内容、实施主体、责任部门、费用分担等进行了规定。

如北京市编制了《北京市“十一五”时期建筑节能发展规划》，制定了《北京市既有建筑改造专项实施方案》、《北京市既有建筑节能改造评估导则》，2008年制定了《北京市既有建筑节能改造项目管理办法》（京建材〔2008〕367号），明确了市建委、财政局、发展和改革委员会、市政管理委员会、农村工作委员会、规划委员会、住房公积金管理中心在既有建筑节能改造方面的工作协作与分工，对资金筹措和管理，既有建筑节能改造的内容及预算编制的上限标准，既有建筑改造资金的来源及申报程序、审核与拨付；项目实施与监督，改造项目的申报，专项实施方案的技术评估，项目实施方案可行性、科学性的审核，固定资产投资项目立项申报程序，项目的设计施工组织，改造项目的安全、质量监督，改造项目工程质量和资金使用情况的验收，报送资金申请材料真实性的审核做出了具体规定。规范了既有非节能建筑和集中供热系统节能改造的项目管理，保证了既有建筑节能改造项目的顺利实施。

3. 逐步形成了既有居住建筑节能改造的适用技术体系

各地在既有居住建筑节能改造过程中，摸索了多种技术路线和改造方案，并逐步形成了适应当地条件且比较成熟的技术路线。

外墙：对既有居住建筑外墙的节能改造，无论是砖混结构、钢筋混凝土结构，还是砌块结构，多采用膨胀聚苯乙烯板(EPS)薄抹灰外墙外保温系统；也有采用保温装饰一体化的外墙外保温系统。

外门窗：从选用多种材质的推拉窗，逐渐转向带有金属密封条的塑钢双玻平开窗。单元门普遍采用自闭式保温三防门。

屋顶：采用了XPS、EPS、PU等多种保温防水系统，有些工程增加了坡屋面。

供热计量：散热器热分配计法、户用热量表法、流量温度分摊法和通断时间面积分摊法在改造中均有应用。

4. 尝试并采用了多种投融资模式

为了保证既有建筑节能改造的顺利实施，各地政府尝试采用了多种投融资模式，千方百计地筹措改造资金，使改造资金尽快落实到位。有些地方按与中央财政补贴 1:1 或 1:2 的比例提供政府配套资金，同时动员大型工矿企业、热力公司、物业管理公司、能源服务公司、居民等各方力量，参与既有建筑节能改造的投融资。在实施节能改造的过程中，各地因地制宜地尝试了由不同融资主体参与的多种组合投融资模式。如北京市 2008 年 6 月 18 日发布的《既有建筑节能改造项目管理办法》对节能改造的内容、投资标准及资金来源等内容进行详细规定。并规定今后个人对自有住宅进行节能改造时可提取住房公积金。此外，为了保障节能改造资金的有效补给，很多城市都对市场化的投融资模式进行了尝试与探索。如通过拆除平房建高层建筑，售出后的盈利部分用于节能改造的模式；整合热力公司闲置土地资源，进行商业开发，盈利部分用于弥补节能改造资金缺口的模式；政府对既有建筑改造贷款进行担保的模式等。同时，对诸如通过加层改造或扩容改造，盈利部分用于弥补改造资金缺口的投融资模式，进行了分析与探讨。

4.6.1.2 公共建筑节能

在国家机关办公建筑和大型公共建筑节能方面，我国政府为加强国家机关办公建筑和大型公共建筑节能工作的管理，充分发挥政府机关节能的表率作用，推动政府机构节能，旨在建立以提高能源利用效率为目标，以制度建设为重点，综合运用经济、法律和行政管理手段，完善节能管理体系，培育和规范建筑节能服务体系，形成政府监管、市场引导的推进模式，建立促进节能的长效机制。

1. 实施政府机构节能工程

针对政府机构(依靠公共财政运行的各级政府机关、事业单位和社会团体)能源管理基础差，人均能耗高，用能设备能效水平低，节能管理制度不健全，缺乏统一的宏观协调管理体制，没有统一的能源消耗定额和支出标准，没有专门的管理机构与人员，能源统计不健全，没有配套考核和奖惩制度，节能新技术推广应用力度不大，缺乏激励政策，合同能源管理、节能激励等新机制推进速度不快等现状和问题，开展对不同建筑特点和能源消费类型的既有建筑围护结构、中央空调、采暖、照明和用电设备等进行节能改造；更换照明、办公等高能耗产品和设备；开展中央空调系统清洗和节能改造。对用电设备和电力分配系统进行系统性诊断和分析，加装节电设备与装置，实现用电系统整体优化等综合电效改造，提高用电效率；积极推广使用浅层地源热泵、太阳能等新能源技术，扩大可再生能源在既有建筑节能改造中的使用范围；进一步落实节能产品政府采购制度，完善政府采购节能认证工作，扩大政府采购节能产品的范围，实施政府采购统计工作，构建节能产品政府采购管理网络平台，开展政府采购人员培训等措施，推广并实行节能产品政府采购；建立政府机构能耗统计指标体系，开展政府机构能耗专项调查，实施典型建筑的能耗监测，选择高能耗建筑进行分项计量改造，建立能耗统计信息管理平台，将政府机构能源消费纳入国民经济能源统计体系，开展全国性能耗普查工作，对在京中央机关进行年度能耗统计等具体措施，构建政府机构能耗统计体系。以及通过建立和完善政府机构能源统计、评价和考核体系，制定和完善政府机构节能管理制度，建立健全政府机构能源管理体系，严格控制政府机构办公建筑规模，完善政府机构节能投资体制和机制，推广合同能源管理等节能投资市场机制，开展创建节约型政府机关活动，健全政府机构节能管理组织体系，开展政府机构节约能源、资源宣传和培训等措施，推动政府机构节能活动的深入持久地开展下去，真正实现政府机构节能。

2. 开展了国家机关办公建筑和大型公共建筑节能监管体系建设试点示范

2007 年 10 月 23 日，印发了《建设部、财政部关于加强国家机关办公建筑和大型公共建筑节能管理工作的实施意见》（建科〔2007〕245 号），确定了“十一五”期间工作目标是建立健全国家机关办公建筑和大型公共建筑节能监管体系，进一步强化监督管理，建立和完善能效测评、用能标准、能耗统计、能源审计、能效公示、用能定额、节能服务等各项制度，促进既有高耗能国家机关办公建筑和大型公共建筑节能运行和改造。争取“十一五”期末，国家机关办公建筑和大型公共建筑总能耗下降 20%，节约 1100 万～1500 万吨标准煤。明确了 2008～2009 年的工作重点是在国家机关办公建筑和大型公共建筑比较集中的省市，建立国家机关办公建筑和大型公共建筑节能监管体系，开展能耗统计、能源审计、能效公示等工作。在此基础上，研究制定用能标准、能耗定额和超定额加价、节能服务等制度，并逐步在全国范围内推开。

2007 年 10 月 24 日，财政部关于印发《国家机关办公建筑和大型公共建筑节能专项资金管理暂行办法》的通知，中央财政设立专项资金支持国家机关办公建筑和大型公共建筑节能工作；2007 年 10 月 31 日，建设部关于印发《国家机关办公建筑和大型公共建筑能源审计导则》的通知（建科〔2007〕249 号），2008 年 4 月，建设部发布了《国家机关办公建筑和大型公共建筑分项能耗数据采集技术导则》、《国家机关办公建筑和大型公共建筑分项能耗数据传输技术导则》、《国家机关办公建筑和大型公共建筑楼宇分项计量设计安装技术导则》、《国家机关办公建筑和大型公共建筑数据中心建设与维护技术导则》、《国家机关办公建筑和大型公共建筑能耗监测系统建设、验收与运行管理规范》、《民用建筑能效测评标识管理暂行办法》、《民用建筑能效测评机构管理暂行办法》等，上述通知、导则和管理办法的印发，对于指导各地开展国家机关办公建筑和大型公共建筑专项节能工作发挥了重要作用，并迅速掀起了国家机关办公建筑和大型公共建筑节能工作的管理热潮。

2007 年，根据国务院提出“开展大型公共建筑节能运行管理与改造示范”的要求，建设部、财政部选择确定了第一批 24 个示范省市，包括直辖市、计划单列市和部分省会城市作为国家机关办公建筑和大型公共建筑节能监管体系建设示范省市，24 个示范省市制定了实施方案，开展了对本地区国家机关办公建筑和大型公共建筑基本情况和能耗状况的调查摸底，部分省市已对部分国家机关办公建筑和大型公共建筑进行了能源审计工作，北京、天津、上海、深圳已对部分重点建筑实施了分项计量装置的安装，开始建立能耗动态监测系统。北京、天津、上海、江苏、广西、海南、广州、南京、南宁等地已对部分国家机关办公建筑和大型公共建筑的能耗情况进行公示，在社会上引起较大反响。2009 年，又确定江苏、内蒙古、重庆为第二批能耗监测平台建设试点省市。国家机关办公建筑和大型公共建筑节能运行与改造服务体系建设逐步展开。部分省市根据能耗统计结果，组织对高能耗的既有公共建筑实施了节能改造，普遍开展了国家机关办公建筑和大型公共建筑的低成本节能改造。

3. 开展节约型校园建设试点示范

2007 年，建设部印发的《关于加强国家机关办公建筑和大型公共建筑节能管理工作的实施意见》，其中跟高校有关的，特别提到了要广泛持久、深入地开展节能减排的宣传，要把节约资源和保护环境的观念渗透在各级、各类学校的教育教学中，培养学生的节约和环保意识。建设节约型校园，节能节水潜力也大，主体比较单一。培养出来的学生可以及时扩散节能节水的理念。2007 年有 12 所院校列入第一批节约型校园建设试点单位。2008 年，住房和城乡建设部和教育部发布了《关于推进高等学校节约型校园建设进一步加强高等学校节能节水工作的意见》、《高等学校节约型校园建设管理与技术导则》等。2009 年又确定了 18 所大学作为第二批节约型校园建设试点。

4.6.2 既有建筑节能改造的成效

4.6.2.1 北方采暖地区既有居住建筑节能改造

自《国务院关于印发节能减排综合性工作方案的通知》明确提出了“十一五”期间推动北方采暖区既有居住建筑供热计量及节能改造 1.5 亿 m^2 的工作任务，以及《建设部关于落实〈国务院关于印发节能减排综合性工作方案的通知〉的实施方案》下发，将 1.5 亿 m^2 的改造任务分配落实到北方采暖地区 15 省、市、自治区和新疆生产建设兵团以来，各省市迅速行动起来，根据各省地理环境条件、经济发展水平等实际情况，制定更具体的分工计划与实施方案，既有居住建筑供热计量及节能改造工作稳步推进。

根据北方采暖地区 15 省、市、自治区上报结果统计，2008 年底前，完成既有居住建筑供热计量及节能改造面积 3965 万 m^2。财政部会同住房和建设部经对各地完成的改造内容和改造面积进行核实，划拨奖励资金 6.42 亿元，用于对已完成改造项目的补助。而到 2009 年采暖季前，已经累计完成节能改造面积 10949 万 m^2，其中 2009 年改造面积就达到 6984 万 m^2，超额完成了国务院确定的 6000 万 m^2 的年度改造任务。据测算，完成的节能改造项目可形成年节约 75 万吨标准煤的能力，减排二氧化碳 200 万 t。通过节能改造的既有建筑，采暖期室内温度提高了 3～6℃，部分项目提高了 10℃以上，室内热舒适度明显改善。天津、河北、山东、山西、内蒙古、吉林、甘肃等地部分改造项目同步实施按用热量计量收费，住户平均节省热费支出 10% 以上，得到受益居民的支持和称赞，初步形成了有利于既有建筑节能改造的群众基础。财政部根据实地核查结果，下拨奖励资金 12.7 亿元，补助已完成改造的项目。表 4-7 为“十一五”期间北方采暖地区居住建筑节能改造任务及 2008 年和 2009 年的完成情况。

“十一五”期间北方采暖地区居住建筑节能改造任务及完成情况（单位：万 m^2）　　**表 4-7**

省市名称	需要改造的居住建筑总面积	十一五居住建筑节能改造任务分配	2008 年完成全面或局部节能改造总面积	2009 年完成综合或局部节能改造总面积
北京	9654	2000	4536.86(1)	1142
天津	6500	1300	712	1342
内蒙古	26500	700	76.8	606.8
山西	23201	460	46.52	—
河北	50000	1500	359.25	1545/528(2)
黑龙江	20000	1500	200	875
吉林	25223	1300	244	1647
辽宁	42583	1900	59.24	—

续表

省市名称	需要改造的居住建筑总面积	十一五居住建筑节能改造任务分配	2008 年完成全面或局部节能改造总面积	2009 年完成综合或局部节能改造总面积
山东	26000	1600	316.55	1193
河南	15000	360	5.24	142
陕西	12700	200	23.86	167
甘肃	13300	350	126.7	—
宁夏	2000	200	90.3	150
青海	3050	30	4.62	29.21
新疆	36002	700	284.04	—
大连	4892	500		167.9
青岛		300		
新疆建设兵团	5100	100	62.16	—
总计	316814	15000	7148.14	

注：1. 北京市统计数据中包括单一热源和供热管网的改造面积，造成累计数据偏大；

2. 河北省 2009 年底前在施既有居住建筑改造面积 528 万 m^2，

3. 大连市的 167.9 万 m^2 仅是供热计量改造面积，青岛市缺少统计数字。

北方采暖地区 17 个省、自治区、直辖市、计划单列市及新疆生产建设兵团全力推进既有居住建筑供热计量及节能改造，但实施改造的内容和项目差异较大，分为以下几种类型：对建筑围护结构、室内采暖系统、供热计量及室外供热系统全面改造；改造围护结构和室内采暖系统与计量装置；改造围护结构和室外供热系统；改造采暖系统、计量装置和室外供热系统；只对外墙、屋面、门窗建筑围护结构进行改造；只改造外窗；只改造室内采暖管线和散热器及安装温度调节和计量装置；只改造包括室外供热管线和锅炉房的室外供热系统等。凡是对围护结构进行改造的，其居住环境都有较大改善。

但由于经济发展水平的不同和对该项工作重要性认识程度的不同，组织执行力度和整体推进速度存在较大差异。有的省市如河北省、吉林省、天津市和内蒙古自治区到 2009 年底就已超额完成了分配改造任务，有的省市还主动要求增加任务。河北省唐山市把既有居住建筑节能改造作为实现城市“三年大变样”的重要举措，制定了完成 2200 万 m^2 改造的规划和实施计划。吉林省通化县于 2009 年对全县 176 万 m^2 的既有居住建筑全部进行了包括围护结构、采暖系统及安装供热计量装置的节能改造，成为全国目前惟一实施全县城节能改造的县。而有的省市推进速度相对缓慢，2010 年必须加快推进，才能确保“十一五”改造任务的如期完成。

北京市除已完成既有居住建筑节能改造 1142 万 m^2 外，还完成 171 座供热锅炉房的供热系统节能改造，涉及供热面积 5700 万 m^2，平均节能率 20% 左右，每年可节约燃气约 1 亿 m^3，节能效果明显。

4.6.2.2　过渡地区及南方地区既有建筑改造

过渡地区和南方地区各省市也积极开展了既有建筑改造的试点示范工作，探索适宜本地区的技术方案、技术体系，结合城市环境综合整治，实施了不同内容既有建筑节能改造。上海市依靠科技进步，结合平屋顶改坡屋顶工程，对住宅建筑形态、功能，小区环境进行综合改造。通过综合改造，既提高屋面了保温隔热效果，显著改善了室内热环境，屋顶内表面温度和室内空气温度平均降低约2℃，又治理了屋面渗漏问题，还优化了小区环境，整修完善了配套设施。2009年完成了既有建筑节能改造面积600万m^2，其中60万m^2达到节能50%的标准。同时，结合"迎世博600天行动计划"，把旧住房综合整治列入市政府十大实事，截至2009年，共完成多层旧住房综合改造2600万m^2，并荣获"中国人居环境范例奖"。南京市每年从城建资金中安排1000万元，用于既有居住建筑旧钢窗节能改造，结合市容整治，实施单项的既有建筑改造。广州市以迎亚运建设为契机，结合人民路等36条重点路段的建筑物改造，全面采用外墙、屋面保温隔热技术对围护结构进行节能改造，涉及改造的建筑面积约970万m^2。

4.6.2.3 既有公共建筑节能

在建设部、财政部联合或独立印发了《建设部、财政部关于加强国家机关办公建筑和大型公共建筑节能管理工作的实施意见》、《国家机关办公建筑和大型公共建筑能源审计导则》、《国家机关办公建筑和大型公共建筑节能专项资金管理暂行办法》、《国家机关办公建筑和大型公共建筑分项能耗数据采集技术导则》、《国家机关办公建筑和大型公共建筑分项能耗数据传输技术导则》、《国家机关办公建筑和大型公共建筑楼宇分项计量设计安装技术导则》、《国家机关办公建筑和大型公共建筑数据中心建设与维护技术导则》、《国家机关办公建筑和大型公共建筑能耗监测系统建设、验收与运行管理规范》、《民用建筑能效测评标识管理暂行办法》、《民用建筑能效测评机构管理暂行办法》一系列通知、导则和管理办法后，各省市特别是各试点省市积极行动起来，制定了本地区的配套实施方案，推动了各地国家机关办公建筑和大型公共建筑专项节能工作的开展。

2007年启动的第一批24个国家机关办公建筑和大型公共建筑节能监管体系建设示范城市中，北京、天津、深圳市的能耗监测平台已通过了建设部组织的验收，国家机关办公建筑和大型公共建筑节能运行与改造服务体系建设逐步深入。截至2009年底，全国共对完成国家机关办公建筑和大型公共建筑能耗统计29359栋，对建筑的基本情况和能耗状况进行了调查摸底，确定重点用能建筑2647栋，完成能源审计2175栋，对2441栋建筑的能耗情况进行了公示，已对758栋建筑的能耗情况进行了实时动态监测。通过上述工作，摸清并掌握了国家机关办公建筑和大型公共建筑能耗状况和耗能特点，为下一步开展节能运行与改造及制定用能限额标准，提供了有力的数据支持。

2007年开展的节约型校园建设试点示范成效亦非常明显。12所列入第一批节约型校园建设试点单位的院校开展了广泛地节能减排的宣传活动，逐步要把节约资源和保护环境的观念渗透在学校的教学中，培养学生的节能节水和环境保护意识，试点工作稳步推进，节能效果非常显著。据实际统计，开展节约型校园建设试点示范活动的院校人均能耗与2005年72所教育部直属的高校人均能耗相比，节能60%以上。

国家机关办公建筑和大型公共建筑低成本节能改造成效明显。北京市已完成大型公共建筑低成本节能改造825万m^2，普通公共建筑节能改造652万m^2；深圳市以政府办公建筑和大型公共建筑为重点，先后对市检察院等19家政府及财政支持单位办公建筑的用能系统(主要照明、空调等设备)进行低成本节能改造。江苏省积极推进既有公共建筑节能改造，实施了南京市规划局办公楼、中国人民银行南京分行办公楼、江苏省监狱管理局机关大楼等10项公共建筑节能改造项目，改造面积17.66万m^2。

4.6.2.4 农村既有建筑节能

农村既有建筑主要由农民自有住宅和集体用房屋建筑构成，属于农民私有财产和村委会集体财产。所以农村既有建筑的节能改造，首先必须尊重村民的意愿，通过采取各种看得见、摸得着，喜闻乐见的宣传方式，参观样板工程，切实感受节能建筑的舒适性，看到实实在在的节能效果，算清节能改造后带来的长远经济效益，激发广大村民参与农村既有建筑节能改造的积极性，采取适当的经济激励政策措施，推荐适用于既有建筑节能改造的成套实用技术，示范指导正确的施工方法，结合社会主义新农村建设与村容村貌整治，引导农民在改建、扩建自有住宅和集体房屋时自觉采用节能环保墙体材料、节能灯具、高效率用能设备以及太阳能、沼气等可再生能源进行改造。北京市结合"人文北京、科技北京、绿色北京"建设，截至2009年，组织农民实施既有住宅节能改造18552户，按每户平均建筑面积85m^2计算，完成既有住宅节能改造总面积约158万m^2。实施节能改造后的农宅，室内温度提高了6~8℃，一个采暖期的耗煤量平均减少2 t左右，受到广大村民的热烈欢迎，农民开展自有住宅节能改造的热情很高，被广大农民称为暖心工程。哈尔滨市结合农村泥草房改造，引导农民采用新墙材建造节能房，应用节能墙材建设农房8.3万户，面积达718万m^2。

4.7 加快既有建筑节能工作的对策建议

既有建筑总量大，分布范围广，建设年代各异，设计依据标准不一，结构形式多样，产权关系复杂，尤其是既有居住建筑，在实施住房制度改革之后，房屋产权逐步由国家公有变为居民私有，截至目前，私有化率已接近80%，住房的私有化进一步加大了既有居住建筑节能改造的难度。

面对数量庞大的既有建筑，应理性思考，区别对待。根据其产权关系、使用性质、地域范围、结构形式等进行科学分类，并针对其改造的难易程度，制定与之相适应的政策与措施，从政策、体制、机制、金融、监管诸方面，保障既有建筑节能工作，尤其是既有建筑节能改造工作的及早顺利开展。

4.7.1 切实加强对既有建筑节能工作的领导

既有建筑节能改造工作开展的好与坏，节能改造推进速度的快与慢，从根本上说，取决于地方主要领导对既有建筑节能工作的重视程度，取决于"一把手"对既有建筑节能工作重要性、紧迫性的认识和理解水平，取决于地方政府主要领导对既有建筑节能工作在建筑节能工作中，乃至整个节能工作中的地位和作用的理解程度，取决于地方行政主管部门的组织协调工作等执政能力。只有从战略和全局的高度，充分认识既有建筑节能工作的重要性，深刻理解节能对于缓解能源约束，减轻环境压力，保障经济安全，实现可持续发展的重要作用，才能提高其对既有建筑节能工作重要性和紧迫性的认识，看清既有建筑节能工作所面临的严峻形势，增强忧患意识和危机意识，增强其开展既有建筑节能工作的历史责任感和使命感，才能鼓舞其组织开展既有建筑节能工作的内在动力，切实下大力气，采取有力措施，加强对既有建筑节能工作的领导，把既有建筑节能工作作为当前的一项紧迫任务，列入政府重要议事日程，主要领导要亲自抓，确保责任到位、措施到位、资金投入到位，千方百计动员和协调各方力量，共同做好事关节能工作全局的既有建筑节能工作。

从既有建筑节能改造成效在河北省唐山市、山西省太原市、黑龙江省哈尔滨市、吉林省通化县以及新疆维吾尔自治区的乌鲁木齐市即可得到很好的印证。

4.7.2 制定科学合理的既有建筑节能改造规划

针对既有建筑总量大、结构形式多样、分布范围广、产权关系复杂的特点，在对本地既有建筑的建设年代、结构类型、用能系统、能耗状况、产权情况等进行全面调查分析的基础上，制定科学的改造规划和实施计划，明确节能改造的目标、范围和要求。优先对能耗高，产权关系单一的国家机关既有办公建筑、商业建筑等公共建筑进行低成本节能运行改造，分步对北方采暖地区热环境差或能耗高的既有居住建筑实施节能改造；逐步扩展到长江流域夏热冬冷地区和夏热冬暖地区的城镇和乡村既有居住建筑的节能改造。尽快编制地方既有建筑节能改造实施计划，将既有建筑的节能改造与旧城改造等计划有机结合。并且应当在对既有建筑基本情况和能耗状况调查统计和科学分析的基础上，制定既有建筑节能改造计划，制定合理可行的改造方案，按计划进行。

4.7.3 建立行之有效的协调机制

既有建筑节能改造是一个复杂的系统工程，涉及政府多个部门，涉及房屋业主、物业管理单位、供热单位、设计单位、施工单位、监理单位、节能产品与技术提供单位等多个利益主体。而仅与节能改造相关的主管部门，以北京为例，就有建设委员会、市政管理委员会、发展改革委员会、规划管理委员会、财政局、住房公积金管理中心，分别负责既有建筑节能改造项目相关部分的技术路线、投资标准，年度计划、改造内容和资金预算，改造工作的指导、监督、验收、考核；固定资产投资的改造项目审核、组织实施、年度改造完成项目汇总；对应办理规划许可的改造项目的手续办理，节能改造设计标准及技术措施，监督管理设计阶段的标准执行情况、影响原建筑结构安全、外围护等使用功能情况；财政部和市财政补助资金的审核、拨付、预算资金的使用监督；个人申请提取住房公积金的审核。

只有建立起行之有效的协调机制，明确相关部门的责任与分工，形成既分工明确，又责任落实，既相互独立行使职权，又密切配合协调一致的工作机制，才能保障既有建筑节能改造工作的顺利和有序开展，才能保障数量如此庞大的既有建筑节能改造任务的及早完成。

4.7.4 建立切实可行的投融资长效机制

既有建筑节能改造属于多方受益的系统工程，按照“谁出资，谁受益”的原则，改造资金应当由受益各方共同分担。但是，由于既有建筑特别是居住建筑产权主体复杂，各受益主体获益额难以准确计算，如提高居住环境舒适性的功能性改造，以及因改造带来的能源消耗降低，减轻大气污染的环境效益，难以用货币量化计算，因而，难以算出各方应分摊改造所需资金比例。而且需要改造的既有建筑数量巨大，实施节能改造所需资金数额庞大，所以资金问题成为制约既有建筑改造的瓶颈与障碍。

既有建筑节能改造又是一个社会效益、环境效益大于经济效益的系统工程，虽然会有一定收益，但投资利润低、回收期长，对于追逐投资利润最大化的市场投资主体，缺乏投资的基本动力，难以调动各相关市场主体投资既有建筑节能改造的积极性。同时，由于按实际用热量计量收费的供热体制改革推进缓慢、实施艰难，没能发挥按实际用热量收费的经济杠杆作用，来调动广大居民投资既有建筑节能改造的积极性。

因此，很有必要组织深入研究市场经济条件下与既有建筑节能改造相关的各利益主体的特点，兼顾参与既有建筑节能改造的各主体的利益，充分调动各方面的积极性，以贯彻中央扩大内需促进经济增长为契机，继续推行国家财政补贴、地方财政补助、业主自筹的多方融资方式，加大国家补贴比例，同时通过长效机制的建立，探索并建立一套切实可行的投融资长效机制，保障既有建筑节能改造的顺利进行所需的充足资金供给。

4.7.5 积极培育既有建筑节能改造产业

既有建筑量大面广，在当前受到国际金融危机影响，我国建设领域新增固定资产投资总量下滑的环境下，培育既有建筑节能改造产业，不仅有助于节能减排目标的实现，而且有助于拉动内需。引导节能服务公司以大型公共建筑节能改造为重点，做好国家机关办公建筑和大型公共建筑的节能管理工作。

4.7.6 加快北方采暖地区既有居住建筑供热计量及节能改造速度

引导地方多渠道筹措改造资金，实施既有居住建筑供热计量及节能改造。严格按照《北方采暖地区既有居住建筑供热计量及节能改造项目验收办法》，对已完成的改造项目进行验收，确保改造项目达到预期的节能目标，实现预期的减排效果。总结天津、内蒙古、吉林、唐山等地的既有居住建筑节能改造的成功经验，指导各地因地制宜确定改造模式，促进地方政府加大力度，在政策、资金等方面给予支持。稳妥而又坚定不移地推进供热体制改革，实现供热收费制度由“暗补”变“明补”根本性转变，及早实现按实际用热量收费，通过经济杠杆的撬动放大作用，推动北方采暖地区既有建筑供热计量及节能改造工作的全面实施，推动既有建筑节能改造有计划、有步骤地顺序展开，扎实推进，早日实现全面改造的目标。

4.7.7 加强国家机关办公建筑和大型公共建筑节能管理

针对政府机关办公建筑改造，要进一步落实县级以上人民政府的责任，应由县级以上人民政府安排改造资金，并纳入本级财政预算。针对居住建筑和教育、科学、文化、卫生、体育等公益事业使用的公共建筑节能改造费用，要进一步明确政府和建筑物所有权人分担比例。按照《民用建筑节能条例》的要求，在全国开展国家机关办公建筑和大型公共建筑节能监管体系建设工作。在第一批 24 个试点省市的基础上，进一步扩大能耗动态监测平台的试点范围，尽快建成部、省、市三级构架的能耗传输及分析平台。并在能耗统计、能源审计及能耗动态监测的基础上，指导地方对高能耗公共建筑实施节能运行与改造。推动各地尽快研究制定本地区国家机关办公建筑和大型公共建筑能耗限额标准和超限额加价制度，引导和约束用能单位的用能行为。落实节能服务公司在税收政策或金融政策上的优惠，引导节能服务公司以大型公共建筑节能改造为重点，做好国家机关办公建筑和大型公共建筑的节能管理工作，鼓励有资金实力的节能服务公司出资改造既有建筑。

制定并落实鼓励社会资金投资既有建筑节能改造的相关政策。一方面，从源头把关，坚决杜绝不符合现行节能设计标准的新建建筑投入使用，并鼓励建设高于现行节能设计标准的绿色建筑；另一方面，加快既有建筑节能改造的速度，选择更高的改造标准，从围护结构到产能、供能、用能系统，同步实施节能改造，实现真正意义上的节能。

参 考 文 献

[1] 中国统计年鉴(2007~2010年). 北京：中国统计出版社，2010

[2] 关于2009年全国建设领域节能减排专项监督检查建筑节能检查的通报(建科〔2010〕45号). 北京：住房和城乡建设部，2010-04-07

[3] 关于印发《2007年全国建设领域节能减排专项监督检查建筑节能工作检查报告》的通知(建科〔2008〕73号). 北京：住房和城乡建设部，2008-05-06

[4] 武涌等. 中国建筑节能管理制度创新研究. 北京：中国建筑工业出版社，2007

[5] 康艳兵著. 建筑节能政策解读. 中国建筑工业出版社，2008

[6] 清华大学建筑节能研究中心著 中国建筑节能年度发展研究报告(2010)，中国建筑工业出版社，2010

[7] 北方既有居住建筑节能改造调研组 北方既有居住建筑节能改造调研报告

[8] 国务院法制办农业资源环保法制司，住房和城乡建设部法规司，建筑节能与科技司. 民用建筑节能条例释义. 北京：知识产权出版社，2008

[9] 陈涛等. 中国城镇既有建筑现状初步分析“十一五”国家科技支撑计划项目(2006BAJ03A01)建设科技，2010，23

第5章　建筑用能系统运行节能

5.1　意　　义

建筑是一个存续的实体，在其运营使用年限中，必然伴随着大量的能源消耗(即建筑能耗)，这部分能耗一般要占一个国家总能耗的27%以上。因此，运行阶段的能耗管理是关系到国计民生的大事情。

我国目前正处在建筑发展的高峰期，随着经济的进一步发展、城镇化水平的提高、房地产业的兴起与进一步放开，每年新建商业建筑、住宅建筑、公共设施的建筑面积规模在18亿~20亿m^2左右。对于新建建筑，很快也将面临投入使用后的建筑节能问题。而另一方面，我国目前的建筑能耗状况却令人堪忧。在气候条件、建筑规模、建筑功能等都接近的情况下，我国的建筑能耗都远高于一些发达国家。以商业建筑为例，北京市的商场能耗要比日本类似条件下的商场建筑高出将近40%。

建筑能耗状况不佳，一方面可以追溯到设计阶段和施工阶段，设计水平不高、施工要求不严固然会对日后能耗偏高造成很大的影响甚至问题遗留，但另一方面普遍的运行管理不佳也是一个极其重要的原因。因此，在抓设计、施工环节的同时，重视运行阶段能耗管理也是彻底解决问题的必然途径。

从经济角度而言，对于建筑的业主方、管理方和使用者，运行节能也意味着节约成本，即直接增加收入，因此建筑运行节能也是一项经济活动。综上所述，建筑用能系统运行节能势在必行。

5.2　我国建筑节能运行管理体系

我国在计划经济体制年代，物业管理、设备运行与管理与市场相脱节，没有大规模的“商业建筑”、“商品房”存在，“物业管理”部门(或单位)不需要考虑其经营效益的好坏。随着我国市场经济的深入，原有的管理模式、认识水平已经不能满足实际情况，物业管理逐渐成为独立的实体，如何科学地解决管理效果与经济效益便成了无法回避的问题。

为做好建筑节能运行管理，住房和城乡建设部以国家机关办公建筑和大型公共建筑节能监管体系建设入手，开展了我国建筑用能系统运行节能工作。2007年以来，财政部、住房和城乡建设部启动了国家机关办公建筑和大型公共建筑节能监管体系建设示范工作。2008年，住房和城乡建设部会同财政部和教育部又启动了高校节约型校园节能节水示范建设工作。

5.2.1 大型公共建筑运行节能监管

大型公共建筑在国民生活中往往承担着主要的社会服务功能，建筑节能行为社会影响大，能对全社会产生示范和带动，具有极强的标向作用。因此，以大型公共建筑的节能运行管理和节能改造作为我国建筑节能的突破口，通过大型公共建筑节能监管体系的运行，培育和形成节能服务市场，摸索总结出既有建筑节能改造的经验、模式，制定出相关政策和法规，带动全国既有建筑的节能工作是可行而必要的。

2007 年，住房和城乡建设部下发了《建设部关于加强政府办公建筑和大型公共建筑节能管理工作的实施意见》（建科〔2007〕245 号），对于国家机关办公建筑和大型公共建筑节能改造的总体思路是："逐步建立起全国联网的国家机关办公建筑和大型公共建筑能耗监测平台，对全国重点城市重点建筑能耗进行实时监测，并通过能耗统计、能源审计、能效公示、用能定额和超定额加价等制度，促使国家机关办公建筑和大型公共建筑提高节能运行管理水平，培育建筑节能服务市场，为高能耗建筑的进一步节能改造准备条件"。

截至 2009 年底，全国共完成国家机关办公建筑和大型公共建筑能耗统计 30621 栋，完成能源审计 2601 栋，通过政府网站、报刊等媒体，对 2537 栋建筑的能耗状况进行了公示，确定重点用能单位 2647 家。

5.2.1.1 大型公共建筑运行节能监管体系

为解决大型公共建筑运行阶段监管缺位的问题，住房和城乡建设部建筑节能与科技司组织有关人员以"重点建筑"和"标杆建筑"概念为基础，对大型公共建筑节能监管体系进行了设计，构建了以五种管理制度组成的运行阶段建筑节能管理体系，即大型公共建筑运行节能监管模式，如图 5-1 所示。管理思路上实现了从"气候分区"到"城市分区"、从"所有建筑"到"重点建筑"、从"参考建筑"到"标杆建筑"的三个转变，把基于标准的设计阶段建筑节能管理模式，延伸到了基于标杆的运行阶段建筑节能管理。

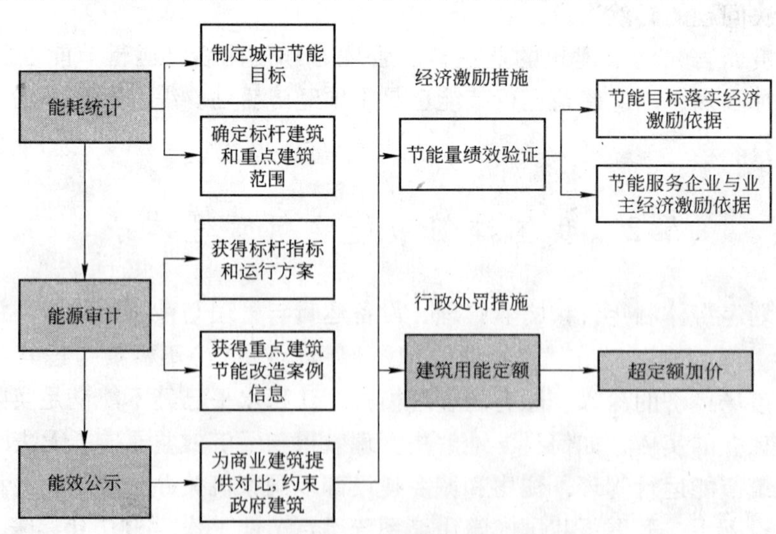

图 5-1 大型公共建筑运行节能监管模式

1. 能耗统计制度

建筑和建筑能耗的数据信息是政府制定建筑节能监管措施和经济激励政策的依据，是政府和业主开展各项建筑节能工作与活动的基础。大型公共建筑的能耗统计为能源审计提供最原始的数据，是公共建筑实行用能定额和能效审计的数据保证，为建筑用能系统运行管理提供依据，是实施既有建筑节能改造的信息来源。能耗统计制度不仅是能源审计制度和整个大型公共建筑节能监管制度体系的基础，也是建筑节能标准制定和节能效果评价的基础。

《关于印发〈民用建筑能耗统计报表制度〉（试行）的通知》（建科函〔2007〕271 号）规定："凡已纳入国家机关办公建筑和大型公共建筑节能监管体系建设的试点城市，开展国家机关办公建筑和大型公共建筑的能耗统计工作，均应按照《报表制度》的要求进行"，《公共机构节能条例》中对公共机构实行能耗统计制度进行相应规定。

民用建筑能耗统计工作分省、市两级组织实施，住房和城乡建设部负责指导和协调全国民用建筑能耗统计工作，省级建设行政主管部门负责组织实施辖区内民用建筑能耗统计工作。住房和城乡建设部委托部建筑节能中心负责全国民用建筑能耗统计的具体实施与管理。

民用建筑基本信息对政府办公建筑和大型公共建筑以及随机抽样的街道（镇）范围内的其他民用建筑采取全面调查方式，应对每一栋政府办公建筑和大型公共建筑建立"民用建筑能耗统计台账"。民用建筑能耗统计针对不同类型的建筑采取不同的统计调查方式。其中，国家机关办公建筑和大型公共建筑能耗统计采取全面调查的方式；其他民用建筑能耗统计采取抽样调查方式。

2. 能源审计制度

能源审计是根据能耗统计结果，选取各类型建筑中的部分高能耗建筑，或部分具有标杆作用的低能耗建筑进行能源审计。省（市）建筑能源审计工作领导小组或负责机构应根据法律、法规和国家其他有关规定，按照本级和上级人民政府建设主管部门的要求，确定年度建筑能源审计工作重点，编制年度审计项目计划，筛选被审计建筑。大型公共建筑能源审计是控制公共建筑高能耗的一个关键环节，其与建筑物节能改造紧密结合，以建筑物节能改造为目的，为进行建筑物节能改造提供改造建议。

《公共机构节能条例》第二十八条规定：公共机构实施节能改造，应当进行能源审计和投资收益分析，明确节能指标，并在节能改造后采用计量方式对节能指标进行考核和综合评价。

《关于加强国家机关办公建筑和大型公共建筑节能管理工作的实施意见》（建科〔2007〕245 号）规定：示范省市应按照《国家机关办公建筑和大型公共建筑能源审计导则》（建科〔2007〕249 号）的规定方法进行能源审计。

3. 能效公示制度

能效公示是由政府利用公权力，定期在权威媒体上将大型公共建筑的建筑能耗、建筑能效信息向社会公开发布。要达到引起比较、竞争的效果，能效公示的内容应该包括建筑基本信息、总能耗、总水耗、单位能耗、单位水耗和能效水平等指标，甚至分项能耗指标、能效排名等。因此，能效公示也必须以能耗统计和能源审计为基础。

政府通过能效公示、能效信息的公开，可促使业主之间自发进行建筑能耗比较，寻找建筑高能耗、低能效的原因，采取节能运行管理和节能改造手段，降低建筑运营成本，形成业主之间的比较竞争。对政府而言，通过信息的透明，防止市场垄断和信息寻租的现象，减少建筑节能领域市场失灵和政府失灵的可能，达到减少政府行政成本和转变职能的目的。对节能市场而言，解决建筑节能市场的信息缺失和不对称，为市场提供潜在的节能需求信息，同时将政府推动建筑节能的信号发布于市场。对社会和公众而言，增强了大型公共建筑节能的社会影响力和社会关注度，引导公众用能消费观念的转变，传播建筑节能信息和技术手段，促使建筑节能成为一种全社会行为，同时也使大型公共建筑节能监管变成全社会共同监管。

4. 用能定额制度

大型公共建筑的用能定额制度就是对建筑节能标准的具体化，对建筑节能活动的直接引导，是建筑节能的标杆，也是政府推进大型公共建筑节能的技术政策工具。

用能定额是由政府部门委托权威技术科研单位，通过对整个地区大型公共建筑的建筑年代、建筑类型、建筑能耗水平进行综合分析，考虑当地的气候特点、经济水平和生活习惯等社会自然因素，确定建筑在一定时期内的合理用能水平，作为建筑节能活动的标杆。用能定额由政府发布，具有法律法规效力，是我国建筑节能设计标准和建筑节能推广、限制、禁止制度的体现。

用能定额在一定意义上是能源审计的延伸，由于用能定额的标杆作用，具有技术标准的法律效力，引起能源审计和用能定额的执行者、程序、方法和内容的改变，用能定额工作是对能源审计的升华。这种作用和地位的根本性质改变，确定了用能定额制度的独立性，使能源审计和用能定额制度成为大型公共建筑节能监管制度体系中两个独立而必要的子系统。

5. 超定额加价制度

国内外的峰谷电价制度、分时电价制度等，利用价格形成机制对电网用电冲击起到了很好的调节效果。同样，对建筑节能运用市场规律，采用价格机制，通过对建筑耗能进行累进加价，提高高耗能的成本，以便促使高耗能建筑主动加强节能运行管理和节能改造。

超定额加价是由政府在用能定额制度的基础上，根据建筑合理用能水平，对建筑能耗超过合理用能水平部分执行累进加价。超定额加价制度是政府的价格政策工具，是对高耗能行为进行负的经济激励，通过累进加价价格形成机制，运用价格杠杆，罚劣奖优，激励大型公共建筑的节能运行管理和节能改造。

5.2.1.2　实时监测平台基本结构框架

之前部分科研机构已开发了相关实时监测平台技术，并在一些建筑中得到实践应用。但是这些系统开发的目的基本是为科研和业主服务的，与大型公共建筑节能监管体系的要求存在差异，特别是未体现以城市为管理基本单元，以重点建筑和标杆建筑为监测对象的原则，为此确定一套统一的标准极为重要。

2007 年，住房和城乡建设部下发了《国家机关办公建筑和大型公共建筑能耗监测系统分项能耗数据采集技术导则》、《国家机关办公建筑和大型公共建筑能耗监测系统分项能耗数据传输技术导则》、《国家机关办公建筑和大型公共建筑能耗监测系统楼宇分项计量设计安装技术导则》、《国家机关办公建筑和大型公共建筑能耗监测系统数据中心建设与维护技术导则》和《国家机关办公建筑和大型公共建筑能耗监测系统建设、验收与运行管理规范》等文件，用于指导各地建筑节能监管体系建设。

首批深圳、北京、天津市能耗监测平台已完成一期建设并通过验收，重庆、江苏、内蒙古作为中央财政支持第二批试点示范省市也已启动，浙江、广西、山东、山西、上海、青岛、宁波等省市也通过不同方式，积极探索能耗监测平台建设。截至 2009 年底全国共对 667 栋建筑实施能耗动态监测。

1. 实时监测平台系统结构

实时监测平台组成(见图 5-2)：

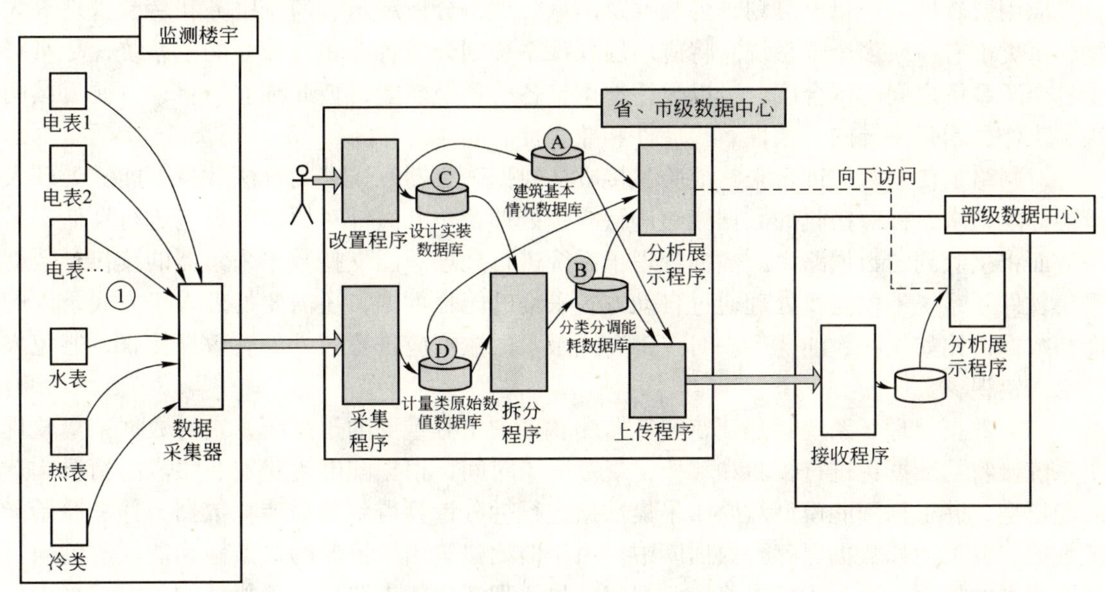

图 5-2　实时监测平台系统构架图

（1）能耗数据传输系统：数据采集子系统、监测建筑到数据中心（或数据中转站）。

（2）传输子系统、数据中心（或数据中转站）到上一级数据中心传输子系统等。

2. 实时监测平台软件框架结构

实时能耗监测平台在政务内外网和互联网上构建多个应用子系统，为业务人员、研究人员、系统管理员、建筑业主和社会公众提供有关建筑能耗的各类信息服务。由技术导则确定的框架结构如图 5-3 所示。

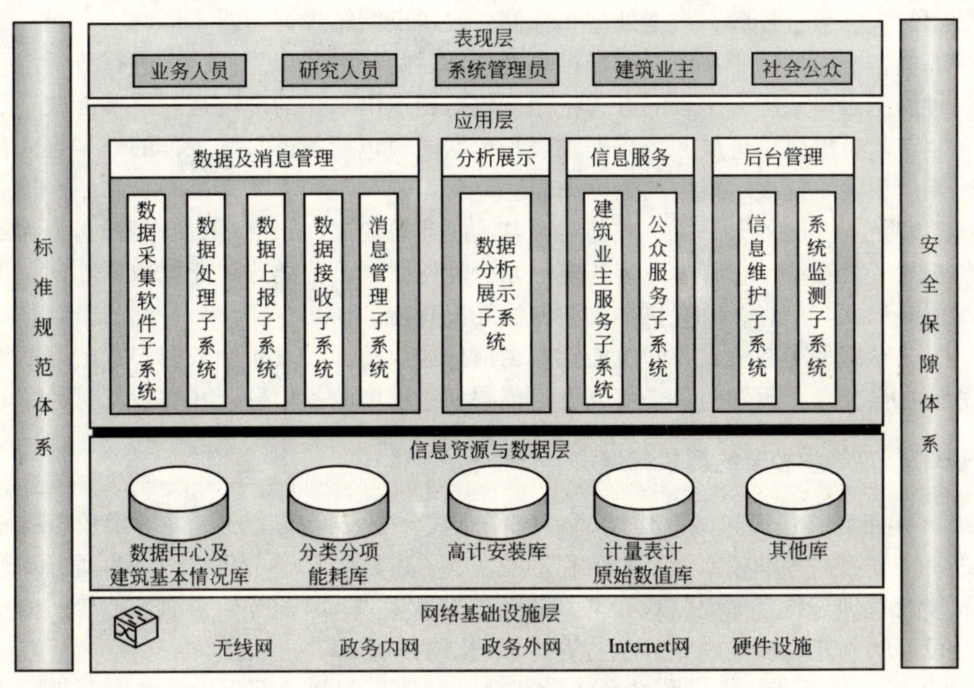

图 5-3　实时监测平台软件框架结构

应用层软件从逻辑上可划分为数据及消息管理、分析展示、信息服务和后台管理等大类，每类下有一或多个子系统。将应用层软件系统划分成各个相对独立的子系统，尽量减少各个子系统之间的耦合度，可以灵活地调整各子系统功能，彼此独立运行，方便后续的维护工作，增强系统的一致性、扩展性和兼容性。

对网络上传的数据进行来路校验，接收从数据采集器发送来的合法数据，能够处理大量的并发请求，针对接收的数据能够进行异步处理，一方面针对原始数据包进行存储，另一方面将接收到的数据路由到数据处理子系统进行处理。能支持数据采集器的续传。数据采集软件子系统不仅需要处理通过自动方式采集的能耗数据，还需要处理人工方式录入的能耗数据，比如煤耗、油耗等。对人工方式录入的数据应进行数据的有效性检查，避免人为录入错误。

（1）数据处理子系统：是建筑能耗监测软件中十分重要的子系统，它对数据采集软件子系统接收的数据包进行校验和解析，规范采集时间，根据配电支路安装仪表的情况构造用能模型，并根据用能模型对原始采集数据进行拆分计算得到分项能耗数据，并将原始能耗数据和分项能耗数据保存到数据库中。由于监测建筑用能情况的复杂性和能耗监测项目预算成本的控制，很多用能支路需要间接计量。理清用能支路和分项能耗的关系，采用加法、减法、拆分、百分比预估等方式，结合建筑物能耗分项计量设计方案，得到合理的分项能耗数据。

（2）数据上报子系统：通过定时任务调度自动从数据中心数据库中提取能耗分类分项数据，合并整理打包后发送到上一级的数据中心。数据交换格式为压缩的 XML 数据包。数据上报子系统主要包括数据提取、数据打包、数据上传、接收反馈结果等功能。

（3）数据接收子系统：接收下级数据中心发送的能耗数据，完成数据合法性校验和认证后将数据保存到数据库中，与数据上报子系统对应。数据接收子系统主要包括数据接收、数据解包、数据校验、数据处理和存储、发送反馈结果等功能。

（4）数据分析展示子系统：对经过数据处理后的分类分项能耗数据进行分析汇总和整合，通过静态表格或动态图表的方式将能耗数据展示出来，为节能运行、节能改造、信息服务和制定政策提供信息服务。数据报表和数据图表包括各类日常工作的数据报表，以及对应不同度量值不同展示维度的数据图表。

（5）建筑业主服务子系统：参与能耗监测的建筑业主（或建筑的使用者）可以通过系统分配的账号登录系统，查看本建筑的实时原始能耗数据、分类分项能耗数据和同类型建筑的平均能耗数据等信息，并提供本楼数据的导出功能。

（6）公众服务子系统：将建筑能耗监测信息经过整理后发布到数据中心的互联网网站上，方便社会公众了解和监督。信息发布范围和深度由政务信息公开的相关规定确定。

5.2.2 高等学校节约型校园建设

2008 年年底，住房和城乡建设部、教育部联合下发《关于推进高等学校节约型校园建设进一步加强高等学校节能节水工作的意见》（建科〔2008〕90 号）、《高等学校节约型校园建设管理与技术导则（试行）》（建科〔2008〕89 号），开始全面规范校园的可持续发展建设，明确建设校园建筑节能监管体系的原则和思路。

2009 年 4 月至今，住房和城乡建设部会同财政部和教育部先后启动了三批高校节约型校园建筑节能监管平台示范建设，制定并完善一系列关于建设校园建筑节能监管系统建设及管理的技术导则、统计、审计、公示及评价方法。至此，以校园可持续发展为目标、以校园管理节能为重心、以节能效益为动力、以校园节能、节水为抓手的校园建筑节能监管体系建设真正拉开序幕，为校园能耗的监控、量化管理、节能潜力挖掘奠定了基础。

5.2.2.1　校园节能监管体系

校园建筑节能监管体系的建设是一项涉及面广、时间跨度长、影响范围大的系统工程。包括建筑能耗计量、统计、建筑能源审计、能效公示、节能诊断、改造及评估全过程，需要建立相应的管理机构、管理制度和硬件软件平台建设。实施上具体可分为统计、审计公示、改善三个阶段实施。

1. 校园节能监管体系建设的总体目标

校园建筑设施节能监管的目标是实现定额管理、全面收费、指标考核评价。应制定校园节能的数值目标，按教育部最近下发的通知精神，大学校园在“十一五”期间应力争实现累计节能15%、节水15%的目标。从这个目标可测算全国高校校园具有节能356.5万吨标准煤的空间，扩展到全国各类学校(在校学生已达2.3亿规模)则成效更为可观。诚然，长远的校园节能目标还需根据我国经济发展水平进行科学的研究、动态地规划。

2. 校园建筑节能监管平台系统的建设

建设校园节能监管体系的基础是针对校园建筑设施建立具有实时数据采集、远程传输、动态显示、科学分析和预测、日常报表管理、节能运行控制功能的校园建筑节能监管系统。节约型校园节能监管平台主要由三个部分组成：前端采集、数据传输、终端数据统计分析公示。目前我国大部分校园仍然沿用着低效率的手工抄表统计能耗的方式，数据可靠性差、工作量大、效率低，难以满足建筑的定量、定额管理及动态趋势分析、能效分析诊断、节能潜力挖掘、节能措施效益评价等节能监管需求，亟待改善。

利用高校校园网的基础设施资源、可实现低成本和高效率的校园建筑节能监管平台的建设，基于WEB技术，可以实时、远程监测分散于校区各个建筑物的能耗，并实现最大限度的数据共享、图像化显示、动态化管理、指标化考核，为建筑节能监管提供强有力的支撑。

校园节能监管平台既能够使管理者及时发现建筑高能耗环节以及照明、空调等系统的故障和不合理的运行方式，为节能诊断分析及管理提供依据；也可为校园能耗数据和指标公示、实现能耗数据可视化、节能效果定量化、节能管理指标化目标。同时，作为基于校园网的校园的互动平台，可在树立校园节能环保风尚，促进行为节能、形成绿色校园文化方面发挥巨大作用。

3. 校园设施节能管理制度的建设

校园建筑设施的节能管理还需建立或完善校园建筑设施的能源消费收费管理机制和制度。我国高校大多数仍然处于能源消费“大锅饭”状态，收费体制不健全，难以最终实现节能收益。为此，需要循序渐进地建立、实施能源消费收费制度，落实到院系所、部门，甚至细化管理到研究室、工作室、房间。

一些国内外校园成功实施的经验是先行建立能耗监管平台，逐年公示能耗基础数据，形成具有代表性和共识的能耗指标基线，然后制定能源消费指标额度下拨到用户，实施超量增收费用，减量奖励返还的方式。另外，对于科研设施及实验室，需要区别对应，单列管理，注重在科研经费中能源费的预算制定和实施。

4. 校园能效公示

校园能效公示是提高校园师生员工节能意识、促进全员参与、强化节能管理的有效方式，需要制度化，形成长效机制。日本的一些大学已经实施能耗数据公示，与大型企业一样，已实施向政府提交年度环境报告书的制度，详细报告校园设施的用能状况、节能对策、中长期能源规划等。据日本的大学校园测算，在校园节能监管体系建设初期阶段，通过实施建立校园能耗监管平台、实施数据公示、提交能源环境报告书等举措，可期望获得约5%的实际节能效益。

5. 校园建筑节能诊断与节能改造

通过节能监管系统数据分析可较为容易地得知，校园建筑中的实验室、附属医院、交流中心(宾馆)、综合办公楼等都存在较大的节能空间，基于校园建筑节能监管平台建立起全面、客观、可信度高的能耗基础数据库，掌握建筑能耗基础状态，是深入建筑节能诊断和改造的基础。我国校园各类建筑能耗指标大都高于日本等国家建筑节能机构给出的各相关类别建筑的平均指标，存在明显的节能潜力。建立基线能耗指标和节能目标可有助于客观分析节能潜力，科学制定节能改良或改造方案。

5.2.2.2　建筑能耗分类指标体系

建筑能耗的计量、统计的目的之一是客观把握建筑能耗量、消费状况及相关评价指标，建立各类不同建筑的对应能耗指标。大型公共建筑分项计量相关技术导则给出了按15位数字编制的标识方法。在大型公共建筑分类中有办公建筑、酒店建筑、学校建筑等大分类，校园建筑虽可归纳到学校建筑类别，但该类建筑实际上也包含了包括校园中的办公建筑、医院建筑、场馆建筑、宿舍建筑等在内的多种建筑，需要进一部分类细化。因此，在新出台的《高等学校校园建筑节能监管系统建设技术导则》(建科〔2009〕163号)中按16位编码方法规定校园建筑的分类方法(共计13类)，以便统一建筑分类标识方法，并给出相应的编码。

同时，除基本的用电、水、气和热力管网(针对集中供热的高校)计量之外，还应设置专门针对校园大型能源利用系统的专项监测，以实现校园中重点用能单位的能耗数据量化，如学生集中浴室，大型实验室等建筑。

关于校园能耗指标的建立，是一项需要长期积累的工作。基本思路是合理分类和科学整理共性问题，形成可比性指标。校园能耗指标可分为学生生均能耗、生均水耗、建筑单位面积能耗(电耗)等。对于特殊能耗如科研能耗，不具备可比性而应该单列管理。对于生均指标，应该制定科学的人数统计方法，按本科、硕士、博士、留学生、函授教育、成人教育等不同层次的学生分别考虑加权系数。加权方法需要与教育部已有相关定额方法结合起来统筹研究决定，以确保指标的可比性。

5.2.3　管理节能机制建立

国外建筑节能管理一般是对节能效果的管理，应用最低能耗标准和能效标识制度，即目标管理。除此以外，主要依靠市场进行节能改造，但在国内其节能效果并不理想，究其原因，很重要的一点是没有实施有效的节能监管。以政府办公建筑节能为例，管理大于技术因素，用能管理直接决定了节能成效。因此，节能管理应该是对节能工作和节能效果的双重管理，这也是与我国目前运行管理水平低、市场机制不完善的国情相适应的。目前，我国建筑节能市场存在以下问题。

5.2.3.1 建筑节能市场缺乏动力

1. 建筑节能市场需求不足

影响建筑节能市场需求的因素主要有：消费者节能意识、能源价格、政府政策和节能建筑的价格等。当前建筑节能市场的需求不足，是由于以下因素没有起到应有的作用。

(1) 节能意识不强烈。节能意识是建筑节能的发展过程中自发形成的大众节能意识，它是推动节能发展的重要因素。它往往是一种广泛的、可起带动作用的催化剂。根据住房和城乡建设部最近所做的问卷调研结果显示，有81.4%的群众对建筑节能不甚了解，其中，在夏热冬暖地区(主要是南方空调高能耗区)，这一比例甚至超过了90%。广大群众的节能意识不高是市场需求不足的致因之一。

(2) 能源价格太低，无法刺激消费者购买节能建筑。我国能源价格的定价模式是政府控制，具体表现为“三个不反映”：不反映能源资源的稀缺程度，不反映能源产品的国内供需关系，不反映能源生产和使用过程中的外部成本(如环境污染和生态破坏)。能源价格过低，使得业主不会关心能源消耗量，也使得消费者不会关注节能建筑。因为节能建筑多付的成本在使用者所反映的财务上的收益很低。假定节能房比普通商品房的成本每平方米多150元，购买一个90m^2的商品房，其成本比普通商品房多13500元，假若节能房每月比普通商品房多节约200多度电，电费价格为0.573元kWh，那么其多投入的成本需10年的电费开支。投资机会成本与预期收益之比对投资主体不具吸引力，导致投资需求不足。

(3) 节能商品房的价格高于普通商品房，消费者只关心住房价格和税收优惠政策。当前，在我国住房供不应求的形势下，消费者不会关心房屋是否节能，只关心住房价格、小区环境和房屋质量，他们对于房屋是否节能不关心，对于节能建筑所带来的长期经济效益也不清楚。

(4) 经济激励政策缺乏。经济激励政策缺乏是市场需求不足的重要因素之一，对于节能房而言，消费者是最终的房屋购买者，购买节能房所多付出的成本最终由消费者来承担。在没有经济激励政策的前提下，消费者是不会购买节能房的。我国经济激励政策缺乏及不完善是导致消费者不购买的重要原因之一。

(5) 建筑节能市场不规范。由于建筑节能市场不规范，消费者无法辨识节能房与非节能房，导致消费者不会过多关注节能房。

2. 信息不对称

信息不对称现象是建筑节能市场存在的较严重的问题。由于信息不对称导致建筑节能市场信息无法快速畅通的传递，影响了多方节能主体的节能行为，致使建筑节能市场发展缓慢。

首先，在房地产开发市场上，建筑节能新技术、新材料和新产品的研发信息和应用信息，无法快速传递给开发商和设计单位，致使传统建筑材料和节能技术仍占据市场主要地位，节能新技术和新产品的推广应用受阻；其次，在房地产交易市场上，由于信息不对称，导致购房者无法了解建筑产品的质量、功能和性质，无法准确判断建筑物中围护结构、采暖及空调设施是否具备节能性能，整个建筑是否达到节能标准，市场上的逆向选择，由此产生价格低廉的普通建筑逐渐将节能建筑挤出交易市场。同时，由于信息不对称，政府管理者也无法获得高效流畅的信息，致使决策存在失误，节能建筑在市场上的地位受阻。市场信息的不完全和不充分，严重阻碍了建筑节能市场的培育和完善。

建筑节能市场发展缓慢的原因有：市场未形成，市场机制未发挥作用；市场自身的外部性特点；市场上节能产品供需量所占比重较小；政府的相关节能政策、措施未起到培养和完善市场的作用；严重的信息不对称导致建筑节能市场失灵。

5.2.3.2 政府管理节能机制引入

由于建筑节能领域是一个市场机制部分失灵的领域，现阶段难以依靠市场机制来推动，必须依靠政府管理才能取得实质性的进展，政府的参与和发挥作用至关重要。2007年6月1日，国务院办公厅发布了《关于严格执行公共建筑空调温度控制标准的通知》，这是第一次对公共建筑这类用能大户实施强制性的节能控制标准，其中规定了除特殊用途外，夏季室内空调的温度设置不得低于26℃，冬季室内空调的温度设置不得高于20℃，意义重大。2008年6月25日，住房和城乡建设部下发了《公共建筑室内温度控制管理办法》（建科〔2008〕115号），要求“各级建设行政主管部门应将公共建筑室内温度控制工作纳入到节能减排工作目标责任体系，并对实施情况进行监督考核”。

1. 通过法律法规和节能标准引导管理节能意识

建筑节能法律法规和节能标准等强制政策的制定是推动建筑节能市场发展的基础。由于建筑节能市场具有外部性的特征，开发企业不可能自发实施节能行为，就需国家制定节能法规政策，引导、规范和监管用能单位对管理节能的重视。从业主角度而言，由于建筑节能具有部分公共物品的特性，无论是大业主还是小业主，在经济充裕的条件下，均不会首先考虑节能措施。因而建筑节能服务要推向市场，被广大人民群众所接受，不仅要加强能源危机意识的宣传、绿色节能生活理念的宣传，还需要加强节能法律法规等强制性制度的建设，让人们从“要我节能”中体验到节能带来的实际好处，进而转变为“我要节能”。

法律法规为建筑节能市场的发展营造了法律氛围，规定了相关主体的限制性行为和强制性行为。法律和法规等强制性政策的出台，促使相关人员提高管理节能水平。节能法律法规和建筑节能标准体系引导相关设计单位、施工单位等主体按照相应的标准从事有关的建设活动，其中有些强制性条文能够规范相关建设单位、设计单位以及施工单位执行节能标准。在保证有一定的市场供给量的前提下，在消费者具有一定的节能意识的条件下，会产生相应的需求量，建筑节能市场逐步形成，市场机制逐步发挥作用。

例如：《民用建筑节能条例》第三十三条规定：供热单位应当建立健全相关制度，加强对专业技术人员的教育和培训。《公共机构节能条例》第二十四条规定：公共机构应当建立、健全本单位节能运行管理制度和用能系统操作规程，加强用能系统和设备运行调节、维护保养、巡视检查，推行低成本、无成本节能措施。

2. 引导各方建立有利于节能运行的合作机制

实际的运行管理是否节能，需要业主、物业管理方、用户三方共同协作。因此，应该首先解决节能运行得利方不明的问题，从各方的实际利益出发，引导建立有利于节能运行的合作机制。但无论何种关系，物业的收入均应与节能管理水平挂钩，这样才能保证其有节能的动力。

对于办公建筑、商场，可采用“固定租金+实际费用”的方式。对于用户直接使用、可独立控制的办公用电、照明用电等能耗费用，可采用直接计量收费的方式；对于空调能耗、电梯、公共照明能耗等不易直接收费的项目，可采用含在租金中由业主、物业统一支出管理的方式。否则，如果所有能耗均摊到用户，并计量付费，那么将产生两大问题：一是从利益上考虑，业主将失去节能动力；二是客户不可能对公共的、复杂的能源系统进行有效的管理，也缺乏合理能耗的知识。

对于住宅，采用分户计量与收费方式。由于住宅建筑的特点是“能耗管理方=用户”，住宅的居民用能（如电、燃气等），自己使用自行负责，没有各用户之间错综复杂的关系，所以分户计量、收费是合理、节能的办法。最典型的问题就是采暖问题，采用计量收费模式使得能耗管理者即用户本身有很强的节能动力。

合理的收费政策不但能使能源管理工作简单、合理，使用户不必考虑复杂的能源管理事宜，同时可使得节能与业主、物业、用户的利益挂钩，这样也体现了社会化大分工的效果，这对提高运行管理节能大有益处。

5.3 建筑用能系统节能改造实施

5.3.1 北方采暖地区既有居住建筑节能改造

5.3.1.1 政策和市场激励

我国北方城镇采暖能耗占全国城镇建筑总能耗的40%。既有建筑用热效率低是供热存在的主要问题之一，我国住宅的单位建筑面积采暖能耗折合标煤平均为20kg/(m^2·a)，是气候条件接近的北欧国家采暖能耗的1~1.5倍。基于历史原因，北方采暖地区居住建筑集中供热采用按面积计收热费的方式。

集中供热系统可以大致上分为热源、输配管网（一次网、二次网和换热站）、热用户三部分，每一部分都面临提高能效问题。解决能效工作推进难的核心问题主要有以下几点：

（1）北方地区集中供热普遍存在供热设施老化、地方财力匮乏、困难群体大、热费支付能力弱以及供热用能源价格上涨等实际困难。

（2）既有居住建筑产权分散，节能改造责任主体不明晰。

（3）按面积计收热费的运营模式阻碍了节能改造和可再生能源应用形成有效市场需求。

为激发既有居住建筑节能改造的市场需求，目前采用的激励机制是：按所有权分解和“谁用热谁交费”为核心原则的供热体制改革，具体方法是分栋热计量和按用热量收费。分栋热计量指在楼栋安装热计量表，其目的在于将热计量表两侧的所有权明晰化，进而明确节能改造主体。表前热源和输配管网由政府、热力公司和物业公司负责筹措资金实施改造；表后的居住建筑热用户则由政府、供热单位和产权所有者共同负担改造经费，实施围护结构和采暖系统节能改造。安装分栋热计量表即有条件实施按用热量收费，以激发节能改造和可再生能源应用的市场需求。

住房和城乡建设部在《关于推进北方采暖地区既有居住建筑供热计量及节能改造工作

的实施意见》(建科〔2008〕95号)中提出“十一五”期间，启动和实施北方采暖地区既有居住建筑供热计量及节能改造面积1.5亿m^2的目标，改造过程遵循整体、同步改造原则，即对供热系统和围护结构统一规划和设计，同步实施改造。

同时，居住建筑节能改造享受财政资金支持，财政部设立了“北方采暖地区既有居住建筑供热计量及节能改造奖励资金”，按照气候区、改造面积和节能效果确立了资金分配的方法。

5.3.1.2　实施步骤及内容

北方采暖地区既有居住建筑节能改造具体工作分解为五个阶段。

1. 规划阶段

对既有建筑的建设年代、结构形式、用能系统、能源消耗指标、寿命周期等组织调查统计和分析；落实主体是县级以上地方人民政府建设、财政主管部门；通过自上而下的任务分解启动实施。

《民用建筑节能条例》第二十五条规定：县级以上地方人民政府建设主管部门应当对本行政区域内既有建筑的建设年代、结构形式、用能系统、能源消耗指标、寿命周期等组织调查统计和分析，制定既有建筑节能改造计划，明确节能改造的目标、范围和要求，报本级人民政府批准后组织实施。

《关于推进北方采暖地区既有居住建筑供热计量及节能改造工作的实施意见》(建科〔2008〕95号)规定了既有居住建筑节能改造规划阶段的工作内容：

(1) 各省、自治区、直辖市应将国家分解的工作任务进一步分解到所辖各市(区、县)，并将分解结果报住房和城乡建设部、财政部备案。

(2) 各地根据承担的工作任务，确定具体改造项目。

(3) 各地建设、财政主管部门制定落实本地区改造任务的实施方案，经本级人民政府批准后，组织实施，同时报省级建设、财政主管部门备案。

(4) 各地建设、财政主管部门在所辖市(区、县)制订的实施方案基础上，填写既有居住建筑供热计量及节能改造项目汇总表及项目基本情况表，报住房和城乡建设部、财政部备案。

2. 节能诊断

《北方采暖地区既有居住建筑供热计量及节能改造技术导则(试行)》(建科〔2008〕126号)对节能诊断做了规定：既有居住建筑节能改造前应进行节能诊断，了解围护结构的热工性能、采暖系统能耗及运行控制情况、室内热环境状况等，通过设计验算和全年能耗分析，对拟改造建筑的能耗状况及节能潜力做出评价并出具报告，作为节能改造的依据。

节能诊断应包括以下内容：(1)围护结构及供热采暖系统现状调查；(2)围护结构热工性能及供热采暖系统节能性能的测试和诊断；(3)节能改造技术经济性评估。节能诊断应由建设单位委托具备相应资质的检测、评估机构进行。节能诊断方法可参照国家行业标准《采暖居住建筑节能检验标准》JGJ 132—2001中的有关规定。

3. 节能改造设计

《民用建筑节能条例》第二十八条规定：实施既有建筑节能改造，应当符合民用建筑节能强制性标准，优先采用遮阳、改善通风等低成本改造措施。既有建筑围护结构的改造和供热系统的改造，应当同步进行。

通过上一阶段的节能诊断工作，基本可以明确建筑结构体系的热工性能、建筑用能系统的能耗状况，可以有针对性地进行节能改造设计。节能改造设计的内容主要有：围护结构的改造设计、供热系统的改造设计和供热计量改造设计。

4. 节能改造实施

节能改造遵循现有的建筑节能强制性标准。节能改造应在节能诊断基础上，因地制宜的选择投资成本低、节能效果明显的方案。节能改造内容主要包括：(1)围护结构节能改造，(2)供热采暖系统节能改造，(3)供热采暖系统计量改造。

5. 效果监测与评估

《关于印发〈北方采暖地区既有居住建筑供热计量及节能改造技术导则〉（试行)的通知》（建科〔2008〕126 号)规定，节能改造完成后，应对改造工程的节能效果进行检测与评估。检测与评估应由建设单位委托具有相应检测资质的检测机构检测，并出具报告。检测的项目主要包括：改造后供热能耗测试及与改造前能耗的对比分析；建筑物平均室温测试与分析；单项改造措施效果测试与分析；改造投资与技术经济分析。

《关于试行民用建筑能效测评标识制度的通知》（建科〔2008〕80 号)中发布的《民用建筑能效测评标识管理暂行办法》规定，试行(测评标识)的建筑项目包括申请中央财政北方采暖地区既有居住建筑供热计量及节能改造专项资金奖励的建筑项目。

《关于印发〈民用建筑能效测评标识技术导则〉（试行)的通知》（建科〔2008〕118 号)中发布的《民用建筑能效测评标识技术导则》规定，导则适用于新建居住和公共建筑以及实施节能改造后的既有建筑能效测评标识。实施节能改造前的既有建筑可参照执行。

《关于印发〈北方采暖地区既有居住建筑供热计量改造工程验收办法〉的通知》（建城〔2008〕211 号)规定了供热系统按照供热计量收费的要求进行改造的验收依据、内容和组织。

5.3.1.3　考核要求

《关于推进北方采暖地区既有居住建筑供热计量及节能改造工作的实施意见》（建科〔2008〕95 号)规定：健全监督考核机制。住房和城乡建设部、财政部将视情况，组织对各地供热计量及节能改造工作进展情况以及中央财政奖励资金的使用情况等进行监督检查。各地建设主管部门应建立责任考核机制，将节能改造目标及任务落实情况作为责任部门领导及相关人员的绩效考核内容。有关检查考核结果将作为财政部清算中央财政节能改造奖励资金的主要依据之一。

5.3.2　国家机关办公建筑和大型公共建筑节能改造

5.3.2.1　政策和市场激励

国家机关办公建筑是公共建筑中的一个类型，大型公共建筑是面积大于 2 万 m^2、设有集中空调系统的公共建筑，国家机关办公建筑既有可能是大型公共建筑，也有可能只是普通公共建筑。研究表明，大型公共建筑是用电大户。把国家机关办公建筑单列，其原因有三：一是当把国家机关作为一个统计单元时，发现国家机关的能耗水平远远高出社会平均能耗水平，可以作为一组重点用能单位对待；二是在构建两型社会，推进节能减排的工作中，国家机关办公建筑有理由发挥率先垂范作用；三是国家机关办公建筑在用能费用结算机制方面不同于其他公共建筑，由国家财政全部负担。

大型公共建筑节能改造的市场激励机制是："能耗统计、能源审计、能效公示、用能定额、超定额加价"，最终实现通过价格杠杆撬动市场需求。而对国家机关办公建筑而言，用能费用全部由国家财政支付，使得超定额加价在国家机关办公建筑节能改造市场激发中不能有效发挥作用，所以国家机关办公建筑节能改造的市场激励机制略不同于大型公共建筑，重点是能耗统计、能源审计和能效公示。通过公示能效结果促使国家机关实施节能改造。

住房和城乡建设部《关于加强国家机关办公建筑和大型公共建筑节能管理工作实施意见》（建科〔2007〕245 号）中提出，"十一五"期间建立健全国家机关办公建筑和大型公共建筑节能监管体系和节能运行管理制度，进一步强化监督管理，建立和完善能效测评、用能标准、能耗统计、能源审计、能效公示、用能定额、节能服务等各项制度。

《国家机关办公建筑和大型公共建筑节能专项资金管理暂行办法》（财建〔2007〕558 号）规定，财政部设立"国家机关办公建筑和大型公共建筑节能专项资金"，并明确了资金支持领域和申请方法。

5.3.2.2　改造实施内容

《关于加强国家机关办公建筑和大型公共建筑节能管理工作的实施意见》（建科〔2007〕245 号）中提出，"国家机关办公建筑和大型公共建筑所有权人或使用人可以委托专业的能源服务机构对节能改造的必要性、可行性以及投入收益比等进行科学论证，并采取合同能源管理等方式组织实施。在改造时应同步考虑采用可再生能源。各地建设主管部门要在其改造过程中进行监督与管理，给予必要的指导和协助。国家机关办公建筑、政府投资和以政府投资为主的大型公共建筑的节能改造，应当制定节能改造方案，经充分论证，并按照国家有关规定办理相关审批手续后，方可进行。凡违反国家有关规定和标准，以节能改造的名义对既有建筑进行扩建、改建的，当地建设部门不得办理相关审批手续。"

《民用建筑节能条例》第二十八条规定：实施既有建筑节能改造，应当符合民用建筑节能强制性标准，优先采用遮阳、改善通风等低成本改造措施。既有建筑围护结构的改造和供热系统的改造，应当同步进行。节能改造项目的实际实施阶段严格按照改造设计图纸进行。

《公共机构节能条例》二十六条规定：公共机构可以采用合同能源管理方式，委托节能服务机构进行节能诊断、设计、融资、改造和运行管理。

《民用建筑能效测评标识技术导则(试行)》（建科〔2008〕118 号）适用于新建居住和公共建筑以及实施节能改造后的既有建筑能效测评标识。实施节能改造前的既有建筑可参照执行。

改造工程完工后，由业主单位委托具有资质的能效测评机构对能量及节能效益进行实际监测。检测的项目主要包括：改造后供热能耗测试及与改造前能耗的对比分析；建筑物平均室温测试与分析；单项改造措施效果测试与分析；改造投资与技术经济分析。

5.3.2.3　考核要求

《关于加强国家机关办公建筑和大型公共建筑节能管理工作的实施意见》（建科〔2007〕245 号）规定：强化考核评价管理。各地要建立国家机关办公建筑和大型公共建筑节能的奖惩考核机制，要把节能量纳入本地单位 GDP 能耗降低的考核目标体系，将节能管理目标及任务分解落实到各级管理机构及人员工作的绩效考核内容。各地工作进展情况将作为全国建筑节能专项检查专项考核评价的重要内容。

5.4 建筑节能改造的合同能源管理模式

建筑节能改造涉及不同的建筑类型，多种能耗设备、形式多样的供热空调系统等具体改造对象。针对不同的改造对象，考虑投资经济性的前提下，要解决如何实现不同建筑结构的围护结构节能、如何保证不同设备在高效率的工况下运行、如何减少不同形式供热空调系统的整体能耗损失等一系列的问题，这一活动具有很强的技术性。同时，既有建筑节能改造包含能耗审计、方案设计、改造施工和运行管理以及融资等一系列的专业服务环节，任何环节的好坏，都会影响到其后续的工作质量，并最终影响节能改造效益水平。这客观上要求具有专业集成优势的单位承担改造活动，建筑节能服务恰恰能够满足此项要求。此外，建筑节能服务特有的运作模式避免了业主的财务风险和技术风险，也大大节约了业主自己整合改造资源带来的交易成本，这有利于吸引业主进行建筑节能改造。

5.4.1 合同能源管理模式应用于建筑节能改造的必要性和可行性

5.4.1.1 必要性分析

1. 政府职能转变的需要

我国目前面临的主要问题是市场本身还不发达，市场机制不能较充分地发挥配置资源的作用。从我国节能改造事业的发展进程中可以看出，很久以来政府都是在以计划经济的手段来配置其资源，在人民大众中造成其建筑节能是政府的工作之歪曲的思想意识。如此，恶性循环更加造成了节能市场的不发达，市场机制的不完善。当前最为迫切的任务就是引导和促进节能机制面向市场的过渡和转变，政府应以宏观调控为主，不再干涉具体市场的运转。

2. 建筑节能服务产业健康发展的需要

随着我国加大建筑节能工作力度，建筑节能服务市场化必将成为发展趋势，市场空间将逐步增大。而我国的物业管理人员的技术水平参差不齐，仅凭经验判断对大楼设备做出相应的改进，没有从建筑围护结构、建筑环境与设备整体出发，系统考虑建筑的能耗问题。合同能源管理机制的引入无疑将大大促进节能服务公司的专业化水平，对规范节能服务产业的发展起到积极作用，从而更加有利于我国建筑节能事业的发展。

3. 节能改造融资渠道创新的需要

我国既有公共建筑面积数量非常多，建筑物空调系统及围护结构的节能改造和北方地区供热系统的改造工作量巨大，需要大量的资金投入。目前的情况是，仅依靠国家财政补贴和地方政府资金配套不能有效地持续支持既有公共建筑的节能改造项目。合同能源管理机制可以说是一种新兴的建筑节能融资模式。在合同能源管理机制下，节能服务公司负责其融资改造。“合同能源管理”的运作模式可以帮助企业解决三大节能障碍：一是解决节能改造资金；二是为企业引进先进、成熟的节能改造技术；三是为企业承担节能技术改造的失败风险，一旦节能技术改造失败，由于企业没有投入，将不承担任何投资风险。

5.4.1.2 可行性分析

1. 国外的成功经验

"合同能源管理"这种节能新机制的出现和基于"合同能源管理"机制运作的节能服务产业繁荣发展，带动和促进了北美、欧洲等国家全社会节能项目的加速普遍实施。20世纪70年代中期以来，"合同能源管理"在市场经济国家中逐步发展起来，而基于这种节能新机制运作的专业化的"节能服务公司"的发展十分迅速，正在全球范围内推广。尤其是在美国、加拿大和欧洲，EMC已发展成为一种新兴的节能产业。

在国外，节能服务公司EMC(Energy Management Compang)被视为全世界提高能效的一项重要措施，尤其在目前竞争日益激烈、电力公共事业发展私有化的国家则更是如此。美国以节能为目的的能源管理和服务产业在20世纪80年代后期真正进入发展期。尤其是整个20世纪90年代，能源管理产业以平均每年24%的增长率高速增长(20世纪90年代后期的增长有所减缓)。到2000年，美国能源管理产业的市场价值已在20亿美元左右。虽然2000~2005年的年增长率大约在10%~15%之间，也已经比很多传统行业仅个位数的增长率高出许多。

2. 国内建筑节能市场的培育和规范

我国建筑节能工作开展了十多年，从政策、法规制度、技术标准体系、创新等方面取得了阶段性的成果，建筑节能工作的发展为建筑节能服务市场的发展创造了必要条件。

首先，《民用建筑节能管理条例》的颁布实施，为建筑节能管理提供法律保障；以政府办公建筑和大型公共建筑为突破口，通过对其强制实行能效审计制度和节能改造，拉动建筑节能服务的市场需求。制定并完善建筑能耗统计、能效审计、能耗定额、能效测评、运行节能管理等标准或技术导则等，建立并完善建筑能效标识制度，加强政府监督，规范建筑节能服务市场。

其次，初步建立了以节能50%为目标的覆盖全国三个气候区、包括居住和公共建筑的标准体系，一部分地区已开始实行以节能65%为目标的设计标准。此外，国家还颁布了《采暖居住建筑节能检验标准》、《住宅建筑规范》、《住宅性能评定技术标准》、《绿色建筑评价标准》、《建筑节能工程施工验收规范》等，进一步完善了建筑技术标准体系。

第三，加快推进城镇供热体制改革，逐步推行按用热量分户计量收费的办法，引入竞争机制，深化供热企业改革，实行城镇供热特许经营制度。发布《城市供热价格管理暂行办法》(发改价格〔2007〕1195号)，完善完善城市供热价格形成机制，规范热价管理。

2010年4月，《关于加快推行合同能源管理促进节能服务产业发展的意见》(国办发〔2010〕25号)的下发，预示着我国大力推进节能服务产业的开始，其中提到"加大资金支持力度"、"实行税收扶持政策"、"改善金融服务"等措施，完善和促进节能服务产业发展。《财政部、国家发展改革委关于印发〈合同能源管理财政奖励资金管理暂行办法〉的通知》(财建〔2010〕249号)中对实行合同能源管理项目的支持条件和奖励办法进行明确，其中明确工业、建筑、交通等领域以及公共机构节能改造项目为支持对象。

中国标准化研究院、中国节能协会节能服务产业委员会等单位负责起草的《合同能源管理技术通则》GB/T 24915—2010已于2010年8月9日发布，2011年1月1日起正式实施，其中规定了合同能源管理的术语和定义、合同类型、技术要求和参考合同文本等。该标准的制定对节能服务公司实施合同能源管理项目、用能单位采用合同能源管理这一节能服务机制实现节能降耗具有指导意义；对政府推广合同能源管理机制，落实有关激励扶持政策具有重要的支持作用。

5.4.2 既有建筑节能改造的EMC模式解决方案

EMC是基于合同能源管理机制运作的，以赢利为直接目的的专业化公司。它集前期工程诊断、中期融资、采购、安装，后期节能测定及跟踪服务为一体的全方位、系统化服务公司。其实质是以减少能源费用来支付节能项目全部成本的投资方式，这样一种节能投资方式允许用户使用未来的节能收益用于设备改造和升级，以降低运行成本。

发达国家在建筑节能改造时采用EMC模式取得了很大成功。由EMC对建筑运行系统进行诊断，确定节能改造方案，然后由EMC投资或融资，按照改造方案进行施工，再从节能收益的逐年分成中回收节能改造时投入的资金并获得收益。这种模式可以减少业主对节能改造的顾虑和资金负担。同时，由于节能服务公司只能从节能效益中获得收益，从而促进了以节能效果为导向的节能改造工作长期执行。在此，给出了既有建筑节能改造的EMC模式解决方案，具体实施如图5-4所示。

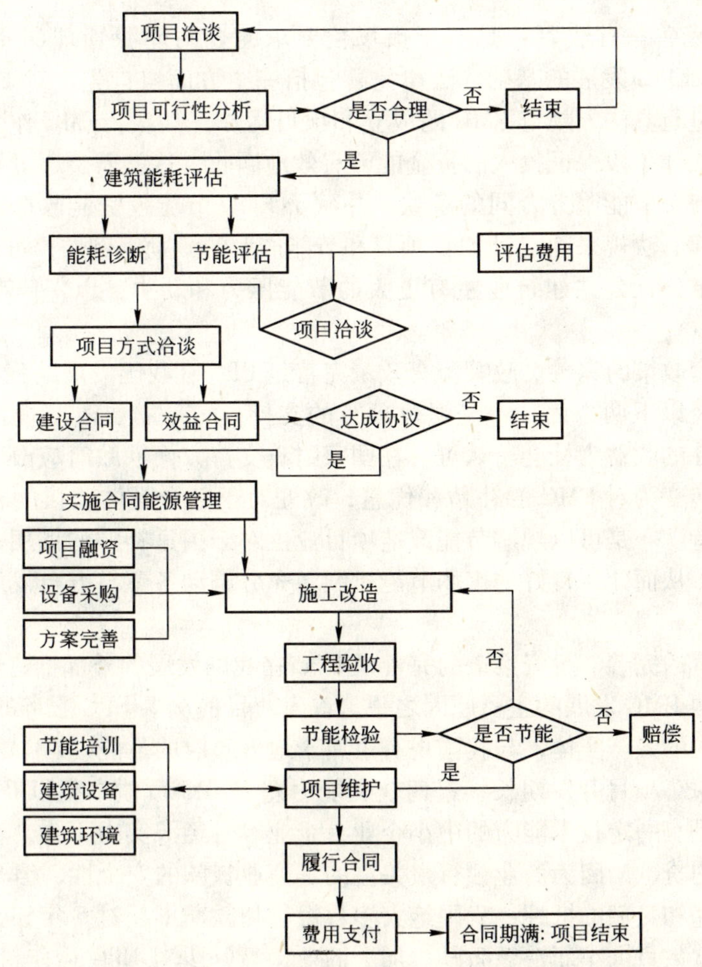

图5-4 既有建筑节能改造的EMC模式解决方案

首先，对建筑节能改造项目进行可行性分析。如果立项通过，则对建筑能耗进行评估，评估内容包括能耗诊断和节能评估。其次，实施项目洽谈，业主和 EMC 公司只有先明确建设合同和节能效益合同，才能开展实际的合同能源管理。最后，进入施工改造和项目维护阶段。EMC 负责项目融资、设备采购及方案的进一步完善。实施建筑节能改造后，对工程项目进行验收。这期间必须进行节能检验，确认改造前后的节能量，在这一环节能耗分项计量将起决定作用。如果节能量没有达到预期的目标，则继续实施改造，直到业主与 EMC 公司对节能量的认可达成一致。在项目维护阶段，EMC 提供节能培训、建筑设备维护、建筑环境监测等后期服务，确保节能运行的连续性。

5.4.3 完善我国建筑节能改造同能源管理模式的建议

EMC 是实施合同能源管理的载体，合同能源管理这种先进节能模式的应用推广还主要在于对 EMC 相关政策的完善及 EMC 自身的发展。为 EMC 在公共建筑节能领域实施合同能源管理营造好的市场环境，最终促进节能服务产业的发展。根据国内 EMC 的发展现状并借鉴国际成功的经验，从以下几个方面提出几点建议。

1. 完善外部环境

（1）法律的完善。有法可依是基于市场化要求的合同能源管理（Energy Performance Contracting，简称 EPC）发展的基础。法律完善包括三个方面：首先，对 EMC 设立的门槛和严格管理方面进行立法，规范 EMC 的成立和项目运作；其次，EMC 作为投资和服务的一方，如何通过法律手段保证投入的资金能够有效地回收，这就需要通过立法来定义 EMC 的权力义务或者保障节能服务合同的条款，并赋予 EMC 节能投资能收取回报的权力。第三，建立相关法律、法规来确定对 EPC 项目和节能产业的激励。例如，可以通过出台更多强制性的节能标准，让公共建筑业主有更大的节能压力和动力，以保障节能服务产业的发展。

（2）政府配套政策的完善。政策配套政策完善是 EPC 在我国发展的强有力保障。政府配套政策主要涉及以下两方面：一是财政预算的支持；二是需要改革现行会计和税务体系，使基于未来性的收益为社会所认可。在国家财政支持方面，政府应改变对业主的节能改造补贴和优惠转变为对 EMC 的补贴和优惠，改变对于某个具体项目的支持转变为对整个节能产业的支持。一是可以规避节能改造项目业主对于国家补贴的挪用；二是可以促进节能产业的发展，从而建立良好的市场节能机制，充分调动各参与方自发地从事节能改造活动。

（3）融资渠道的完善。融资渠道的完善是 EPC 在我国发展的外部推进器。目前资金瓶颈仍然是阻碍我国 EMC 发展的主要原因之一。首先，目前从事 EPC 服务的 EMC 是不具备政府色彩的商业性的经济实体，与我国现有隶属于地方政府的节能（技术）服务中心有着本质区别；其次，EPC 项目开发期长，近期获利能力差，EPC 负债率高以及项目融资困难；第三，EPC 多数是有一定技术能力的中小企业，企业本身经济实力不强，在项目操作中很难取得商业银行的贷款。因为商业银行最关注的是商业贷款的安全性，但 EPC 常常无力向银行提供信用担保和足额的抵押，我国绝大多数银行贷款期不超过 5 年，银行往往觉得单个节能项目的贷款数目太小而缺乏激励。加上商业银行缺少对 EPC 运作机制的深入了解，对节能技术和节能项目不熟悉，因此，也难以实施信贷业务。融资渠道不通，导致大量资金投入大的好的节能项目无法实施。

除传统的商业银行贷款模式外，为支持EPC在我国的发展，可以从以下几方面拓展融资渠道：

第一，加大对国际援助资金的引入程度，在原有的世界银行、全球环保基金的基础上，加大对国际金融公司、亚洲开发银行及欧美发达国家援助资金的引入；

第二，建立节能产业基金，以保证节能环保资金长期稳定的资金来源；

第三，允许成立EPC项目公司，集合社会多重资源，降低单一个体风险；对于国家政府机关的节能改造可根据建筑物的类型及能耗特点采用一次性打包的方式进行改造，EMC采用项目融资，进行项目管理可大大降低其风险因素；

第四，国家政策性银行如国家开发银行等要加大对节能环保的支持力度；

第五，鼓励金融机构、风险投资机构、专项基金、种子资金进入节能服务领域，为EMC搭建更为广阔的融资服务平台。

2. EMC自身的完善

我国EMC自身的完善除了加强国际交流、学习国外先进经验外，还要在内部管理、技术创新、联手协作等方面下功夫。只有这样才能将节能服务产业做大，促进公共建筑甚至其他建筑物节能改造的市场化。

(1) 明确定位，合理完善内部组织结构

EMC在三大产业分类中，应该归属于第三产业。在定位上，EMC应该定位为高新技术产业、知识密集型企业。因此，管理及技术型人才是企业发展的基石，应建立一个有效的吸引人才的机制。一个良好的企业文化不但可以激发全体员工的热情，统一企业成员的意念和欲望，而且是留住和吸引住人才的有效手段。企业持续正常的运作必须依靠完善的制度，像对于发展初期的EMC往往对个体的力量依赖性更大。因此，企业应建立一个系统的完善的管理制度体系，一个持续的、完整的人力资源管理体系。

(2) 优势互补、共同发展

节能服务项目涉及的面很广，对于公共建筑来讲，涉及制冷、采暖、供电等很多专业。因为技术和专业的限制，不可能包揽所有的业务领域。如果节能服务公司之间形成共享机制，就可以共同组成一个项目团队去实施，发挥各自的优势，实现多方共赢。这样就不需要每一家EMC都自己去建立小而全、大而全的项目团队，从而造成资源的浪费和加剧行业内竞争。

(3) 建立行业协会组织

行业协会是对一个国家、地区乃至世界经济起着重要作用的权威性的社会中介机构。尤其是在市场经济体制非常完善的国家，行业协会在管理成员企业上的作用甚至超过了政府。我国节能服务还未真正形成一个产业，因此协会的作用还未体现出来。EMC自发组织成立协会组织有利于帮助国家在产业政策和法律法规的制定方面出谋划策，代表全体会员的利益，在行政上不受政府约束。协会与会员之间不是领导与被领导的关系，协会是企业利益的维护者和服务员。在国外，政府一般是不与企业发生直接接触的，即使企业要反映情况和提出建议，都是通过行业协会来实现的。因为单位或一个企业同政府交涉非常困难，政府即使接受企业的请求，往往先征询协会的意见。会员企业向协会反映共性问题，由协会出面同政府谈判，成功的可能性较大。协会组织在加强行业自律、避免恶性竞争、开展交流活动等方面都会发挥巨大作用，从而有助于EMC的发展和整个节能服务产业的健康发展。

5.5 工 程 实 例

5.5.1 商业建筑节能改造

深圳中兴通讯科技园原有中央空调系统的运行控制及管理均为人为操作，每年使用255天，能源浪费较大。2004年6~9月，贵州汇通华城楼宇科技有限公司与其签署了能源服务合同，合同额421600元，规定由贵州汇通负责对深圳中兴通讯科技园一幢6.5万m^2综合楼的供冷系统实施按负荷变化运行改造，并在改造后的2.5年内分享其节能效益的80%。贵州汇通投资42.16万元引入一种带智能控制功能的中央空调专家管理系统，使中央空调系统保持高效、协调的运行，在改造后实现年节能效益96.85万元，建成节电能力149万kWh/年，折节约标准煤595t/a，并形成二氧化碳338t/a，二氧化硫11t/a，总悬浮颗粒物8t/a的减排能力。改造前后的具体数据和节能效益列表如表5-1~表5-5所示。

原系统年耗能情况 **表5-1**

装机容量(kW)	负荷量(kW)	年用电量(kWh)	年耗能量(吨标准煤)
3240	2356.1	4806400	1918

新系统年耗能情况 **表5-2**

装机容量(kW)	负荷量(kW)	年用电量(kWh)	年耗能量(吨标准煤)
3240	2356.1	3316400	1323

年节能量和年节能效益 **表5-3**

原系统年耗电量(kWh)	新系统年耗电量(hWh)	年节电量(kWh)	年节能量(吨标准煤)	年节能效益(元)
4806400	3316400	1490000	595	968500

注：电价为0.65元/kWh。按设备寿命期10年计，可节电1490万kWh，折5945吨标准煤。

主要大气污染物减排效果 **表5-4**

年减排量(t)			寿命期减排量(t)		
二氧化碳	二氧化硫	悬浮颗粒	二氧化碳	二氧化硫	悬浮颗粒
338	11	8	3380	110	80

寿命期业主的收益(单位：万元) **表5-5**

年度	0	1	2	3	4	…	10
项目现金流	-42.16	96.85	96.85	96.85	96.85	…	96.85
业主现金流	0	19.37	19.37	58.11	96.85	…	96.85

类似这种商业建筑空调系统节能改造的例子还有很多，目前大部分的建筑节能服务项目都属此列。例如北京新时代大厦在签订了为期6年的节能合同管理服务后，服务商为其1.76万m^2的大楼免费提供机房水系统和能源系统改造，使得改造后的夏季制冷能耗从2005年的每平方米8.96kg标准煤降到4.44kg标准煤，节能率达50.4%，6年合同期内可节省477.31吨标准煤。合同签订前3年每年能耗费用从改造前的150万元降到100万元，后3年降到80万元，6年合同期内用户可节省制冷费用360万元。

5.5.2 节约型校园监管体系

同济大学自2003起在全国率先开展节约型校园创建工作，经过全校上下几年的努力，逐步形成了良好的校园节约风尚，建立起科技节能、管理节能和节约育人三位一体的节约型校园建设体系。与此同时，依托学科优势，整合科研资源，积极承担和参与了一大批新能源新材料开发、可再生能源利用、资源循环利用、环境保护等与节能减排紧密相关的重大科研课题及国家重大科研项目，取得了一大批科研创新成果，培育了一批优秀的科研人才，促进了学科的发展，为全社会节能减排提供了强有力的科学技术支撑。

5.5.2.1 科技节能重实效

依托科学创新，积极实施可再生能源利用和资源循环利用，先后建成了学生集中浴室的太阳热能利用系统、电蓄热锅炉、中水处理和回用系统、洗浴废水热回收利用系统、人工湿地水处理系统等。重点落实节能节水措施，校园灌溉用水实现100%非自来水源。新建建筑积极执行国家节能设计标准，超越本地区现行节能目标，率先实现建筑节能65%的性能设计。改建工程及历史保护建筑改造合理，采用相适应的建筑节能材料及生态、节能技术，集成应用建筑围护结构的保温隔热、低辐射节能型外窗、建筑遮阳、屋顶绿化、节能照明，因地制宜地采用了利用可再生浅表层热(冷)能的地源热泵空调系统、利用地道风道的新风预冷(热)空调通风系统、舒适节能的辐射式空调末端系统；结合大空间特点采用的置换空调通风、中庭复合通风与系统；有利于城市电网供电削峰填谷的冰蓄冷空调系统等。这些建筑节能综合集成技术为校园设施的节能起到了重要的示范作用，以及显著的经济效益和环保效果。

5.5.2.2 节约育人为中心

节约型校园建设的最大社会效益还体现在育人方面，通过建设节约型校园实现对社会造成辐射作用和深远影响力。

学校结合自身的学科优势和特点，在校内积极建设节能环保精品课程，面向校内外举办各类节能、资源循环利用科技讲座，普及节能科技，服务于社会。

在节约型校园建设过程中，从教学实践到校园宣传、学生工作等方面进行了创新实践。教学上形成了从本科到研究生教育的系列节能环保相关课程。团委、学生会工作开创了学生自主节能创新活动的局面，开设了节能论坛、“节能减排和十五讲”等系列报告会，建筑、规划、能源、环境等相关学科的领军学者、专家积极投身节能普及教育中，强化了学生的节约意识，丰富了校园文化，推动了节能减排工作开展。学校建立起多层次节能科教基地，开放示范技术、普及节能科技、提高节约意识、支持和引导学生的节能主题活动。校园中涌现出“节水节电周”、“节粮周”、“绿色环保周”等一系列学生主题活动。

5.5.2.3　节约管理显成效

节约型校园建设是一项长期的工作，校园设施的节能运行管理是关键，需要建立长效机制和校园设施节能监管平台。

学校重点加强了对学生用电、用水的节约管理：学生宿舍、集中浴室装上了智能IC卡，实行了水电缴费校园一卡通。综合效应显示，节电率和节水率分别高达40%和30%以上。特别是集中浴室在节水的同时，浴室接纳量也得到提升，原来每天只能接纳1700人次的一个浴室，现在接纳量超过4000人次，整整提高了1.5倍，节约了学校新建浴室的投资。

在原有工作的基础上，同济大学参照我国大型公共建筑节能相关导则和标准及国内外经验，开始了校园建筑设施节能监管平台的规划和建设。校园节能监管平台建设的目标是实现全校的能耗数据化、管理动态化、数据可视化、节能指标化。根据平台设计原则和目标，基于“集中管理，分布采集”的思想，系统构架基于校园网络，减少系统建设成本。在列入监测、服务和管理对象的建筑设施用户末端设置具备通信功能的数字式计测表具（电表、水表及燃气表具等），将采集的信号通过组网设备及网络远程传输到监控中心终端，通过节能监管软件实现校区的能耗监测、数据管理服务和对策制定。管理平台除实时动态掌控全校各建筑能耗状况外，还嵌入建筑能耗模拟模块功能，可对节能措施进行预测评估，为校园设施节能对策提供决策支撑。

5.5.3　供热系统改造

家馨供热公司是北京市怀柔区城镇供热的一家股份制企业。近年来为了提高其承担的怀柔区供热系统能源利用率，自主开发了量调节技术，对该公司的供热系统进行了改造。供热面积160万m^2，其中节能建筑为7%，93%是非节能建筑。共有燃煤锅炉22台，最大容量20t，最小的6t。通过系统改造，每平方米能耗指标为：煤19.7kg；电2.1kWh；水28.6L，比改造前分别节省了22.2%；45%；53.5%。煤、水、电耗指标明显下降，也大大低于北京地区能耗平均指标。如果采暖建筑都是节能建筑，并实施供热计量收费的话，节能效果将会更为明显。2006年，家馨供热公司为扩大该技术的应用范围，与北京石景山区鲁谷供热厂合作，由该公司提供技术和改造资金，通过签订合同，对鲁谷供热厂190万m^2的供热系统进行了改造，预计当年可节煤3800t、节电52万kWh，同样收到了很好的节能效果。

该项技术除节能效果十分明显外，还具有以下三个特点：一是改过去质调节为量调节方式；二是改造工程量不大，实施比较容易；三是改造成本低，一般2~3年内即可从节约的能源效益中补偿改造成本。这是一项经济可行、便于推广的实用技术，如全面推广具有十分重要的意义。

据统计，北京市有燃煤锅炉供热面积1.6亿m^2，现供热平均每平方米指标为：煤25.3kg、电3.82kWh、水61.4L。如果经过改造都达到上述标准，每年全市即可节约煤89.6万t，节约电2.75亿kWh，节约水524万t，按照平均价格：煤400元/t；电0.6元/kWh；水4元/t计算，每年可节约资金5.44亿元。

我国北方地区供热采暖是能源消费的重要方面。目前除少数新建大型集中供热系统技术比较先进外，绝大部分集中供热系统都和北京怀柔区的集中供热、石景山鲁谷供热厂的供热系统改造前差不多，能效低、浪费严重。在我国能源短缺的形势下，如果都能利用量调节技术进行节能改造，可以起到立竿见影的作用，节能效果将十分可观。

参考文献

[1] 绿色奥运建筑研究课题组．绿色奥运建筑评估体系．中国建筑工业出版社，2003

[2] 江亿．商业建筑节能技术与市场分析．江西能源，2000(3)

[3] 龙惟定．建筑节能与建筑能效管理．北京：中国建筑工业出版社，2005

[4] 吴刚．美国合同能源管理(EPC)市场发展现状．上海电力，2005，(4)

[5] 吴施勤．合同能源管理促进政府机构节能的作用．中国能源，2004，(5)：22-23

[6] 潘文玉，高阳．浅谈办公建筑节能改造．建筑安全，2007，(7)

[7] 任邵明，郭汉丁，续振艳．我国建筑节能市场的外部性分析与激励政策．建筑经济，2009，1

[8] 住房和城乡建设部政策研究中心课题组．对建筑节能经济激励政策的几点思考．中华建设，2009，6

[9] 孙鹏程，刘应宗，尹波．节能建筑市场的信息不对称分析及对策．西安电子科技大学学报(社会科学版)，2008，2

[10] 龙惟定．物业设施管理与暖通空调．暖通空调，1998，28(4)：25-29

[11] 武涌，刘长滨．中国建筑节能管理制度创新研究．北京：中国建筑工业出版社，2007

[12] 住房和城乡建设部．《能耗监测系统软件开发指导说明书》，2009

[13] 住房和城乡建设部．《建筑能耗统计技术导则》，2008

第 6 章　可再生能源建筑应用

6.1　背　　景

可再生能源包括水能、风能、太阳能、生物质能、地热能和海洋能等，资源潜力大，环境污染低，可永续利用，是有利于人与自然和谐发展的重要能源。20 世纪 70 年代以来，可持续发展思想逐步成为国际社会共识，可再生能源开发利用受到世界各国的高度重视，许多国家将开发利用可再生能源作为能源战略的重要组成部分，提出了明确的可再生能源发展目标，制定了鼓励可再生能源发展的法律和优惠政策，可再生能源得到迅速发展，成为各类能源中增长最快的领域。

随着经济社会的发展，化石燃料的生产和消费，环境污染日益严重，经济发展和资源环境的矛盾日趋突出，气候变化和能源安全已经成为全球经济发展面临的重要问题。发展可再生能源对于改变我国传统的以煤炭为主的用能模式，保证能源供应，改善环境，促进社会的可持续发展，都具有十分重要的战略意义。可再生能源是我国重要的能源资源，在满足能源需求、改善能源结构、减少环境污染、促进经济发展等方面发挥了很大作用。

随着我国城市化进程的推进、经济的发展，我国城乡建筑每年都要消耗大量的能源。根据统计，到 2000 年，房屋建筑耗能量为 3.5 亿标准煤，约占全国总能源消耗量的 27.5%，并且呈逐年稳步增长趋势。一方面，我国正处在高速建设期，每年城乡房屋建筑竣工面积约为 20 亿 m^2；另一方面，我国单位建筑面积能耗高，单位面积采暖能耗达到气候条件相近的发达国家的 3 倍以上。大量的高能耗建筑的投入使用必将导致建筑能耗总量快速上升。以我国现有建筑能耗水平计算，到 2020 年建筑能耗将达到 10.89 亿吨标准煤，为 2000 年的 3 倍，也就是说，差不多相当于 2000 年全国能源总消耗量。我国建筑能耗增长趋势如图 6-1 所示。

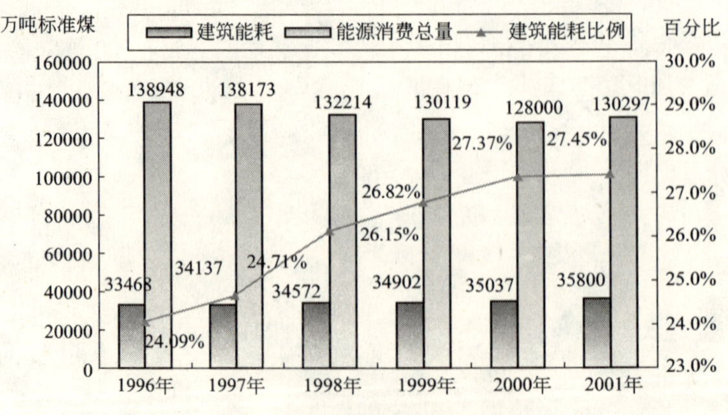

图 6-1　我国建筑能耗增长趋势

建筑能耗的增长一方面是由于室内温度环境的改善，建筑服务水平的提高，以及建筑内用能设备的增加造成单位面积能耗的攀升；另一方面是由于人口增加和人均建筑面积的增长，特别是随着城市化程度的推进，城市人口的增加，造成我国城镇建筑总面积在10年内从62亿 m^2 增到175亿 m^2（见图6-2）。

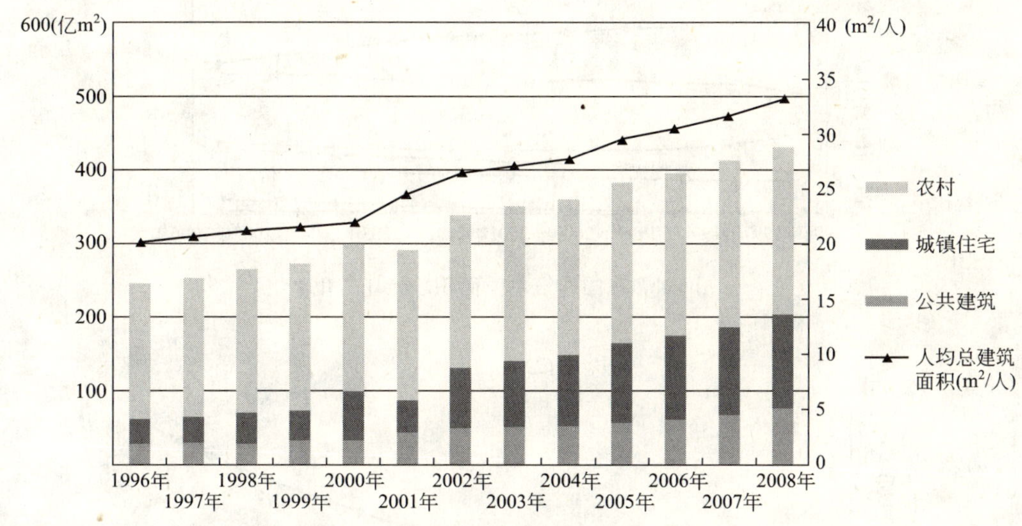

图6-2 1996~2008年我国各类建筑面积/人均建筑面积变化

从图6-3和图6-4可以看出，随着中国城市化进程的推进、经济的发展，我国建筑能耗总量呈持续增长态势，十年内几乎翻了一番，并且增长速度有越来越快的趋势。如果任由建筑能耗照此速度增长，必然给我国能源供应安全带来极大的压力。从另一方面来看，如果我国各级政府在推进建筑节能工作进展良好，那么我国的建筑节能潜力将是巨大的（见图6-5）。

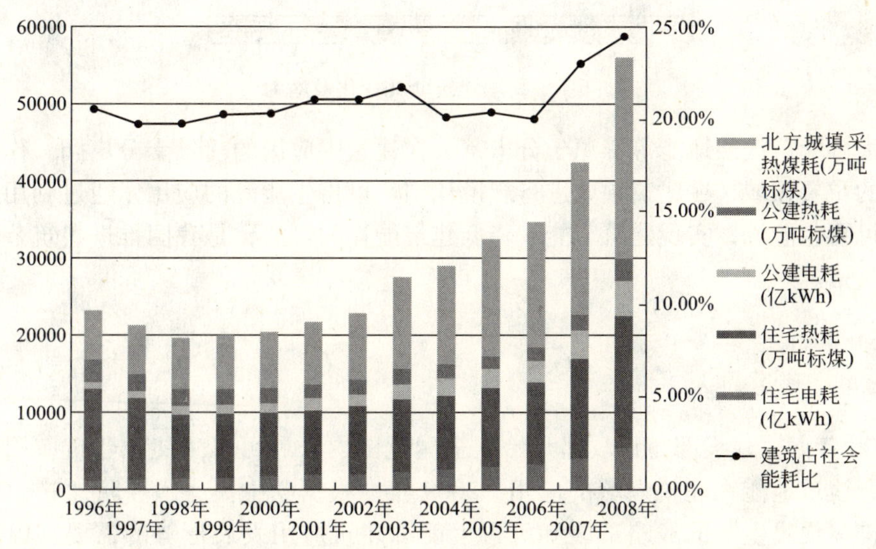

图6-3 1996~2008年中国建筑能耗变化表

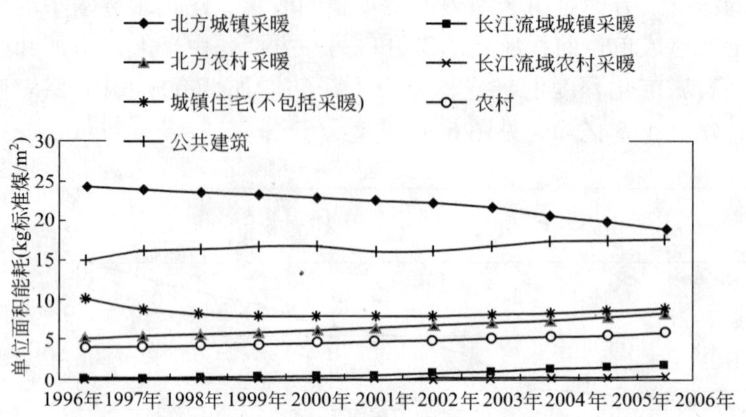

图 6-4 我国建筑单位面积总能耗变化

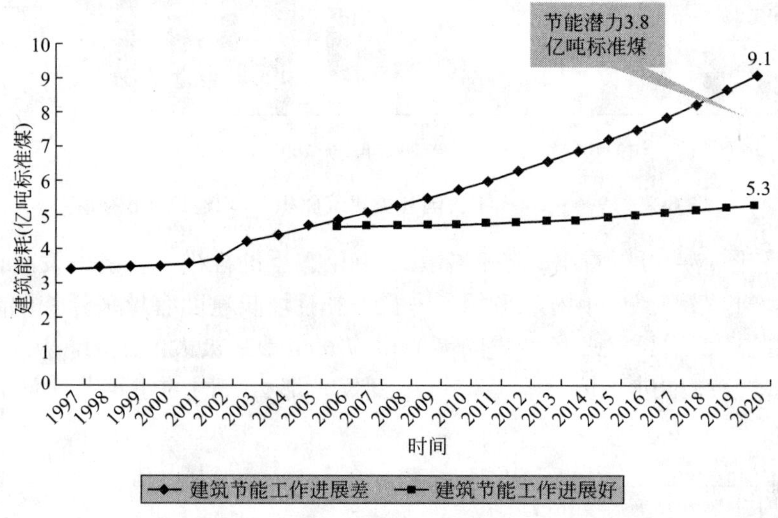

图 6-5 我国建筑能耗变化及潜力

我国太阳能、浅层地能等资源十分丰富，在建筑中应用的前景十分广阔。作为可再生能源应用的主要领域，在建筑领域进行规模化推广可再生能源的应用，通过利用建筑的载体来应用可再生能源，实现建筑节能，降低建筑能耗的目的，是我国推进建筑节能工作的一个创新举措。

6.2 意　　义

自 2006 年起，建设部与财政部开始在全国范围内开展可再生能源建筑应用示范，包括太阳能、浅层地能在建筑领域的应用。2009 年，根据党中央、国务院“扩内需、保增长、调结构、促民生”的战略部署和可再生能源建筑应用发展形势的需要，以启动我国“太阳能屋顶计划”为切入点，开展了太阳能光电建筑应用示范；同时，启动了可再生能源建筑应用城市示范和农村地区示范工作，标志着我国推进可再生能源建筑应用工作从抓单个项目示范到抓区域整体推进，统筹兼顾城市与农村，推进模式实现跨越，其意义有以下几点：

（1）推进可再生能源在建筑中应用是贯彻落实科学发展观，调整能源结构，保证国家能源安全的重要举措。可再生能源是重要的战略替代能源，对增加能源供应，改善能源结构，保障能源安全，保护环境有重要作用，是建设资源节约型、环境友好型社会和实现可持续发展的重要战略措施。利用太阳能、浅层地能等可再生能源解决建筑的采暖空调、热水供应、照明等，是可再生能源应用的重要领域，对替代常规能源，促进建筑节能具有重要意义。

（2）推进可再生能源在建筑中应用是实施国家能源战略的必然选择。我国太阳能年辐照总量超过4200MJ/m^2的地区占国土面积的76%，是世界上太阳能资源最丰富的大国之一。在地表水、浅层地下水、土壤中可采集的低温能源十分丰富，利用潜力巨大。太阳能和浅层地能都属于低品位能源、热值不高，按照分级用能原则，这些能源最能满足建筑生活用能的需要。因此，大力推进太阳能、浅层地能等可再生能源在建筑中应用，是解决建筑用能最经济合理的选择。

（3）推进可再生能源在建筑中应用是满足能源需求日益增长，改善人民生活质量，提高建筑用能效率的现实要求。我国工业化、城镇化进程正处于快速发展时期，随着群众生活改善，在夏热冬暖的南方地区和夏热冬冷的过渡地区，夏季空调电耗急剧攀升，原本不属于采暖区域的城镇也开始建设供热系统，广大农村地区越来越多地改用煤、天然气、电等商品能源，建筑用能呈现不断增长趋势。依靠可再生能源解决建筑新增用能需求，不仅能满足人民群众改善居住质量的要求，而且也能有效缓解我国能源供需矛盾。

（4）推进可再生能源在建筑中应用是实现“保增长、扩内需、调结构”的宏观调控目标的有效途径。近年来，可再生能源建筑应用技术水平不断提升，应用面积迅速增加，部分地区已呈现规模化应用势头，通过开展可再生能源建筑应用规模化应用示范，有利于发挥地方政府的积极性和主动性，加强技术标准等配套能力建设，形成推广可再生能源建筑应用的有效模式；有助于拉动可再生能源应用市场需求，促进相关产业发展；有利于促进实现“保增长、扩内需、调结构”的宏观调控目标。同时，推动太阳能光电技术在城乡建设领域的规模化、专业化应用，可以有效带动高新技术及节能环保领域的资金投入，可以促进建材、化工、冶金、装备制造、电气、建筑安装、咨询服务等多个产业实现调整升级，对于实现产业结构调整，促进经济增长方式转变，扩大就业，具有十分重要的现实意义。

（5）推进可再生能源在建筑中应用是保障与改善民生的重要举措。近年来，我国农村地区建筑用能迅速增加，尤其是北方地区农村建筑采暖以生物质能源为主的模式，正逐渐被以煤炭等化石能源为主的模式所替代，农村建筑节能形势严峻。广大的农村地区太阳能、浅层地能等可再生能源资源丰富、应用条件优越、发展空间巨大。通过在农村地区加快推进可再生能源建筑应用，可节约与替代大量常规化石能源；可以加快改善农村民房、农村中小学、农村卫生院等公共建筑采暖设施，保障与改善民生；可以带动清洁能源等相关产业发展。

6.3 推 进 战 略

可再生能源在建筑领域的应用是可再生能源应用的最重要的方式之一，也是我国推进建筑节能工作的重要的创新举措之一，从推进战略上，有以下五大战略：

(1) 三步走。此前，由于我国没有在建筑领域进行规模化推广可再生能源的应用，缺乏大规模推广经验和既定的模式。因此，在实施过程中会遇到一些障碍，如相关技术标准不完善、经济激励政策不健全、能力建设跟不上、施工运行管理监督不到位等，这些障碍不是一步就可以跨越的，需要循序渐进，稳步推进。所以从实施的战略来说，采取既积极又稳妥的"三步走"战略，即从项目示范，到城市示范，再到全面推广。从低端应用到一体化、集成应用，从单个项目到区域规模化应用，从实践中摸索和总结经验。否则，盲目一哄而上会造成有些项目的运行成本很高，有些项目的能效比很低。此外，可再生能源的建筑应用是一个新兴行业，具有特殊性。它的产业体系完善不是直接扶持产业发展，而是需要通过引导和刺激需求端的消费，运用市场化的机制促进企业参与和投入，从而拉动产业或企业的发展。"三步走"的战略也是考虑到产业支撑能力，如果一步到位，要用什么样的产业来支撑呢？正是循序渐进的过程中，我国可再生能源建筑应用产业才会逐步成长起来，同时又带起许多新产业的发展。

(2) 低风险。为保证示范效果，从示范项目的政策设计来看，可再生能源建筑应用项目和城市(县)必须有较好的资源条件、相对完善的配套政策、较好的产业基础等，从推广技术来说，主要是推广先进、成熟的技术，如与建筑一体化的太阳能供应生活热水、供热制冷、光电转换、照明；利用土壤源热泵和浅层地下水源热泵技术供热制冷；地表水丰富地区利用淡水源热泵技术供热制冷；沿海地区利用海水源热泵技术供热制冷；利用污水源热泵技术供热制冷。从申报主体要求上，可由建设单位或能源服务商进行申报，申报的项目必须为在建项目，并且相关立项施工手续齐全，如能源服务商申报必须有与业主签订的能源服务合同。

(3) 广覆盖。首先，体现在技术类型要覆盖全面，示范项目的技术类型包括太阳能供热制冷、太阳能热水、太阳能光伏发电、太阳能综合利用、土壤源热泵、地下水源热泵、淡水源热泵、海水源热泵、污水源热泵、热泵综合利用和太阳能 + 热泵综合利用等。其次，从区域覆盖来看，要涵盖我国所有的气候分区、地理分区以及不同经济发展水平地区，从而达到预期的分布广、影响面大的目标(见图6-6)。

(4) 高收益。推进可再生能源建筑规模化应用还需继续采取"政策引导，市场推进"的机制，特别是要完善相关经济激励政策，通过引导和刺激需求端的消费，运用市场化的机制促进企业参与和投入，通过需求端带动，推进技术进步，从而壮大产业，最终形成相对完善的全产业链发展模式(见图6-7)。

(5) 成体系。随着可再生能源建筑应用相关工作的逐步推进，从中央到地方，要逐渐形成可再生能源建筑应用的五大体系，即法规政策体系、技术标准体系、应用模式体系、技术产品体系、能力形成体系，具体包括用什么样的政策去牵引、去引导、去激励，建立什么样的法律制度去规范；需建立相关技术标准体系；形成适合自身情况的应用模式体系、能力体系以及产业支撑体系。当这五大体系建立起来之后就水到渠成，具备向全国推广的条件，有些方式甚至可以强制推广(见图6-8)。

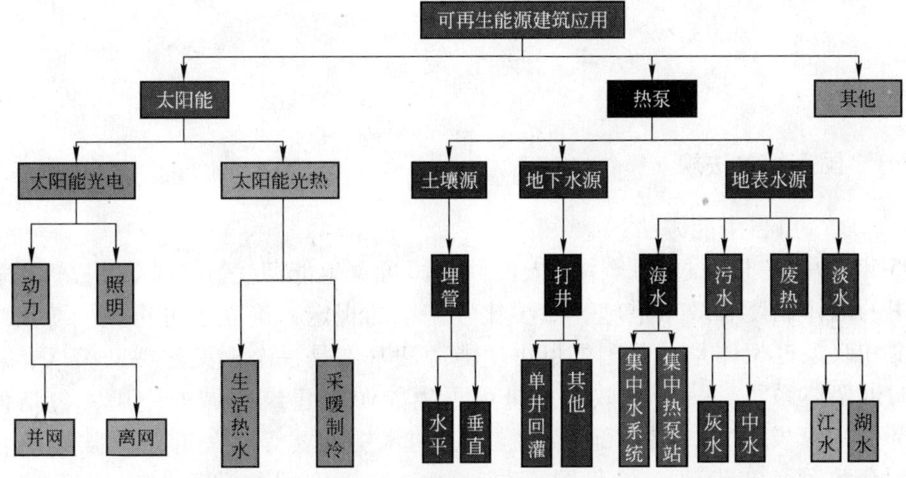

图 6-6　可再生能源建筑应用技术体系

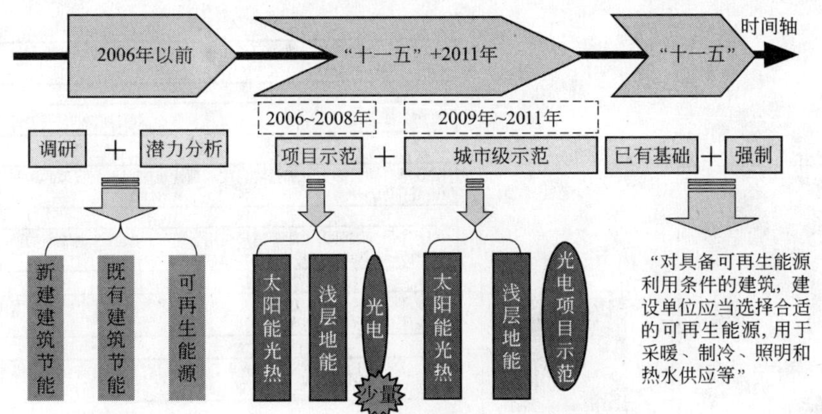

图 6-7　可再生能源建筑应用实施路径

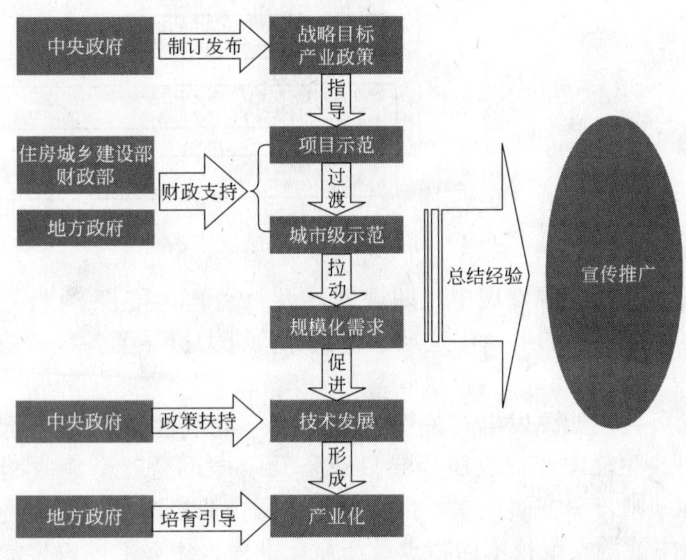

图 6-8　可再生能源建筑应用推进体系

6.4 政 策 法 规

6.4.1 国家相关法规

6.4.1.1 《可再生能源法》

2005 年2 月28 日通过的《中华人民共和国可再生能源法》，对有关推进可再生能源开发利用的法律制度和政策措施，做了比较完整的规定，确立了可再生能源发展的基本法律制度和政策框架体系。我国的可再生能源法基本是一个框架法或政策法，在可再生能源法的框架体系下，为了有效地推进可再生能源在建筑领域的应用，包括住房和城乡建设部、国家发改委、财政部、电监会、国家标准委等相关部门，陆续出台了多个相关的配套政策，初步建立了我国可再生能源建筑应用的政策框架体系(见图6-9)，这包括：

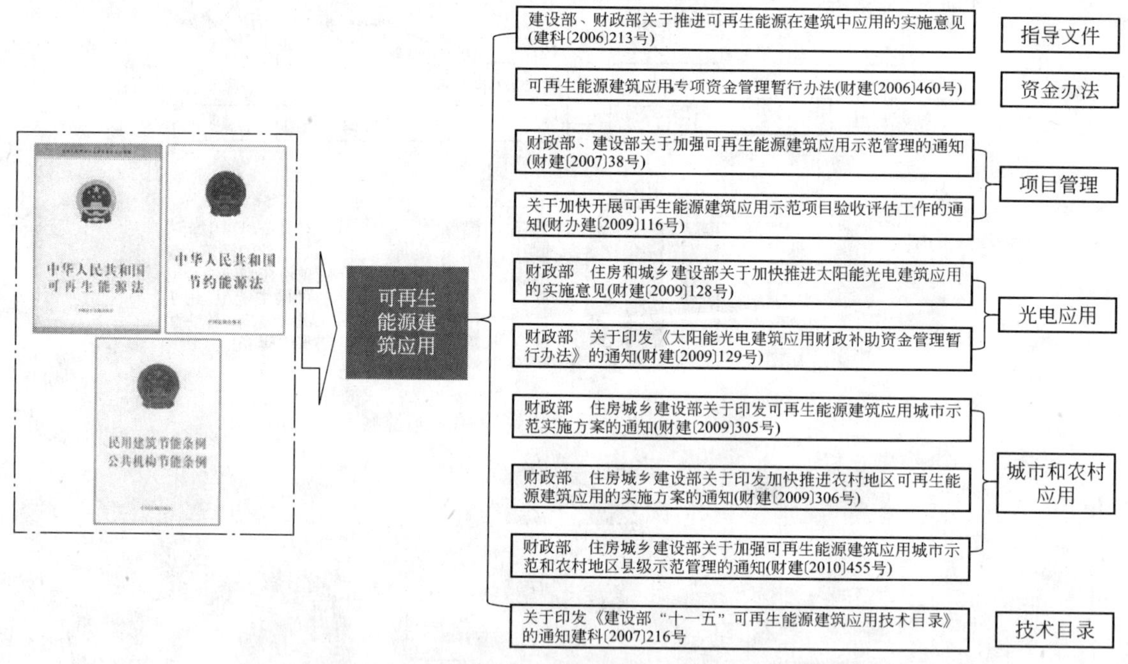

图6-9 国家层面的政策法规体系

(1) 颁布了《可再生能源发展中长期规划》及《可再生能源“十一五”发展规划》，确定了国家可再生能源发展的近、中远期总量目标，有力指导了各级政府以及社会各界发展可再生能源。

(2) 颁布了《可再生能源发电有关管理规定》、《可再生能源发电价格和费用分摊管理试行办法》、《可再生能源产业发展指导目录》及《电网企业全额收购可再生能源电量监管办法》等实施细则，一方面建立了强制要求电网企业接纳可再生能源电力的制度，一方面根据不同可再生能源发电技术的特点及产业化进程，建立了可再生能源发电的分类电价体系，消除了可再生能源发展的准入障碍，吸引了社会资金的大量投入。

（3）公布了《可再生能源电价附加收入调配暂行办法》等细则，建立了可再生能源发电成本的全社会费用分摊机制，明确了电价附加的额度、收取的方式及使用用途，极大促进了可再生能源市场的扩大。

（4）颁布了《可再生能源发展专项资金管理暂行办法》以及《风力发电设备产业化专项资金管理暂行办法》等一系列用于支持风力发电、生物质能利用以及太阳能发电与建筑结合的可再生能源专项资金实施细则，建立了支持可再生能源技术研发、产业发展、市场应用等各方面的财政投入政策框架。

（5）已经初步建立了促进可再生能源的税收体系。除了自2001年以来执行的沼气发电增值税即征即退、风力发电增值税减半以及2008年制定专门针对风力发电进口关键零部件优惠关税外，在近期出台的所得税政策中，根据制定的资源综合利用企业所得税优惠目录、公共基础设施项目企业所得税优惠目录、国家重点支持的高新技术领域划分，对参与生物质能综合利用、风力发电、太阳能发电等可再生能源项目的开发以及装备生产制造的企业给予不同程度的企业所得税优惠。此外，在国家增值税政策转型过程中，由于可再生能源项目开发不存在燃料费用，而一次性购置设备的增值税可以抵扣企业增值税，进而大幅减轻了项目开发企业的税收负担。总之，无论是国家制定的各种新的税收体系，还是针对可再生能源的专项税收制度，都体现了国家对可再生能源领域企业的明显倾斜，极大地支持了可再生能源产业的发展。

此外，相关部门还根据法律的要求开展了资源评价、特许权招标、对企业设定配额制等政策措施，促进可再生能源产业的又好又快发展。在这些政策鼓励和引导下，我国可再生能源市场不断扩大，技术水平不断提高，资金投入有了明显提高，可再生能源产业已经开始表现出良好的发展势头，我国可再生能源方面的努力也得到了国际社会的高度认同，对我国参与国际社会的各项事务带来了积极的影响。

2009年，全国人民代表大会常务委员会对《中华人民共和国可再生能源法》进行修改审议，明确了：国家实行可再生能源发电全额保障性收购制度。电网企业应当与按照可再生能源开发利用规划建设，依法取得行政许可或者报送备案的可再生能源发电企业签订并网协议，全额收购其电网覆盖范围内符合并网技术标准的可再生能源并网发电项目的上网电量。

6.4.1.2 《可再生能源中长期发展规划》

目前，我国能源结构以煤为主，资源、环境问题突出，为贯彻落实科学发展观，实现可持续发展，我国专门制定一个中长期可再生能源发展规划，《可再生能源中长期发展规划》提出了从现在到2020年期间我国可再生能源发展的指导思想、主要任务、发展目标、重点领域和保障措施，以指导我国可再生能源发展和项目建设。

（1）总体目标：今后十五年我国可再生能源发展的总目标是：提高可再生能源在能源消费中的比重，解决偏远地区无电人口用电问题和农村生活燃料短缺问题，推行有机废弃物的能源化利用，推进可再生能源技术的产业化发展。其中重点提到："加快发展水电、生物质能、风电和太阳能，大力推广太阳能和地热能在建筑中的规模化应用，降低煤炭在能源消费中的比重，是我国可再生能源发展的首要目标。"

（2）具体发展目标：充分利用水电、沼气、太阳能热利用和地热能等技术成熟、经济性好的可再生能源，加快推进风力发电、生物质发电、太阳能发电的产业化发展，逐步提高优质清洁可再生能源在能源结构中的比例，力争到2010年使可再生能源消费量达到能源消费总量的10%，到2020年达到15%。

（3）重点发展领域中太阳能发电、太阳能热利用和地热能的目标如表6-1所示。

太阳能发电、太阳能热利用和地热能的目标 **表6-1**

领域	措施	目标
太阳能发电	发挥太阳能光伏发电适宜分散供电的优势，在偏远地区推广使用户用光伏发电系统或建设小型光伏电站，解决无电人口的供电问题。在城市的建筑物和公共设施配套安装太阳能光伏发电装置，扩大城市可再生能源的利用量，并为太阳能光伏发电提供必要的市场规模。为促进我国太阳能发电技术的发展，做好太阳能技术的战略储备，建设若干个太阳能光伏发电示范电站和太阳能热发电示范电站	到2010年，太阳能发电总容量达到30万kW，到2020年达到180万kW
其中：光伏建筑应用	在经济较发达、现代化水平较高的大中城市，建设与建筑物一体化的屋顶太阳能并网光伏发电设施，首先在公益性建筑物上应用，然后逐渐推广到其他建筑物，同时在道路、公园、车站等公共设施照明中推广使用光伏电源	“十一五”时期，重点在北京、上海、江苏、广东、山东等地区开展城市建筑屋顶光伏发电试点。到2010年，全国建成1000个屋顶光伏发电项目，总容量5万kW。到2020年，全国建成2万个屋顶光伏发电项目，总容量100万kW
太阳能热利用	在城市推广普及太阳能一体化建筑、太阳能集中供热水工程，并建设太阳能采暖和制冷示范工程。在农村和小城镇推广户用太阳能热水器、太阳房和太阳灶	到2010年，全国太阳能热水器总集热面积达到1.5亿m^2，加上其他太阳能热利用，年替代能源量达到3000万吨标准煤。到2020年，全国太阳能热水器总集热面积达到约3亿m^2，加上其他太阳能热利用，年替代能源量达到6000万吨标准煤
地热能	合理利用地热资源，推广满足环境保护和水资源保护要求的地热供热、供热水和地源热泵技术，在夏热冬冷地区大力发展地源热泵，满足冬季供热需要。在具有高温地热资源的地区发展地热发电，研究开发深层地热发电技术。在长江流域和沿海地区发展地表水、地下水、土壤等浅层地热能进行建筑采暖、空调和生活热水供应	到2010年，地热能年利用量达到400万吨标准煤，到2020年，地热能年利用量达到1200万吨标准煤。到2020年，建成潮汐电站10万kW

6.4.1.3 《中华人民共和国节约能源法》

2007年10月，十届全国人大常委会第三十次会议审议通过了修订后的《节约能源法》，于2008年4月1日起正式施行。这是一部推动全社会节约能源、提高能源利用效率的重要法律，对于实现“十一五”节能目标，建设资源节约型、环境友好型社会，必将产生重大而深远的影响。修订后的《节约能源法》主要特点可以概括为5个方面：(1)扩大了法律调整的范围。修订后的《节约能源法》增加了建筑节能、交通运输节能、公共机构节能等内容，这对加强这些领域的节能工作必将起到积极的促进作用。(2)健全了节能管理制度和标准体系。新修订的《节约能源法》设立了一系列节能管理制度，如节能目标责任评价考核制度、固定资产投资项目节能评估和审查制度、落后用能产品淘汰制度、重点用能单位节能管理制度、能效标识管理制度、节能奖励制度等。《节约能源法》还明确国家要制定强制性用能产品(设备)能效标准、建筑节能标准、交通运输营运车船燃料消耗限值标准、公共机构能源消耗定额和支出标准等。(3)完善了促进节能的经济政策。修订后的《节约能源法》规定中央财政和省级地方财政要安排节能专项资金支持节能工作，对生产、使用列入推广目录需要支持的节能技术和产品实行税收优惠，对节能产品的推广和使用给予财政补贴，引导金融机构增加对节能项目的信贷支持等，从总体上构建了推动节能的政策框架。(4)明确了节能管理和监督主体。修订后的《节约能源法》规定了统一管理、分工协作、相互协调的节能管理体制，理顺了节能主管部门与各相关部门在节能监督管理中的职责。(5)强化了法律责任。修订后的《节约能源法》规定了19项法律责任，包括违反固定资产投资项目节能评估和审查规定，重点用能单位违反管理制度，生产、进口、销售不符合强制性能效标准的用能产品、设备，使用国家明令淘汰的用能设备或者生产工艺，违反能效标识管理，编造虚假能源统计数据等方面的法律责任，明确了相应的处罚措施，加大了处罚范围和力度。涉及可再生能源应用的条文有：

第七条　国家实行有利于节能和环境保护的产业政策，限制发展高耗能、高污染行业，发展节能环保型产业。国家鼓励、支持开发和利用新能源、可再生能源。

第四十条　国家鼓励在新建建筑和既有建筑节能改造中使用新型墙体材料等节能建筑材料和节能设备，安装和使用太阳能等可再生能源利用系统。

第五十九条　国家鼓励、支持在农村大力发展沼气，推广生物质能、太阳能和风能等可再生能源利用技术，按照科学规划、有序开发的原则发展小型水力发电，推广节能型的农村住宅和炉灶等，鼓励利用非耕地种植能源植物，大力发展薪炭林等能源林。

6.4.1.4 《民用建筑节能条例》

建筑业是能源需求增长较快的领域，我国每年新增建筑面积高达18亿~20亿m^2，是世界上最大的建筑市场。目前，建筑能源消耗已经占全国能源消耗总量的27.5%，预计再过20年，就能接近发达国家占社会终端总能耗40%左右的水平。

民用建筑节能潜力巨大，但是当前却存在一些问题。一是民用建筑节能标准难以落到实处。2000~2004年住房和城乡建设部对民用建筑节能设计标准实施情况的调查显示，在设计阶段大概有50%左右的项目没有按《民用建筑节能标准》进行设计，在施工阶段大概只有23%左右的项目是按《民用建筑节能标准》去做的。近几年，这一比例有了大幅上升，但是还存在一定差距。二是既有建筑节能改造举步维艰。尽管北方采暖地区既有建筑高耗能的问题突出，但是由于既有建筑存在产权形式多样、结构形式复杂、改造标准不一、改造费用筹集困难等诸多因素，从全国来看，改造进展缓慢。三是公共建筑特别是国家机关办公建筑和大型公共建筑耗电量过大。据统计，2003年，包括国家机关办公建筑在内的公共建筑能源消耗量为6335万吨标准煤，占全国能源消耗总量的3.6%，且增长速度远远高于全国能源消耗量的增长速度。四是供热系统运行效率低。目前我国集中供热综合利用效率大约为45%~70%，低于发达国家水平。五是缺乏有效的民用建筑节能激励措施，推进十分困难。

为了解决上述问题，迫切需要通过立法加强对民用建筑节能的管理，提高能源利用效率，而建筑又是可再生能源应用的重要领域，我国太阳能、浅层地能等资源十分丰富，在建筑中应用的前景十分广阔。《民用建筑节能条例》中第四条规定：“国家鼓励和扶持在新建建筑和既有建筑节能改造中采用太阳能、地热能等可再生能源”。为了鼓励和扶持可再生能源的利用，《民用建筑节能条例》主要在以下 3 个方面作了规定：一是规定国家鼓励和扶持在新建建筑和既有建筑节能改造中采用太阳能、地热能等可再生能源；二是明确有关政府应当安排民用建筑节能资金，用于支持可再生能源的应用，引导金融机构对可再生能源应用等项目提供支持；三是要求对具备可再生能源利用条件的建筑，建设单位应当选择合适的可再生能源，用于采暖、制冷、照明和热水供应等；设计单位应当按照有关可再生能源利用的标准进行设计。建设可再生能源利用设施，应当与建筑主体工程同步设计、同步施工、同步验收。具体条文如下：

第四条　国家鼓励和扶持在新建建筑和既有建筑节能改造中采用太阳能、地热能等可再生能源。在具备太阳能利用条件的地区，有关地方人民政府及其部门应当采取有效措施，鼓励和扶持单位、个人安装使用太阳能热水系统、照明系统、供热系统、采暖制冷系统等太阳能利用系统。

第二十条　对具备可再生能源利用条件的建筑，建设单位应当选择合适的可再生能源，用于采暖、制冷、照明和热水供应等；设计单位应当按照有关可再生能源利用的标准进行设计。建设可再生能源利用设施，应当与建筑主体工程同步设计、同步施工、同步验收。

6.4.2　国家相关政策

6.4.2.1 《关于推进可再生能源在建筑中应用的实施意见》(建科〔2006〕213 号)

该文件是国家推进可再生能源建筑应用的标志性文件，通过财政部、建设部联合下发(见图 6-10)。该文件明确了推进可再生能源在建筑领域应用指导思想、工作目标、总体思路、推进方式、重点技术领域，是开展可再生能源建筑应用示范的重要依据，其主要内容如下：

(1) 指导思想。树立和落实科学发展观，贯彻实施国家《可再生能源法》，大力推进太阳能、浅层地能等可再生能源在建筑领域的应用，切实转变建筑能源需求增长方式，通过国家对可再生能源在建筑应用的政策法规、技术标准引导以及示范工程和技术推广，切实降低可再生能源建筑应用的技术及价格门槛，加快普及步伐，带动相关材料、产品的技术进步及产业化，形成具有自主知识产权的技术、产业体系，建立长效机制，降低建筑对常规能源的消耗，促进国家能源结构调整，保证能源安全。

(2) 工作目标。“十一五”期间，可再生能源在建筑中应用取得实质性进展，基本形成相关政策法规、技术标准和技术支撑体系，基本建成与建筑结合的可再生能源自主知识产权技术和材料、产品体系。预计到“十一五”期末，太阳

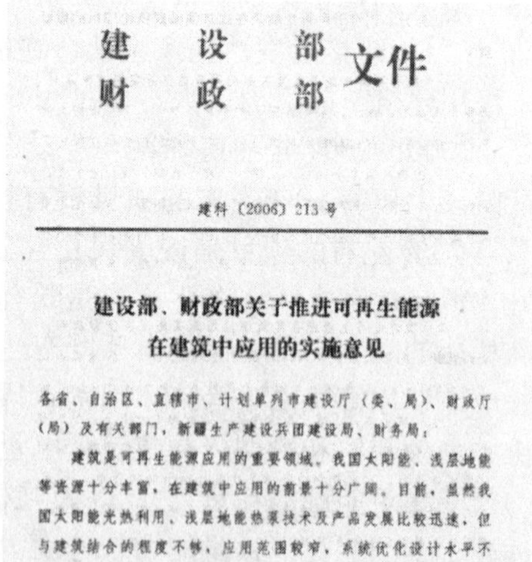

建设部
财政部
文件

建科〔2006〕213 号

建设部、财政部关于推进可再生能源
在建筑中应用的实施意见

各省、自治区、直辖市、计划单列市建设厅（委、局）、财政厅（局）及有关部门，新疆生产建设兵团建设局、财务局：

建筑是可再生能源应用的重要领域，我国太阳能、浅层地能等资源十分丰富，在建筑中应用的前景十分广阔。目前，虽然我国太阳能光热利用、浅层地能热泵技术及产品发展比较迅速，但与建筑结合的程度不够，应用范围较窄，系统优化设计水平不高，距离大规模推广应用还存在不少差距，需要大力进行扶持、引导，使其尽快达到规模化应用。为贯彻落实《中华人民共和国可再生能源法》和《国务院关于加强节能工作的决定》（国发〔2006〕28 号），推进可再生能源在建筑领域的规模化应用，带

— 1 —

图 6-10　建科〔2006〕213 号文件

能、浅层地能应用面积占新建建筑面积比例为25%以上，到2020年，太阳能、浅层地能应用面积占新建建筑面积比例为50%以上。

(3) 总体思路。因地制宜，以点带面，在条件成熟悉的城市或地区，选择有代表性的建筑小区和公共建筑进行可再生能源在建筑中规模化应用的示范，重点实施技术先进适用、运行稳定可靠、经济合理、推广价值大的项目。通过示范，总结经验，形成建筑应用的集成技术体系和相关技术标准、配套的政策法规，带动产业发展，稳步推广扩散，形成政府引导、市场推进的机制和模式。

(4) 重点技术领域。国家重点支持以下技术领域中应用可再生能源的示范工程、技术集成及标准制定：

1) 与建筑一体化的太阳能供应生活热水、采暖空调、光电转换、照明；

2) 地表水及地下水丰富地区利用淡水源热泵技术供热制冷；

3) 沿海地区利用海水源热泵技术供热制冷；

4) 利用土壤源热泵技术供热制冷；

5) 利用污水源热泵技术供热制冷；

6) 农村地区利用太阳能、生物质能等进行供热、炊事等；

7) 先进适用、具有自主知识产权的可再生能源建筑应用设备及产品产业化；

8) 培育相关能效测评机构，建立能效标识、产品认证制度及建筑节能服务体系。

(5) 示范项目实施。财政部、建设部制定示范项目的申报、评审办法，定期发布可再生能源建筑应用示范项目实施计划，组织各地进行申报。各地建设、财政主管部门根据本地的经济、社会发展水平和地理气候条件，按照国家要求，组织项目的申报，并在项目批准后具体组织实施。

6.4.2.2 《加快推进太阳能光电建筑应用的实施意见》(财建〔2009〕128号)、《太阳能光电建筑应用财政补助资金管理暂行办法》(财建〔2009〕129号)

我国太阳能资源丰富，开发利用太阳能是提高可再生能源应用比重，调整能源结构的重要抓手。2009年，根据党中央、国务院"扩内需、保增长、调结构、促民生"的战略部署和可再生能源应用发展形势需要，财政部、住房和城乡建设部下发了加快推进太阳能光电建筑应用的实施意见(财建〔2009〕128号)和太阳能光电建筑应用财政补助资金管理暂行办法(财建〔2009〕129号)(见图6-11)，从而启动我国太阳能屋顶计划，推进太阳能光电建筑的应用。这两个文件指出：推进太阳能光电建筑应用是促进建筑节能的重要内容，是促进我国光电产业健康发展的现实需要，是落实扩内需、调结构、保增长的重要着力点。

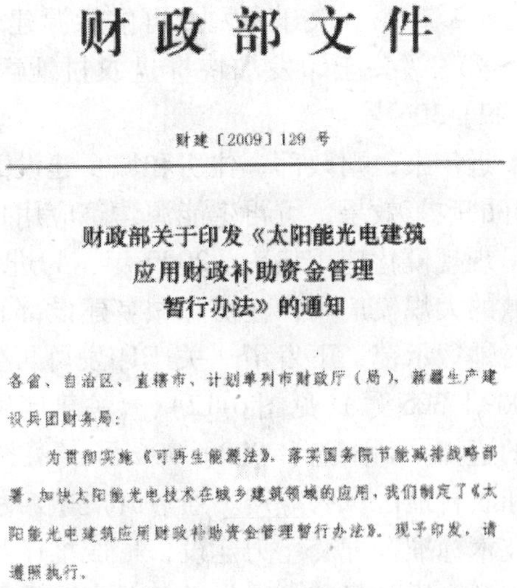

在推进太阳能建筑应用实施方式上，文

财政部文件

财建〔2009〕129号

财政部关于印发《太阳能光电建筑应用财政补助资金管理暂行办法》的通知

各省、自治区、直辖市、计划单列市财政厅（局），新疆生产建设兵团财务局：

为贯彻实施《可再生能源法》，落实国务院节能减排战略部署，加快太阳能光电技术在城乡建筑领域的应用，我们制定了《太阳能光电建筑应用财政补助资金管理暂行办法》，现予印发，请遵照执行。

图6-11　财建〔2009〕129号文件

件中明确在发展初期采取示范工程的方式，实施我国“太阳能屋顶计划”，加快光电在城乡建设领域的推广应用，具体包括：

（1）现阶段，在条件适宜的地区，组织支持开展一批光电建筑应用示范工程，实施“太阳能屋顶计划”。争取在示范工程的实践中突破与解决光电建筑一体化设计能力不足、光电产品与建筑结合程度不高、光电并网困难、市场认识低等问题，从而激活市场供求，启动国内应用市场。

（2）综合考虑经济性和社会效益等因素，现阶段在经济发达、产业基础较好的大中城市积极推进太阳能屋顶、光伏幕墙等光电建筑一体化示范；积极支持在农村与偏远地区发展离网式发电，实施送电下乡，落实国家惠民政策。

（3）通过示范工程调动社会各方发展积极性，促进落实国家相关政策。加强示范工程宣传，扩大影响，增强市场认知度，形成发展太阳能光电产品的良好社会氛围；促进落实上网分摊电价等政策，形成政策合力，放大政策效应；将光电建筑应用作为建筑节能的重要内容，在新建建筑、既有建筑节能改造、城市照明中积极推广使用。

在资金资助方式和项目要求上：

（1）项目要求：单项工程应用太阳能光电产品装机容量应不小于50kWp；应用的太阳能光电产品发电效率应达到先进水平，其中单晶硅光电产品效率应超过16%，多晶硅光电产品效率应超过14%，非晶硅光电产品效率应超过6%；优先支持太阳能光伏组件与建筑物实现构件化、一体化项目；优先支持并网式太阳能光电建筑应用项目；优先支持学校、医院、政府机关等公共建筑应用光电项目。

（2）优先支持的项目：鼓励地方出台与落实有关支持光电发展的扶持政策。满足以下条件的地区，其项目将优先获得支持，包括落实上网电价分摊政策；实施财政补贴等其他经济激励政策；制定出台相关技术标准、规程及工法、图集；

（3）补助标准：2009年补助标准原则上定为20元/Wp，具体标准将根据与建筑结合程度、光电产品技术先进程度等因素分类确定。以后年度补助标准将根据产业发展状况予以适当调整。

6.4.2.3 《关于印发可再生能源建筑应用城市示范实施方案的通知》（财建〔2009〕305号），《关于印发加快推进农村地区可再生能源建筑应用的实施方案的通知》（财建〔2009〕306号）

近年来，财政部、住房和城乡建设部组织实施的可再生能源建筑应用示范工程，取得良好的政策效果，可再生能源建筑应用技术水平不断提升，应用面积迅速增加，部分地区已呈现规模化应用势头。2009年，为进一步放大政策效应，更好地推动可再生能源在建筑领域的大规模应用，住房和城乡建设部和财政部组织开展可再生能源建筑应用城市示范和农村地区示范，下发了《关于印发可再生能源建筑应用城市示范实施方案的通知》（财建〔2009〕305号）（见图6-12）、《关于印发加快推进农村地区可再生能源建筑应用的实施方案的通知》（财建〔2009〕306号）（见图6-13），推进可再生能源建筑应用向城市区域应用和农村地区深入应用。通过开展城市示范，有利于发挥地方政府的积极性和主动性，加强技术标准等配套能力建设，形成推广可再生能源建筑应用的有效模式；有助于拉动可再生能源应用市场需求，促进相关产业发展；有利于促进实现“保增长、扩内需、调结构”的宏观调控目标。通过在农村地区加快推进可再生能源建筑应用，可节约与替代大量常规

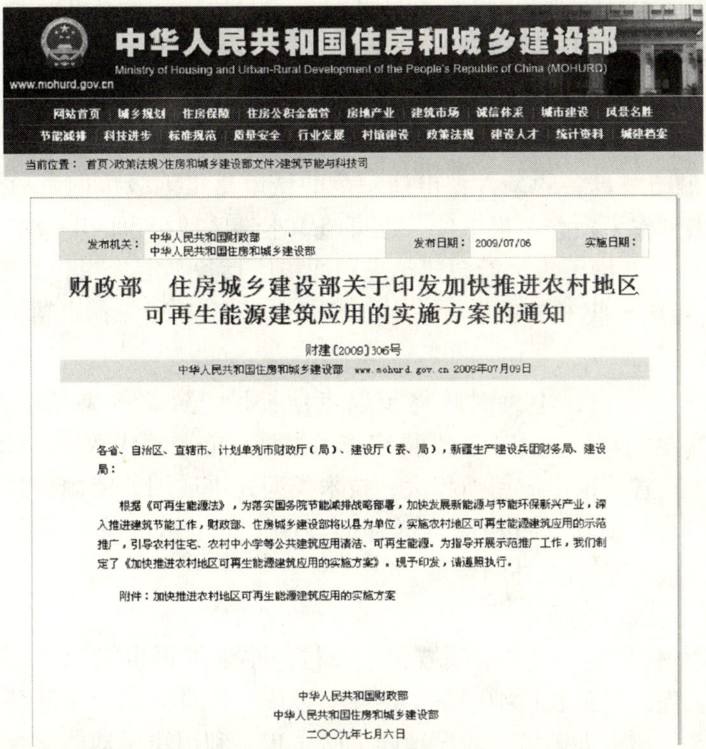

中华人民共和国住房和城乡建设部
Ministry of Housing and Urban-Rural Development of the People's Republic of China (MOHURD)
www.mohurd.gov.cn

网站首页 | 城乡规划 | 住房保障 | 住房公积金监管 | 房地产业 | 建筑市场 | 诚信体系 | 城市建设 | 风景名胜
节能减排 | 科技进步 | 标准规范 | 质量安全 | 行业发展 | 村镇建设 | 政策法规 | 建设人才 | 统计资料 | 城建档案

当前位置： 首页>政策法规>住房和城乡建设部文件>建筑节能与科技司

发布机关：	中华人民共和国财政部 中华人民共和国住房和城乡建设部	发布日期：	2009/07/06	实施日期：

财政部　住房城乡建设部关于印发加快推进农村地区可再生能源建筑应用的实施方案的通知

财建〔2009〕306号

中华人民共和国住房和城乡建设部　www.mohurd.gov.cn 2009年07月09日

各省、自治区、直辖市、计划单列市财政厅（局）、建设厅（委、局），新疆生产建设兵团财务局、建设局：

根据《可再生能源法》，为落实国务院节能减排战略部署，加快发展新能源与节能环保新兴产业，深入推进建筑节能工作，财政部、住房城乡建设部将以县为单位，实施农村地区可再生能源建筑应用的示范推广，引导农村住宅、农村中小学等公共建筑应用清洁、可再生能源。为指导开展示范推广工作，我们制定了《加快推进农村地区可再生能源建筑应用的实施方案》。现予印发，请遵照执行。

附件：加快推进农村地区可再生能源建筑应用的实施方案

中华人民共和国财政部
中华人民共和国住房和城乡建设部
二〇〇九年七月六日

图 6-12　财建〔2009〕306 号文件

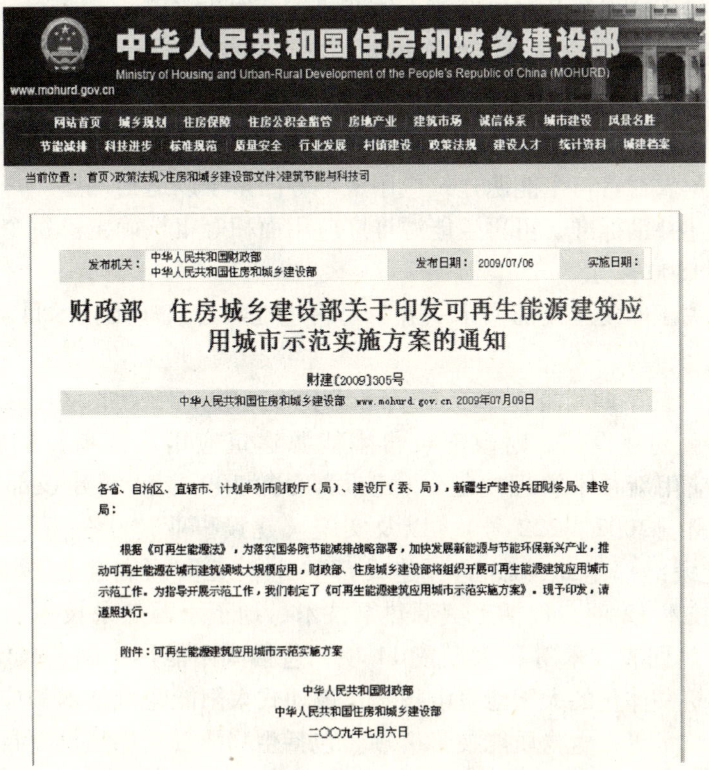

中华人民共和国住房和城乡建设部
Ministry of Housing and Urban-Rural Development of the People's Republic of China (MOHURD)
www.mohurd.gov.cn

网站首页 | 城乡规划 | 住房保障 | 住房公积金监管 | 房地产业 | 建筑市场 | 诚信体系 | 城市建设 | 风景名胜
节能减排 | 科技进步 | 标准规范 | 质量安全 | 行业发展 | 村镇建设 | 政策法规 | 建设人才 | 统计资料 | 城建档案

当前位置： 首页>政策法规>住房和城乡建设部文件>建筑节能与科技司

发布机关：	中华人民共和国财政部 中华人民共和国住房和城乡建设部	发布日期：	2009/07/06	实施日期：

财政部　住房城乡建设部关于印发可再生能源建筑应用城市示范实施方案的通知

财建〔2009〕305号

中华人民共和国住房和城乡建设部　www.mohurd.gov.cn 2009年07月09日

各省、自治区、直辖市、计划单列市财政厅（局）、建设厅（委、局），新疆生产建设兵团财务局、建设局：

根据《可再生能源法》，为落实国务院节能减排战略部署，加快发展新能源与节能环保新兴产业，推动可再生能源在城市建筑领域大规模应用，财政部、住房城乡建设部将组织开展可再生能源建筑应用城市示范工作。为指导开展示范工作，我们制定了《可再生能源建筑应用城市示范实施方案》。现予印发，请遵照执行。

附件：可再生能源建筑应用城市示范实施方案

中华人民共和国财政部
中华人民共和国住房和城乡建设部
二〇〇九年七月六日

图 6-13　财建〔2009〕305 号文件

化石能源；可以加快改善农村民房、农村中小学、农村卫生院等公共建筑的采暖设施，保障与改善民生；可以带动清洁能源等相关产业发展，促进扩大内需与调整结构。这两个文件规定示范城市和示范县的申请条件、申请程序、审核确认及补贴方式等。

（1）示范城市申请要求

1）申请示范城市应具备的条件：申请示范的城市是指地级市（包括区、州、盟）、副省级城市；直辖市可作为独立申报单位，也可组织本辖区地级市区申报示范城市。

2）在今后两年内新增可再生能源建筑应用面积应具备一定规模，其中：地级市（包括区、州、盟）应用面积不低于200万m^2，或应用比例不低于30%；直辖市、副省级城市应用面积不低于300万m^2。

3）对纳入示范的城市，中央财政将予以专项补助。资金补助基准为每个示范城市5000万元，具体根据两年内应用面积、推广技术类型、能源替代效果、能力建设情况等因素综合核定，切块到省。推广应用面积大，技术类型先进适用，能源替代效果好，能力建设突出，资金运用实现创新，将相应调增补助额度，每个示范城市资金补助最高不超过8000万元；相反，将相应调减补助额度。

（2）农村地区县级示范要求

1）近阶段国家重点扶持的应用领域：①农村中小学可再生能源建筑应用。结合全国中小学校舍安全工程，完善农村中小学生活配套设施，推进太阳能浴室建设，解决学校师生的生活热水需求；实施太阳能、浅层地能采暖工程，利用浅层地能热泵等技术解决中小学校采暖需求；建设太阳房，利用被动式太阳能采暖方式为教室等供暖。②县城（镇）、农村居民住宅以及卫生院等公共建筑可再生能源建筑一体化应用。

2）中央财政对农村地区可再生能源建筑应用予以适当资金支持方式。2009年农村可再生能源建筑应用补助标准为：地源热泵技术应用60元/m^2，一体化太阳能热利用15元/m^2，以分户为单位的太阳能浴室、太阳能房等按新增投入的60%予以补助。以后年度补助标准将根据农村可再生能源建筑应用成本等因素予以适当调整。每个示范县补助资金总额将根据上述补助标准、可再生能源推广应用面积等审核确定。每个示范县补助资金总额最高不超过1800万元。

6.4.2.4 《关于印发建设部"十一五"可再生能源建筑应用技术目录的通知》（建科〔2007〕216号）

为推进"十一五"期间可再生能源在建筑中的应用，引导可再生能源在建筑中应用的技术发展，加强对建设部、财政部可再生能源建筑应用示范项目的技术支撑，依据《建设领域推广应用新技术管理规定》（建设部令第109号）、《建设部推广应用新技术管理细则》（建科〔2002〕222号），以及实施《建设事业"十一五"重点推广技术领域》的要求，建设部部组织编制了《建设部"十一五"可再生能源建筑应用技术目录》，其中热泵技术12项，包括土壤源热泵技术、地下水源热泵技术、再生水源热泵技术、地源热泵及热回收技术等；太阳能11项，包括太阳能热水制备技术、太阳能供暖/供冷技术、与建筑一体化的太阳能发电技术、被动式太阳能建筑技术的应用、太阳能与建筑结合并网发电技术等；生物质能技术2项，包括生物质气化供气供暖技术、垃圾焚烧与发电技术。

6.4.3 地方法规和政策

6.4.3.1 地方法规

随着我国建筑节能事业的发展，地方政府纷纷通过立法手段推进建筑节能工作，其中河北、陕西、山西、湖北、湖南、重庆、青岛、深圳、大连等地出台了建筑节能条例、地方政府令，在法律中专章或专条规范和推广可再生能源应用，其他省份地方政府都以政府令的形式发布了建筑节能的管理办法和规定，见表6-2。

地方出台的建筑节能条例 **表6-2**

已出台	山西	《山西省建筑节能管理条例》
	陕西	《陕西省节约能源条例》
	湖北	《湖北省建筑节能管理条例》
	湖南	《湖南省民用建筑节能条例》
	河北	《河北省民用建筑节能条例》
	重庆	《重庆市建筑节能条例》
	青岛	《青岛市民用建筑节能条例》
	深圳	《深圳经济特区建筑节能条例》
	厦门	《厦门市节能条例》
	大连	《大连民用建筑节能条例》
正在审稿	福建	《福建省节约能源条例》
	天津	《天津市建筑节能管理条例》
	吉林	《吉林省民用建筑节能与发展应用新型墙体材料管理条例》
	广东	《广东省建筑节能管理条例》
正在编制	上海	《上海市建筑节能管理条例》
	江苏	《江苏省建筑节能管理条例》
	贵州	《贵州省节能条例》

在以上出台的条例中，其中单章提出推广可再生能源应用的有：《河北省民用建筑节能条例》、《山西省建筑节能管理条例》、《青岛市民用建筑节能条例》等。《青岛市民用建筑节能条例》中明确：本市新建12层以下的居住建筑和实行集中供应热水的医院、学校、宾馆、游泳池、公共浴室等公共建筑，建设单位应当采用太阳能热水系统与建筑一体化技术设计，并按照相关规定和技术标准配置太阳能热水系统。对因规划、技术等原因不能采用太阳能热水系统的，应当由规划、建设主管部门审核认定，并向社会公布。对具备条件的民用建筑，鼓励其建设单位使用太阳能光伏发电与建筑一体化技术。《河北省民用建筑节能条例》中对于可再生能源利用的具体内容如下：

第三十六条 县级以上人民政府有关主管部门应当根据当地经济社会发展、生态保护、可再生能源资源状况等实际情况，制定民用建筑可再生能源利用规划，推广各种可再生能源利用技术在民用建筑上的应用。

第三十七条　建设单位在进行建设项目可行性研究时，应当对太阳能、浅层地能等可再生能源利用条件进行评估；具备条件的，应当将可再生能源用于民用建筑的采暖、制冷、照明、热水供应，并与民用建筑主体工程同步设计、同步施工、同步验收。政府投资的建设项目在条件具备的情况下，应当优先采用太阳能、浅层地能和其他可再生能源。

第三十八条　具备太阳能集热条件的新建民用建筑，应当配置太阳能热水系统。民用建筑的太阳能集热条件，由省人民政府建设主管部门会同有关部门制定。

建设单位应当依据技术规范，在民用建筑的设计和施工中，为太阳能利用提供必备条件。

第三十九条　既有民用建筑所有权人或者使用权人在不影响建筑质量与安全的前提下，可以安装符合产品标准和技术规范的太阳能利用系统，当事人另有约定的除外。

第四十条　建设单位进行民用建筑设计时，对不具备集中供热条件适宜采用浅层地能的，应当优先采用浅层地能供热、制冷技术。

此外，像《湖北省民用建筑节能条例》、《湖南省民用建筑节能条例》等都列举条文来鼓励和推广可再生能源建筑应用，如在《湖北省民用建筑节能条例》中提出：①政府投资新建的公共建筑和既有大型公共建筑实施节能改造时，应当选择应用一种以上可再生能源。鼓励和扶持单位、个人安装使用太阳能利用系统。县级以上建设主管部门应当为具备太阳能集热利用条件的新建居住建筑使用太阳能热水系统，拟订政策措施和技术标准；建设单位应当依照相关规定和技术标准为住户预留、配置太阳能热水系统。②采用地源热泵技术的建筑项目，应当采取安全、环保的回灌措施，确保所抽取的地下水全部回灌；该项目的回灌技术方案应在办理取水许可申请时一并提交，项目投入使用前经水行政主管部门验收合格的，减免水资源费；其集中采暖空调系统按照建筑使用功能实行同类电价。③列入可再生能源产业发展指导目录的建筑项目，依法享受税收优惠。

6.4.3.2　地方政策

1. 北京市

(1)《关于发展热泵系统的指导意见》：由北京市发展和改革委员会、北京市规划委员会、北京市建设委员会、北京市市政管理委员会、北京市科学技术委员会、北京市财政局、北京市水务局、北京市国土资源局、北京市环境保护局于2006年5月联合发布，该文件规定在本市辖区内建设的各类项目，供热制冷系统选用热泵系统的，根据市规划委核定的建筑面积从本市固定资产投资中安排一次性补助，补助标准为：地下(表)水源热泵35元/m^2，地源热泵和再生水源热泵50元/m^2。

(2)《北京市加快太阳能开发利用促进产业发展指导意见》：2009年12月，由北京市政府批转了市发展改革委和北京市住建委等部门制定的《北京市加快太阳能开发利用促进产业发展指导意见》(京政发〔2009〕43号)，着力解决北京市太阳能发展中的技术、成本和经营模式等难点问题。在推广太阳能热水工程方面，对2010年12月31日前率先建设的100万m^2集热器面积，由市政府固定资产投资按照200元/m^2的标准给予补贴。同时推进阳光惠农工程，对农村节能住宅建设中采用太阳能采暖系统的，由市固定资产投资对太阳能采暖系统按30%给予补贴。

(3)《北京市太阳能热水系统项目补助资金管理暂行办法》：该办法规定了《北京市

加快太阳能开发利用促进产业发展指导意见》中推广太阳能热水工程项目补助资金的申报条件、标准和验收及资金拨付的程序性规定。同时，支持农宅太阳能采暖资金补助的《北京市农村节能住宅太阳能采暖项目补贴资金管理暂行办法》也已起草完成，已进入会签发布阶段。

2. 山东省

(1)《关于促进新能源产业加快发展的若干政策的通知》(鲁政发〔2009〕140 号)

为贯彻落实《山东省人民政府关于加快我省新能源和节能环保产业发展的意见》(鲁政发〔2009〕77 号)精神，在新的形势下建设经济文化强省、打造山东半岛蓝色经济区，山东省人民政府下发该文件，旨在加快培育新能源产业，努力把新能源产业发展成为山东省的战略新兴产业，促进全省经济社会平稳较快发展。该文件中在太阳能光热、光电应用方面，重点提到：

1）在太阳能光热应用方面：在全省范围内鼓励安装太阳能集热系统，对热能消耗大、占地面积大的公益建筑、工业厂房和商业建筑，逐步安装太阳能热水器；对城市规划区内新建 12 层以下居住建筑要做到太阳能热水系统与建筑工程同步设计和施工。3 年内全省推广使用太阳能热水器 600 万户，新增太阳能集热面积 1200 万 m^2，到 2012 年全省推广使用太阳能集热面积达到 2700 万 m^2。

2）在太阳能光伏应用方面：支持并网太阳能光伏电站和光伏与 LED 结合的公共照明示范工程建设。太阳能光伏电站重点支持装机容量 300kW 以上，在居住建筑、政府办公建筑和大型公共建筑上采用太阳能屋顶、光伏幕墙等方式，与建筑工程进行同步设计、施工的太阳能光伏建筑一体化项目。3 年建成 30 个太阳能光伏建筑一体化项目，容量在 30MW 以上；实施地面光伏电站示范工程，建设 1 ~2 个兆瓦级地面光伏电站。在公共照明方面实施“百万盏照明”工程，重点支持和组织实施 60 个光伏与 LED 结合的照明示范项目，以此推动光伏与 LED 结合照明技术在城市道路、广场、城市小区和新农村社区等公共照明领域里的应用，3 年全省推广 LED 灯 100 万盏，容量 5 万 kW。

3）在地源热泵的推广应用方面：在全省每个设区市选择 2 ~3 处建筑面积在 5 万 m^2 以上的住宅小区或 2 万 m^2 以上的公共建筑，采用土壤源、再生水源、海水源和浅水源热泵技术，建设冷热联供的新能源示范项目。3 年支持 60 个示范项目，建筑应用面积 500 万 m^2 以上。到 2012 年，全省应用地源热泵技术的建筑面积达到 3000 万 m^2 以上。

4）在资金安排上，采取以下措施：设立扶持新能源发展的专项资金。在保持现有财政扶持资金渠道不变，进一步整合和提高扶持效果的基础上，从 2010 年到 2012 年，每年省级财政安排 2 亿元、省基建基金安排 2 亿元，3 年共筹集 12 亿元设立省级新能源专项资金，集中使用，通过贷款贴息、补助和奖励等形式，加大对重点新能源生产、推广应用和技术研发等环节的资金扶持，努力促进新能源产业加快发展。省级新能源专项资金实行专户管理，专项资金使用管理办法由省有关部门另行制定。

每年安排 3 亿元用于支持风电设备、光伏、核电设备、新能源汽车、智能电网、半导体照明等新能源产业重大建设项目的贷款贴息；每年安排 5000 万元用于新能源产品的推广应用；每年安排 5000 万元用于支持省级以上新能源技术研发中心和新能源创新示范项目建设以及新能源前沿技术研发。

其中，对列入省级新能源示范工程的项目给予资金补助标准为：太阳能光伏建筑一体化示范项目按照每瓦10元，太阳能光伏与LED结合照明示范项目按照每瓦5元，地源热泵推广应用示范项目按照每平方米20元，风电海水淡化创新示范和生物质能综合利用创新示范项目按照总投资的20%给予资金补助。对沼气等农村新能源工程给予资金扶持。

(2)《山东省发展改革委关于扶持光伏发电加快发展的意见的通知》(鲁政办发〔2010〕39号)

该文件重点提出扶持光伏发电发展，主要内容如下：

1）主要目标：通过3年的政策扶持，力争该省光伏发电有一个较快发展，2010年，全省建成光伏并网发电装机容量50MW，其中，地面光伏电站装机容量38MW，屋顶光伏电站装机容量10MW，建筑一体化光伏电站装机容量2MW；2011年，全省建成光伏并网发电装机容量80MW，其中，地面光伏电站装机容量60MW，屋顶光伏电站装机容量16MW，建筑一体化光伏电站装机容量4MW；2012年，全省建成光伏并网发电装机容量150MW，其中，地面光伏电站装机容量120MW，屋顶光伏电站装机容量24MW，建筑一体化光伏电站装机容量6MW。

2）并网政策：对于国家和省给予资金支持的太阳能屋顶和建筑一体化并网电站，所发电量原则上自发自用，上网部分执行国家燃煤标杆电价；对于全部自筹资金建设的太阳能屋顶和建筑一体化并网电站，要积极申请国家光伏标杆电价政策。

3）资金补助：从2010年到2012年，每年从省级新能源专项资金中拿出部分资金，用于扶持光伏产品的推广应用。对列入省级太阳能屋顶和光伏建筑一体化示范工程的项目，按照每瓦10元给予补贴。

3.《海南省太阳能热水系统建筑应用管理办法》(海南省人民政府令第227号)

海南省率先在全国以政府令形式颁布《海南省太阳能热水系统建筑应用管理办法》(海南省人民政府令第227号)，加快太阳能光热系统推广应用。其中包括：(1)城镇规划区以及旅游度假区、开发区、产业园区、成片开发区内的新建、改建、扩建的12层以下(含12层)的住宅建筑，单位集体宿舍、医院病房、酒店、宾馆、公共浴池等公共建筑应当统一配建太阳能热水系统。(2)省和市、县、自治县人民政府应当安排补助资金，支持引导太阳能热水系统建筑应用及行业发展。根据不同的建筑类别，财政补助资金为太阳能热水系统增量投资的30%~50%。(3)新建、改建、扩建的民用建筑项目，按照国家和该省规范标准要求安装使用太阳能热水系统的，可按所应用的太阳能集热器面积，增加该项目建筑面积指标，所增加的建筑面积不计入容积率。享受增加建筑面积扶持的项目，不再享受财政资金的补助。

4.《浙江省人民政府办公厅关于加快光伏等新能源推广应用与产业发展的意见》(浙政办发〔2009〕55号)

浙江省人民政府办公厅于2009年下发加快光伏等新能源推广应用与产业发展的意见，重点提出发展目标和“六个一百加一个基地”计划等内容。

(1) 发展目标。力争到2012年，全省新能源发电装机容量达350MW，其中光伏发电50MW，风力发电300MW；太阳能热水器使用面积超过1000万m^2，地源(水源)热泵空调面积超过500万m^2，年产沼气1亿m^3，实现光伏等新能源消费量占全省能源消费总量的1%以上；光伏等新能源产业技术水平达到国际先进水平，培育一批具有国内外市场竞争力的龙头骨干企业，培育一批具有自主知识产权的装备制造和系统集成应用企业，成为国内重要的光伏等新能源装备研发和制造基地。

（2）实施“六个一百加一个基地”计划。在省光伏等新能源推广应用与产业发展协调小组的统一领导下，实行分工负责制，明确牵头单位、配合单位和实施主体，用3年左右的时间，实施“六个一百加一个基地”计划，加快光伏等新能源推广应用。包括：实施百万屋顶发电计划，应用光伏发电的公共建筑、企业厂房、住宅小区等屋顶面积达100万m^2，形成50MW以上的发电能力。实施百兆瓦风电装机应用计划，在沿海地区新增100MW以上风电装机容量。实施百万平方米太阳能热水器计划，新增太阳能热水器集热面积100～200万m^2。实施百条道路太阳能照明计划，在全省范围内建设100条太阳能照明示范道路。实施百万农户沼气（技术）利用计划，在农村形成120万m^3沼气池，年产沼气1亿m^3，惠及农户100万户。由省农业厅牵头，相关单位配合。实施百万平方米建筑地源（水源）热泵空调计划，推广地源（水源）空调面积100万m^2以上。建设1～2个集太阳能、风能、潮汐能、地源（水源）能和生物质能等综合性新能源应用示范基地，使之发挥新能源示范、科研和教育作用。

5. 江苏省

（1）《江苏省建筑节能管理办法》

2009年，由江苏省颁布实施。该办法专设了“可再生能源建筑应用”章节，提出了5条具体规定和要求，包括：

第二十九条　新建建筑的采暖制冷系统、热水供应系统、照明设备等应当优先采用太阳能、浅层地能、工业余热、生物质能等可再生能源，并与建筑物主体同步设计、同步施工、同步验收。政府投资的公共建筑应当至少利用一种可再生能源。

第三十条　新建宾馆、酒店、商住楼等有热水需要的公共建筑以及12层以下住宅，应当按照规定统一设计、安装太阳能热水系统。

第三十一条　鼓励既有居住建筑和宾馆、酒店、商住楼等有热水需要的公共建筑在进行节能改造时，设计、安装太阳能热水系统。物业服务企业应当为业主安装太阳能热水系统提供方便。

第三十二条　鼓励江、河、湖、海附近的建筑使用地表水源热泵系统，并按照有关规定减免水资源费。采用地源热泵封闭循环技术，应当符合水环境保护标准。

第三十三条　鼓励结合城市建筑物、公共设施建设一体化太阳能光伏并网发电设施。对道路、公园、车站等公共设施，应当推广使用太阳能光电照明系统。鼓励对建筑的屋顶、墙面等部位实施绿化。鼓励农村地区推广沼气等生物质能技术应用。

（2）《江苏省光伏发电推进意见》

为进一步提升光伏发电企业竞争力，促进光伏产业又好又快发展，江苏省发展改革委制订的《江苏省光伏发电推进意见》已经省人民政府同意下发，该意见中确定主要目标及重点任务等，其中主要目标为：

1）推广规模。通过3年努力，力争在全省建成光伏并网发电装机容量400MW，其中，屋顶光伏电站装机容量260MW，建筑一体化光伏电站装机容量10MW，地面光伏电站装机容量130MW。2009年，省内建成光伏并网发电装机容量80MW；2010年，省内新增光伏并网发电装机容量150MW，装机达到230MW；2011年，省内新增光伏并网发电装机容量

170MW，装机达到400MW。

2）上网电价。着眼实现地面光伏并网发电上网电价1元/kWh（含税）的目标，不断促进企业降低成本，提高竞争力。2009～2011年年度目标电价如表6-3所示。

2009～2011年年度目标电价（元/kWh） **表6-3**

年份	地面	屋顶	建筑一体化
2009年	2.15	3.7	4.3
2010年	1.7	3	3.5
2011年	1.4	2.4	2.9

此外，该文件明确重点任务为实施"屋顶并网发电工程"、"建筑一体化并网发电工程"和"地面并网电站工程"三大工程，不断提高光伏发电应用水平，增强产业竞争力。依托该省光伏产业现有优势，选择学校、医院、政府机关等公共建筑，重点实施一批屋顶及建筑一体化项目；选择沿海滩涂资源较丰富地区，建设一些地面并网示范工程。至2011年，建成屋顶并网发电工程260MW。2009年建成80MW；2010年建成150MW；2011年建成30MW。到2011年建成建筑一体化并网发电示范工程10MW，其中，2010年建成5MW，2011年建成5MW。到2011年，建成地面并网电站示范工程130MW。

同时，明确2009年、2010年和2011年地面并网电站目标电价（含税）分别为2.15元/kWh、1.7元/kWh和1.4元/kWh，屋顶和建筑一体化并网电站将根据与建筑结合特点、产品技术先进性等分类确定。

6.5 标准规范

可再生能源建筑示范项目的实施，促使国家和地方政府相关部门积极编写和制定太阳能光热、光电、地源热泵等方面的设计书籍、设计规程、技术导则等。2009年国家制/修订的关于可再生能源建筑应用的国家、行业标准有7项，如表6-4所示。

相关国家标准编制情况 **表6-4**

序	标准名称
1	《民用建筑太阳能光伏系统应用技术规范》
2	《民用建筑太阳能空调工程技术规范》
3	《太阳能供热采暖工程技术规范》
4	《地源热泵系统工程技术规范》GB 50366—2005（局部修订）
5	《民用建筑光伏构件》
6	《可再生能源建筑应用工程评价标准》
7	《民用建筑太阳能光伏系统设计与安装图集》

2008年地方制/修订的关于可再生能源建筑应用地方标准有41项，其中太阳能36项，地源热泵5项；开展科研项目达到23项。2009年地方新增标准、工法40余项，其中，太阳能超过25项，地源热泵15项左右，具体如表6-5所示：

相关地方标准编制情况 **表 6-5**

省市	标准名称
北京市	《太阳能热水系统施工技术规程》
	《村镇住宅太阳能采暖应用技术规程》
上海市	《民用建筑太阳能应用技术规程》（光伏分册）及图集
	《民用建筑太阳能应用技术规程》（热水分册）及图集
湖北省	《武汉城市圈低能耗居住建筑设计标准》（65%）
	《建筑节能构造用料做法》
	《太阳能光板幕墙施工工法》
	《太阳能热水系统与建筑一体化构造》
福建省	《福建省绿色建筑评价标准》
	《福建省地源热泵系统工程技术规程》
	《太阳能光伏系统设计、安装与验收技术规程》
	《太阳能与建筑一体化构造标准图集》
	《民用建筑与太阳能热水系统一体化设计、安装、验收规程》
	《LED 夜景照明工程安装与质量验收规程》
山西省	《水源热泵施工工法》
河北省	《太阳能光伏照明系统应用技术导则》（试行）
	《民用建筑太阳能热水系统安装图集》
	《民用建筑太阳能热水系统一体化技术规程》
重庆市	《建筑太阳能热水系统一体化应用技术规程》DBJ/T 50—083—2008
	《河床反向渗滤取水与水源热泵系统联合应用技术规程》DBJ/T 50—084—2008
	《重庆市地表水水源热泵系统适应性评估标准》
	《重庆市地表水水源热泵系统设计标准》
	《重庆市地表水水源热泵系统施工质量验收标准》
	《重庆市地表水水源热泵系统设计标准图集》
	《地埋管地源热泵系统工程技术规范》
江苏省	《太阳热水系统与建筑一体化设计标准图集》苏 J28—2007
	《建筑太阳能热水系统设计、安装与验收验收规范》DGJ32/J 08—2008
	《江苏省民用建筑工程施工图设计文件(节能专篇)编制深度规定》
	《江苏省太阳能热水系统施工图设计文件编制深度规定》
	《太阳能光伏与建筑一体化应用技术规程》DGJ32/J 87—2009
	《地源热泵系统工程技术规程》DGJ32/TJ 89—2009
	《建筑太阳能热水系统工程检测与评定规程》DGJ 32/TJ 90—2009
	《公共建筑节能设计标准》
	《民用建筑工程质量控制管理标准》
	《太阳能热水系统与建筑一体化设计标准图集》SJ 28—2007
	《住宅建筑太阳能热水系统一体化设计、安装与验收规程》DGJ32/TJ 08—2005

续表

省市	标准名称
连云港	《太阳能热水器安装与建筑构造图集》连 J/T 01—2007
天津市	《埋管式地源热泵技术规程》
	《太阳能设计安装图集》
	《新农村太阳能设计安装图册》
大连市	《大型水源热泵区域供热供冷技术规程》
	《大连市海水源热泵设计、施工、验收规范》（正在编制）
安徽省	《太阳能利用与建筑一体化技术标准》
	《住宅建筑——太阳热水系统一体化设计、安装与验收标准》
	《安徽省建筑与太阳能一体化技术规程》
合肥市	《合肥市建筑与太阳能一体化技术规程》
	《合肥市太阳能光热建筑一体化图集》
	《合肥市地源热泵系统工程规范实施细则》
铜陵市	《太阳能热水工程实施细则》
	《地源热泵工程实施细则》
河南省	《河南省民用建筑地源热泵系统与建筑一体化应用技术规程》
	《河南省民用建筑太阳能热水系统应用技术规程》
河南省	《民用建筑太阳能热水系统设计与安装》
广西	《广西壮族自治区地方标准——地源热泵系统工程技术规范》DB45/T 586—2009
内蒙古	《太阳能供热采暖工程技术规范》
	《民用建筑太阳能热水系统设计与安装》
	《民用建筑太阳能热水器保温及就位桥架》
青海省	《青海省民用建筑太阳能热水系统应用技术规程》
	《青海省民用建筑太阳能利用规划设计管理规程》（征求意见稿）
宁夏	《宁夏民用建筑太阳能热水器安装图集》
	《宁夏民用建筑太阳能技术应用导则》
	《居住建筑与太阳能热水系统一体化设计、安装及验收规程》
山东省	《山东省太阳能热水器安装与建筑构造图集》（图集号 L05SJ 904）
山东省	《太阳能热水系统建筑一体化设计与应用》L07SJ 906
深圳市	《太阳能光电与建筑一体化设计标准》
深圳市	《太阳能热水与建筑一体化设计标准图集》
深圳市	《夏热冬暖地区太阳能辐射数据库》（即将编制）
深圳市	《太阳能热水与建筑一体化设计标准》（即将编制）
云南省	《太阳能热水系统与建筑一体化设计施工技术规程》
云南省	《太阳能建筑一体化设计施工》（编写中）
昆明市	《昆明市太阳能热水系统与建筑一体化设计施工选用安装图集》
成都市	《成都市地源热泵应用施工验收技术规程》

续表

省市	标准名称
成都市	《成都市地源热泵应用运行管理技术规程》
浙江省	《居住建筑太阳能热水系统设计、安装及验收规范》DB 33/1034—2007
广东省	《公共和居住建筑太阳能热水系统一体化设计、施工验收规程》
吉林省	《太阳能热水器安装建筑构造应用图集》(等待审批)

6.6 主 要 技 术

6.6.1 太阳能技术在建筑中的应用

6.6.1.1 资源状况

我国太阳能资源十分丰富。根据最新的全国太阳能资源分布情况统计，全国2/3的国土面积年日照小时数在2200h以上，年太阳辐射总量大于5000MJ/m^2，属于太阳能利用条件较好的地区。

从全国太阳年辐射总量的分布如图6-14所示，西藏、青海、新疆、内蒙古南部、山西、陕西北部、河北、山东、辽宁、吉林西部、云南中部和西南部、广东东南部、福建东南部、海南岛东部和西部以及“台湾省”的西南部等地区太阳辐射总量很大。

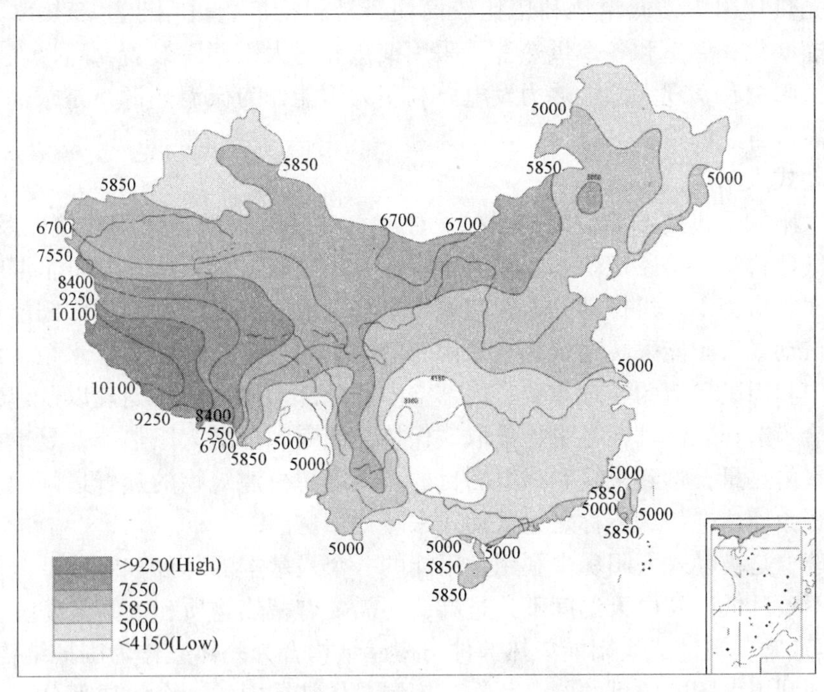

图6-14 中国年太阳能分布图［单位：MJ/(m^2·a)］

青藏高原地区平均海拔高度在4000m以上，大气层薄而清洁，透明度好，纬度低，日照时间长。全国以四川和贵州两省的太阳年辐射总量最小，其中尤以四川盆地为最，那里雨多、雾多，晴天较少。我国太阳能资源分布的主要特点有：太阳能的高值中心和低值中心都处在北纬22°～35°这一带，青藏高原是高值中心，四川盆地是低值中心；太阳年辐射总量，西部地区高于东部地区，而且除西藏和新疆两个地区外，基本上是南部低于北部；由于南方多数地区云雾雨多，在北纬30°～40°地区，太阳能的分布情况与一般的太阳能随纬度而变化的规律相反，太阳能不是随着纬度的增加而减少，而是随着纬度的增加而增长。按接受太阳能辐射量的大小，全国大致上可分为四类地区，如表6-6所示。

中国太阳能资源区划表 **表6-6**

名称	符号	指标 [kWh/(m^2·a)]	占国土面积比例	地区
极丰富带	Ⅰ	≥1750	17.4%	西藏大部分、新疆南部以及青海、甘肃和内蒙古的西部
很丰富带	Ⅱ	1400～1750	42.7%	新疆大部、青海和甘肃东部、宁夏、陕西、山西、河北、山东东北部、内蒙古东部、东北西南部、云南、四川西部
丰富带	Ⅲ	1050～1400	36.3%	黑龙江、吉林、辽宁、安徽、江西、陕西南部、内蒙古东北部、河南、山东、江苏、浙江、湖北、湖南、福建、广东、广西、海南东部、四川、贵州、西藏东南角、台湾
一般带	Ⅳ	<1050	3.6%	四川中部、贵州北部、湖南西北部

6.6.1.2 技术概况

1. 太阳能光热建筑应用技术

太阳能光热利用中，低温热利用比较简便，易于推广，可用于生产热水、农产品干燥、海水蒸馏淡化、温室和冬季供热等。采用聚焦和对太阳跟踪装置，可以获得高温，制成太阳灶、太阳炉和实现太阳能热力发电。利用太阳能作为低温热源，是求助于太阳解决人类生活用能最自然的途径。

(1) 被动式太阳房

被动式太阳能采暖技术多应用于学校、住宅、办公、旅馆等民用建筑以及微波通信、边防哨所、气象台站、公路道班、乡镇卫生院等专用建筑，其应用和分布非常广泛。

被动式太阳房为不用机械动力而在建筑物本身采取一定措施，利用太阳能进行冬季采暖的房屋。被动式太阳能采暖建筑是不采用专门的集热器、热交换器、水泵等设备，只是通过建筑朝向和周围环境的合理布置、内部空间和外部形体的巧妙处理以及建筑材料和结构、构造的恰当选择，使其在冬季能集取、保持、储存和分配太阳热能，夏季能遮蔽太阳辐射，散逸室内热量，达到采暖和降温的目的，适度解决建筑物的热舒适问题。运用被动式太阳能采暖原理建造的房屋称之为被动式采暖太阳房。

南向玻璃窗是被动式太阳房中利用太阳能的一个最基本的部件和组成部分。为使房间温度在夜间不致过低以及白天温度不致过高，还需要有蓄热物质和夜间保温装置(如窗帘，保温板等)。通常，被动式太阳能集热部件与房屋结构合为一体，作为围护结构的一部分。这样既可达到利用太阳能的目的，又可作为房屋总体结构中的一个组成部分而发挥它的多功能作用。从利用太阳能的方式来分，太阳房可以分为六种形式：直接受益式、集热蓄热墙式、附加阳光间式、蓄热屋顶池式、对流环式和组合式。其中直接受益式是利用建筑南向透光窗的直接采暖方式，也是惟一的直接受益类型，其工作原理如图6-15所示。

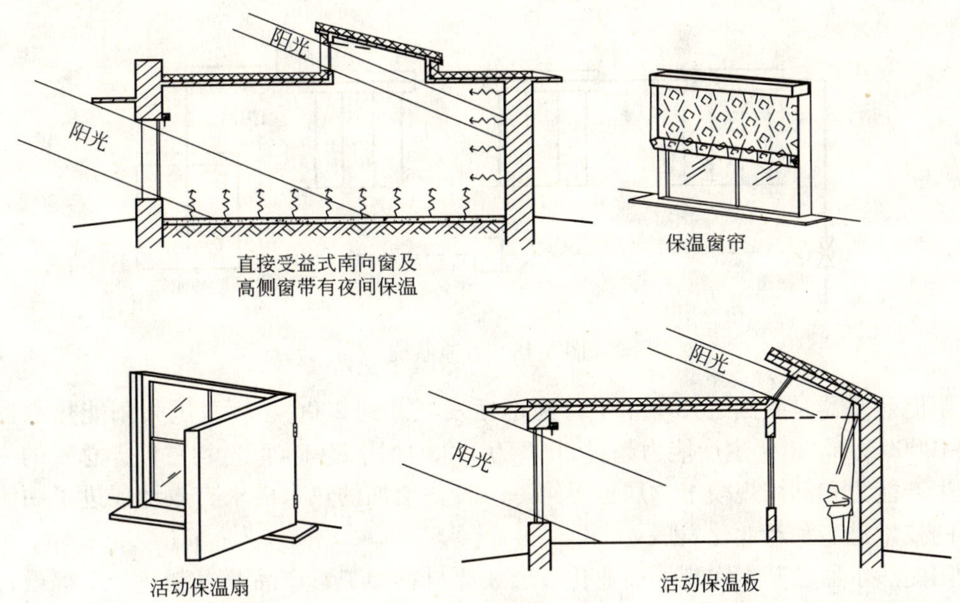

图 6-15　直接受益式集热方式

（2）太阳能热水系统

太阳能热水系统是利用温室原理，将太阳辐射能转变为热能，并向冷水传递热量，从而获得热水的一种系统。太阳能热水系统有集热器、蓄热水箱、循环管道、支架、控制系统及相关附件组成，必要时需要增加辅助热源。

根据用途不同，太阳能热水系统可以分为家用太阳能热水系统和太阳能热水工程。这两种系统之间没有根本区别，只是前者的水容量比较小，根据国家标准规定，水容量在600L以下为家用太阳能热水系统。根据太阳集热系统与太阳热水供应系统的关系不同可以分为直接式系统（一次循环系统）和间接式系统（也称二次循环系统）。根据有无辅助热源可以分为有辅助热源系统和无辅助热源系统。根据水箱与集热器的关系可以分为紧凑式系统、分离式系统和闷晒式系统。在与建筑工程结合同步设计的太阳热水系统中，使用的系统主要为分离式。根据供热水范围可以分为集中供热水系统和局部供热水系统。另外，根据系统是否承压还可分为承压太阳能热水系统和非承压太阳热水系统。根据太阳集热系统运行方式分为自然循环系统、直流式系统和强制循环系统，如图 6-16 ~ 图 6-18 所示。

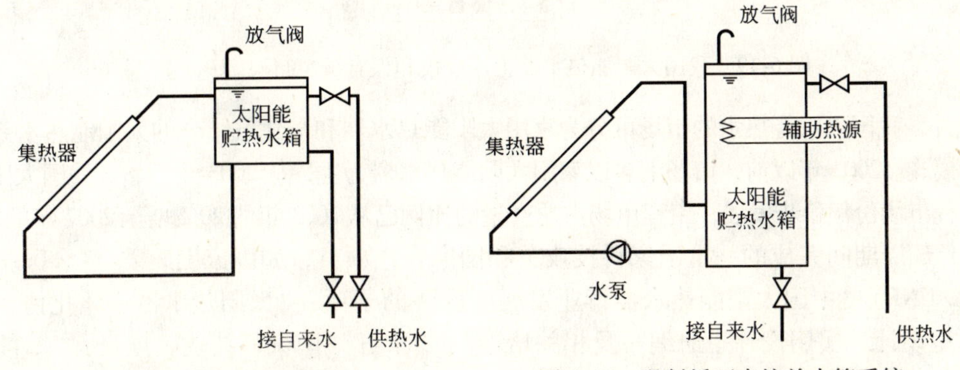

图 6-16　自然循环系统

图 6-17　强制循环直接单水箱系统

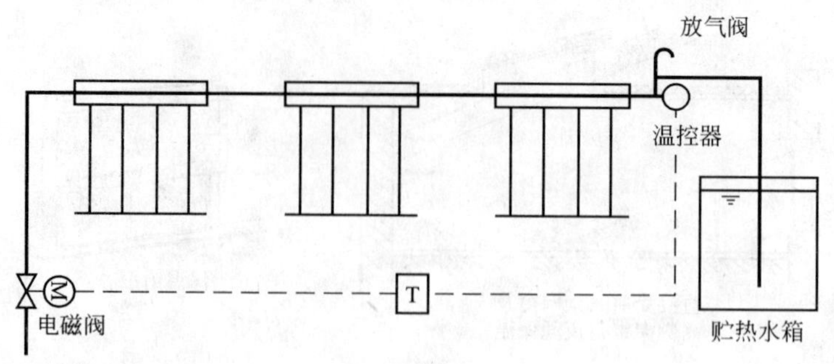

图 6-18　直流系统

太阳能热水器是我国近几十年中得到迅猛发展。到 2006 年，我国太阳能热水器保有量达到 10000 万 m^2，年生产能力超过 2000 万 m^2，使用量和年产量均占世界总量的一半以上，从生产能力和利用规模上均居世界第一。日益增加的热水需求有效地促进了中国太阳热水器的技术进步和产业化发展。

太阳能热水器已基本实现了商业化，形成原材料加工、产品开发制造、工程设计和营销服务的产业体系，同时带动了玻璃、金属、保温材料和真空设备等相关行业的发展，成为一个产业规模迅速扩大的新兴产业。我国的太阳能热水器/集热器生产企业约 3000 多家，骨干企业百余家，大型骨干企业 20 余家。2007 年，我国有产值超过 5000 万的太阳能热水器/集热器生产企业近 50 家，其中产值亿元以上的有 25 家，大型骨干企业的市场占有率从 13% 增长到了 31%，如图 6-19 所示。

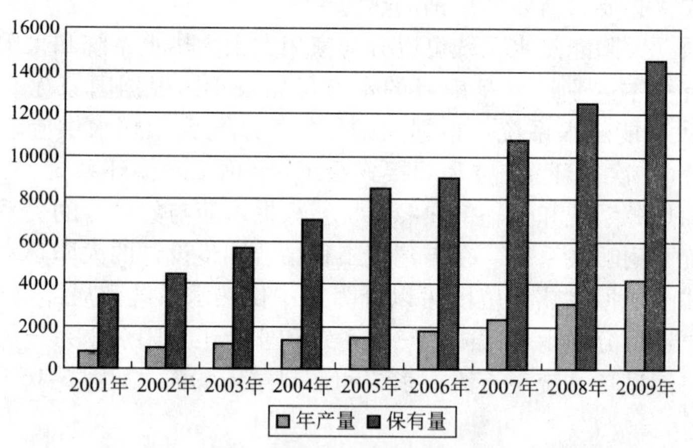

图 6-19　我国太阳能热水器生产规模和保有量（单位：万 m^2）

此外，我国太阳能热水的市场可分为家用太阳能热水器和与建筑结合的太阳能热水系统工程两种模式。2003 年以前，市场上多以家用太阳能热水器为主，从 2003 年开始，我国太阳能热水的工程市场份额稳步发展，工程市场占总产量的比例已从 2003 年的 20% 增至 2007 年的 35%。

“十五”期间完成的一批国家科技攻关和国家合作项目，如国家发改委/联合国基金会（NDRC/UNF）“中国太阳能热水器行业发展项目”的子项：“太阳热水器一体化住宅试点项目改型设计、实用设计手册编写及相关培训”，“十五”国家科技攻关项目：“节能建筑与太阳能系统集成技术开发与示范”中的“太阳能供热制冷成套技术开发与示范”等，对我国与建筑结合太阳能热水系统技术水平的提高起了巨大的促进作用。NDRC/UNF 项目的示范工程共有 11 个，这些示范工程的水平已经可以和国际同类工程相媲美，至今仍代表着我国建筑一体化太阳能热水工程的最高水平。近年来，我国建筑一体化太阳能热水系统在高层建筑上的应用推广有了快速的发展。

（3）太阳能采暖系统

太阳能采暖系统是指将太阳能转化成热能，供给建筑物冬季采暖的系统，系统主要包括集热器、贮热器、供热采暖末端设备、辅助加热装置和自动控制系统等。

按热媒种类的不同，太阳能采暖系统可分为空气加热系统及水加热系统，如图 6-20 和图 6-21 所示。按利用太阳能的方式不同，太阳能采暖系统可分为被动式系统和主动式系统。按集热系统与蓄热系统的换热方式不同，太阳能采暖系统可分为直接式系统和间接式系统。按蓄热系统的蓄热能力不同，太阳能采暖系统可分为短期蓄热系统与季节蓄热系统。太阳能采暖系统原理如图 6-22 所示。

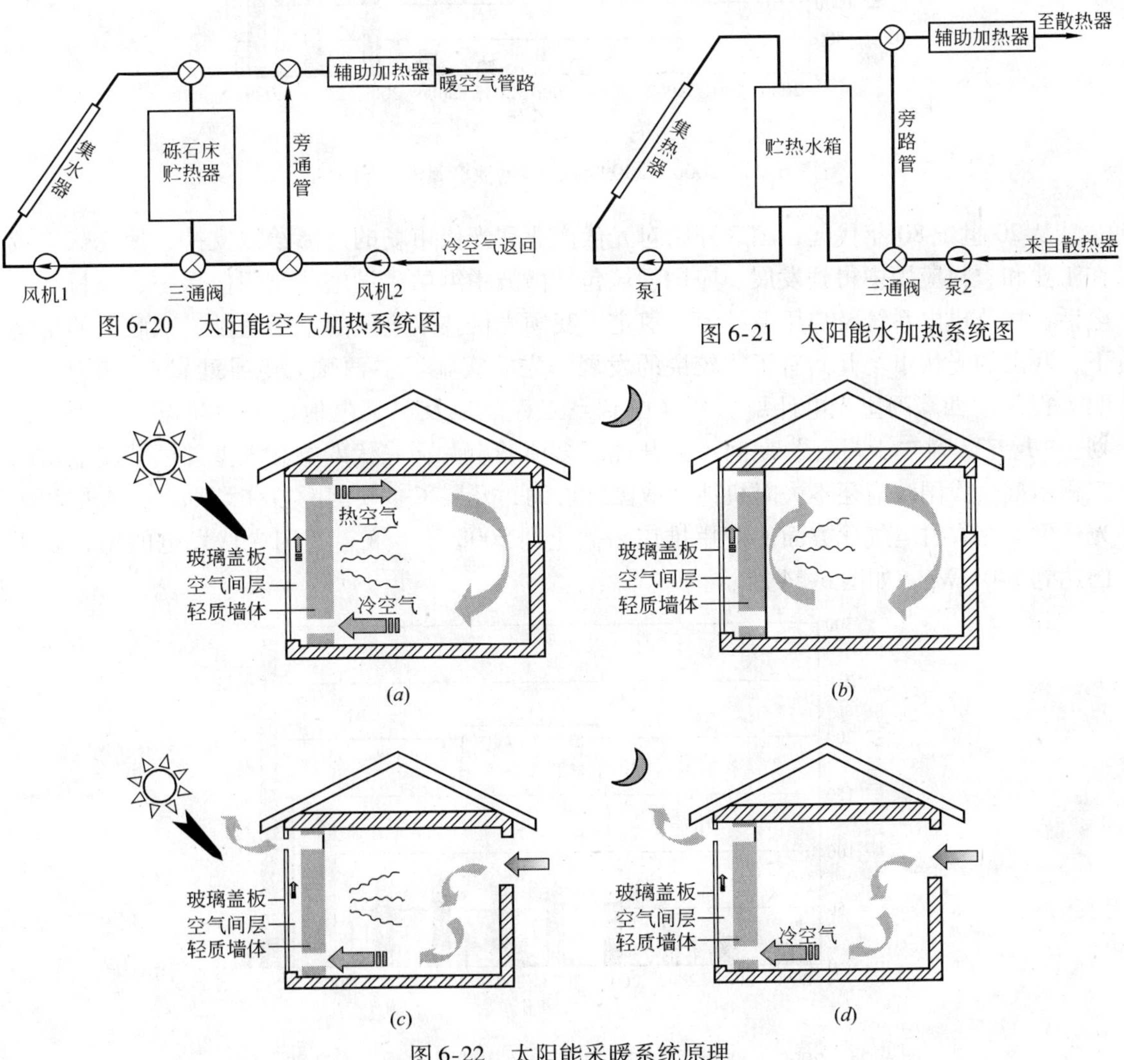

图 6-20　太阳能空气加热系统图

图 6-21　太阳能水加热系统图

(a)

(b)

(c)

(d)

图 6-22　太阳能采暖系统原理

(a)冬季白天；(b)冬季夜间；(c)夏季白天；(d)夏季夜间

2. 太阳能光伏建筑应用技术

在2003年以前，我国的太阳能光伏技术的发展缓慢，没能跟上世界的脚步。而在2004年以后，开始受到政府的重视，发展迅速，特别是太阳能光伏电池的产量突飞猛进。2007年成为世界上最大的太阳能电池生产国。图6-23给出了我国近10年来的太阳能电池生产和装机情况。

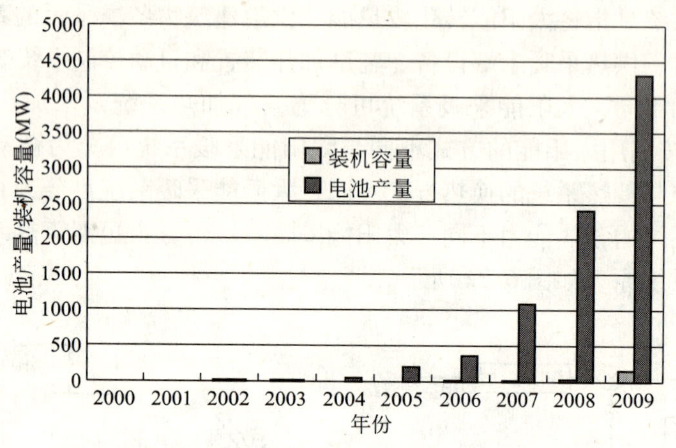

图6-23　2000～2009年我国电池产量和装机容量

从20世纪80年代起，国家开始对光伏产业和光伏市场的发展给以支持，使光伏系统在工业和农村应用中得到发展。应用领域包括微波中继站、设施防腐阴极保护、农村载波电话、村落供电系统及户用系统等，奠定了我国光伏技术应用的市场基础。在政府的推动下，我国的光伏市场开始有了比较快的发展，先后实施了“西藏无电县建设”、“中国光明工程”、“西藏阿里光电计划”、“送电到乡工程”以及“无电地区电力建设”等国家计划。“九五”到“十一五”期间，又开展了多项城市并网光伏发电和大型并网荒漠电站的工程示范。我国政府还不失时机地争取国际援助，开展了多项国际合作计划，大大推动了光伏发电在农村电气化方面的应用推广。截止到2008年年底，我国光伏发电的累计装机已达到140MWp，如图6-24所示。

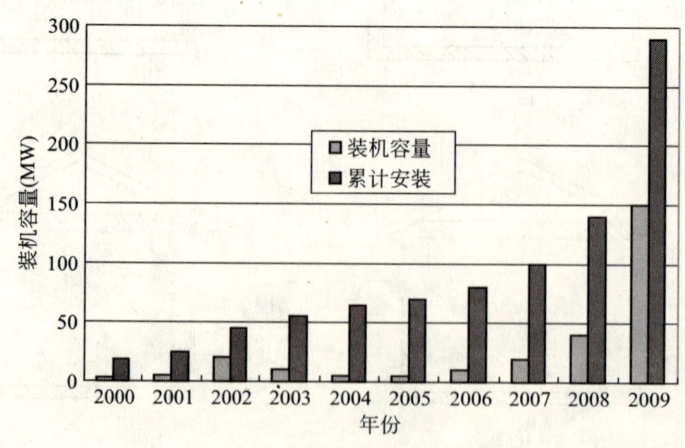

图6-24　2000～2009年我国光伏系统的年装机容量和累计装机容量

太阳能光伏发电在建筑上的应用通常称之为“光伏建筑一体化”。1991 年，“光伏建筑一体化”作为太阳能发电的一种新概念被正式提出。它是指把太阳能光伏和建筑相结合，利用太阳能发电来提供建筑自身用电或并网为电网供电。其一般利用建筑屋顶或墙面，不占用昂贵的城市土地面积，是实现建筑节能重要举措之一。

在国外，光伏与建筑的结合根据其一体化程度的不同分为两大类：一是建筑与光伏系统的结合，或称为光伏附着设计（BAPV）。就是把封装好的光伏组件平板或曲面板安装在居民住宅或建筑物的屋顶上，建筑物作为光伏陈列的支撑体，光伏阵列与逆变器、蓄电池、控制器、负载等装置相连，这是最常用的光伏建筑一体化形式。另一种称为建筑与光伏组件的结合，或称为光伏和建筑的一体化集成设计（BIPV），该结合形式光伏建筑一体化程度高，它要求光伏器件与建筑材料集成化，比如将建筑屋顶、向阳的外墙甚至窗户材料都用光伏器件来代替，既能作为建材使用又能用来发电。显然，光伏器件代替部分建材，可进一步降低光伏发电的成本，有利于光伏技术的推广应用。

建筑集成光伏（BIPV）是指将光伏系统与建筑物集成一体，光伏组件成为建筑结构不可分割的一部分，如光伏屋顶、光伏幕墙、光伏瓦和光伏遮阳装置等。用光伏器件代替部分建材，在将来随着应用面的扩大，光伏组件的生产规模也随之增大，则可从规模效益上降低光伏组件的成本，有利于光伏产品的推广应用，所以存在着巨大的潜在市场。

光伏与建筑相结合的应用形式主要包括与屋顶相结合，与墙面相结合，与遮阳装置相结合等方式，如表 6-7 和图 6-25 所示。

BIPV 形式分类 **表 6-7**

	BIPV 形式	光伏组件	建筑要求	类型
1	光伏采光顶 （天窗）	光伏玻璃组件	建筑效果、结构强度、采光、遮风挡雨	集成
2	光伏屋顶	光伏屋面瓦	建筑效果、结构强度、遮风挡雨	集成
3	光伏幕墙 （透明幕墙）	光伏玻璃组件 （透明）	建筑效果、结构强度、采光、遮风挡雨	集成
4	光伏幕墙 （非透明幕墙）	光伏玻璃组件 （非透明）	建筑效果、结构强度、遮风挡雨	集成
5	光伏遮阳板 （有采光要求）	光伏玻璃组件 （透明）	建筑效果、结构强度、采光	集成
6	光伏遮阳板 （无采光要求）	光伏玻璃组件 （非透明）	建筑效果、结构强度	集成
7	屋顶光伏方阵	普通光伏组件	建筑效果	结合
8	墙面光伏方阵	普通光伏组件	建筑效果	结合

图 6-25　BIPV 应用案例图

6.6.2　热泵技术在建筑中的应用

浅层地能是指地球浅表层数百米内的土壤砂石和地下水中所蕴藏的低温热能。它的来源以太阳辐射为主，还有一小部分来自地心热量，是一种可再生能源，一般温度恒定。从广义上来讲，浅层地能是太阳能的一种存在形式，是地热可再生能源家族中的一名新成员。由于浅层地下收集了太阳射向地球 60% 的能量，形成相对恒温层带。与传统能源相比，浅层地能具有储量巨大、再生迅速、分布广泛、温度四季适中，并且取之不尽、用之不竭的特点，是巨大的“绿色能源宝库”。

地源热泵是利用了地球表面浅层地热资源(通常小于 400m 深)作为冷热源，进行能量转换的采暖空调系统。地表浅层地热资源可以称之为地能，是指地表土壤、地下水或河流、湖泊中吸收太阳能、地热能而蕴藏的低温位热能。建筑的地源热泵是浅层地热能应用的最重要形式之一，根据热源类型可将地源热泵分为三大类：土壤源热泵、水源热泵和空气源热泵，其中，水源热泵又可根据水质不同分为地下水、地表水、海水、污水等热泵系统，如图 6-26 和图 6-27 所示。

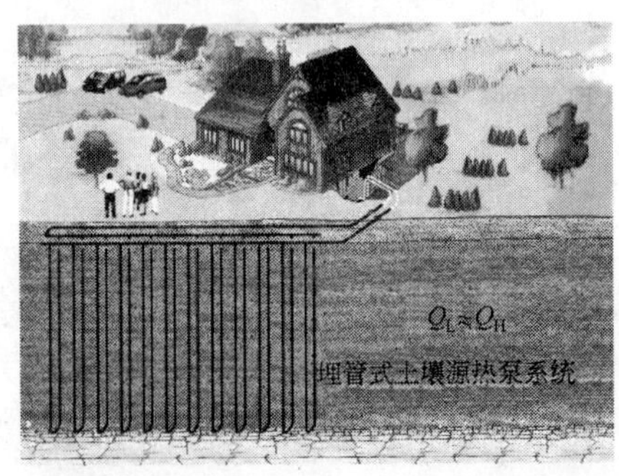

图 6-26　埋管式土壤源热泵系统和地下水源热泵系统

地源热泵是通过动力驱动做功，从低温环境(热源)中取热，将其温度提升，再送到高温环境中放热的装置，它可在夏季为空调提供冷源或在冬季提供热源。与直接燃烧燃料获取热量相比，热泵可以降低能源消耗。因此，地源热泵应用对节省能源、改善能源结构、减少环境污染、促进经济发展等方面具有重要作用。

早在 20 世纪 70 年代，我国就有提出了采用热泵技术将温度较低的温泉水或已利用过的地热回水经热泵增温后再利用的设想，以提高开发利用效益。但限于当时经济水平，这些想法没有实施。进入21世纪，受国际地源热泵开发大发展的影响，我国开始了地源热泵工程的实践。2004年全国地源热泵工程采暖（有的含制冷）总面积767万m^2，至2009年，每年的增长率都在60%以上，如图6-28所示。2009年，我国地源热泵的市场容量为17亿元人民币左右，与2008年相比，同比增长13%。其中小型机组达到7亿元，占比为58%。

图6-27　地表水水源热泵

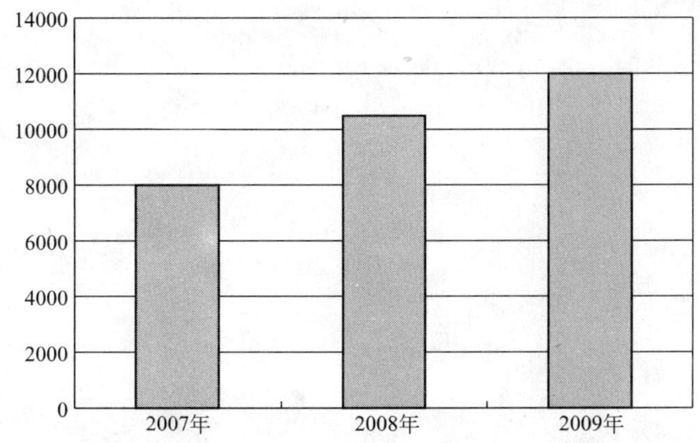

图6-28　2007～2009年我国地源热泵系统应用的面积（单位：万m^2）

就全国来看，沈阳市走在前列。目前，已投入运行的项目285个，约1430万m^2，正在建设和拟建的项目约3655万m^2，共计5085万m^2，到2010年达到6500万m^2，约占全市供热总面积（2.1亿m^2）的1/3。北京市也发展很快，至2007年年底，北京市累计完成各类地源热泵项目逾500项，新增超过300万m^2，采暖（有的兼制冷）总面积超过1100万m^2，利用浅层地能的功率约550MWt。项目遍布城区和近郊区，也包括远郊区县。北京市计划至2010年达到总面积3000万m^2，即每年增长约600万m^2。

6.7　取得的成效

可再生能源建筑应用示范由住房城乡建设部、财政部自2006年启动，经过四年多的发展，通过循序渐进，稳步推进的方式，由单个项目示范逐渐形成了集中连片带动效应。基本实现了两部委既积极又稳妥的"三步走"战略，即从项目示范，到城市示范，再到全面推广。示范效应显著，主要表现在以下几个方面：

6.7.1　引导科学规划

可再生能源建筑应用示范实践引起了地方管理部门的高度重视。2009年，国家财政对省级配套能力建设给予补贴支持，主要包括标准制订、能效检测等。推动了地方相关法制建设、规划编制、标准制订等配套能力建设进程。目前，通过城市及农村地区示范，已促使20多个省、200多个市/县对自身可再生资源进行评估论证，制定并出台可再生专项规划(见图6-29)。目前，全国几乎所有省、自治区、直辖市制定了相关办法，发布专项发展规划。

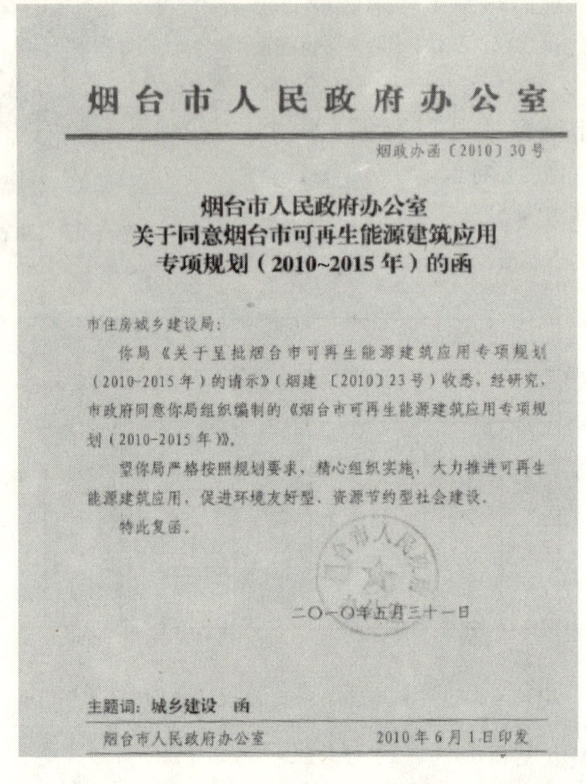

烟台市人民政府办公室

烟政办函〔2010〕30号

烟台市人民政府办公室
关于同意烟台市可再生能源建筑应用
专项规划（2010~2015年）的函

市住房城乡建设局：

你局《关于呈批烟台市可再生能源建筑应用专项规划（2010-2015年）的请示》（烟建〔2010〕23号）收悉。经研究，市政府同意你局组织编制的《烟台市可再生能源建筑应用专项规划（2010-2015年）》。

望你局严格按照规划要求，精心组织实施，大力推进可再生能源建筑应用，促进环境友好型、资源节约型社会建设。

特此复函。

二〇一〇年五月三十一日

主题词：城乡建设　函

烟台市人民政府办公室　　2010年6月1日印发

图6-29　烟台市可再生能源建筑应用专项规划

6.7.2　完善配套政策

大部分地区已经制定出台相关优惠激励政策，有效地推进了可再生能源建筑应用产业的发展，具体如下：

北京市出台《北京市加快太阳能开发利用促进产业发展指导意见》（京政发〔2009〕43号），出台多项补助政策加快太阳能开发利用，振兴北京新能源产业。其中规定：(1)对光伏屋顶，到2012年12月31日之前，对前20MWp与建筑结合的太阳能光伏并网发电及风光互补项目，除享受国家优惠政策外，由市财政根据项目建成后的实际发电效果，按照1元/W的标准给予连续3年补助。(2)对太阳能热水工程，按照“支持高端、先申先得”的原则，到2012年12月31日之前，对前100万m^2集热器面积，由市政府固定资产投资按照200元/m^2的标准给予补贴。该意见自2010年1月1日起正式执行，目标是到2012年，太阳能集热器利用面积达到700万m^2，太阳能发电系统达到70MW；到2020年，太阳能集热器利用面积达到1100万m^2，太阳能发电系统达到300MW。

上海市2009年修订通过《上海市节约能源条例》，制定出台了《上海市民用建筑能效测评标识管理实施细则》、《上海市建筑节能项目专项扶持暂行办法》（沪建交联〔2009〕816号）等政策文件，旨在培育该市建筑节能示范项目，提高该市建筑能源利用效率。沪建交联〔2009〕816号文中扶持资金资助的可再生能源建筑规模如下：使用一种可再生能源的，居住建筑建筑面积在5万m^2以上，公共建筑建筑面积在2万m^2以上；使用两种以上可再生能源的，建筑面积在1万m^2以上，补助额度为每平方米最高补贴50元，该办法自发布之日起施行。

湖北省2009年出台《湖北省民用建筑节能条例》，强化了可再生能源建筑应用；发布《湖北省国家机关办公建筑和大型公共建筑用能计量设计暂行规定》、《湖北省民用建筑能效测评标识实施细则》等政策。联合省发改委印发了《关于加强太阳能热水系统推广应用和管理的通知》，要求自2010年1月1日起，全省城市城区具备太阳能集热条件的新建12层及以下住宅和有热水需求的公共建筑，应统一设计和安装应用太阳能热水系统。截至目前，湖北全省在建筑中已应用太阳能光热面积2100万m^2，太阳能光电面积6.94万m^2，地热能面积192.56万m^2。

福建省福州市建设局在报市政府审议的《福州市建筑节能奖励暂行办法》中提到"对实施太阳能、地热能、风能等可再生能源利用的新建建筑，节能增量成本在50万元以上的，按实际设备投资额给予10%的奖励，最高奖励30万元"。

山西省在2008年晋政办发〔2008〕10号文中就已经对既有建筑改造中采用可再生能源的项目给予了补助支持，如：地下(表)水源热泵补助35元/m^2、地源热泵和再生水源热泵补助50元/m^2。2009年，山西住房和城乡建设厅联合省财政厅等单位编制了《山西省人民政府关于加快新能源产业发展的实施意见》，省级财政将对国家示范城市、示范县，按照50%予以补贴，对太阳能光电建筑、太阳能路灯、建筑垃圾再生利用等给予一定奖励。

河北省重点推广了太阳能光热和光电利用项目，出现了邢台市、保定市等太阳能重点发展城市。发布了《关于印发〈太阳能光伏照明系统应用技术导则〉(试行)的通知》(冀建科〔2009〕627号)、《关于执行太阳能热水系统与民用建筑一体化技术的通知》等文件。

邢台市政府出台了太阳能应用据不同情况减免50%城市维护费、每户补贴500元、补贴造价的10%、县(市、区)财政对新民居建设示范村实施太阳能建筑一体化的按每户300~500元的标准给予补贴等优惠激励政策。

保定市经政府同意设立了可再生能源应用专项资金，2009年保定市财政安排1000万元用于太阳能等可再生能源应用的补助。太阳能热水系统应用，根据情况减免20%城市配套费。采用热泵技术系统进行采暖的，可享受政府给予的燃煤集中(区域)供热单位同等优惠政策和可减收水资源费等优惠政策。

山东省出台《关于加快山东省新能源和节能环保产业发展的意见》(鲁政发〔2009〕77号)，规定了专项扶持政策，计划3年拿出12亿元用于支持新能源发展应用。发布了《关于加快太阳能光热系统推广应用的实施意见》(鲁政发〔2009〕119号)，提出了太阳能光热利用的目标、任务，将3类建筑列入强制安装使用范围。山东省共17个设区市中，有15个市以政府或部门的文件出台了加强可再生能源特别是太阳能利用方面的政策。如：烟台市下发《关于印发〈烟台市区可再生能源建筑应用奖励办法〉的通知》(烟建科教〔2009〕20号)。通知中对太阳能项目的奖励如下：对采用太阳能热水技术并选用分体式承压产品，或采用太阳能集中供应热水技术，且总建筑面积超过5万m^2，相应技术产品投资额超过200万元的项目，按新建太阳能热水系统总投资的20%给予奖励；对采用太阳能采暖和空调制冷技术，并探索应用太阳能采暖、制冷和热水三联供技术，且总建筑面积超过2万m^2，按新建太阳能系统总投资的25%给予奖励。对地源热泵奖励如下：对企业投资兴建大型地源热泵供热站的，按总投资的25%给予奖励，管网建设费用按辐射范围内项目的建筑面积，由财政部门从收取基础设施配套费中按52元/m^2给予补贴，但其所供热辐射区域内的建设项目不再享受免缴基础设施配套费中供热外网部分的收费减免政策。

重庆市2009年编制完成《重庆市可再生能源建筑应用中长期发展规划》，提出了到2012年和2020年重庆市可再生能源建筑应用规划目标，并明确了保障措施。重庆市早在2007年就出台了《重庆市可再生能源建筑应用示范工程专项补助资金管理暂行办法》（渝财建〔2007〕427号）提供相应的政策及财政支持。暂行办法规定：(1)利用可再生能源热泵机组的空调，按机组额定制冷量每千瓦补贴人民币800元，相当于重庆当地64元/m^2；(2)利用可再生能源提供生活热水的高温热泵机组，按机组额定制热量每千瓦补贴人民币900元。

深圳市人民政府印发《深圳新能源产业振兴发展规划(2009～2015年)》（深府〔2009〕239号），规划指出：深圳已建和在建光热建筑应用面积800万m^2，年均增长超过37%；已建和在建太阳能光电建筑应用装机容量4.5MW。发展目标中提出：薄膜太阳能电池年产能2000MW以上，太阳能热利用建筑面积1600万m^2以上。资金支持中提到：整合产业发展专项资金。鼓励企业、科研机构积极承担国家、省重大专项和科技计划，政府提供配套资助。鼓励金融机构对新能源产业重点项目提供资金和信贷支持，鼓励优势企业通过多层次的资本市场，在国内外主板、中小企业板和创业板上市，鼓励企业通过开展国际合作，争取清洁发展机制(CDM)及其国际基金组织的可再生能源发展资金支持。

江苏省2009年出台《江苏省建筑节能管理办法》（省政府第59号令），并于2009年12月1日起正式实施。该办法大力推动可再生能源在建筑中的推广应用，要求政府投资的公共建筑应当至少利用一种可再生能源；新建宾馆、酒店、商住楼等有热水需要的公共建筑和12层以下住宅，应当按规定统一设计、安装太阳能热水系统；鼓励对建筑的屋顶、墙面实施绿化等。2008年起设立“江苏省节能减排(建筑节能)专项引导资金”，每年1亿元用于补助建筑节能示范项目。江苏省泗洪县出台了三项优惠政策：一是积极提供贷款扶持。采取以企业自身资产担保为主，如企业确实不具备担保条件，则由政府提供担保。贷款担保数额为企业季度应退税总额的80%，利息按50%予以贴息。贴息部分由企业先行支付，在完善手续后由县财政奖励给企业。二是进一步加大奖励力度。一方面对县内企业所缴纳的增值税按照政策性退税后，地方留成部分全额奖励，增值税数额以“收废”企业向对应的“用废”企业开具的增值税发票为准；另一方面，企业所缴纳的地方税收按照实际缴纳数额的50%奖励给企业。三是从2009年起，对能够按规定设置账簿，收入、成本、费用能够准确核算，符合查账征收条件的纳税人，按规定办理查账征收相关手续，对企业实行查账征收，以减轻因核定征收给企业带来的额外负担。

天津市财政局和市建设交通委联合下发了《关于印发〈天津市建筑节能专项资金管理暂行办法〉的通知》（津财建二〔2009〕10号），明确每年财政将安排专项资金支持建筑节能发展。出台税收返还、土地出让政府收益返还、大配套费收取等优惠政策。

辽宁省地源热泵技术发展迅速，在国家可再生示范过程中，是地源热泵项目示范较多的省份之一。尤其是沈阳市，规划2010年地源热泵技术应用面积达到6500万m^2，占全市供热总面积的1/3。早在2008年辽宁省就发布了《关于推广地源热泵等可再生能源技术意见的通知》（辽政办发〔2008〕48号）。

大连市在已经发布的《大连市推广应用海水源热泵“十一五”规划》中，提出“十一五”期间全市计划完成海水源热泵供热供冷面积1100万m^2。2009年制定了《大型水源热泵区域供热供冷技术规程》，规范了可再生能源项目建设和管理。

安徽省制定了《安徽省建筑节能管理办法》（送审稿），明确把“可再生能源在建筑中的应用”列入“建筑节能专项资金”使用范围。2009年省财政预算安排1000万元可再生能源专项资金支持可再生能源建筑应用发展。

河南省推动太阳能和地源热泵在省内推广应用，即将发布实施《河南省民用建筑地源热泵系统与建筑一体化应用技术规程》和《河南省民用建筑太阳能热水系统应用技术规程》。省内7个市、5个县2009年发布推进可再生能源利用相关政策多达126项。

云南省出台了《云南省人民政府关于促进工业产品销售保持工业平稳较快发展的意见》（云政发〔2009〕77号），对太阳能热水器和节能、环保等其他设备安排工业产品销售奖补政策专项资金，以扩大消费、拉动生产，努力实现全省工业经济平稳较快发展。对太阳能热水器的奖补政策为：(1)对一次性购买10万元以上省内企业生产的太阳能热水器的用户，按照采购额的3‰给予奖励。(2)鼓励太阳能热水器下乡，对购买列入《云南省名优地方产品采购推荐目录》的农村用户，平板式集热器每平方米补贴50元，真空管集热器(ϕ58mm)每管补贴10元。

广西壮族自治区利用自身科研力量，在示范项目的同时，加大标准编制和科研力度。争取“十一五”期间，利用浅层地热能技术的建筑1900万m^2以上，建设太阳能一体化建筑900万m^2以上。

黑龙江省2008年3月1日起开始施行《黑龙江省农村可再生能源开发利用条例》，截至目前，带动大庆市等7个市县推广可再生能源建筑。其中，通河县出台优惠政策：凡在县城应用浅层地热、太阳能供热的区域，均享受县政府给予应用燃煤供热区域的全部优惠政策，并给予减免部分城市公用事业附加费、城市配套费等；在农村中小学和卫生院等公共建筑采用浅层地热能、太阳能光热建筑一体化应用、太阳能浴室等技术享受县政府给予的县财政资金补助，补助标准为：原则上采用太阳能光热技术的每平方米补助15元，使用土壤源热泵技术的项目每平方米补助30元，采用水源热泵的每平方米补助20元，使用地源热泵与太阳能建筑一体化集成技术的每平方米补助45元。凡是使用水源热泵产品的项目，均享受民用价格的待遇。另外，通河县为投资通河县做能源管理(供热项目)事业的单位，给予优惠政策。

6.7.3 应用量大幅增长

2006~2008年，住房和城乡建设部、财政部批准了4批示范项目，共371个，技术类型包含太阳能光热利用、地源热泵、地源热泵与太阳能复合技术和少量光电示范项目(见图6-30)，示范建筑面积共4049万m^2，光电总峰瓦值6.2MW，中央财政补助资金约27亿元。项目覆盖了27个省、自治区、4个直辖市、5个计划单列市和新疆生产建设兵团，对全国的地域区划(不含港澳台)形成了全覆盖，详见图6-31和表6-8。

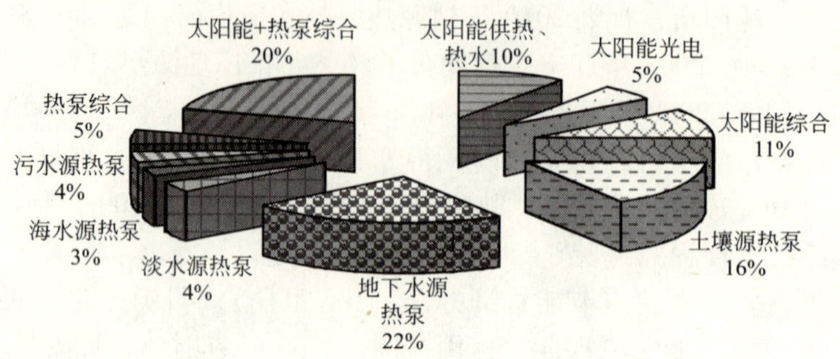

图6-30　技术类型分布情况

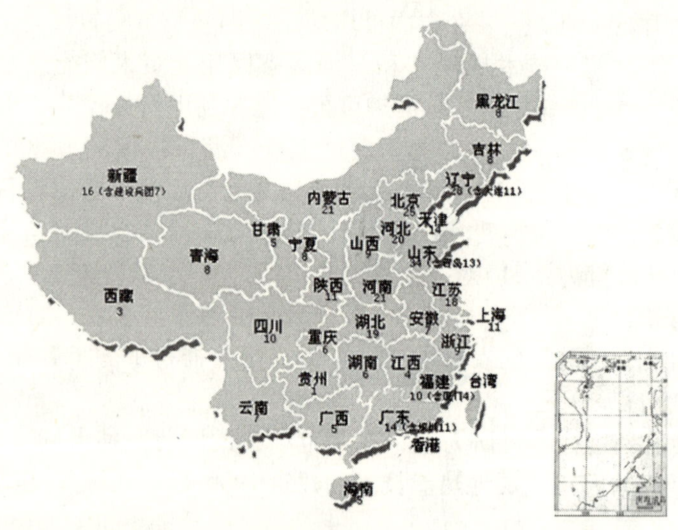

图6-31　可再生能源建筑应用示范项目地域分布图

2006～2008年批准的可再生能源建筑应用示范项目情况　　表6-8

申报年度	示范项目个数	总示范面积(万 m^2)	总峰瓦值(kWp)	批次
2006年	25	232.07	888.9	第一批
	57	793.74	2195.6	第二批
2007年	130	1411.35	194.8	第三批
2008年	159	1612.16	5665	第四批
合计	371	4049.32	8944.3	

截至目前，371个可再生能源建筑应用项目中，已全部完工项目226个，其中104个项目完成验收。剩余145个项目未完工项目中，土建部分已完工，可再生能源系统正在施工的项目47个；正在进行土建施工的项目73个；至今未开工项目6个；另外19个项目由于资金、拆迁等问题退出示范，详见图6-32。

在太阳能光电建筑应用方面，截至目前，两部委先后实施太阳能光电建筑应用示范项目210个，总装机容量181.6MW，中央财政补贴24.6亿元。其中2009年批准太阳能光电

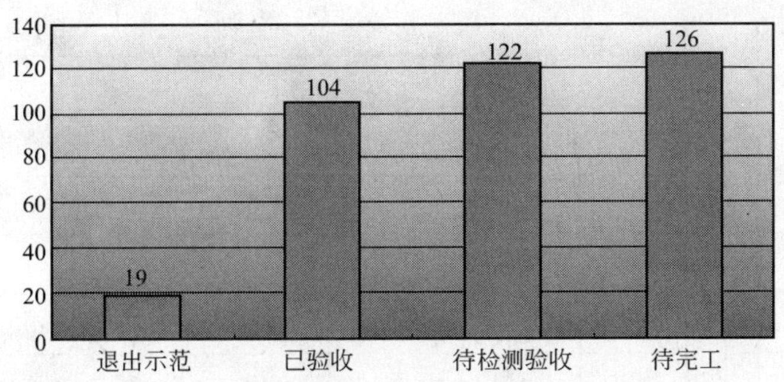

图 6-32　371 个示范项目的进展图

建筑应用示范项目 111 个，示范装机容量 91MW；2010 年批准光电示范项目 99 个，示范装机量 90MW(见图 6-33)。项目覆盖了 23 个省/自治区、3 个直辖市和 5 个计划单列市。

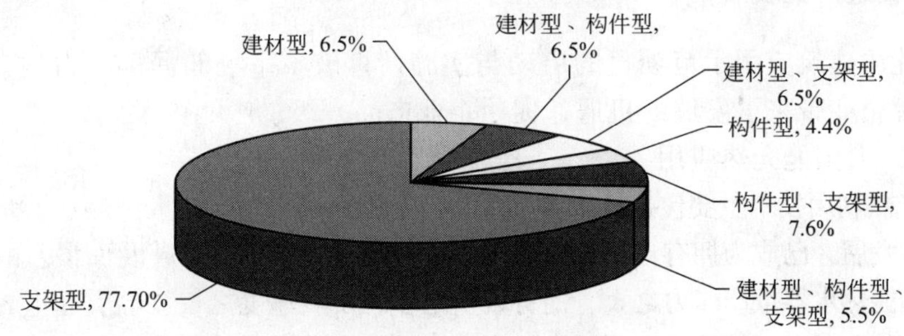

图 6-33　2009 年光电示范项目安装形式分布图

在项目建设进展方面，大约 1/3 的项目处于安装实施阶段，将近一半项目仍处于设计、招标阶段。

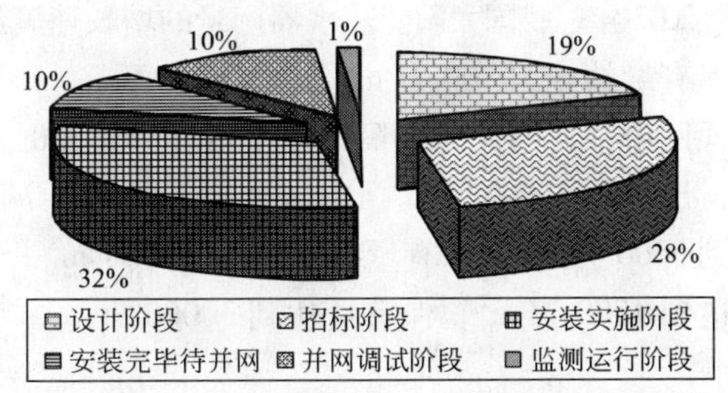

图 6-34　太阳能光电建筑应用示范项目进展情况统计

从 2009 年开始，住房和城乡建设部联合财政部开始组织实施示范城市/示范县，技术类型涵盖太阳能光热利用、地源热泵、地源热泵与太阳能复合、太阳能浴室以及被动式太阳能房。2009 年批准的示范城市/示范县面积约 13600 万 m^2，2010 年示范面积约 15000 万 m^2，其中 2009 ~ 2010 年共批准实施太阳光热应用面积 16159 万 m^2，地源热泵应用面积 11926 万 m^2(见表 6-9 和图 6-35)。

2009 ~ 2010 年批准的示范城市和示范县情况　　**表 6-9**

	示范市个数	示范县个数
2009 年	26	38
2010 年	21	60
合计	47	98

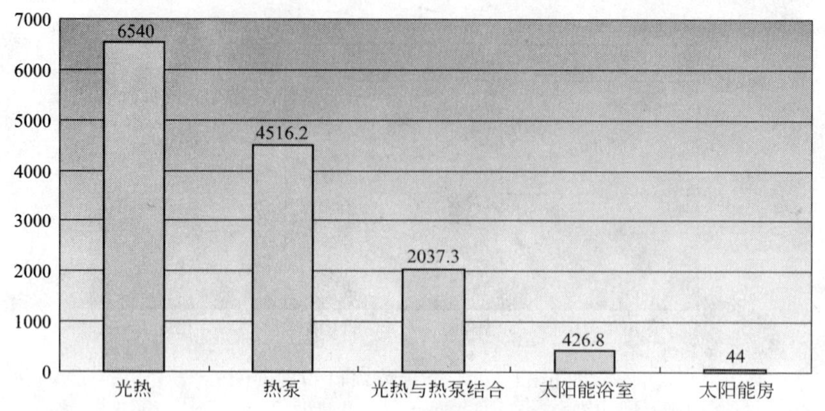

图6-35 示范城市/县可再生能源建筑应用面积按技术类型分布图

6.7.4 促进产业发展

可再生能源建筑应用示范项目的启动与实施，打破了市场僵局，有力地激活了需求，给可再生能源企业带来了发展的机遇，促使企业产品升级、产能扩大。

6.7.4.1 太阳能光热应用

太阳能光热利用技术主要包括热水器、采暖、空调及热力发电。太阳热水器是我国近几十年中得到迅猛发展，已成为拥有自主知识产权、生产规模全球最大、普及面最广的绿色朝阳产业。我国太阳能热水器生产能力之大、拥有数量之多、发展速度之快已经引起世界关注。太阳能热水器产业经过近三十年的发展，基本形成较为完整的产业化体系、市场开发体系和服务体系。我国已成为世界上最大的太阳能热水器生产国，也拥有最大的太阳能热水器消费市场。

2007年，我国太阳能热水器产量的增长速度约为30%，年产量达2340万 m^2（16380MWth），总保有量约为10800万 m^2（75600MWth）。2007年，太阳能热水器市场销售额约为320亿元人民币，产值亿元人民币以上的企业有20多家。2008年我国太阳能热水器产值达430亿，出口达1亿美元。据中国太阳能协会预测，到2010年，我国太阳能热水器年产量将达到3000万 m^2，保有量将达到15000万 m^2，千人拥有量将达到 $109m^2$；到2020年，产量将达到4500万 m^2，保有量达到30000万 m^2，千人拥有量达到 $210m^2$（见图6-36）。

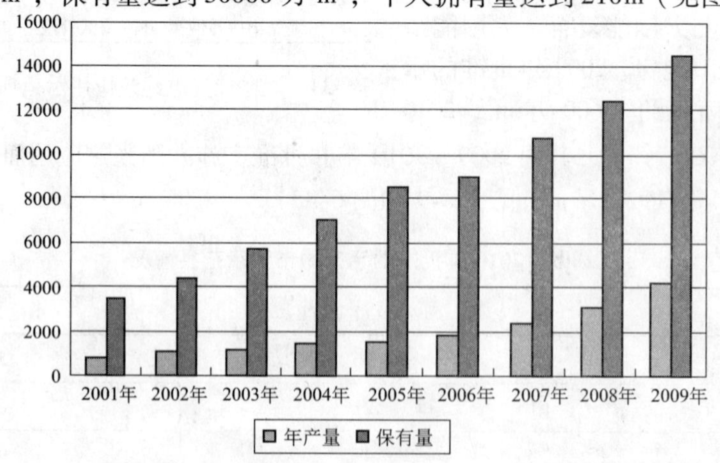

图6-36 我国太阳能热水器生产规模和保有量（单位：万平方米）

6.7.4.2　太阳能光电应用

我国成为世界光伏产业发展最快的国家之一，为世界瞩目。同时，我国形成了一批具有国际竞争力和国际知名度的光伏电池生产企业。太阳能光伏发电趋势如图 6-37 所示。

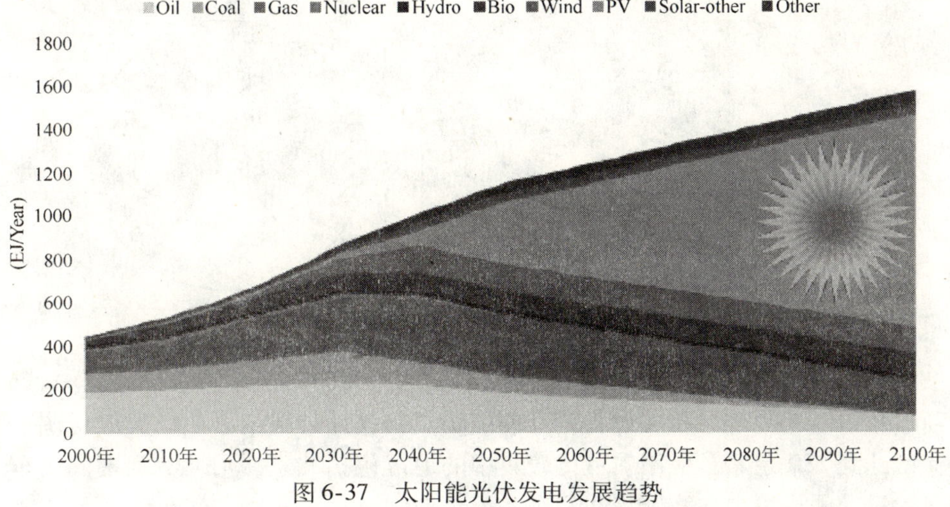

图 6-37　太阳能光伏发电发展趋势

现在，全世界大约 60% 的太阳电池用于并网发电系统，主要是用于城市建筑并网光伏系统。我国的建筑并网光伏系统尚处于示范阶段。2006 年建筑并网发电累计装机 3.8MWp，占市场份额 4.8%，预计 2010 年以前中国将会实施屋顶计划，安装太阳电池 50MWp，建筑并网光伏系统的市场份额将占到 17.6%。中国现有大约 400 亿 m^2 的建筑面积，屋顶面积 40 亿 m^2，加上南立面，可利用面积大约为 50 亿 m^2，如果 20% 用来安装太阳电池，装机容量可达 100GWp。部分城市和企业也开始了建筑光伏发电并网技术的尝试，深圳市建成了当时亚洲最大的光伏并网发电站，总容量 1MWp。上海、北京、南京、无锡、保定、德州等城市也都启动了城市太阳能示范计划和行动(见图 6-38)。

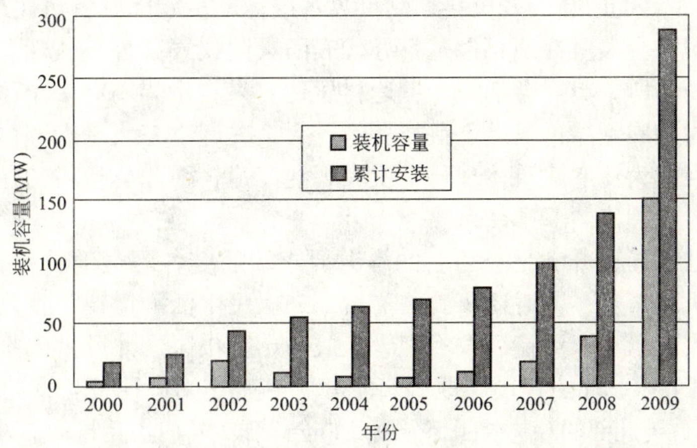

图 6-38　2000 ~ 2009 我国光伏系统的年装机容量和累计装机容量

6.7.4.3　地源热泵应用

据不完全统计，截至 2006 年底，地源热泵技术应用面积为 2650 万 m^2，截至 2007 年底，地源热泵应用面积近 8000 万 m^2。其中，沈阳市 2009 年计划完成 1877 万 m^2；北京市规划至2010年完成2000万 m^2，其他部分地方政府也正在规划之中。根据中国建筑业协会地源热泵工作委员会有关统计，我国地源热泵使用比例和地源热泵企业的所有制形式如图6-39所示。

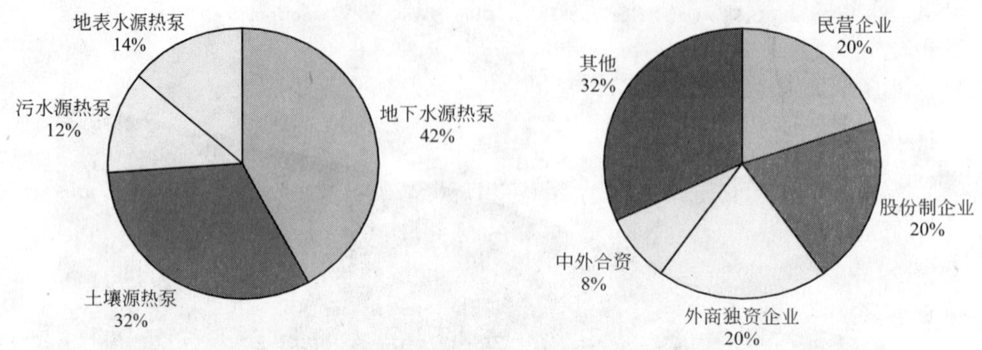

图6-39　我国地源热泵使用比例和地源热泵企业的所有制形式

目前，我国以地源热泵相关设备产品制造、工程设计与施工、系统集成与调试管理的相关企业已达到280余家，应用项目比较集中的地区包括北京、河北、河南、山东、辽宁和天津，80%的项目集中在我国华北和东北南部地区。

根据估算，2008年地源热泵系统销售额达57亿元，其中地源热泵机组销售额达23亿元，预计今后几年，其市场规模还会进一步扩大。据有关行业协会预测，到2010年地源热泵系统销售额达75亿元，地源热泵机组销售额达30亿元。

6.8　工　程　实　例

6.8.1　奥运村

奥运村是2008年奥运会、残奥会期间世界各国运动员及随队官员住地、200多个代表团团部及代表团团长会议所在地，也是举办代表团欢迎仪式和各类体现奥林匹克精神与中国文化传统的活动场所。奥运会期间，奥运村居住着来自世界100多个国家的18000名运动员和官员；赛时是展示绿色奥运、科技奥运、人文奥运“三大理念”的重要场所；赛后是奥运遗产，应当成为住宅建筑体现科学发展观的典范，因此奥运村的建设，肩负着展示奥运理念、引领时代潮流的双重使命。

奥运村的规划布局充分满足奥运会的赛时要求，适应各国运动员及官员居住、生活、训练、休闲和娱乐的需要，同时还要满足赛后未来居民生活的需要。在规划设计、建筑技术、环保保护、人文景观和可持续发展理念上成为未来小区设计可供借鉴的典范。

按照城市规划要求，住宅建设用地27.55 hm^2，赛时作为运动员公寓区。根据运营需要，赛时辛店村路封闭，与北部的森林公园部分用地结合，作为赛时奥运村的临时设施规划用地。

奥运村39.3万 m^2 建筑，其中公寓、住宅37.8万 m^2，公共建筑1.5万 m^2。赛后居住1868户，5230人。赛时3306套(加NOC)，包括17200个床位及NOC用房；NOC用房共计1.98万 m^2，分布在首层1.62万 m^2；带下沉花园地下室0.36万 m^2。

奥运村规划设计图如图6-40～图6-42所示。

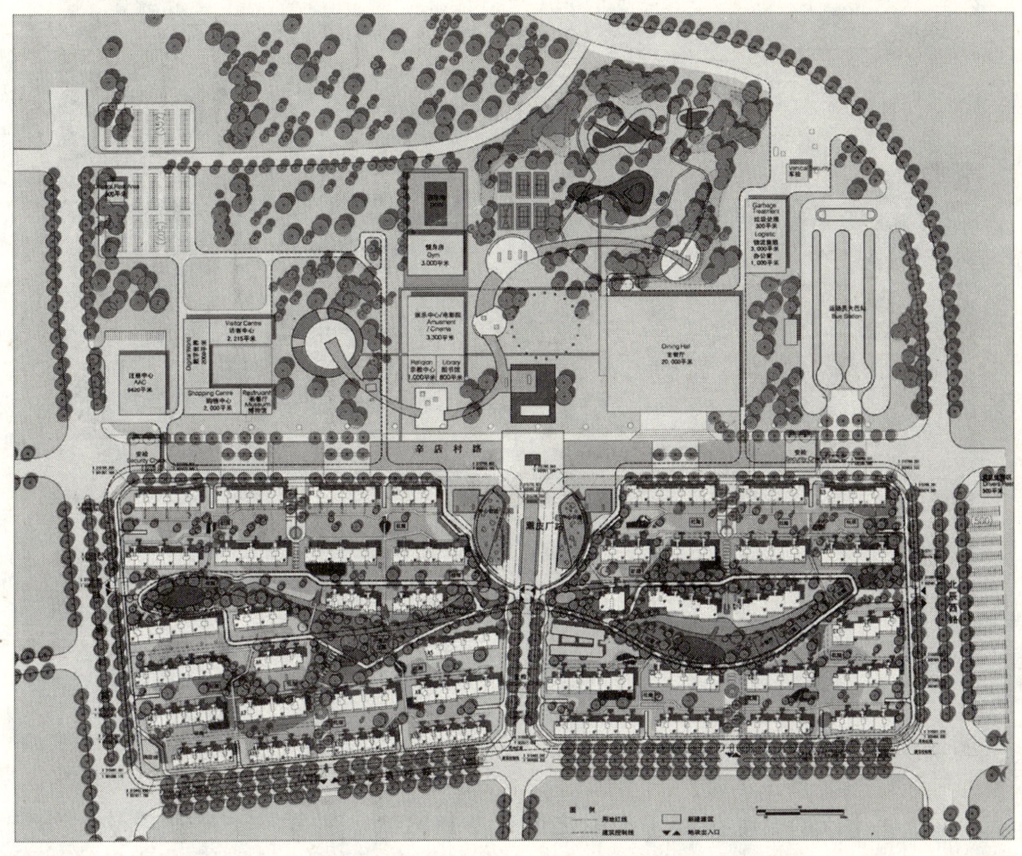

图 6-40　奥运村规划图

图 6-41　奥运村鸟瞰图

图6-42　奥运村建筑效果图

奥运村项目通过采用外墙外保温、外遮阳等高效的围护结构节能技术，使建筑物节能目标达到65%，其中空调系统季节性供冷系数达到3.0以上，季节性供热系数达到2.5以上。太阳能集热系统占热水供应能耗的50%以上。项目特点如下：

1. 再生水源热泵系统

奥运村建设的“再生水源热泵系统”，是利用污水处理的再生水，与热泵机组换热后再注入清河。再生水的温度在15～25℃之间，冬夏两季，与自然温差约10℃。利用再生水自身蕴含的温差与热泵机组换热，能效比为3.26，节约电能。利用再生水换热，不会影响河道水质，而水中蕴含的能量却被利用。

奥运村的再生水源热泵供热供冷系统，是利用清河污水处理厂和北小河污水处理厂处理后、温度在15～25℃之间的再生水，采用热泵原理，通过少量的高位电能输入，提取再生水中的能量，为奥运村提供夏季空调、冬季采暖所需的供热供冷量。再生水与热泵机组换热后、流入清河，不会影响河道水质。根据冬、夏季热、冷负荷分别计算冬、夏季再生水用量。

冬季，需要从再生水提热的热泵系统的负荷为：18.96＋3.444＝22.404MW，计算再生水需求量为（$COP=4.5$，提热温差为5℃）：

$$G=22404\times(1-1/COP)\div1.163\div5=2995\text{m}^3/\text{h}<4167\text{m}^3/\text{h}$$

夏季，需要向再生水放热的热泵系统的负荷为27.165MW（生活热水负荷有冷凝热制取，不利用再生水），计算再生水需要量为（$COP=5.2$）：

$$G=27165\times(1+1/COP)\div1.163\div7=4004\text{m}^3/\text{h}<4167\text{m}^3/\text{h}$$

热泵系统的冬夏季再生水需求量小于排水集团方案中10万m^3/d（$4167\text{m}^3/\text{h}$），再生水热泵系统作为奥运村建筑能源利用方式是完全有保证的。

2. 太阳能光热利用建筑一体化系统

奥运村按赛后2000户约6000名居民的生活热水用量［55℃，100L/（人·d·m^2）］，配置6000m^2的集热器，采用闭式循环系统，并由燃气炉提供高温热水，提供阴雨天气及冬季的热源保障。太阳能集热管水平安装在屋顶花园，成为花架构件的组成部分，与屋顶花园浑然一体，就如同悬空搭设的凉棚，不影响屋顶的种植花园和居民活动，实用与美观相结合，夏季有遮阳降低屋顶辐射热的节能作用，如图 6-43 和图 6-44 所示。6000m^2 的太阳能热水系统，奥运会期间为 16800 名运动员（悉尼奥运会为 15300 人）提供洗浴热水，奥运会后，供应全区 2000 户居民的生活热水需求。奥运村的太阳能热水系统，对集热传热、换热升温、储热杀菌、热源备份、保温保量、余热利用、自动控制等环节进行了综合考虑，系统采用直流热管间接循环利用太阳能的方式，具有系统独立、出水温度稳定、赛时及赛后保障性能好、便于及计量收费等优点。

图 6-43　太阳能集热器成为屋顶花园的凉棚

图 6-44　太阳能凉棚屋顶花园透视图

3. 太阳能光电利用系统

奥运村有地下车库 10 万 m^2，分为 4 个区，每个区约 2.5 万 m^2，地下车库没有采光条件，白天高峰需要照明电力约 5000kWh，奥运村全区共有 5.1 万 m^2 的上人屋面，在屋顶花园的棚架上安置6000m^2 的太阳能光伏电池板，建设500kW的光伏电站，年发电量约110万kWh，为地下车库提供白天照明，同时利用了屋面空间进行夏季遮阳，实现与建筑美观的完美结合。

奥运村并网光伏发电系统拟对地下车库的照明等日间常用负载供电。考虑到目前奥运村的建筑设计已完成、并进入施工阶段，按现有条件，无法为光伏系统提供放置逆变和配电设备的专用控制室。因此，奥运村并网光伏发电系统将采用体积小、重量轻、小功率的单相支路型并网逆变器，在屋顶汇流后并入地下车库配电室。

以奥运村可安装光伏系统的每栋建筑作为一个子系统，各子系统采用支路型逆变器，就地将太阳电池方阵的直流输出电能逆变成230V、50Hz的单相交流电，并在屋顶进行汇流成相间基本平衡的三相交流电后，并入地下车库配电室。

在屋顶花架安装的太阳能电池板白天发出的电力，直接为不能采自然光的近10万m^{2}的地下车库提供照明电力，避开白天的用电高峰，年发电量约110万kWh。应用光导管技术，利用自然光，在草坪内设置集光器，白天采集自然光，导入楼间的地下车库出入口的值班室，提供白天照明。

根据深圳建筑科学研究院的现场检测，其中污水源热泵的测评结果如表6-10所示。

污水源热泵的现场测评结果 **表6-10**

序号	测评指标	测评结果
1	建筑节能率	居住建筑78.5%，公共建筑68.4%
2	实施量(万m^2)	41.225
3	系统能效比(COP_s)	3.44
4	机组能效比(COP)	5.15
5	全年常规能源替代量(吨标准煤)	1257.2
6	二氧化碳减排量(t/a)	3105.2
7	二氧化硫减排量(t/a)	25.1
8	烟尘减排量(t/a)	12.6
9	年节约费用(元/a)	1257200

奥运村的污水源热泵系统的远程监测数据如图6-44所示

6.8.2 住房和城乡建设部主楼屋顶太阳能建筑一体化发电项目

住房和城乡建设部大楼作为非常具有代表性的部委办公楼，无论从建筑美学价值还是历史地位都举足轻重。该项目主要是结合大楼屋顶的改造，进行BIPV设计，在改善建筑本身热环境、降低建筑能耗的同时，结合不同类型光伏电池、不同种类光伏构件的安装，实现建筑本身的电能产出(光伏系统总装机容量270.6kWp)，为建筑物及路灯照明等公共用电提供电能。

该项目在住房和城乡建设部主楼、北配楼(中国城市规划设计研究院)、北附楼及住宅楼(包括丙3楼、丙4楼、甲8楼、7号楼)屋顶，进行建筑一体化设计，安装应用薄膜、晶体硅等太阳电池光电产品。整个光伏系统总装机容量270.6kWp，年发电量约为31.8万kWh，主要为主楼、配套办公楼公共用电及部大院路灯照明提供电能。

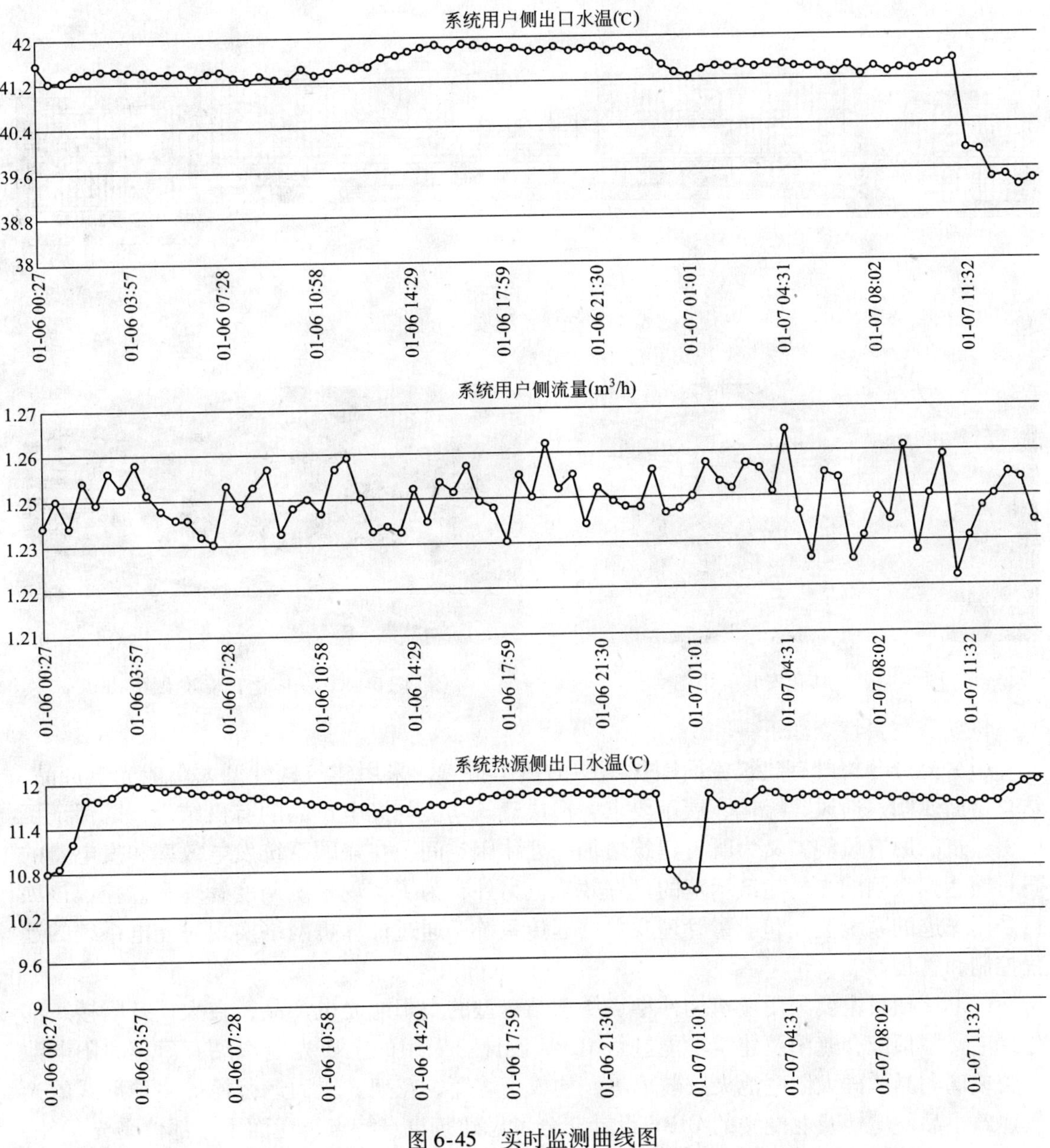

图 6-45　实时监测曲线图

在平面布局上，主楼为东西朝向、南北对称的格局，整栋大楼端庄古朴。故在构件的布置上同样沿中轴线严格对称，保证建筑的整体风格。对于屋面现有的空调室外机组、通风主机、配电箱位置，结合构件留空和屋面绿化，一方面光电构件整体性好，分组清晰；另一方面屋面布局虚实穿插，又保证空调机的散热空间，不产生负面效应。同时，设置一条南北贯穿的防腐木质栈道，保证屋面雨水组织排放的同时，为示范项目的展示，产品的维护、更换提供了景观通廊。中国城市规划设计研究院大楼屋顶结合现场条件，以平屋顶改坡屋面的设计思路，采用晶体硅组件以向南 7.5°角的形式形成单向遮阳型斜坡屋面，如图 6-46 ~ 图 6-48 所示。

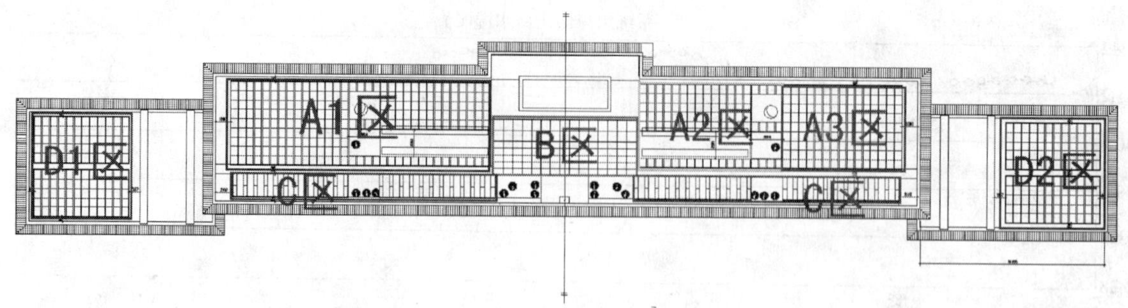

图 6-46　光伏系统安装分区图

图 6-47　一体化安装效果图

图 6-48　一体化安装效果图

该项目主要特点如下：

（1）充分分析既有建筑屋面围护结构的热工特点，采用建筑构件型太阳能光电产品，结合屋面遮阳、通风、绿化、展示要求，形成建筑功能与光电产品的有机结合，既保证了历史建筑的原有风貌，又为既有建筑增加一处休闲空间，在兼顾系统发电效率和发电量的同时，达到太阳能光电建筑示范的良好效果。另外，为了实现系统调度管理和监控，该项目采用先进的系统监控和能量管理及数据远传系统，通过计算机网络实现对光电系统的远程控制和管理。

（2）该项目主要采用建筑构件型、屋顶结合型的太阳能光电产品，在大楼及附楼、部分住宅楼屋顶配合遮阳及建筑功能进行 BIPV 设计。采用的主要光电产品有薄膜太阳电池夹胶玻璃和晶体硅太阳电池夹胶玻璃等，构成会客厅、花架、屋面遮阳篷等多种形式的光伏建筑小品。主楼及北配楼的 BIPV 设计充分考虑建筑自身特点、屋面不同部位受光条件，以及不同功能空间实际效果需求，采用 6 种不同光伏构件/组件及安装方式，在满足建筑基本功能、兼顾太阳能系统较高发电量的同时，实现光伏系统与建筑功能的高度集成，如图 6-49 所示。

该项目的远程监测结果如图 6-50 所示。

6.8.3　中关村国际商城土壤源热泵项目

中关村国际商城位于八达岭高速公路和北清路入口交汇处的西北侧。规划用地范围东起八达岭高速公路，西至京包铁路，南起北清路，北至东店村路（国际商城北街），如图 6-50 所示。

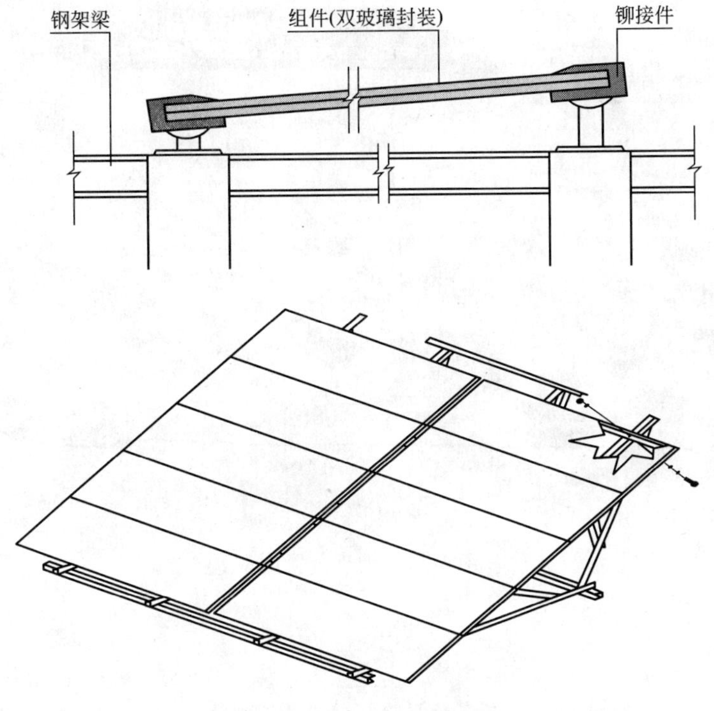

图 6-49　建筑一体化构件图

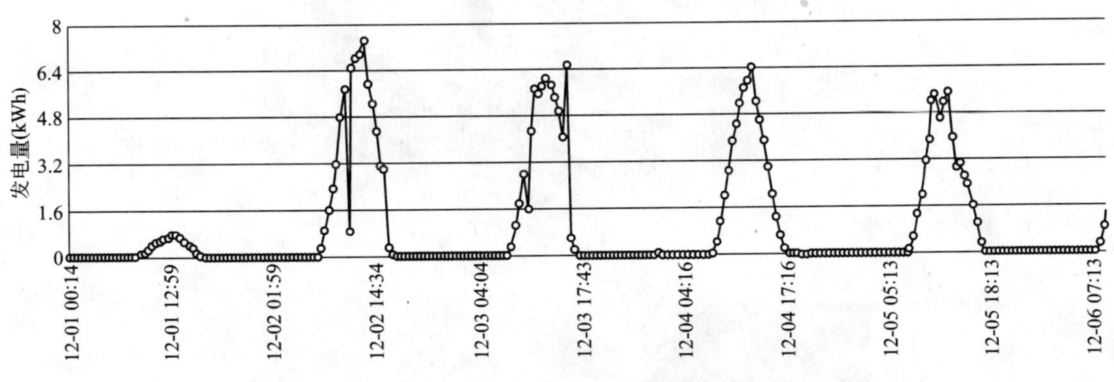

图 6-50　发电量远程监测曲线

本次作为示范项目的中关村国际商城一期位于整个场地东地块的西南角，建筑占地面积 37413m^2，总建筑面积 156000m^2，其中，地上 117882m^2，地下 38118m^2，主体檐高 24. 0m。一期工程将按 1 号、2 号、3 号楼分期建设。该建筑为商业建筑，以商业用房为主，辅以一定数量餐饮用房，并相应配备机动车库、设备机房、库房等后勤、辅助用房，如图 6-51 和图 6-53 所示。

利用可再生能源中的土壤源热泵系统结合冰蓄冷系统作为建筑空调系统冷热源：利用土壤源热泵技术作为冬季空调热源，供热面积为 156000m^2。利用冰蓄冷空调技术结合土壤源热泵技术作为夏季空调冷源，供冷面积为 156000m^2。通过利用土壤源热泵技术，结合冰蓄冷系统和优化围护结构体系等方法，达到建筑节能 50% 的目标。

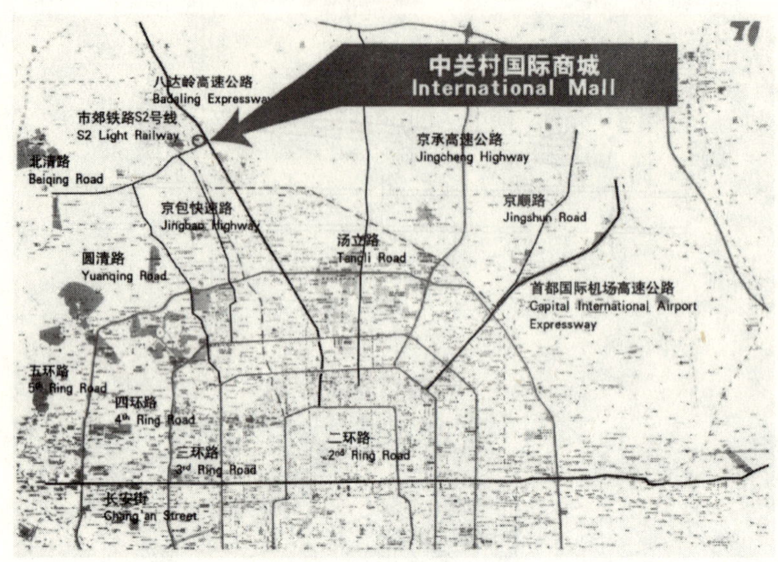

图 6-51　地理位置图

图 6-52　项目效果图

图 6-53　项目实景图

该项目总建筑面积156000m²，地上建筑面积117882m²，地下建筑面积38118m²。根据初步负荷估算结果如表6-11所示。

负荷估算 **表6-11**

建筑面积(m²)	冷负荷(kW)	冷负荷指标(W/m²)	热负荷(kW)	热负荷指标(W/m²)
156000	17000	108.9	7390	47.4

根据该项目的功能特点、空调冷热负荷特性及建筑周边条件，确定采用土壤源热泵机组+冰蓄冷的复合冷热源形式。以冬季空调热负荷确定土壤源热泵机组容量，夏季将土壤源热泵机组作为空调制冷系统基载冷源，不足部分利用冰蓄冷系统补足。

在该项目西北侧的绿地内设置地下制冷机房，内设土壤源热泵机组4台，单机制冷量2075kW(590USRT)，制热量1866kW(530USRT)；双工况冷水机组2台，单机制冷量3165kW(900USRT)；蓄冰设备1套，总蓄冰量32919kWh(9360RTh)及与其相配套的附属设备。

在建筑物西侧的绿地内共设置地下换热器1200个，孔深初步设计为100m，采用双U形埋地换热器，室外换热器采用同程式连接并分为若干个回路，并联后接入制冷机房。

竖直埋管换热器埋管深度为100m，钻孔孔径不小于0.15m，钻孔间距为5m，水平连接管的深度在冻土层以下0.6m，且距地面不小于1.5m。地埋管换热器内流体保持紊流流态，水平环路集管坡度为0.002。供、回水环路集管的间距不小于0.6m。钻孔内设置双U形地埋管换热器，U形管公称外径为*DN*32。室外地埋管换热器采用同程式连接，分成11组接至地埋管侧支分集水器。各地埋管侧支分集水器设在室外地下小室内，并以并联方式接至地源热泵机房。

室外地埋管换热器布置于该工程室外场地内大型停车场及绿地位置。据负荷量、负荷特性、地下条件，孔井数量为1200孔，占地面积约3.48万m²。

根据中国建筑科学研究院的现场检测，其中土壤源热泵的测评结果如表6-12所示。

土壤源热泵的现场测评结果 **表6-12**

	测评指标	测评结果
1	建筑节能率(%)	50
2	实施量(万m²)	15.6
3	系统能效比(*COP*s)	2.79(冬)/4.30(夏)
4	机组能效比(*COP*)	3.29(冬)/5.11(夏)
5	全年常规能源替代量(吨标煤)	1155
6	二氧化碳减排量(t/a)	2854
7	二氧化硫减排量(t/a)	23
8	粉尘减排量(t/a)	12
9	年节约费用(元/a)	1893306
10	静态投资回收年限(a)	11

该项目的远程监测结果如图6-54所示。

系统用户侧出口水温(℃)
13
11.4
9.8
9.2
6.6
5
12-04 00:58
12-04 02:28
12-04 03:28
12-04 05:28
12-04 05:5
12-04 07:29
12-04 08:59
12-04 10:29
12-04 12:00
12-04 13:30
12-04 14:00
12-04 14:30
12-04 15:00
机组热源侧进口水温(℃)
13
12
11
10
9
8
12-04 00:58
12-04 02:28
12-04 03:58
12-04 05:28
12-04 05:58
12-04 07:29
12-04 08:59
12-04 10:29
12-04 12:00
12-04 13:30
12-04 14:30
12-04 14:30
12-04 15:00

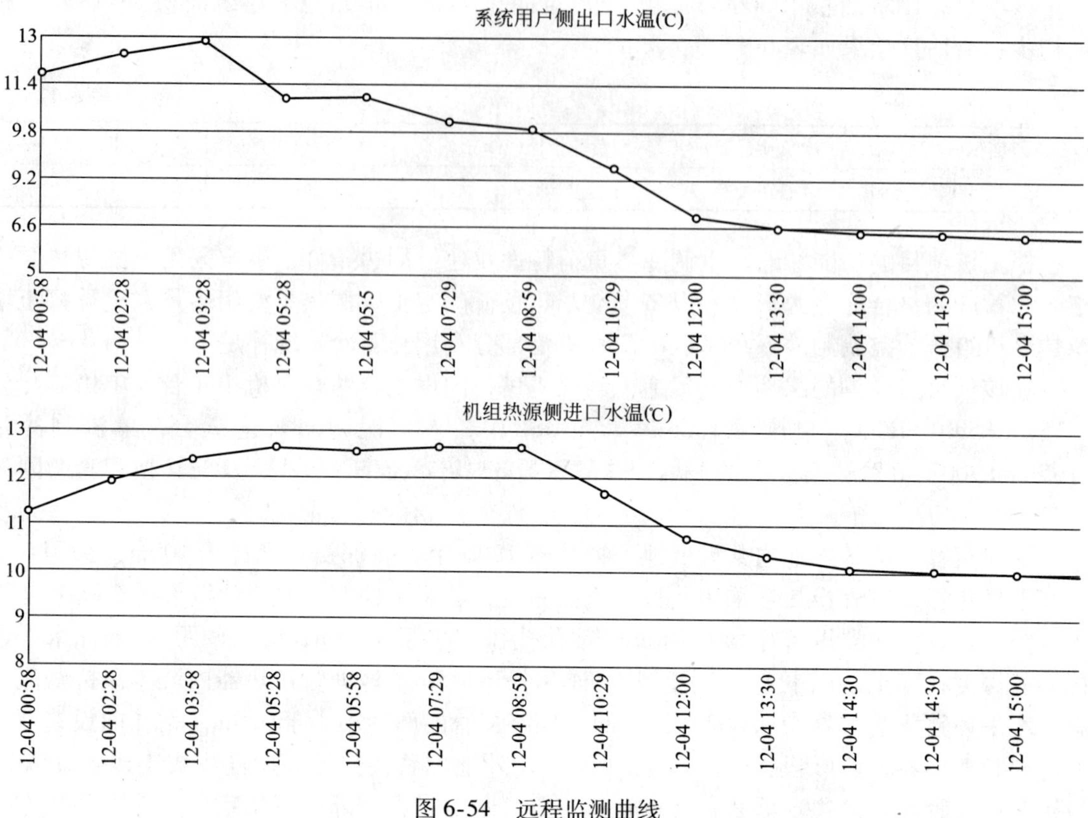

图 6-54　远程监测曲线

第7章 建筑节能技术研究与推广

世界面临着极为严峻的全球气候变化局势，10多年来，我国建筑节能工作得到了长足的发展，在技术规范指导下的建筑节能水平普遍提高。到2009年底，全国城镇新建建筑设计阶段执行节能强制性标准的比例为99%，施工阶段执行节能强制性标准的比例为90%，基本完成国务院提出的“新建建筑施工阶段执行节能强制性标准的比例达到90%以上”的工作目标。全年新增节能建筑面积9.6亿m^2，可形成900万吨标准煤的节能能力。截至2009年采暖季前，北方15省市已经完成节能改造面积共计10949万m^2，其中2009年完成改造面积6984万m^2，超额完成了国务院确定的6000万m^2年度改造任务。据测算，完成节能改造的项目可形成年节约75万吨标准煤的能力，减排二氧化碳200万吨❶。随着科学技术的日新月异，节约能源已受到世界性的普遍关注。我国适时明确提出了可持续发展战略和科学发展观，在建筑节能技术研究方面已进行了大量投入，开展了一批国家级科技重大攻关项目、住房和城乡建设部科研计划项目，涉及科研资金超过数十亿元，通过研究成果初步确立了建筑节能技术体系。

7.1 国家科技支撑计划

节能减排是国家的重点发展战略。“十一五”期间，我国政府提出了“单位GDP能耗下降20%左右”的约束性节能目标。国务院发布的《国家中长期科学和技术发展规划纲要(2006~2020年)》，将“城镇化与城市发展”列入重点领域，而在《“十一五”十大重点节能工程实施意见》中，把建筑节能作为一个重点节能工程，并对建筑节能工作提出了明确的要求。在城镇化与城市发展领域，“建筑节能与绿色建筑”、“城市功能提升与空间节约利用”、“城镇区域规划与动态监测”、“城市生态居住环境质量保障”、“城市信息平台”等优先主题，国家科技支撑计划共安排项目30多个，国家拨付总经费12.5亿元。其中在建筑节能领域中，建筑节能与高效供能、既有建筑改造及功能提升、新能源开发应用、绿色建筑技术集成建设与工程示范方面取得了显著的阶段性进展。

7.1.1 新建建筑节能技术研究

新建建筑节能技术水平的不断提升是建筑节能领域的刚性需求。“建筑节能关键技术研究与示范”等一系列“十一五”国家科技支撑计划重大和重点项目按计划组织实施，解决了一批对节能降耗有重大影响的关键技术，有力地促进了传统建筑业和建材业的改造

❶ 关于2009年全国建设领域节能减排专项监督检查建筑节能检查的通报，建科〔2010〕45号。

和提升。

7.1.1.1　新建建筑节能重点领域

“十一五”期间，新建建筑节能工作的重点领域分为四个主要方面：

（1）新建建筑全面执行50%节能标准：贯彻《关于新建居住建筑严格执行节能标准的通知》（建科〔2005〕55号），进一步提高认识，加强领导，落实责任，建立健全监督管理机制，依法推进。

（2）四个直辖市率先执行新建建筑65%的节能标准并建立相关的国家标准和技术体系：四个直辖市在“十一五”期间制定并执行65%的地方标准；通过总结北京、天津、上海、重庆等地区执行65%建筑节能标准的经验，国家组织政策、技术、标准等研究机构和企业，制定推进节能65%的政策措施，建立成套的技术支撑体系和相关标准规范，发展和规范建筑节能设计、施工、咨询服务等产业，为“十二五”期间在北方地区全面执行节能65%的标准做好基础工作。

（3）低能耗、超低能耗建筑和绿色建筑示范：国家通过资金扶持、政策引导和提供技术咨询，充分调动房地产开发商的积极性；选择有积极性和相关能力的集成各种高效建筑节能成套技术来引导“十二五”期间建筑节能技术及产品的发展方向，形成相应的政策法规和技术标准，并组织大规模的宣传推广，以便在“十二五”期间进行大范围的有效推广。

（4）新型墙材和节能材料产品的规模化应用及产业化：国家通过建筑节能工程的实施，拉动新型墙材和节能材料产品产业的发展。为规范新型墙材和节能材料、产品的生产，保证质量，降低成本，国家通过确定新型墙材和节能材料产品的产业化基地，并给予政策、技术和资金的支持，发展民族工业，形成满足建筑节能工程实施要求的、质量达到要求的规模化生产基地。

7.1.1.2　关键技术突破及其应用情况

为引导、规范和促进建筑节能技术在全国建筑工程中的推广应用，围绕我国发展建筑节能必须解决的突出问题，瞄准国际前沿，结合我国实际和潜在需求，“十一五”科技支撑计划重大项目《建筑节能关键技术研究与示范》重点研究我国建筑能源消耗的测试技术和统计方法及建筑节能的标准规范和技术经济政策，攻克我国建筑节能行业共性关键技术，开发符合我国建筑节能标准的若干项具有自主知识产权的关键技术和成套设备，实现建筑节能技术的跨越式发展。通过系统的技术集成和工程示范，形成我国建筑节能核心技术的研究开发基地和技术创新体系。项目的实施将为我国建筑节能的规划、设计、建设和运行管理提供技术支撑和保障措施。综合考虑我国目前的经济发展状况和国家发展战略对建筑业提出的要求，必须把建筑节能与绿色建筑研究与实施放在首要位置上，使我国的建筑行业走上可持续发展道路。

针对目前已有的建筑节能标准在实施过程中反映出的许多实际问题，通过开展建筑节能相关技术标准的研究，对现行标准进行全面的研究与修订，并根据需要进一步制定一些新的标准、规范及与之相配套的技术指南。同时也在建筑能耗统计方法和建筑节能技术经济政策开展了相关研究，为建立我国的建筑能耗统计制度提供技术支撑，动态地掌握我国的建筑能耗实际情况，提出政策建议，为政府决策提供科学依据。

《建筑节能关键技术研究与示范》项目通过科技创新，在降低北方地区采暖能耗、长江流域室内热湿控制能耗和大型公共建筑能耗三方面重点突破，形成完整的技术体系、产品系列和政策保障机制，并在示范工程中全面实现预定的节能目标。建筑节能关键技术研究与示范项目的目标：减少建筑能耗需求的关键技术；提高能源系统效率的关键技术；提高新能源开发利用的关键技术；促进建筑节能工作的政策保障研究。

提高建筑设计中节能潜力的关键技术。在设计建筑模拟节能优化设计与新型围护结构产品开发方面取得关键技术突破。根据国外统计，提高建筑设计和需求侧的节能潜力可占到总节能潜力的30%以上。研究基于模拟手段的辅助设计工具，可以提高我国建筑节能设计能力，解决目前国内很多建筑设计过程的各环节彼此脱节、手段落后的现状。同时，为解决国内厂家生产的建筑围护结构产品性能不高、种类单一等问题，开发系列新型节能围护结构部品，以实现从设计环节就可更好地满足保温、隔热、透光、通风等各种需求，达到维持室内良好物理环境的同时降低建筑能源消耗的目的。

在降低大型公共建筑能耗的关键技术方面。针对目前新建建筑飞速发展，建筑用能密度高的大型公共建筑开展建筑节能研究。研究降低大型公共建筑空调系统能耗的关键技术以及新型空调方式开发，并取得关键技术突破。另外，通过研究大型公共建筑的节能控制方法，实现了此类建筑耗能系统的节能自动控制诊断与能量管理。

新建建筑执行节能强制性标准情况不断改善。我国正处于工业化、城镇化快速发展时期，城乡每年新增建筑面积在18亿~20亿m^2左右。抓好新建建筑执行节能设计标准，一直是建筑节能工作的重中之重。住房和城乡建设部陆续印发了《关于加强民用建筑工程项目建筑节能审查工作的通知》和《关于新建居住建筑严格执行节能设计标准的通知》。2005~2009年，按照国务院的要求，住房和城乡建设部组织开展了5次建筑节能专项检查，对建筑节能工作开展不力的省市进行了通报批评，对违反建筑节能设计标准强制性条文的工程发出了执法告知书。各地充分利用现有法律法规确定的许可制度，逐步建立起从工程设计、施工图审查、施工、竣工验收备案到销售、使用等环节的全过程监管机制。2009年新增节能建筑面积9.6亿m^2，可形成900万吨标准煤的节能能力，全国累计建成节能建筑面积40.8亿m^2，占城镇建筑面积的21.7%。北京、天津、河北、河南、辽宁、吉林、黑龙江、青海等省市新建建筑全部或部分实施65%节能标准。

可再生能源建筑应用规模不断扩大，应用水平不断提高。我国是世界上太阳能资源最丰富的国家之一，在地表水、浅层地下水、土壤中可采集的低温能源十分丰富，按照分级用能原则，这些能源最适合于满足建筑生活用能的需要。住房和城乡建设部将可再生能源建筑应用作为贯彻落实《可再生能源法》、转变建筑用能结构的重要抓手，确定了示范带动、政策保障、技术引导、产业配套的工作思路。近年来，一是制定了《民用建筑太阳能热水系统应用技术规范》、《地源热泵供暖空调应用技术规程》等技术标准，规范可再生能源在建筑中的应用；二是为进一步促进可再生能源在建筑中规模化应用，2007年住房和城乡建设部启动了“十一五”国家科技支撑计划“可再生能源与建筑集成技术示范工程”课题。“可再生能源与建筑集成技术研究与示范”项目针对民用建筑中可再生能源的应用需求，研究现有先进成熟的可再生能源技术之间的耦合技术和可再生能源系统与建筑之间的接口技术，并在规模化建筑中进行工程示范，实现可再生能源与建筑集成技术的产业化，为提高可再生能源在民用建筑使用能耗中的贡献率提供技术支持。“可再生能源与建筑集成技术研究与示范”项目针对可再生能源技术在建筑中的集成应用问题，项目从共性关键技术、新产品和示范工程等3个层面设置了以下5个课题：可再生能源与建筑集成的技术经济评价；新型建筑室内热湿负荷调节系统的研究；太阳能供热、制冷、通风系统与建筑的接口技术研究；太阳能集热建筑模块的研究与开发；可再生能源与建筑集成示范工程。开发成功适应不同建筑气候区、不同资源分区、不同建筑类型的可再生能源与建筑集成的单元关键技术和成套设备，并与建筑高度集成；建成不同建筑气候区的可再生能源与建筑集成示范建筑，可再生能源在建筑使用能耗中的贡献率达到60%以上，可再生能源技术新增投资不超过建筑总投资的40%。该项目开展了400项太阳能光热技术、地源热泵技术、太阳能光伏技术等可再生能源建筑应用示范，总示范面积约4000万m^2，总峰瓦值约9000kWp。建立了全国民用建筑能耗统计平台和建筑节能标准化体系，培养出一批能够生产各类建筑节能产品的企业，带动了建筑节能咨询管理、节能技术服务公司等产业的发展。"十一五"期间，总计节能1亿t标准煤，累计建设城镇节能建筑面积21.46亿m^2。其中，新建建筑15.92亿m^2，既有建筑改造5.54亿m^2。全社会实施建筑节能工程总投入33360亿元，其中建筑节能增量成本4950亿元❶。

此外，"农村新能源开发与节能关键技术研究"项目重点攻克一批对我国能源建设、能源安全和农村发展具有重大影响和应用个的农村新能源开发与节能关键技术，开发一批适合我国不同地域农村特点的新能源利用和产品，并通过系统的技术集成和工程示范为有效解决我国农村地区的能源供应问题开创新路。在"可再生能源建筑应用城市示范"和"农村地区可再生能源建筑应用示范"工作的组织实施中，确定了第一批21个示范城市和38个农村地区县级示范，推进可再生能源建筑应用工作方式从抓单个项目转向了抓区域整体，统筹兼顾城市与农村。截至2009年底，全国太阳能光热应用面积11.79亿m^2，浅层地能应用面积1.39亿m^2，分别比2008年增长14.2%、35.4%。光电建筑应用装机容量420.9MW，实现突破性增长。

7.1.2 既有建筑节能技术研究

7.1.2.1 既有建筑节能改造重点领域

既有公共建筑由于产权相对独立，在调查统计的基础上，应尽快安排改造，探索出可以市场化的改造机制和模式，在全国推广。同时，要深化北方采暖地区供热体制改革，推动既有居住建筑改造。为引导、规范和促进既有建筑综合改造技术在全国建筑工程中推广应用，围绕我国既有建筑综合改造必须解决的突出问题，瞄准国际前沿，结合我国实际和潜在需求，科技部决定启动"十一五"科技支撑计划重大项目"既有建筑综合改造关键技术研究与示范"，将引领我国今后既有建筑综合改造的发展方向，通过系统的技术集成和工程示范，形成我国既有建筑综合改造技术的研究开发基地和技术创新体系。此外，项目的实施将为全社会的既有建筑综合改造提供技术支撑和保障措施。研究内容包括以下几个方面：

1. 既有采暖居住建筑节能改造可行性评估

研究既有采暖居住建筑能耗调查、检测和评估方法。研究既有居住建筑节能改造可行性综合评判方法；利用建立的方法开展建筑能耗调查、检测和评估，采集城市的既有采暖

---

❶ 赵家荣. "十一五"十大重点节能工程实施意见. 北京：中国发展出版社，2007.

居住建筑节能改造的基础数据。

2. 既有居住建筑外墙节能改造技术

开发成套的预制外墙保温装饰一体化构件及施工工艺；创新具有施工简单、扰民少和现场干作业的特点并且成熟配套的产品和技术。

3. 既有居住建筑屋顶节能改造技术

开发结合目前城市市容改造要求的屋顶平改坡成套产品技术；开发北方地区增强保温性能的倒置屋面成套产品和技术；开发适合中部和南方地区突出隔热性能的种植、蓄水等屋面的成套产品和技术。

4. 既有建筑的外窗节能改造技术

开发整窗更换的产品和施工工艺；开发增加一层窗的产品和施工工艺；开发窗户的遮阳产品和安装工艺以适合各种档次的既有居住建筑和既有公共建筑的外窗节能改造。

5. 大规模玻璃幕墙的节能改造技术

解决早期公共建筑大量使用的大规模单层玻璃幕墙热工性能低劣的问题，鼓励研究同时兼顾解决早期隐框玻璃幕墙的安全问题；开发增强玻璃幕墙保温隔热性能的膜类产品和粘贴技术；开发增强玻璃幕墙隔热性能的外(内)遮阳产品和技术；提高单层玻璃幕墙保温、隔热性能的产品和施工工艺。

7.1.2.2 关键技术突破及其应用情况

我国现有建筑面积400多亿m^2，从能耗情况来看，主要是两个方面比较突出：一是北方采暖地区既有居住建筑采暖能耗高、能效较低，单位面积采暖能耗是发达国家相同气候条件下的2~3倍；二是我国国家机关办公建筑和大型公共建筑约为8亿m^2，能源利用效率普遍很低，浪费严重，平均耗电70~300kWh/m^2，为普通居民住宅的5~10倍，是欧洲、日本等发达国家同类建筑单位面积耗电量的1.5~2倍。从以上两方面入手，通过加强制度建设，完善配套政策，强化行政监管，工作取得新进展。

针对“降低北方地区集中供热系统能耗关键技术”问题，供热系统节能关键技术研究以及既有建筑节能改造关键技术研究两个方面，通过改革集中供热采暖系统形式和改进调节手段，可以使供热系统的效率由目前的不到55%提高到85%，北方地区集中供热采暖消耗降低到我国建筑用能的40%以下；改进新建和既有建筑的保温性能，又可以使单位建筑采暖需要的热量降低50%，这样就可以使我国采暖建筑增加1倍后，总的采暖用能维持不变。既有建筑改造极大地促进了我国既有建筑综合改造技术水平的提升，相关成套技术成果将惠及我国400多亿m^2的既有建筑；通过示范工程进行试验和检验，如建设了389万m^2的可再生能源与建筑集成示范工程，研究了太阳能光热光电利用技术、地源热泵技术和其他可再生能源复合技术的应用；在国内大型新建公共建筑中应用了深基坑逆作法综合施工技术、TJ型屈曲约束支撑技术、施工过程仿真技术等，解决了特别复杂高层建筑施工过程的结构内力变化与一次落架的内力变化有较大差异的问题和极为关键的抗震性能问题；开发的深基础开挖施工装备、基坑支护施工装备、主体建筑施工升降机械、大型动臂起重机，已用于多项国家重点建设项目中，对国家重点工程起到了重要支撑作用，平均提高生产效率8~10倍，对提升我国建筑机械化行业核心技术与自主标准水平具有显著支撑作用。上述成果中的可再生能源与建筑集成示范(太阳能光热光电利用技术、地源热泵技术)已达到产业化水平。通过“十一五”攻关，至今为止已开展了400项太阳能光热技术、地源热泵技术、太阳能光伏技术等可再生能源建筑应用示范，总示范面积约4000万m^2，总峰瓦值约9000kWp。初步建立了全国民用建筑能耗统计平台和建筑节能标准化体系，培养出一批能够生产各类建筑节能产品的企业，同时也带动了我国专门的建筑节能咨询管理、建筑节能技术服务公司等高新技术产业的发展和市场培育。

此外，参加科技支撑计划项目的执行单位分别参与了相应科技平台建设，如筹建了“建筑安全与环境国家重点实验室”、“绿色建筑材料国家重点实验室” 和 “国际绿色建材重点实验室”，组建了国家村镇人居环境工程技术研究中心、国家环境卫生工程技术研究中心、陕西省墙体屋面材料工程技术中心、全国墙体屋面材料标准化技术委员会，组建了廊坊凯博、长沙中联、沈阳机床等具备一定规模的技术中心、产业转化中心，搭建了可再生能源与建筑集成示范工程监测平台等。在完成项目课题研究的同时，积极推动技术创新平台、资源共享平台、技术服务平台和网络信息平台等子平台的建设，正逐渐形成该技术领域的科技创新服务平台。此外，重点研究开发了绿色建筑设计技术、建筑节能技术与设备、可再生能源装置与建筑一体化应用技术、精致建造和绿色建筑施工技术与装备、节能建材与绿色建材、建筑节能技术标准等一系列自主创新的关键技术和产品，如自保温砌块体系、环境友好型门窗型材、具有可调节热回收功能的房间通风换气装置、温湿独立控制的空调系统、太阳能供热制冷、通风复合能量系统以及与建筑一体化构件等，能够大幅降低采暖用耗煤或中央空调电耗(使得未来15年新增建筑面积175亿m^2的情况下，不新增采暖用标准煤，而新增耗电仅为2005年建筑耗电量的2/3)。

7.2 住房和城乡建设部科研计划

根据《国家中长期科学和技术发展规划纲要》总体部署，围绕“城镇化与城市发展领域”，把“十一五”建设科技规划和《国家“十一五”中长期科技规划》紧密结合，将建筑节能的技术进步作为建设系统技术进步的重要领域，加大投入力度，加强科技平台建设。除了依托科技支撑计划项目、加大中央财政对科技投入的力度外，以节能、节地、节水、节材和治理环境污染为重点，以提高集成创新能力为突破口，开展部级重大关键技术与装备的科技攻关，通过部科技计划项目的组织实施，鼓励、引导和带动地方和企业对科技投入。

《住房和城乡建设部科学技术项目计划》(以下简称《项目计划》)是建设事业科技工作的重要组成部分，是创新工作的重要内容。按照“自主创新、重点跨越、支撑发展、引领未来”的科技工作方针，《项目计划》紧紧围绕住房和城乡建设部中心工作，牢牢把握建设事业科技发展方向，以解决行业发展中的热点、难点和共性技术问题为目的筛选项目，编制计划，力求对提高行业技术创新能力，引导技术发展，促进科技成果转化，推进建设事业科技进步，发挥重要的和引领作用(见图7-1)。

2006年批准列入计划的项目513项，其中与建筑节能相关的研究项目、国际科技合作项目、示范工程项目125项；2007年批准列入计划的项目421项，其中与建筑节能相关的研究项目、国际科技合作项目、示范工程项目100项；2008年批准列入计划的项目518项，其中与建筑节能相关的研究项目、国际科技合作项目、示范工程项目150项；2009年批准列入计划的项目543项，其中与建筑节能相关的研究项目、国际科技合作项目、示范

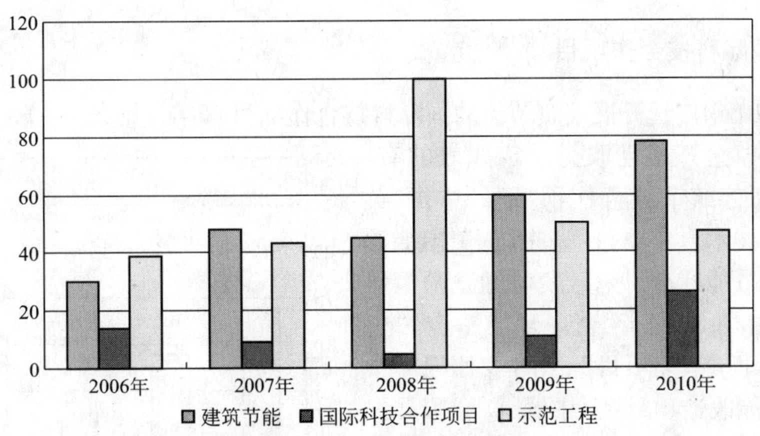

图 7-1 2006～2010 年建筑节能方面的部科研计划项目统计

工程项目 121 项；2010 年批准列入计划的项目 630 项，其中与建筑节能相关的研究项目、国际科技合作项目、示范工程项目 123 项。本节重点介绍软科学研究项目、科研开发项目和国际科技合作项目，示范工程项目将在 7.4 节中详细阐述。

7.2.1 软科学研究项目

2006～2010 年的软科学研究项目中，建筑节能领域的项目 74 项（见图 7-2），覆盖北京、重庆、辽宁、河北、山东、浙江、四川、安徽、湖南、湖北、广东、海南、江苏、吉林等省市，涉及既有建筑节能改造、绿色建筑、大型公共建筑节能、可再生能源利用、供热定额、激励政策等领域。

此外，“我国北方地区建筑节能评价指标体系研究”、“制定和建立地源热泵评价指标体系研究”、“基于全生命周期的绿色墙体材料评价体系研究”、“可再生能源建筑应用示范项目验收评估指标研究”、“辽宁省典型工业建筑低能耗调查及节能指标体系研究”、“低碳建筑和低碳社区的评价方法研究”、“低能耗建筑评价指标体系研究”等评价指标体系和评价方法方面的研究对于建筑节能的发展提出了较好的依据。

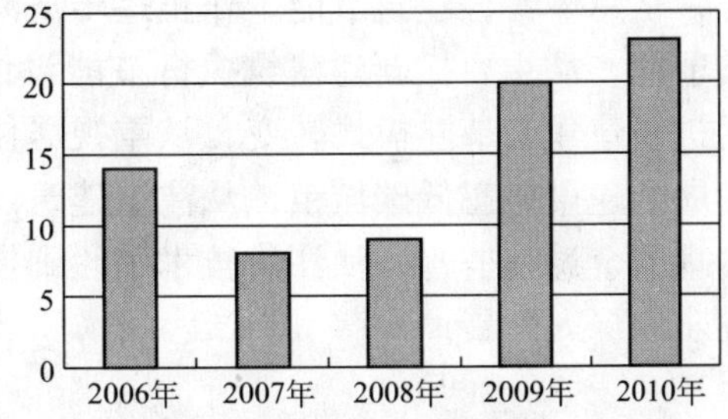

图 7-2 2006～2010 年住房和城乡建设部科研计划软科学研究项目统计

7.2.2 科研开发项目

2006～2010 年的科研开发项目中建筑节能领域的项目 187 项（见图 7-3），覆盖北京、天津、上海、江苏、山东、河南、湖北、四川、安徽、云南、辽宁、沈阳等省市，在建筑保温隔热、可再生能源利用、建筑材料、建筑垃圾资源化等技术研发方面成果颇多，对提高行业技术创新能力，引导技术发展起着重要作用。

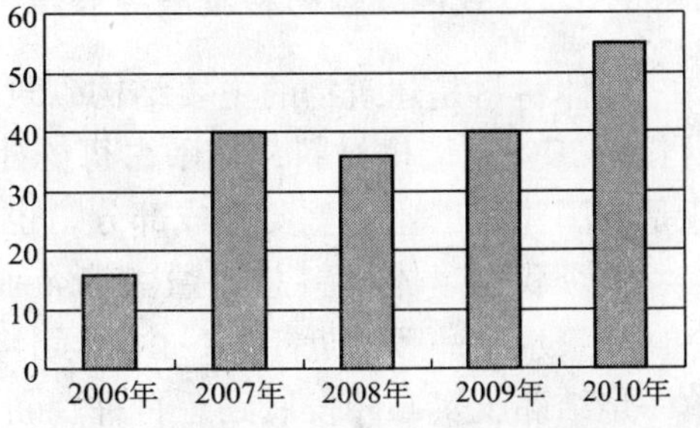

图 7-3 2006～2010 年住房和城乡建设部科研计划科研开发项目统计

7.2.3 国际科技合作项目

2006~2010年广泛开展建筑节能的国际科技合作项目65项(见图7-4)，收到了良好的示范效果。目前已开展且取得一定成效的有：中国/加拿大“建筑节能合作项目”、中国/英国“建筑节能技术合作项目”、中国/美国能源基金会“建筑节能标准、财政税收激励政策研究项目”、中国/世界银行/全球环境基金“中国供热改革和建筑节能项目”、中国/德国“中国既有建筑节能改造项目”、中国/联合国开发计划署/全球环境基金“中国终端能源效率项目”、中国/法国“中国住宅领域提高能效与可持续发展项目”及中国/荷兰“可持续建筑示范项目”等。

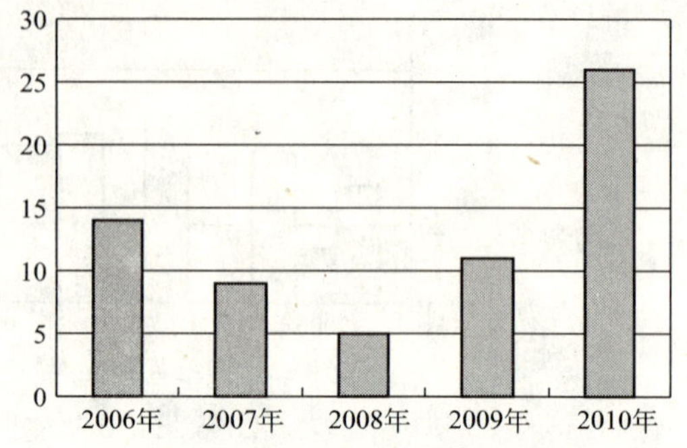

图7-4 2006~2010年住房和城乡建设部科研计划国际科技合作项目统计

近年来，在绿色建筑、太阳能光热光电利用、浅层地能热泵技术应用、新型建筑材料及结构体系工程化应用、建筑工业化、康居工程等方面组织实施了一批示范项目，与联合国开发计划署、世界银行、德国政府、荷兰政府等国际组织和外国政府开展了建筑节能、供热计量改革、绿色建筑推广等方面的科技合作，连续召开了六届国际智能、绿色建筑与建筑节能大会暨新技术与产品博览会，对更好地把握技术创新和引进方向，推动管理创新和制度创新发挥了重要作用。

从总体看，建筑节能工作正逐步从注重北方采暖地区的建筑节能扩展到推进全国的建筑节能，从主要抓新建建筑执行节能设计标准到抓可再生能源建筑应用、发展绿色建筑，促进新建建筑节能模式转变，从重视居住建筑节能发展到公共建筑节能，从注重建筑节能发展到建设生态低碳城镇，从注重建筑设计拓展到注重建筑设计、施工、竣工验收及运行管理的全过程监管，从注重技术手段到技术、经济、行政、法律手段并举，建筑节能工作逐步向深入发展。

7.3 我国墙体材料发展与研究

7.3.1 我国墙体材料发展与展望

墙体材料是建筑物的主要结构砌筑及围护材料，是建筑物的主体材料，我国房屋建筑材料中70%是墙体材料，几乎占每栋建筑物主体固体材料用料的80%以上。墙体材料工业是我国建材工业的重要组成部分，也是基础工业之一。

现今我国墙体材料总产量大、企业数量多，但人均劳动生产率低、品种少、规格单一、质量水平一般。近年来，由于墙体材料革新与建筑节能政策的推动，我国墙体材料由单一烧结黏土实心砖发展到近百种。新型墙体材料虽然发展较快，品种较多，但从总体上讲，材料性能较差，还不能满足建筑节能的要求。

为了履行好国务院机构改革后住房和城乡建设部负责推进建筑节能以及住房和城乡建

设部建筑节能与科技司承担的“指导房屋墙体材料革新”工作的新职能，比较全面地调查了解目前全国墙体材料革新工作的现状，研究分析工作中存在的主要问题，有针对性地提出下一步加快推进墙体材料革新工作的思路和对策，充分发挥墙体材料革新在推进建筑节能工作中的重要基础性作用，住房和城乡建设部对全国墙体材料革新工作进行了调研。通过调研，对我国墙体材料的总体发展情况有了比较系统地了解和掌握。本节将对我国墙体材料发展的基本情况、取得的经验、存在的问题以及下一步推进墙体材料革新的工作思路进行详细的阐述。

7.3.1.1 基本情况

1. 关于墙体材料革新的法规制度、标准规范建设情况

(1) 全国11个省(直辖市)通过省级人大常委会专门颁布了建筑节能与墙体材料革新结合的或墙体材料革新的条例。其中重庆、山东、河北、湖北等省、市制定实施了建筑节能及墙体材料革新相关条例，如《湖北省民用建筑管理条例》；江苏等7省颁布实施了地方发展新型墙体材料条例，如《江苏省发展新型墙体材料条例》；北京、湖南、云南正在制定相关条例；还有部分未制定。

(2) 一些省市出台了推进建筑节能与墙体材料革新的政府规章和规范性文件。各地依据国家建筑节能等法律法规、政策和规定，出台了一些管理办法、实施意见等文件。如青海省发布了《青海省建筑节能管理办法》、《青海省建筑节能领域减排综合性工作方案》、《青海省发展新型墙体材料若干意见》等，并起草上报了《青海省新型墙体材料专项基金征收使用管理实施细则》。

(3) 各地普遍重视建筑节能及其材料、产品的技术标准规范配套建设工作。各地根据当地气候特点、资源情况与节能材料及产品生产布局和性能参数，组织编制了一批从建筑工程节能设计、施工、监理、验收以及节能材料、产品应用的产品标准、技术规范、技术规程、施工工法、节点构造与通用图集等，为规范和指导新型墙体材料的生产应用与强化建筑节能标准的执行提供了有力的科学依据和坚实的技术支撑。如江苏省发布了《淤泥烧结保温砖自保温砌体建筑技术规程》、《自保温混凝土房屋结构技术规程》、《建筑外保温构造图集(一~五)》等近40个标准规范及图集。宁夏回族自治区制定了《页岩粉煤灰烧结空心砌块》、《钢丝网架水泥聚苯乙烯夹芯板隔墙应用技术》、《居住建筑节能标准》、《外墙复合轻质保温板应用技术规程》、《钢结构轻型建筑体系技术导则》等地方标准。

2. 关于新型墙体材料及其保温体系的生产和应用情况

(1) 新型墙体材料生产企业数量增长较快，但大多数地方墙体材料生产企业规模较小、品种各异，难以发挥出规模效应。总体来看，各地墙体材料生产企业通过近些年的发展数量较多，但普遍规模偏小。相对而言，新型墙体材料生产企业发展较好，比例较高。但是目前很多地方黏土实心砖和其他非节能墙体材料的生产和应用仍然占有较大的比例，主要表现在广大农村和一些城乡结合部。统计资料显示，2008年北京等16个省、市的墙体材料生产企业达到29862家，小型企业的平均比例约为85%，新型墙体材料生产企业平均所占比例约为51%，实心黏土砖生产企业的平均比例约为40%。值得肯定的是，北京市新型墙体材料企业不但发展速度很快，而且规模较大，2008年全市新型墙体材料生产企业占全部墙体材料企业的比例达到94%，新型墙体材料生产企业中99%为大中型企业。其中，烧结煤矸石多孔砖企业占到15%，轻集料混凝土小型空心砌块企业占到23%，轻

质隔墙板和金属面夹芯板分别占到16%，黏土砖生产企业得到彻底取缔，无一家存在。陕西省从2007年至2008年，新型墙体材料生产企业由667家增加到687家，非新型墙体材料生产企业由880家减少到789家；但小型企业达1401家，占到总量的95%，难以显现企业的规模生产效益。江苏省2008年墙体材料生产企业中80%以上为小型企业，中型及以上墙体材料生产企业中新型墙体材料生产企业所占比例为52%，混凝土实心砖、烧结黏土多孔砖、烧结黏土空心砖、混凝土多孔砖、普通混凝土小型空心砌块和加气混凝土砌块的企业比例分别为11.2%、13.1%、8.8%、15.4%、11.8%和1.5%，呈现出品种多样、性能各异的局面。而山东、河北和贵州的黏土砖生产企业比例超过50%，对土地资源的损毁和浪费仍然较大，必须引起高度重视。

（2）新型墙体材料产品和应用地域特色显著，与建筑气候区密切相关，且各有侧重。新型墙体材料产量较高，占全部墙体材料的比例平均为61%；新型墙体材料主要产品品种多(17个)，约占整个墙体材料品种总数的80%；各种实心砖产量占墙体材料总量的比例高达51%，但目前处于下降趋势，特别是实心黏土砖产量下降明显；加气混凝土等具有自保温性能的产品产量增长较快。由于受气候、资源和使用习惯的影响，各地新型墙体材料的主导产品和发展的侧重点也各有不同。东部及沿海地区以粉煤灰加气混凝土、砂加气混凝土和江河淤泥烧结多孔砖为主；中部地区以混凝土空心砌块、轻质墙板为主；西部地区以烧结多孔砖、烧结保温砌块为主。全国城镇新型墙体材料的应用比例较高，平均为79%，但地区差异较大，个别较差的地区其应用比例在50%左右。其次，一些地方的现浇混凝土剪力墙结构、钢结构等新型结构及配套材料也有了一定发展。

例如，天津市2008年新型墙体材料产量占全部墙材的比例为70%；墙体材料品种中有93%为新型墙体材料；与2007年相比实心砖下降了约8%，而黏土实心砖则下降了12%，加气混凝土砌块增加了242%，现浇混凝土墙体应用量较大，2008年达到24.31万m^3。

（3）保温系统及其材料生产的企业有很大发展，但总体规模较小，且各地之间发展不平衡。报送统计数据的12个省市从2007年至2008年，注册资金在100万元以上的企业从413家增长到492家，注册资金在100万元以下的企业数略有下降，2008年注册资金在100万元以下企业的比例为61%。外墙保温系统在北方采暖地区主要是实施外墙外保温方式，在夏热冬冷和夏热冬暖地区主要是实施外墙外保温、外墙内保温、外墙自保温方式。

3. 关于新型墙体材料发展规划的编制情况

经统计，绝大部分省、市结合当地实际制定了墙体材料革新的工作规划，对发展新型墙体材料的指导思想、目标任务、生产应用比例、“禁实”的范围要求、更优产品的科研开发、建筑应用技术规范标准编制、组织保障体系等均提出了明确的要求。如湖北、江苏、河南、安徽、北京等省、市的规划任务分解得比较详细，目标更加具体。也有部分省份如贵州、福建、宁夏报送的报告中没有墙体材料规划的详细内容。安徽省制订了《安徽省墙体材料革新“十一五”规划》，要求2010年新型墙体材料占墙体材料总产量的比例达到60%；应用比例达到55%，其中省辖市达80%以上，城市规划区范围内全面禁止使用实心黏土砖，并积极向农村推进，同时将“禁实”的范围逐步扩大。河北邯郸市制订了《墙体材料革新、建筑节能和工业废渣综合利用“十一五”规划》，秦皇岛、石家庄等市制定了新型墙体材料发展目标；陕西、云南、河南、新疆、青海等省也制订了相应的规划。

7.3.1.2　主要经验

在各地和有关部门的共同推进下，新型墙体材料和节能产品的研制与开发得到了较快发展，新型墙体材料应用范围不断扩大，技术水平不断提高，节能建筑竣工面积不断增长，取得了明显的经济效益和社会效益，同时也取得了一些先进经验。

（1）必须建立强有力的管理机构和工作机制以及完善的政策法规体系。大量实践证明，凡是墙体材料革新工作开展较好的地区，都建立健全了完善的墙体材料革新管理机构和高效运转的长效机制以及依法行政的法律法规体系。在这方面，墙体材料革新工作推进较好的北京市墙改管理机构人编制员 45 人；山东省 11 个设区市均设立了墙体材料革新专门管理机构，管理人员共计 643 人；湖北省 17 个市、州都设立了墙体材料革新领导小组，由当地政府分管领导任组长，进一步加强和提升了议事协调能力，该省从事墙体材料革新的管理人员有 405 人。由于这些地方机构健全、编制落实保证了墙体材料革新工作的正常开展。

与此同时，建立健全墙体材料革新的法律法规体系对于促使该项工作走上法规化、规范化的轨道至关重要。例如，北京市不但根据国家墙体材料革新的方针政策，而且根据国家建筑节能的有关法律法规，建立了较为完善的推进墙体材料革新与建筑节能的政策法规体系。在 2001 年发布了《北京市建筑节能管理规定》，明确了建筑节能与墙体材料革新工作职责的基础上，发布了五批限制和禁止使用建材产品目录，制订并多次修订了新型墙体材料专项基金管理办法和有关文件。

（2）必须实施严格的工作目标考核和有效的行政技术监督管理。先进地区的经验表明，对墙改工作目标进行考核、对建筑工程项目采用新型墙体材料和执行建筑节能标准情况进行行政监督和技术监督管理是推进工作的有效手段。天津市将“禁实”作为住房和城乡建设主管部门领导班子和分管领导工作业绩的考核评价指标；山东省把“禁实”和墙体材料革新、新型墙体材料专项基金征收管理和使用纳入政府节能减排责任考核目标，实施了墙改节能督察督办制度、执法检查制度、“禁实”与建筑节能“一票否决”制度；上海市住房和城乡建设主管部门会同有关部门对墙体材料生产企业实施联合检查，既从生产环节，又从流通和使用环节加强了对新型墙体材料产品质量的监管。北京市住房城乡建设部门与发改委等部门联合执法检查，并利用“北京一号”卫星对全市烧结砖企业实施监控，收到了客观真实的监督效果。

河北省 2008 年发布的《河北省新型墙体材料专项基金征收使用管理实施办法》明确了专项基金在建筑节能工作的应用比例。山东、陕西、河南等省也实施了专项基金管理与建筑节能工作挂钩的管理办法。

（3）必须严格征收、返退、使用新型墙体材料专项基金。新型墙体材料专项基金是推进墙体材料革新和建筑节能的有效经济调控手段。北京市根据工作进展情况和调控重点连续多次修订新型墙体材料专项基金管理办法，采取切实有效的措施加强了新型墙体材料专项基金的征收和管理，充分发挥墙改基金在推进墙体材料革新和建筑节能工作中的经济杠杆调控作用。同时注意连续多年把墙改基金投入到建筑节能与墙改的重点领域，发挥规模带动效应。该市 2006 年拨出 500 万元支持城镇既有建筑节能改造示范项目，拨出 628 万元支持农民新建住宅的节能墙改示范项目；2007 年安排了 9 项建筑节能工程示范项目，新型墙体材料专项基金支持总额度达 1.2 亿元；2008 年，用新型墙体材料专项基金 4574 万元支持 2287 户新建农村节能住宅示范项目，并用新型墙体材料专项基金 425 万元支持了新农村低成本低能耗墙体成套技术研究等 6 项建筑节能科研项目。

（4）必须高度重视调查研究工作，做好长期规划和短期安排。由于墙体材料革新与建筑节能是一项复杂的系统工程，仔细开展调查研究，掌握本地区实际情况，了解国内外发展趋势，在此基础上认真做好当地五年乃至十年发展规划，明确近期和远期奋斗目标，周密进行短期工作任务安排非常重要。在此方面，青海省住房城乡建设部门积极走出去，向北京、天津、上海等 6 省、市集中进行墙体材料革新专题调研学习，努力借鉴这些省市的发展经验，引进他们的先进管理理念和成熟技术，重新确定自己的重点发展方向，收到了事半功倍的效果；上海市住房城乡建设部门通过开展“新型建设工程材料推广应用目录制度的可行性”和“黏土砖专项资金对墙体材料行业节能减排补贴办法”的专项调研，提高了推广应用目录的导向力度和墙改专项基金的使用效果。与此同时，河南、北京、天津、湖北、陕西等省、市也及时制订了新型墙体材料及其应用技术的重点发展类别，从而做到“未雨绸缪，有预则立”。

（5）必须积极开发推广新技术、新产品，促进墙体材料产业升级换代。墙体材料产业要持续健康发展，必须推陈出新，促进产品按照建筑节能和绿色建筑的性能要求升级换代。在这方面，天津市研发了钢结构、钢-混凝土组合结构、页岩烧结多孔砖、RBS、混凝土多孔砖等住宅建筑体系，利用海河河口淤泥制砖，开发轻质实心保温内外墙板等新产品，在塘沽区推广混凝土多孔砖住宅建筑结构体系，在华明示范小城镇社会主义新农村建设项目中全部推广应用烧结多孔砖新型墙体材料。上海市设立了“利用脱硫石膏生产轻质墙体材料产业化研究”科研项目。河北省唐山市建成了页岩煤矸石烧结装饰砖、CL 建筑体系，邯郸市扶持加气混凝土砌块、空心轻质隔墙板生产企业上规模、上档次。北京在农民自建住宅中组织使用新型建筑材料并积极推广建筑节能示范项目的设计成果。

7.3.1.3　存在的问题

从调查统计结果来看，总体上各地的墙体材料革新工作普遍取得了很大的成绩，积累了许多经验。但是，仔细进行对比分析，可以发现墙体材料革新工作各地区间发展还不平衡，有些地方管理机构不健全，工作机制不顺畅，墙体材料革新或与建筑节能相结合的法律法规体系建设滞后，墙材生产和建筑应用相互脱节，新产品开发科研经费投入不足，或墙体材料革新未能和建筑节能有效结合，工作存在单打一、“两张皮”现象，新型墙体材料专项基金征收管理不到位，基金使用面较为局限，未能发挥出应有作用等。具体问题是：

（1）一些地方墙体材料革新工作管理体制不顺，机构不健全，人员编制不到位，职能单一，工作比较薄弱。据调查，许多地方的墙改管理机构未能按照这一次国务院机构改革要求进行调整或调整不到位，如一些省市住房城乡建设部门虽然在建筑节能与科技处的职责中也列入了“负责房屋墙体材料革新”的职能，但事实上却未能履行墙体材料革新的管理职能。仍有部分省市以及下属市县的墙改管理职能归属于其他部门管理，部分市、县并尚未设立墙改管理机构，而大部分机构的管理职能仅只为“禁实”服务。

其次，墙改管理机构中事业单位占较大比例，由于不是行政管理机构，因此执法力度较小，很多市县存在着有职能却没有专职工作人员的情况，一些经费属于自收自支的墙改管理机构人员缺乏稳定性。

（2）部分地区存在使用行政手段违规任意减免或缓缴新型墙体材料专项基金的现象，并且新型墙体材料专项基金的使用未能与建筑节能结合，使该经济杠杆撬动作用受限。特别是一些地方的开发区、工业园区、重点工程以各种名义取消缴纳墙改基金，致使墙材基金征收的比例很低。个别城市2008年墙体材料基金征收率仅为21.4%，某些省的部分地区墙材基金征收比例也普遍偏低。从上报的资料看，用于开展新上新型墙体材料项目和科学研究的经费比例仅为当年征收额的7.4%和1.4%。其次，许多地方的新型墙体材料专项基金使用未能和建筑节能结合，使得推动建筑节能的经济杠杆撬动作用难以正常发挥。

（3）在国家层面，墙体材料革新尚未纳入建筑节能的法律法规体系，缺乏依法行政的法律依据和工作力度。江苏、重庆、山东、湖北、河北等许多省市通过当地人大常委会制定了墙材革新或与建筑节能相结合的地方条例，在地方层面确立了墙体材料革新的法律地位，同时对墙体材料革新的机构职能也通过条例予以明确。而新修订的《中华人民共和国节约能源法》以及国务院颁布的《民用建筑节能条例》尚未包含墙体材料革新工作的条款，以致在国家层面缺乏墙体材料革新的法律依据，使依法行政限于困境。

（4）新型墙体材料生产企业规模化程度普遍较小，技术含量不高，产品质量参差不齐，部分气候区外墙保温体系选型不合理。各地小型墙体材料生产企业占墙体材料生产企业总数的比例平均为82%，其中有些省的比例高达90%以上，大量的小型新型墙体材料生产企业选用较多的简单装备和生产技术，追求低投入和低成本，表面上看新型墙体材料产品种类较多，但因为技术水平低下，实际上产品质量参差不齐，也难以保持稳定。有些混凝土类墙体材料制品养护龄期不够时限就上墙使用，导致在工程应用中出现墙体裂缝等质量问题。还有些新型墙体材料产品由于建筑施工的工艺、工法未能配套，仍然沿用传统的黏土实心砖的砌筑方法，导致在房屋檐口、窗台等处产生温度应力裂缝。由于出现了一些工程质量问题，因而有些地方对个别新型墙体材料的生产和应用产生了一些畏难情绪。其次，部分地方特别是一些城市的城乡结合部建筑工程项目仍然在违规使用黏土实心砖，中、东部一些中、小城市黏土类墙体材料制品应用比例也较高，不利于保护土地。

一些气候区外墙保温体系选型不科学，比如在夏热冬冷地区由于年降雨量较大，空气比较潮湿，不适合于大量采用外墙外保温系统。但在此气候区一些省、市采用外墙外保温系统的比例却偏高，如某省89%的建筑工程采用外墙外保温系统，有些省份采用EPS、XPS和PU外墙外保温系统的比例达到84%，容易出现保温层受潮膨胀，起鼓、开裂、脱落等问题。

（5）一些新型墙体材料的产品质量标准难以满足建筑节能和绿色建筑的要求，施工技术落后，产品配套性差，难以形成成熟先进的建筑应用体系。由于目前新型墙体材料产品的原料比较重视利用各种工业废渣，如煤矸石、粉煤灰等，这样一方面能够变废为利，但另一方面，由于一些墙体材料生产企业对于利用工业废渣生产新型墙体材料的工艺、配方以及添加剂应用不当，从而使产品存在性能差异较大，强度较低、收缩值过大、耐久性能差，难以满足建筑工程施工质量标准要求等问题；其次，许多新型墙体材料现行产品标准的技术指标要求不高，如以KP_1型烧结多孔砖为例，单靠其自身的热工性能即使在夏热冬冷地区也难以满足建筑节能外墙保温的需要；其三，一些墙体挂板类材料如烧结陶土板体系，虽然表面上厂家说有保温性能，实际上除了其在装饰性能方面有较好效果外，由于其体系在安装过程中金属龙骨密布、冷热桥众多，即使使用了一些保温材料，但由于龙骨产生的大量冷热桥效应使得其保温节能性能大打折扣，很难满足建筑节能的要求；其四，许多新型墙体材料也缺乏与其配套的产品和先进的辅助材料。一般来讲，不论是砖类、块类或板类墙体材料，在主要规格产品之外，必须依照建筑模数尺寸要求配套一些辅助的小规格产品，以满足不同开间、不同进深和不同高度砌筑及安装的需要，而在这方面许多企业的配套产品比较缺乏，实际施工中只好现场临时加工，既费时费工又浪费材料，并可能产生不必要的冷、热桥效应；在辅助材料方面，大多数墙体材料生产和施工企业在与新型墙体材料应该配套的比较先进的辅助材料方面也发展滞后，比如在砌体结构体系中，发达国家砌砖已经采用胶浆材料，灰缝可以缩小至1mm，这样可大幅度降低灰缝的冷热桥效应，而我国在砌体结构中仍然普遍采用水泥砂浆，其灰缝尺寸在10mm左右，由此产生大量的冷热桥，很不利于建筑节能。同时，施工机具、施工方法也都需要改进和提升，以提高施工质量和效率。

（6）一些地方对保温材料及其保温系统的方式简单采用行政命令的方法加以限制，不利于市场竞争和降低成本；一些企业在保温材料生产过程中掺杂使假，埋下重大火灾隐患。保温材料一般分为有机类和无机类两大系列，保温材料的施工方式一般分为浆料涂抹、板块粘(钉)以及自保温墙体材料的砌筑等方式。可以说各有优势和缺点，应该让其各显其能，扬长避短，深化研究，不断完善。然而，一些省市建设主管部门前些年针对保温浆料类材料施工中出现的诸如涂抹厚度不均匀、密度不一致、导热系数有变化等问题，简单地以行政命令的方式相继发布文件对此类材料的应用加以限制或淘汰，一味地发展聚苯乙烯泡沫板、聚氨酯发泡等有机类保温材料及其体系，从而阻断了玻化珍珠岩等无机类保温浆料产品的正常应用。事实是，玻化珍珠岩保温浆料产品目前通过专用机械设备进行喷涂，不但厚度有保证，而且在喷涂过程中，粘涂在墙面上的保温材料层内部又可产生30%的气泡孔隙(太原理工大学研制)，这样更有利于提高保温效果和建筑节能，并可大幅度降低工程造价。同时，经调查，一些保温材料生产企业为了降低产品成本，获取更大的产品利润，在保温材料及其辅料的生产过程中掺杂使假，如在聚苯乙烯泡沫板产品中不按产品标准规定的数量添加阻燃剂或干脆取消阻燃剂，从而给建筑防火埋下重大隐患，或为增加容重非法掺加渗透剂；还有在挤压聚苯乙烯泡沫板中为了增加产品单位体积容重，非法掺加石英砂粉、滑石粉等填充材料，使该产品的保温性能大打折扣，直接影响建筑节能的效果；还有以普通开孔型珍珠岩冒充玻化微珠珍珠岩，或在玻化微珠中掺加普通开孔珍珠岩等掺杂使假现象；并有在保温材料表面保护层中通常使用的玻璃纤维网格布产品中，个别生产厂家把抗碱的做成了不抗碱的，同时还有降低其产品标准所规定的每平方米玻纤布克重数量的现象，这样的产品根本难以保证保温层表面保护层可以抗龟裂。

（7）乡镇及农村墙体材料革新工作进展缓慢，农民建房仍然大量使用黏土实心砖，对保护土地造成很大影响和压力。目前，“禁实”工作主要在大、中城市开展，东部及沿海地区工作进展快的省、市已经向“限黏”（限制使用黏土制品类墙体材料）方向发展，并逐渐从城市向城镇延伸。但是目前，由于在乡镇一级政府没有设立墙体材料革新的管理机构及其职能，特别是各地对农村农民建房也没有使用新型墙体材料的要求，更没有相应的监管机制，再因为由于宣传工作不到位，广大农民群众对新型墙体材料的认识观念和接受程度比较差，加之新型墙体材料在价格方面一般要高于当地的实心黏土砖价格，农民建筑工对新型墙体材料的砌筑工艺掌握不熟练等因素，使得新型墙体材料在农村很难大面积推广，进而在大多数乡镇的推广也很不如人意。如某省共有85个县(市、区)，其中开征新型墙体材料专项基金的市、县、区只有46个，全省近30%的县(市)城区和广大乡镇都没有开展“禁实”工作，农村中的墙体材料革新更无从谈起，这使得黏土实心砖仍然具有较大的市场需求，因而很不利于保护土地。

（8）墙体材料革新底子掌握不清，统计工作亟待加强。墙体材料革新统计工作是有针对性制定墙改政策法规、确定墙改工作目标任务、开展节能减排考核的重要依据和基础性工作。因此，客观、准确、及时地开展墙改统计工作非常重要。由于目前各地墙体材料革新工作管理机构和工作职能尚未理顺，隶属于几个不同的部门管理，因而许多地方的相关部门之间存在着工作协作不紧密、信息沟通不及时、体制机制不顺畅等问题，导致各级住房和城乡建设系统对墙体材料革新的底子掌握不清。因此，需要及时建立起覆盖全面、科学有效、准确及时的墙体材料革新统计制度和统计体系，以做到“心中有数”，“有的放矢”，从而避免工作的盲目性，并为加快推进墙体材料革新工作和提高工作效率与质量奠定坚实的基础。在2009年住房和城乡建设部开展的关于墙体材料革新调研工作中，尚有7个地方未报送墙体材料革新调研资料，而江西、云南、辽宁等省超过一半的地方未能提供墙体材料革新比较完整的调研资料。

7.3.1.4　工作展望

墙体材料革新工作和建筑保温体系的发展必须根据国家节能减排的总体部署，按照建筑节能、绿色建筑以及低碳经济的最新要求，进一步明确工作方向和目标任务，建立健全推进墙体材料革新的法律法规体系、技术标准体系、生产应用体系，努力理顺管理体制，形成长效管用机制，不断促进技术进步，大力做好墙体材料及其保温体系新产品、新材料、新工艺、新技术的科研开发和推广应用工作，加强墙体材料革新与建筑节能工作的紧密结合，促使墙体材料的科研、生产和应用始终朝着适应和满足建筑节能和绿色建筑及低碳经济要求的方向发展，为推动经济社会发展做出应有的贡献。

（1）加强部门协调，形成工作合力，加强能力建设，强化监督考核。要加强住房和城乡建设部在推进墙体材料革新工作中与国家发展改革委、国土资源部、农业部、工业与信息化部等部门的协调合作，按照各自职能履行好自己的职责，形成推进墙改工作的坚强合力。在鼓励地方继续完善推进墙体材料革新工作法律、法规的同时，研究探讨在国家层面如何开展墙体材料革新法律法规建设的新举措。指导地方完善墙体材料革新扶持政策，理顺管理机构和工作职能，稳定墙改管理队伍，加强培训学习和能力建设，不断提高人员素质和工作水平。加强墙体材料生产企业与建筑设计、施工、监理以及建设单位的技术信息反馈和技术合作，不断提高新型墙体材料的产品质量和建筑应用水平。坚持开展对墙体材料在生产、流通和应用领域的质量监督管理和联合检查，将墙体材料革新工作纳入每年一度的全国建设领域节能减排检查内容，列入国家节能减排目标责任制考核范围。

（2）加强新型墙体材料专项基金的征收管理和使用，充分发挥其在推进墙体材料革新和推广节能建筑中的经济调控作用。要指导和督促各地按照财政部、国家发改委关于墙体材料专项基金的征管使用规定严格基金的征管工作，要主动协商财政部、国家发改委，就基金如何支持建筑节能工作提出意见和措施，以充分发挥基金不仅在推进墙体材料革新而且在促进建筑节能中的经济调控作用。建议今后墙体材料专项基金的征收和返退必须与执行建筑节能标准紧密挂钩，不符合建筑节能强制性标准的建筑工程项目不能返退墙体材料专项基金。其次，要加强对墙体材料专项基金的征收和使用管理。任何单位、任何个人都不能违反国家的规定随意减免或缓征墙体材料专项基金，必须按照规定的用途使用专项基金。对一些地方存在的基金大量沉淀问题要通过调研加大对扶持新型墙体材料生产项目以及支持建筑节能科研和示范项目等办法予以消化。对发现滥用或违规使用基金的行为要按照有关规定严肃处理。同时，要落实好国家对新型墙体材料产品的税收优惠政策，充分调动新型墙体材料生产企业的积极性。

（3）加大新型墙体材料的科研投入，研究开发更新更好的新型墙体材料产品，提高新型墙体材料产品性能标准要求，制定和发布新型墙体材料及其保温体系推广、限制和淘汰目录，促进产业结构优化和产品升级换代。要加大新型墙体材料规格形式、原材料组成、节能性能、生产工艺以及建筑应用技术的研究力度，引导各地根据当地气候条件和资源状况、技术装备水平，开发推广经济适用、更新更好的新型墙体材料、保温材料及其成套系统体系；要加大对烧结保温隔热砌块自保温类墙体材料、外墙外保温无机干挂板复合无机高效保温材料以及集保温、装饰、防火一体化并能够与建筑物同寿命系统的研究和应用工作；要认真贯彻公安部、住房和城乡建设部印发的《民用建筑外保温系统及外墙装饰防火暂行规定》（公通字〔2009〕46 号）精神，及时编制、修订和配套完善新型墙体材料产品及其保温体系的建筑应用技术标准、规程工法和通用图集，切实落实防火措施，选择好防火隔离带所用的无机保温材料种类和细部构造措施，确保新型墙体材料和保温体系的工程质量和防火性能；要及时制订发布较高技术性能和指标要求的新型墙体材料产品及其保温体系生产以及建筑设计、施工、验收等技术标准；限制和淘汰高能耗、高污染、防火、安全、耐久以及保温隔热性能差的墙体材料产品和保温材料；要对烧结陶土板类挂板体系，凡是其金属龙骨系统未采取冷热桥断开处理，其综合传热系数不能满足建筑节能标准要求的产品予以限制其使用；合理提高新型墙体材料及其保温体系的建筑应用市场准入门槛条件，有效杜绝低劣伪冒产品在建筑中的应用。

（4）创新节能墙体材料和保温体系的推广机制，建立推广信息反馈制度。各地住房城乡建设主管部门要在调查总结以往各地新型墙体材料推广应用有效经验的基础上，不断创新节能墙体材料及其保温体系的推广应用机制，各地对推广应用的节能材料和产品应建立信息反馈制度，及时跟踪和了解各种节能材料和产品在推广应用过程中取得的经验和遇到的问题，主动帮助企业排忧解难，组织专家着力解决推广过程中的一些技术难题。真正使性能优良的材料和产品及时得到推广，使性能落后、已经不适应节能减排要求的材料和产品得到有效限制，使浪费资源能源、污染环境的低劣材料和产品坚决予以禁止和淘汰。要加强对节能墙体材料及其保温体系的推广、限制、禁止目录的宣传和培训，指导建设单位、设计单位、施工单位正确选择和使用节能墙体材料和保温体系。要继续认真贯彻落实《住房和城乡建设部、国家工商行政管理总局、国家质量技术监督检验检疫总局关于加强建筑节能材料和产品质量监督管理的通知》（建科〔2008〕147 号），加强建筑节能材料和产品在生产、流通和使用环节的质量监管，对违反规定的各种行为坚决依法予以处罚，确保建筑节能各环节、责任主体各方面都能严格执行建筑节能材料和产品、设计、施工和竣工验收标准要求。

（5）建立健全墙体材料革新工作的统计制度。要根据工作需要，结合墙体材料革新工作的实际，科学合理地确定墙体材料、保温材料及其成套系统的统计内容和项目，建立健全墙体材料生产企业产品类别、生产能力、装备水平、从业人数、占地面积、实际产量、原料消耗、能源消耗、利废情况、年度产值、销售应用等状况的综合统计报告制度，以及时、准确地了解和掌握全国墙体材料的生产和应用状况，有针对性的制定相关调控政策和进行技术引导，促使墙体材料生产企业持续健康稳定地向前发展。

（6）加强宣传，不断扩大墙体材料革新的社会共识。要向全社会继续大力宣传墙体材料革新的重要性和紧迫性，宣传墙体材料革新在支撑建筑节能、绿色建筑和推进节能减排中的重要地位和作用。要积极利用节能宣传周、国家土地日以及各种行之有效的方法和形式宣传普及新型墙体材料的保温节能原理和各种优点及益处，提高全社会特别是广大农民群众对各种新型墙体材料的认识和接受程度，促进新型墙体材料从城镇到乡村的普遍应用。

7.3.2 我国墙体保温隔热体系的发展与展望

7.3.2.1 墙体保温隔热体系的发展历程

建筑能耗除建筑物所在地的地理气候原因外，主要由建筑外围护结构热工性能差和室内空调采暖系统效率低引起。通常认为，外墙和分户隔墙能耗约占整个建筑围护结构能耗的1/3。正因为其节约建筑能耗作用显著，因此国内外都无一例外地都把外墙保温隔热作为最重要的建筑节能技术和产业予以发展；外墙保温隔热技术产品首先分为适合居住建筑和适合公共建筑的两大类技术产品，这种分类主要考虑居住建筑与公共建筑在使用功能、安全性能、外观效果等方面有很大不同。适合居住类建筑的外墙保温隔热技术产品主要有外墙外保温系统、外墙内保温系统、外墙夹芯保温系统以及新型节能房屋体系墙体几种类型。

我国的外墙保温隔热技术产品研究发端于20世纪90年代，最初由原建设部科技部门组织管理干部、行业技术专家和企业通过国外考察、国内研究，学习和引进发达国家先进的外墙保温隔热技术，同时也组织国内企业研究发展具有自主知识产权的外墙保温隔热技术产品。由于我国建筑节能工作首先是由三北（东北、西北、华北）地区的居住建筑节能展开的，因此这些技术产品都是针对居住建筑节能工程应用发展起来的，初期以国外企业在国内北方居住建筑节能工程中推广应用粘贴模塑聚苯（简称EPS）板的外墙外保温系统技术，国内企业则推广应用保温板型和浆料型的两种内保温系统技术，并成为当时的主流技术。

在北方居住建筑节能工程的实施和节能建筑性能测试过程中发现，由于内保温系统技术广泛存在“热桥”而容易产生局部结露发霉问题；特别是早期硅酸盐浆料型的内保温系统技术，由于其原料和系统的特殊性，并不适合在建筑外墙体上应用，更由于落后的生产、施工方式，其生产质量和施工质量不易控制，从而导致出现较多的工程质量问题，在20世纪末到21世纪初，在我国北方建筑节能界的技术管理、研究机构、企业的代表进行了一场内外保温技术路线的大讨论，讨论的结果和工程实践效果的支持，使得在居住建筑实施外墙外保温技术逐渐成为北方建筑节能主流技术。

目前我国大城市和特大型城市居住建筑大部分是混凝土结构、框架结构、砌体结构及混合结构，与之相匹配的是在实施墙体节能时大部分都采用在承重或非承重外墙上附贴或抹喷保温隔热系统构造，即外墙外保温的方式。与内保温、夹心自保温这些保温形式相比较，外墙外保温技术对建筑物外墙的适应性比较好、节能效果明显。至2004年，建设部在总结各地，特别是总结北方各省市应用外墙保温隔热技术工程实施经验的基础上，分别发布了《膨胀聚苯板薄抹灰外墙保温系统》JG 149、《胶粉聚苯颗粒外墙外保温系统》JG1 58两个系统产品标准和《外墙外保温工程技术规程》JGJ 144工程标准，初步建立了我国外墙外保温的应用技术标准系统，也确立了外墙外保温技术作为外墙节能主流技术地位。

在墙体节能工作和技术发展中，由于建设部的大力倡导，从21世纪初开始有关部门逐步将原墙体材料革新的工作重点，由只考虑生产新型墙体材料、保护耕地，向综合考虑新型墙体生产满足建筑节能需要，同时保护土地资源转变。新型墙材生产与建筑节能需求结合，这是一个很有意义的转变。高孔率烧结多孔砖和空心砖、非粘烧结多孔砖和空心砖、蒸压粉煤灰和蒸压灰沙空心砖、混凝土空心砌块和多孔砖、轻集料混凝土小型空心砌块、加气混凝土砌块和板材、石膏砌块和石膏板、无机面层聚苯乙烯(硬泡聚氨酯、岩棉、矿渣棉)夹芯板、纤维增强硅酸钙板、高掺量工业废渣［包括农作物秸秆、建筑垃圾、江河(湖、海)淤泥］墙体材料，发展了有一体化节能结构墙体体系特点的各种复合保温砖(砌块)、复合预制墙板等，这些产品的生产和使用，为墙体节能工作和技术发展提供了广泛的材料基础。

7.3.2.2　墙体保温隔热体系的现状和展望

进入21世纪，我国外墙外保温技术经过消化国外技术或独立研发，形成节能效果较好的外墙保温技术有：模塑聚苯板(EPS)薄抹灰外墙外保温系统，胶粉聚苯颗粒外墙外保温系统，模塑聚苯板现浇混凝土外墙外保温系统等。这些技术系统的应用工程已达数千万平方米，其中(EPS)薄抹灰外墙外保温系统，胶粉聚苯颗粒外墙外保温系统技术应用已超过上亿平方米。这几种技术代表了世界和我国当今技术主潮流，但还存在寿命、表面防裂、系统防火和市场上存在不按相关标准实施等问题的争议，需要继续研究、完善、发展。

2005年后，国家建设进入实施“十一五计划”时期，建筑节能工作推进速度明显加快。为满足北方实施65%节能率建筑的需要，国内研发更为高效的外墙外保温技术，发展形势非常快，研究发展了胶粉聚苯颗粒复合型外保温技术、硬泡聚氨酯板(又简称PUR板)外保温技术、挤塑聚苯板(又简称XPS板)外保温技术、保温装饰板外保温技术等，这些技术具有更高效、更节能的特点。但是由于新材料的特殊性，一些新系统、材料存在尺寸稳定性、界面粘接较难问题，针对工程实践中存在有饰面层或系统脱落的问题，相关企业和研究单位正在研究提高、完善相关系统技术。

为了满足夏热冬冷地区外墙既要保温又要隔热的特殊要求，和夏热冬暖地区外墙体满足隔热的特殊要求，同时期除研究和应用的无机保温浆料型和保温板型两类内保温技术外，还分别组织了适合高湿气候条件下保温隔热技术的研究，发展了新型结构墙体(自保温)系统，有建筑垃圾砖砌体系统、江河(湖、海)淤泥砖砌体系统、加气混凝土墙体系统、保温夹心墙系统，发展了有一体化节能结构墙体体系特点的现浇砌模墙体系统、装配墙板(包括轻钢结构墙)系统等。组织了适合高湿气候条件下重点隔热技术的研究，主要是各种遮阳技术和屋面墙面隔热技术。在夏热冬冷地区使用的这些新型结构墙体(自保温)系统有着比较容易做到与建筑同寿命、饰面层可以多样性、防火性能好的优势。但目前由于受结构造形式的影响，可应用的建筑结构和高度有一定局限，一些结构上还存在“冷热”桥问题。另外，这些新墙体体系在高温高湿环境下的长期使用性能的研究还不够充分，其性能还有待验证。

目前在继续研究解决适合夏热冬冷地区和夏热冬暖地区高湿气候条件下保温隔热技术的同时，国内一些企业还在组织研究发展以岩(矿)棉板、泡沫玻璃外保温系统为代表的无机保温材料外保温系统，研究B1级防火性能的酚醛泡沫板(PE)外保温系统，研究B1级防火性能的EPS外保温系统，研究在应用保温装饰一体系统的基础上发展外墙外保温系统装配化技术。其中岩棉板、泡沫玻璃(含泡沫陶瓷)、酚醛泡沫板在试用的基础上，正在形成系统技术，完善做法，解决工程施工应用配套等技术问题。

除此之外，还有企业正在研究利用相变材料和常规有机保温材料复合而成的外墙保温体系、研究利用真空包装技术与常规保温材料复合而成的真空复合保温板外墙保温体系，当然这些技术还需要认真研究解决系统性能稳定性和工程施工技术配套等问题。

到2009年底，经论证由《外墙外保温工程技术规程》JGJ 144修编纳入的外墙外保温系统有：粘贴保温板外保温系统、胶粉聚苯颗粒保温浆料外保温系统、EPS板现浇混凝土外保温系统、EPS钢丝网架板现浇混凝土外保温系统、胶粉EPS颗粒浆料贴砌EPS板外保温系统、现场喷涂硬泡聚氨酯外保温系统、保温装饰板外保温系统等7个系统，包括粘贴(EPS板、XPS板、PUR板)保温板共9种做法。其中，已发布有系统产品标准的有：《膨胀聚苯板薄抹灰外墙保温系统》JG 149、《胶粉聚苯颗粒保温浆料外保温系统》JG 158、《现浇混凝土复合膨胀聚苯板外墙外保温技术要求》JG/T 228；已编制或正在报批的系统产品标准有：《保温装饰板外墙外保温技术要求》、《硬泡聚氨酯板薄抹灰外墙外保温系统技术要求》、《挤塑聚苯板(XPS)薄抹灰外墙外保温系统》。

到目前为止，据业内专家估计，从事墙体保温隔热技术产品生产、供应、施工的企业多达万家，其中专业企业也将近千家；行业墙体保温隔热工程施做能力超过10亿建筑平方米(约合5亿m^2的墙面面积)，市场竞争十分激烈。

7.3.2.3　墙体保温隔热体系的发展中应注意的问题

与北美研究应用30多年、北欧研究应用40多年的历史不同，我国外墙保温隔热技术在较短时间的十几年内取得了世界瞩目的发展，发展出多种外保温技术体系和正在研制更多外保温技术体系，支持了我国建筑节能工作，每年可完成的墙体保温隔热面积约合4亿~5亿m^2，初步满足了我国建筑节能工程的需要。但是由于研究和应用时间短，在根据我国节能工程应用实际情况，完善外墙外保温系统性能、提高外墙外保温系统工程质量和规范管理外墙外墙保温技术市场方面，我国还刚刚起步，还有许多工作要做。

1. 在外墙保温隔热材料技术方面

（1）要注意不同保温材料应用的特殊性，如XPS外墙外保温系统应该使用专门生产的墙体专用板，不宜使用普通XPS板，更不能使用材料阻燃性能、可粘性、尺寸稳定性得不到保证的“XPS再生板”。

同时，对使用XPS、PU、PE这些新型保温板的外墙外保温系统应当注意，由于材料的尺寸稳定性和可粘性指标较差，需要根据材料的特殊性相应情况研究配套专用的界面处理技术和抹面层抗裂技术，并使配套产品标准化。

（2）外墙外保温系统应注意选用符合绿色环保的保温材料，促使保温材料生产商在生产使用满足绿色环保减少温室气体排放的发泡剂。

2. 在外墙保温隔热系统技术方面

（1）与国外进行外墙外保温系统工程实际条件下验证已达40多年，被认证的外墙外保温系统寿命认为可达50～60年的情况不同；我国还未建立起外墙外保温系统工程实际条件下验证机制，还不能从理论和实践的基础上说明目前在我国应用的多种外墙外保温系统的长期寿命问题；我国也未建立系统供应商认证制度，市场上经常能发现自称按标准生产施工而实际不能按标准生产施工、不能提供合格质量的外墙外保温系统事例，政府在市场秩序、质量监管这两方面还有许多工作要做。

（2）目前许多地方有很强的粘贴饰面砖的工程要求，也有相当数量的外墙外保温系统供应商研究和提供外保温系统上粘贴饰面砖技术，但是由于目前发展的外保温系统其研究都源自欧洲《有抹面层的外墙外保温复合系统欧洲技术认证标准》ETAG 004和欧洲标准《建筑保温产品膨胀聚苯乙烯外墙外保温复合系统(ETICS)》BS EN13499，这种系统并不适宜在表面粘贴重质材料。而且我国无论是外保温系统理论、还是粘贴饰面砖的实验工作都缺乏长期、系统的第三方研究，在工程上粘贴饰面砖主要依靠企业的研究成果。由于依据不足、工程考验时间短、带饰面砖的外墙外保温系统大型耐候实验方法未确定，因此目前在外墙外保温系统上随便粘贴饰面砖存在危险。

应该在进行以下工作后编制带有饰面砖外墙外保温系统标准：实施对供应商单独认证，强化系统供应的责任；确定饰面砖粘接强度、系统与墙基体的粘接强度双控制指标；在试验的基础上确定大型耐候试验方法；明确不同气候区的粘贴饰面砖限制高度。

（3）依据我国建筑节能工程应用的实践情况来看，居住建筑使用的外墙外保温系统标准所规定的综合性能是满足使用要求的，按标准建成的系统在居住建筑使用过程中发生火灾的概率很低。因此，在继续完善提高居住建筑外墙外保温系统性能的同时，注意解决好以下问题：加强施工防火措施，提高外墙外保温系统的防火性能是整个外墙外保温技术应用防火工作的关键；公共建筑所使用的外墙外保温技术应该采用更为严格的、独立的技术标准；居住建筑应以高效节能来选用合适的保温材料，而防火性能方面解决的技术重点是提高系统防止火灾蔓延能力，并随高度适当增加外墙外保温系统的防火构造。

（4）对于玻化微珠外墙外保温系统，在合理确定系统的保温-物理力学性能的综合平衡方面还有工作要做，目前这种系统容易出现的问题是。如果设计要求系统保温性能较好，则系统的物理力学性能和经济性就比较差。

3. 应用研究与管理

（1）与欧洲管理规范化，把外保温系统作为一个整体进行认定的情况有所不同，我国的管理部门、生产、设计和施工应用单位在认定、选择时比较注意供应商是否有标准和按标准生产，而往往忽视考察其是否有能力按标准生产，是否有能力按标准提供系统。结果是研究成果和标准制定比较严格，效果比较好，而市场供应却显得混乱、工程质量参差不齐。

（2）全行业生产、研究、施工还存在有应用技术理论研究薄弱、实验和验证方法不统一等问题。南方高温、高湿环境下现有保温隔热技术系统的性能和耐久性研究，高节能率下对现有保温体系的湿热作用研究都还很欠缺。

（3）企业技术研发严重不足。除少数企业外，外墙保温生产企业中大多数没有独立的研发力量，处于模仿国内外技术阶段，对技术的基础理论、构造措施原理、系统形成机理研究很少。虽然在市场中都宣称自己是按标准生产，但是许多企业实际上并不具有按标准生产能力，结果是有缺陷的保温隔热系统流向市场，造成技术产品市场混乱，或者是低价中标单位寻求替代材料时，出现以次充好，或者为节约成本，简化构造、简化施工环节，出现系统性能下降，使工程质量得不到保证。

4. 外保温工程施工质量监督

(1) 大多数外墙保温隔热都必须在现场经过施工环节才能最终形成外墙外保温技术系统，因此系统的质量与施工质量有很大关系。现在外墙外保温工程实际上大部分是由非专业队伍施工，没有专门的资质要求，无法保证外墙外保温技术系统的现场施工质量始终处于受控状态。

(2) 低价中标与系统质量。现在市场上出现低于当地平均价格的情况居多，这样做的后果就是质量不达标或者有隐患的外保温系统流向市场。现在有些地方正在建立施工图审查环节中的经济技术审查，对外保温系统的基本定额进行审查，以保证工程质量，该经验值得推广。

(3) 应该在全国统一检测标准、检测方法，凡符合国家资质管理要求的检测结果应该在各地备案时得到承认，打破地方利益保护，控制性能低劣、或不成熟技术产品进入市场。

(4) 规范设计、施工单位，进行技术、标准培训，防止出现设计不合理(例如将各种适用于居住建筑的技术系统用于公共建筑)、施工质量低下的保温隔热工程。

5. 关于外墙外保温技术系统的寿命评价

从近年与国外管理、研究机构的交流中获悉，关于外墙外保温工程使用年限问题的研究已有进展。德国建筑研究机构在实际工程实践45多年、持续跟踪观察达40年后提出：成熟、合格的EPS外墙外保温系统寿命远比设计25年来得长。研究表明：一个设计合理、经受严格检验合格的外墙外保温系统，在正常使用条件下可评价寿命为50~60年。

7.4 建筑节能示范工程

自颁布《民用建筑节能条例》以来，我国建筑节能工作成绩比较明显，截至2009年底，全国累计建成节能建筑40.8亿m^2，占城镇建筑面积的21.7%，形成了年节能能力900万吨标准煤，减少二氧化碳排放2340万t的能力[1]。示范工程包含两个基本涵义：一是“示范”说明数量相对较小，而不是大面积地推广；二是“示范”说明具有引导性，代表今后的发展方向，在具体发展过程中要有正确的政策导向和技术发展导向。

7.4.1 新建建筑节能典型工程案例

在建筑节能政策利好的引导下，新建建筑节能工程不断涌现。目前，我国新建建筑节能达标率已达99%。同时，有5000万个家庭安装了太阳能热水器，占到世界保有量的2/3，

[1] 李秉仁. 国务院新闻办新闻发布会上的发言，2010年9月20日。

每年可减少碳排放2000万吨[1]。本节选取了3个节能效果较好的工程项目，重点介绍工程项目采取的节能措施以及取得的节能效果。其中，公共建筑包括中国石油大厦；居住建筑包括北京海淀区马坊馨城住宅小区11号楼和河北省辛集芳华小区1号楼。

7.4.1.1 中国石油大厦

1. 基本信息

中国石油大厦项目建设用地面积为22520m^2，地上建筑面积为144959m^2，总建筑面积为200838m^2，主楼高度为90m，是北京市标志性建筑之一。大厦为组合式建筑，由A、B、C、D四栋建筑构成(见图7-5)。大厦的设计理念为“经济适用、系统配套、整体最优”。竣工时间为2008年年底，大厦主要的建筑结构采用轻钢结构，外围护保温材料采用内呼吸式双层玻璃幕墙，照明系统采用智能化人感智能照明系统，空调系统采用冰蓄冷、低温送风系统。

图7-5 中国石油大厦实景图

2. 采用的节能技术措施

(1) 围护结构

中国石油大厦外围护结构采用双层内呼吸式玻璃幕墙，主要由中空Low-E玻璃、断热型材、可调节遮阳百页、排风系统等组成。其中，排风系统是由进风口、双层玻璃幕墙形成的空腔、排风口和排风机组成，当排风机工作时，幕墙的空腔内形成负压，将室内的空气通过底部的进风口吸入空腔，并在空腔内自下而上地流动，最后经排风机送至室外。

(2) 外墙与屋面的热桥

外墙与屋面的热桥部位(如空调板、腰线等)采取保温措施，热桥部位的内表面温度在室内空气设计温、湿度条件下不低于露点温度。

(3) 热源系统

空调采暖和生活热水系统的热源采用市政热力系统供热，热力转换站布置在地下四层。由市政热力管道形成的一次管网经热交换器与大厦二次热水循环系统进行换热，并经热水循环泵和热水输配管网输送至末端的空调机组、风机盘管、散热器等末端散热装置和

[1] 仇保兴. 首届天津滨海国际生态城市论坛讲话，2010年9月28日。

生活热水系统。热源系统主要的控制策略：根据二次侧供水温度调节热水系统一次侧回水管上的电动两通调节阀，控制该系统的一次水流量，保证二次供水温度达到设定值。监测一次水供回水温度、压力，二次水供回水温度、压力，供回水总管温度、流量，配电箱电流、电压、电量等参数，通过一个 LON 通信接口，将上述参数传送给楼宇系统中央站进行自动控制。

（4）冷源系统

冷源系统采用冷水机组加冰蓄冷的供冷方式。冷源系统配置有 3 台双工况离心式冷水机组和 2 台多机头磁悬浮式冷水机组，其中 2 台多机头磁悬浮式冷水机组为冷源系统的基载主机。冷源系统主要的控制策略：采用融冰优先供冷控制策略，系统白天运行模式为优先融冰模式。根据大厦冷负荷的预测及变化，逐台启停双工况制冷机组，此时工况为融冰供冷 + 基载冷机 + 双蒸发式制冷主机；夜间为蓄冰工况，此时由基载冷机独立承担大厦的全部冷负荷，双工况制冷主机承担蓄冰过程的全部冷负荷。同时，冷源系统能够实现能量计量与管理、自动保护、中央监控和管理、参数监测和设备状态显示等功能。

（5）计量和室温调节方式

每栋大楼均安装了分项计量表，具备分区计量的功能，同时冷冻站设置了流量计和温度计，具备对冷量进行计量的功能。室内设置温度控制面板，可通过末端温度的变化调节送风末端送风装置的阀门，从而改变送入室内的一次风量，达到节能运行的目的。

（6）数字照明控制系统

通过采用智能照明控制系统，实现了对整个大楼照明系统的自动控制。智能照明系统是基于电力线网络，利用电力线载波技术以及电力线信息传输协议，可实现集中控制、无线遥控、电脑控制、定时控制、网络控制等多种控制方式，并提供灯光软启、调光、亮度记忆、场景记忆等智能化操作和管理。根据具体房间进深的实际情况，结合遮阳百页的开启度及天气的变化，充分利用自然采光，对光源进行梯度调节。

3. 节能效果

经能效测评，中国石油大厦节能率达到 75.07%，具体能效测评结果见表 7-1。

中国石油大厦能效测评结果 **表 7-1**

全年总能耗（吨标准煤）	照明（MWh/电）	采暖城市热力（MWh/城市热力）	空调冷水机组（MWh/电）	水泵（MWh/电）	风机（MWh/电）
2263.86	1798	7924.7	5139.3	2285.5	1281.9

7.4.1.2 马坊馨城住宅小区 11 号楼

1. 基本信息

马坊馨城住宅小区住宅 11 号楼建筑面积 8041.92m^2，建筑高度：女儿墙最高点 18.00m，地上 6 层。结构形式是钢筋混凝土剪力墙结构，现浇钢筋混凝土楼板（见图 7-6）。

2. 节能措施

（1）围护结构

外墙的外保温构造为在现浇混凝土剪力墙外做 80mm 厚聚苯板保温层，其平均传热系

图 7-6　马坊馨城住宅小区 11 号楼建筑立面图

数为 0.54W/(m^2·K)。屋面采用 70mm 厚聚苯板 +60mm 厚陶粒混凝土块保温层，其传热系数为 0.55W/(m^2·K)。外窗采用黑色断桥铝合金框，中空玻璃。中空玻璃做法不小于(5+9+5)mm，窗的气密性 4 级，其传热系数为 2.51W/(m^2·K)。

(2) 外墙与屋面的热桥

外墙与屋面的热桥部位采用挤塑聚苯板保温，变形缝房间两侧均贴 40mm 厚挤塑聚苯板，以保证热桥部位的内表面温度在室内空气设计温、湿度条件下不低于露点温度。

(3) 门窗洞口之间的密封

窗洞口四周附加一层耐碱玻纤网格布；外窗(门)框与墙体之间的缝隙，采用聚氨酯发泡填堵，并用密封膏密封。通过文件审查和现场检查，门窗洞口之间的密封方法和材料应符合相应的节能设计要求。

(4) 冷热源系统

该项目选用的水源热泵系统是污水源热泵系统，室外水源换热系统以清河污水处理厂处理后的退水为水源热泵的热源。利用原来废弃不用的污水余热，在空调冷热源均由 8 台 SMGHP1000B 型水源热泵机组供应，夏季冷水供/回水温度为 7/12℃，冬季热水供/回水温度为 52/45℃。夏季设计冷负荷为 548kW，冬季设计热负荷为 252kW。空调系统采用一次泵变流量系统，通过冷水供、回水管间的电动旁通阀控制冷水系统供回水总管的压差使系统稳定。水源侧循环水泵为变频泵，采用动态变流量节能控制方式，变频控制技术与模糊控制技术相结合。

(5) 计量和室温调解方式

每一栋建筑都安装了分项计量装置，采用分区计量的方式，每一单元设管井，冷热量表设于管井内，具备对冷热量进行计量的功能。室内温度采用负荷控制方式进行调节，室内温控面板显示的温度通过传感器对其末端 VAV 装置进行调节，使其末端送风量改变，从而调节带入室内送风量及改变带入室内的负荷。

3. 节能效果

经能效测评，节能率达到 69.2%，单位面积采暖空调能耗见表 7-2。

马坊馨城住宅小区 11 号楼单位面积采暖空调能耗 **表 7-2**

全年总能耗电 (kWh/m²)	热泵机组(制热) (kWh/m²)	热泵机组(制冷) (kWh/m²)	水泵 (kWh/m²)	风机 (kWh/m²)
37.8	5.0	9.2	11.0	12.6

7.4.1.3　辛集芳华小区高层 1 号楼

1. 基本信息

高层住宅 1 号楼位于小区东南侧，占地面积 837.12m²，建筑面积 4048.79m²；建筑高度：女儿墙最高点 38.30m，地上 12 层；结构形式为剪力墙结构，钢筋混凝土楼板(见图 7-7)。

图 7-7　芳华小区平面图

2. 采用的节能措施

(1) 围护结构

外墙采用外保温构造，在 200mm 厚加气混凝土钢筋混凝土剪力墙墙体外做 50mm 厚聚苯板保温层，其平均传热系数为 0.756W/(m²·K)；屋面保温做法为 100mm 厚钢筋混凝土现浇板外贴 50mm 挤塑聚苯板保温层，其传热系数为 0.51W/(m²·K)。窗采用塑钢窗框，中空玻璃。中空玻璃做法不小于(5+9+4)mm，外窗的气密性等级为 8 级，其传热系数为 1.9W/(m²·K)。

(2) 外墙与屋面的热桥

外墙与屋面的热桥部位采用舒乐板保温；墙体热桥部位保温措施是空调板外周抹保温砂浆；阳台门下部门芯内夹 30mm 聚苯板保温层。保证热桥部位的内表面温度在室内空气设计温、湿度条件下不低于露点温度。

(3) 门窗洞口之间的密封

窗框与墙体接缝处保温做法是用发泡胶密实，并用密封胶密封；外门窗框与洞口之间的空隙用岩棉填塞密实，并用密封胶密封。

(4) 热源系统

该项目采用浅层地热能及地热弃水热能逐级取能来满足 22 万 m² 建筑冬季采暖要求。根据工程特点采用地热尾水作为热源利用热泵机组提升后为一期、二期建筑供热；三期建筑采用竖直埋管土壤源热泵为三期建筑供热。采暖热源均由 8 台 YSSR 型地能热泵机组供应，负担芳华小区一期、二期、三期建筑冬季的热负荷，可提供 9801kW 的制热量。冬季热水供/回水温度为 42/32℃，冬季设计热负荷：一期建筑为 6000kW，二期建筑为 2805kW，三期建筑为 996kW，末端形式为低温热水地板辐射采暖。控制系统将根据负荷情况能够自动在 0、25%、50%、75%、100% 等多种工况之间调节控制，保证整个系统处于效率最佳的运行状态。

（5）室温调节和计量方式

该项目每一栋建筑都安装了分项计量装置，采用分区计量的方式，具备对热量进行计量的功能。室内设置温度控制面板，可通过末端温度的变化调节送风末端装置的阀门，使其末端流量改变，达到节能运行的目的，满足导则对室温调节的要求。

3. 节能效果

经能效测评，节能率达到 66.6%，单位面积能耗见表 7-3。

共华小区单位面积能耗 **表 7-3**

全年总能耗电（kWh/m^2）	热泵机组（制热）（kWh/m^2）	水泵（kWh/m^2）
23.2	16.3	6.9

7.4.2 既有建筑节能典型工程案例

既有建筑节能改造有力地促进了经济、能源与环境的协调发展，是降低既有建筑高能耗的必然要求。本节选取了 3 个节能效果较好的工程项目，重点介绍工程项目采取的节能措施以及取得的节能效果。其中，公共建筑包括同济大学文远楼改造工程；居住建筑包括唐山既有建筑节能改造项目和上海羽北小区既有建筑节能改造项目。

7.4.2.1 同济大学文远楼改造工程

1. 基本信息

具有包豪斯建筑风格的同济大学文远楼是中国优秀现代保护建筑的典范之一，自建成以来一直作为教学建筑使用。经过 50 多年使用的文远楼，不仅年久失修，也不能满足节能环保的要求。2005 年，同济大学决定对文远楼进行更新改造，已于 2007 年 5 月完工。文远楼总建筑面积 5050m^2，混凝土框架结构（见图 7-8）。文远楼节能改造项目共选用了地源热泵技术、太阳能及燃气补能系统、辐射吊顶技术、内遮阳节能系统、绿色材料及保温体系、屋顶花园、节能照明系统、智能控制即时展示系统、雨水收集系统、太阳能热水系统十大绿色节能技术，完成了一套综合节能建筑技术系统，为我国保护建筑的节能更新改造建立了一个典范。

2. 围护结构节能改造

文远楼只有单层墙体以及大面积的单层钢窗玻璃，热量极易流失。为了达到节能目的，必须在外立面、屋顶层以及地坪层都增加保温隔热层，但又不能破坏历史建筑的外立面样式和风格。因此，该项目在最大限度维持立面式样与风格的前提下，进行建筑整体围护结构的保温隔热处理，墙身、屋面和地坪使用保温性能最好的 PUR 材料，更换双层隔热真空玻璃，断热型材外窗和可调节智能内遮阳系统使建筑综合节能可达到 75% 以上。

图 7-8　同济大学文远楼实景图

3. 能源利用

针对不同使用空间分组进行空调设计。太阳能的利用、土壤中热量的传输是文远楼节能改造的重点。将不同的降温和供热系统应用于不同的功能区。整栋楼分成了 3 个不同的部分：左右两翼为大型阶梯教室，中间部分为普通教室，三部分都由进厅和楼梯间以及走廊连接。中间展厅和教室部分采用地源热泵和辐射吊顶；三百人报告厅采用燃气驱动发动机热泵和余热除湿；4 个 160 人阶梯教室采用太阳能（燃气补燃）吸引式热泵。使用最新智能灯光控制和设计节约照明用电。紧凑型节能荧光灯、高光效荧光灯、高强度气流放电灯等得到广泛应用。同时，通过数码控制技术利用光线模拟出不同时段自然界的光环境，设计不同区域的灯光效果。

4. 雨水收集利用系统

采用无土种植草皮技术绿化以及中水设置屋顶喷淋系统，并考虑了雨水收集利用系统，这些对建筑可持续发展都非常重要。

5. 智能化测试控制

根据实时气象、使用参数进行温度的建筑智能化控制系统，完善的测试系统为后续发展提供实验基础。

7.4.2.2　唐山既有建筑节能改造项目

1. 基本信息

该工程示范基地河北一号小区占地 28.23 万 m^2，住宅建筑总面积 21 万余 m^2，始建于 1978 年，是唐山市大地震后第一批大规模兴建的成片住宅小区，也是唐山市最老的小区之一。该小区内居室平均温度为：冬天有暖气时 14 ~ 15℃，更有甚者不足 12℃，最低温度为 7℃；夏天在不使用任何电器的情况下最热温度为 30 ~ 31℃，顶层达到 35℃。楼板为双向预应力预制混凝土实心板，外墙传热系数为 2.01W/(m^2 · K)，是现行节能标准的 2.5 倍，保温隔热性能比气候相近的发达国家相比差四、五倍。屋面结构为 110mm 钢筋混凝土预制板(83mm 粉煤灰找坡，上铺 125mm 厚加气混凝土块) +40mm 厚 1:3 水泥砂浆找平层 + 二毡三油防水层(粘结小豆石一层)。传热系数平均为 1.7W/(m^2·K)，是现行节能标准的 2 倍多，是气候相近的发达国家的 3 ~5 倍❶。室内热环境差，建筑能耗大，需要进行节能改造。中德技术合作"中国既有建筑节能改造"项目是中国政府和德国政府的技术合作项目，目标是取得中国北方地区建筑节能改造的理念和标准，并加以验证和推广。该示范项目为唐山市河北一号小区的 3 栋住宅楼实施改造，总建筑面积为 6000m^2(见图 7-9)。

图 7-9　河北一号小区住宅楼实景图

2. 围护结构节能改造

对围护结构的保温系统进行改造，包括三个方面：一是外墙保温系统；二是屋面保温系统；三是外窗系统。外墙体、墙基采用了贴加 EPS 板；屋顶采用了保温层上下各做一次防水，有效防止水汽渗入保温层内；塑钢中空玻璃内开窗、楼梯间采用保温门封闭等保温技术。在节点断桥处理技术中，勒脚部位节点处理采用在保温材料与墙体间加铺一层防水材料，有效避免了水汽通过保温材料破坏保温效果。窗口节点处理中为防止热桥，将外窗安装在最外侧，与外墙外侧齐平，并在间隙处用聚氨酯发泡胶填满，外保温系统(含窗台板)压住塑钢窗框 2 ~2.5cm。

3. 采暖系统形式与热计量

该示范项目中的三栋楼分别采用三种采暖系统：垂直单管加跨越管、垂直双管和垂直双管分户成环。此外，该工程还进行了室温可控、热量可计量的改造。

4. 效益分析

根据节能改造前后采暖能耗的实测结果，在考虑外管网和锅炉效率的情况下，平均每平方米每年可节约 21.2kg 标准煤，而实际用于节能改造的节能投资为 180 元/m^2，节能经济效益显著。此外，既有建筑节能改造还可以减少 CO_2、SO_2、NOx 和 TSP 等污染物的排放，减少酸雨的发生和空气中的飘尘及光化学烟雾等污染物对环境的影响。既有建筑的改造对城市围观社会环境、区域社会环境以及全社会环境都有着举足轻重的影响。

❶ 刘金珠，赵冰王，金辉，陈清超．中国既有建筑节能改造的经济意义分析——以中德合作唐山"河北一号小区改造工程"为例．城市，2007(8)：33-36.

7.4.2.3　上海羽北小区既有建筑节能改造项目[1]

1. 基本信息

羽北小区位于上海市浦东新区张杨路，建于20世纪90年代中期，属多层住宅建筑。砖混结构、涂料外饰面、单玻彩钢窗。建造时未考虑节能措施，围护结构热工性能差，且外墙与屋面存在开裂，渗漏等现象，影响了建筑的整体性能，室内热环境差，需要进行节能改造。羽北小区内总建筑面积约20000m^{2}的5幢住宅实施节能改造。节能综合改造工程按照上海市《既有建筑节能改造技术规程》（DG/TJ 08—2010—2006）推荐的节能改造流程进行实施（见图7-10）。

图7-10　羽北小区住宅楼实景图

2. 围护结构原状

外墙类型：水泥砂浆（20mm）+黏土砖砌体（240mm）+石灰石膏砂浆（20mm）。

屋面类型：水泥板（50mm）+水泥砂浆（20mm）+钢筋混凝土（120mm）。

外窗类型：彩钢普通单层玻璃窗（5mm单层）。

外墙存在大面积开裂与渗漏现象，建筑外墙多处出现外饰面涂料粉化、脱落。经动态计算，该住宅楼在标准运行使用工况下，全年采暖空调能耗为171946kWh，即82.49kWh/m^2，远远高于节能设计标准规定的55.06kWh/m^{2}的能耗指标限值，急需节能改造。

3. 主要改造措施

屋面改造：原屋面架空保温板全面拆除，原屋面防水层起壳部分铲除。喷涂25mm厚硬质聚氨酯泡沫塑料保温层，上涂1.2mm厚防水涂膜作为保护层。

外墙改造：原建筑外立面修整，喷涂15mm厚硬质聚氨酯泡沫塑料保温层，上批3～5mm厚纤维增强抗裂腻子，外批二道柔性外墙腻子，外刷弹性外墙防水涂料（一底两面）。

外窗改造：更换窗扇的节能改造，将原外窗玻璃调换成双层中空玻璃，并且调换密封条、五金件等。

---

[1] 2007中国建筑节能年度代表工程. 建设科技，2007：40-57.

公共部位综合整新：房屋公共部位内墙壁面整修并一底两面刷白，楼梯栏杆及钢窗一底两面油漆。更新上水管并作保温，室外踏步、明沟、勒脚整修；拆除违章，围墙单粉外刷涂料一底两面。

4. 节能成效分析

经动态计算，改造后住宅楼在标准运行工况下，全年采暖空调能耗为110472kWh，即53.00kWh/m^2(改造前为82.49kWh/m^2)，满足居住建筑节能标准，并且与改造前相比能耗降低35.7%。另外，建筑热工性能提高，在室内不开启制冷空调的情况下，夏季高温季节室内温度比改造前降低2~4℃。改造中，纯粹用于节能改造的费用约160元/m^2(建筑面积)，按标准运行使用工况下的能耗计算数据该工程的静态回收期约9年，节能改造社会效益巨大。

第8章　低能耗建筑工程与示范

我国建筑节能始于20世纪80年代初期，从北方采暖区开始，过渡到南方夏热冬冷地区，直至2003年夏热冬暖地区开始实行之后，我国建筑节能工作全面展开。建筑节能历经了三个阶段：节能30%、50%和65%，迄今为止全国都已展开节能50%以上的强制性标准和要求。按照国家节能发展规划，到2020年要全面实行节能75%的标准。显然，引导建筑能耗向更低能耗发展成为当前建筑节能工作的重中之重。

为贯彻执行国家节约资源、保护环境的技术经济政策，推进可持续发展，同时贯彻落实《国务院关于印发节能减排综合性工作方案的通知》（国发〔2007〕15号）的要求，根据《建设部关于落实〈国务院关于印发节能减排综合性工作方案的通知〉的实施方案》的工作部署，2007年住房和城乡建设部启动了建设“百项绿色建筑示范工程和百项低能耗建筑示范工程”工作，并将该项目纳入住房和城乡建设部年度科技项目计划进行管理。通过这些项目的实施和建设，形成一批以科技为先导、节能减排为重点、功能完善、特色鲜明、具有辐射带动作用的绿色建筑示范工程和低能耗建筑示范工程，为我国建筑节能和建设领域节能减排做出贡献。

8.1　低能耗建筑综述

8.1.1　国内外低能耗建筑研究与实践

低能耗建筑是指在围护结构、能源和设备系统、照明、智能控制、可再生能源利用等方面综合选用各项节能技术，能耗水平远低于常规建筑的建筑物。德国按照建筑总能耗的大小将建筑分为三个等级[1]：

（1）低能耗建筑［指建筑采暖能耗为30～70kWh/(m^2·a)］；

（2）三升油建筑［指建筑采暖空调能耗为15～30kWh/(m^2·a)］；

（3）微能耗/零能耗建筑［指建筑采暖空调能耗为0～15kWh/(m^2·a)］。

近年来，随着能源安全战略的日趋严重，以及保护环境和应对气候变化成为当今世界发展的主题，许多发达国家都在积极推动发展低能耗建筑和零能耗建筑，研发相关的节能技术，建造了多种建筑类型的示范工程项目，取得了很多有推广价值的成果。1992年，丹麦首都哥本哈根建成了斯科特帕肯低能耗住宅[2]（见图8-1），曾获得了1993年的世界人居奖。其技术措施主要包括：外墙、屋顶、楼板均设保温层，使用热传导系数较小的六窗玻

---

[1] 卢求 Henr ik Wings（德）. 德国低能耗建筑技术体系及发展趋势. 建筑学报，2007(3)：23-27.

[2] http：//www. chinagb. net/

璃；利用智能系统对太阳能和常规供热系统进行智能调控，使热水保持恒定温度；集中采用大面积的太阳能集热水器（平均每套住宅 5.7m^2），能够满足秋冬季住宅采暖和全年热水供应的60%以上；安装水表、能量表和双道节水阀装置及具有热水回帐性能的节水设备；用雨水槽将雨水引至住宅区中央的小湖里，再渗入地下；该住宅还采用了低辐射玻璃、高性能热交换器、新型节水器具和节电设备，先进的 EMS 能控系统与热电联产、在建筑物内外设保温层等措施和技术。这些技术措施的应用，使住宅小区的燃气、水、电分别节约了60%、30%和20%，而且改善了整个小区的环境。在丹麦等国用风能与太阳能来带动热泵供热可以做到“零能耗”。丹麦首例零能耗建筑——葛罗恩达斯办公楼（见图8-2）的能耗优化包括了3方面的措施，不仅达到了低能耗建筑的要求水平，实际上创造了零能耗建筑。

图8-1　斯科特帕肯低能耗住宅

图8-2　葛罗恩达斯零能耗办公建筑

世界可持续发展工商理事会（WBCSD）❶于2007年与一些全球领先的公司组成联盟，实施推进零能耗建筑计划。该项计划旨在改变建筑物的设计、建造、运营以及拆除方式，目标是到2050年，新建筑物实现对外部电力的净消耗为零，二氧化碳的净排放为零，并同时保持建造和运营的经济可行性。

而我国根据各地具体情况，在不同气候区域开展了建筑节能的探索、研究和实践工

❶ 世界可持续发展工商理事会（WBCSD）是1995年成立的一个与联合国联系紧密的国际组织，其宗旨是企业为共同履行在保护环境和实现经济可持续发展方面承担应尽的义务。

作。清华大学超低能耗示范楼是我国首个综合了示范、展示、试验功能的建筑(见图8-3)，是一个以真实建筑为基础的试验台。在大楼方案论证阶段，就贯穿了可更新、可调节、可拓展的思路，为未来更加深入的试验及科研创造条件。超低能耗示范楼项目中，包括了对建筑物理环境控制与设施研究，声、光、热、空气质量等、建筑材料与构造，窗、遮阳、屋顶、建筑节点、钢结构等、建筑环境控制系统的研究，高效能源系统、新的采暖通风和空调方式及设备开发等、建筑智能化系统研究等，主要运用了如下建筑节能新技术❶：

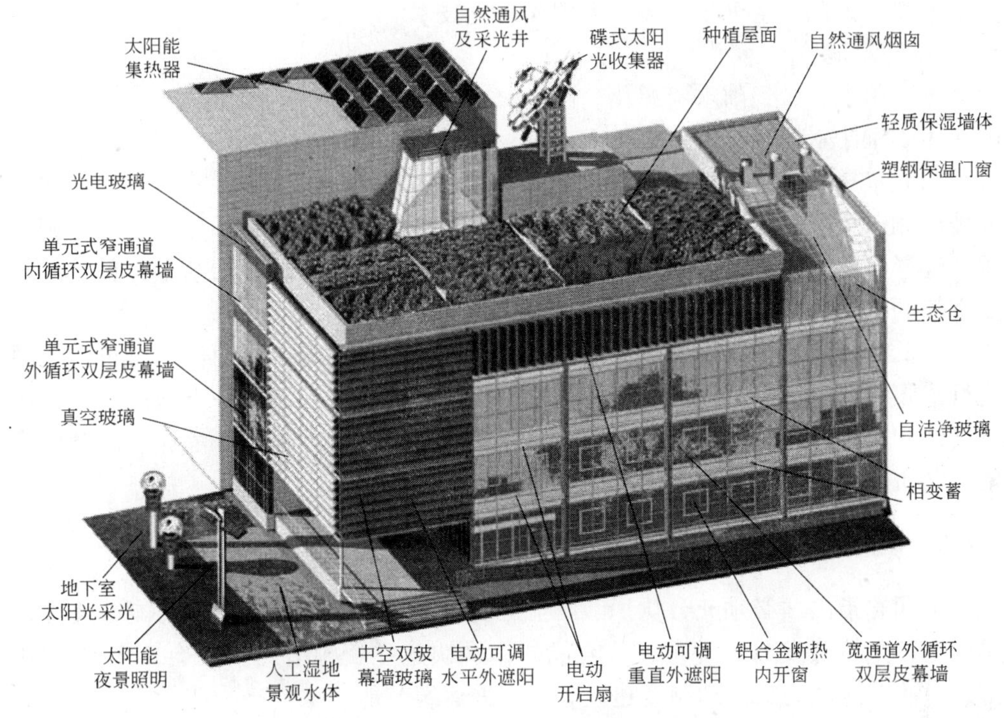

图8-3　清华大学超低能耗示范楼

1. 智能围护结构

超低能耗楼的外围护结构体系主要是针对可调控的智能型外围护结构进行研究，使其能够自动适应气候条件的变化和室内环境控制要求的变化。从采光、保温、隔热、通风、太阳能利用等进行综合分析，给出不同环境条件下的推荐形式。

示范楼选用了近十种不同的外围护结构做法，基本的热工性能要求为：透光体系部分(玻璃幕墙、保温门窗、采光顶)综合传热系数 $K<1\mathrm{W/(m^2 \cdot K)}$，太阳得热系数 $SHGC<0.5$，非透光体系部分(保温墙体、屋面)传热系数 $K<0.3\mathrm{W/(m^2 \cdot K)}$。在设计阶段利用相关软件计算结果，冬季建筑物的平均热负荷仅为0.7W/m，最冷月的平均热负荷只有2.3W/m，如果考虑室内人员、灯光和设备等的发热量，基本可实行冬季零采暖能耗。夏季最热月整个围护结构的平均得热为5.2W/m。综合能耗相当于常规建筑的10%。

❶ 谢士涛，曾晓武. 超低能耗示范楼建筑幕墙技术研究. 住宅产业，2009(9)：75-77.

2. 相变蓄热活动地板

冬季白天可蓄热存由玻璃幕墙和窗户进入室内的太阳辐射热，晚上相变材料向室内放出蓄存热量。

3. 利用自然通风

利用热压通风和风压通风的结合，在楼梯间和走道设置通风井，负责热压通风。在幕墙上设开启扇，使室外空气在风压下流过建筑。

4. 可再生能源系统

光电幕墙、太阳能空气集热器、太阳光采光技术。

5. 景观型湿地技术

收集屋顶雨水，做到雨水资源化利用。

6. 种植屋面技术

种植与北京气候相宜的植物，做到三季有花，四季有景。

此外，北京金隅·上河名居、浦江智谷商务园等诸多示范项目领先利用外遮阳、可再生能源、选择开发高舒适度低能耗的发展战略，不仅是对市场选择的结果，也是基于对社会发展态势的正确判断，利国利民。

因此，低能耗建筑可以被理解为不用或者尽量少用一次能源，而使用可再生能源对建筑物进行采暖和制冷。建筑一方面消耗更多的自然能源和资源，另一方面产生和排放更多的温室气体和废物。人居环境可持续发展要综合考虑城市化进程和环境保护问题，大力推广低能耗建筑是人居环境可持续发展的重要途径之一。

8.1.2 低能耗建筑相关政策、管理文件研究

胡锦涛同志指出“必须充分认识节约能源资源的极端重要性，把节约能源资源作为一项基本国策，坚持开发节约并重、节约优先，加快建立资源节约型社会。”❶ 住房和城乡建设部通过法律、法规、管理制度建设坚决推进建筑节能。

8.1.2.1 法律、法规、管理制度建设

日趋严峻的能源环境问题，已经引起我国政府前所未有的高度关注和重视，并已经采取了法律、行政、经济等一系列措施，把节约资源和保护环境纳入我国的基本国策。

2005 年 10 月 28 日，建设部制定和修订了《民用建筑节能管理规定》（建设部令第 143 号），为国家建筑节能立法做了现行准备。

2006 年，我国《国民经济与社会发展第十一个五年规划纲要(2006 ~ 2010)》明确提出，2010 年单位 GDP 能耗比 2005 年降低 20%，主要污染物排放总量减少 10% 的目标。

2007 年，《应对气候变化国家方案》提出要发展低碳能源和可再生能源，改善能源结构，提出低碳发展模式。而《节能减排综合性工作方案》进一步明确了实现节能减排的目标和总体要求，即到 2010 年，单位国内生产总值能耗由 2005 年的 1.22 吨标准煤下降到 1 吨标准煤以下，降低 20% 左右。2007 年 10 月 28 日，全国人大修订颁布了《中华人民共和国节约能源法》（主席令第七十七号）将建筑节能作为国家重点节能领域，明确了建设

❶ 胡锦涛.《努力实现“十一五”时期发展目标，推动经济社会又好又快发展》，2005 年 10 月 11 日。

主管部门对建筑节能的管理职能，对关键的法律制度做出了规定。

2008 年 7 月 23 日，国务院又通过了《民用建筑节能条例》（国务院令第 530 号）和《公共机构节能条例》（国务院令第 531 号），对建筑节能工作产生巨大的推动作用。同时，目前已有 14 个省（区、市）出台了建筑节能条例或资源节约及墙体材料革新等相关法规，24 个省（区、市）出台了相关政府令。

2009 年 12 月 26 日，十一届全国人大常委会第十二次会议表决通过了《中华人民共和国可再生能源法修正案》，修正案自 2010 年 4 月 1 日起施行，对可再生能源在建筑中应用做出了明确规定。2009 年，我国政府提出了控制温室气体排放目标，到 2020 年，单位国内生产总值二氧化碳排放将比 2005 年下降 40%～45%。

这些重要的法规都对建筑节能做出了明确、严格的规定，节约能源资源已经成为我国的基本国策和大政方针。

同时，住房和城乡建设部先后批准发布了 21 项关于建筑节能的国家标准和行业标准，组织开展了 27 项有关标准的制订和修订。目前已初步建立起建筑节能标准体系，《民用建筑节能设计标准（采暖居住建筑部分）》、《夏热冬冷地区居住建筑节能设计标准》、《夏热冬暖地区居住建筑节能设计标准》、《公共建筑节能设计标准》、《建筑节能工程施工质量验收规范》、《供热计量技术规程》、《绿色建筑评价标准》先后颁布实施，《节能建筑评价标准》、《既有建筑节能改造技术规程》等即将颁布实施，建筑节能标准体系基本可以实现"三个全覆盖"，即：严寒及寒冷、夏热冬冷、夏热冬暖等各气候区全覆盖，住宅、公共建筑等各类型建筑全覆盖，设计、建造、验收、使用、改造等过程全覆盖，为推进建筑节能提供了基本的技术依据。

为贯彻执行国家节约资源、保护环境的技术经济政策，推进可持续发展，同时贯彻落实《国务院关于印发节能减排综合性工作方案的通知》（国发〔2007〕15 号）的要求，根据《建设部关于落实〈国务院关于印发节能减排综合性工作方案的通知〉的实施方案》的工作部署，2007 年住房和城乡建设部启动了建设"百项绿色建筑示范工程和百项低能耗建筑示范工程"工作，并将该项目纳入住房和城乡建设部年度科技项目计划进行管理。

综上所述，以《节约能源法》、《可再生能源法》为上位法，以《民用建筑节能条例》为专门法规，以地方行政法规、住房和城乡建设部部门规章相配套的法律法规体系逐步形成，规范化、法制化推进建筑节能的机制初步建立，建筑节能法规体系不断健全。

8.1.2.2　低能耗建筑管理文件研究

受美国能源基金会（Energy Foundation）委托，住房和城乡建设部科技发展促进中心开展了"双百工程"管理办法研究，依托推动建筑节能和绿色建筑发展的核心业务，借助在建筑节能、绿色建筑工作领域通过课题研究、标准制定、科研管理等方面积累的丰富研究与管理经验和充足的信息资源，组织课题研究专家组，讨论编写评价技术要点，并根据住房和城乡建设部相关批示，结合调研情况，充分考虑我国国情，将低能耗建筑管理办法分为立项评审管理与验收管理，并多次组织专家组讨论编写和修改相应阶段管理文件，最终取得了较为完善的低能耗管理办法。

2009 年 2 月，住房和城乡建设部科技发展促进中心运用在课题研究、标准制定、科研管理等方面积累的信息资源，对国内与绿色建筑、低能耗建筑相关的工程项目管理办法进行调研，掌握目前国内与绿色建筑、低能耗建筑相关的工程项目管理办法现状，为低能耗建筑管理办法的研究奠定了基础。

2009 年 4 月，住房和城乡建设部科技发展促进中心成立课题专家组，通过对前期调研所取得的资料进行反复讨论、分析和研究，起草了《绿色建筑与低能耗建筑示范工程管理办法(初稿)》及相关管理文件：《低能耗建筑示范工程项目考核验收评价表(初稿)》、《低能耗建筑示范工程项目验收考核细则(初稿)》。

2009 年 5 月，住房和城乡建设部科技发展促进中心将形成的管理办法和文件初稿报住房和城乡建设部建筑节能与科技司，建筑节能与科技司批示，应将低能耗建筑分阶段管理，细化为立项、验收两个阶段。

2009 年 6 月，根据住房和城乡建设部建筑节能与科技司的批示，住房和城乡建设部科技发展促进中心组织课题专家组对低能耗建筑管理办法和管理文件进行讨论、研究，并起草立项和验收阶段管理文件：《低能耗建筑示范工程(公共建筑)设计方案专家评分表(讨论稿)》、《低能耗建筑示范工程(居住建筑)设计方案专家评分表(常规能源)(讨论稿)》、《低能耗建筑示范工程(居住建筑)设计方案专家评分表(可再生能源)(讨论稿)》、《建筑示范工程立项评价表(公共建筑)(讨论稿)》。

2009 年 9 月，住房和城乡建设部科技发展促进中心组织课题专家组对低能耗建筑管理办法及管理文件进行讨论，并起草《低能耗建筑评审技术要点(讨论稿)》、《低能耗建筑示范工程立项评价表(居住建筑)(讨论稿)》、《低能耗建筑示范工程评审依据表(居住建筑)(讨论稿)》、《低能耗建筑示范工程立项评价表(公共建筑)(讨论稿)》、《低能耗建筑示范工程评审依据表(公共建筑)(讨论稿)》、《低能耗建筑示范工程验收标准(讨论稿)》。

2009 年 11 月，根据进度计划安排，住房和城乡建设部科技发展促进中心再次组织课题专家组，对前期形成的管理文件讨论稿进行深入探讨和研究，最终形成低能耗建筑管理办法和管理文件报批稿：《绿色建筑与低能耗建筑示范工程管理办法(报批稿)》、《低能耗建筑评审技术要点(报批稿)》、《低能耗建筑示范工程验收标准(报批稿)》。

8.1.3 低能耗建筑节能技术综述

建造低能耗建筑的技术措施主要集中在三个方面：更加优化的建筑规划设计、热工性能更加优良的外围护结构和可再生能源的利用。

8.1.3.1 建筑规划设计节能措施

在建筑规划设计方案的策划阶段进行建筑节能设计优化，采取必要的节能措施，可以达到事半功倍的效果。建筑规划设计中可采用的主要节能措施有：

(1) 对建筑物周边环境和小区，通过优化建筑布局和室外环境设计、合理选择场地和屋面铺面材料、有效配置屋面和垂直绿化及水景，达到改善室外热环境，减少热导效应。通过舒适的室外活动空间和室内良好的自然通风条件，以减少气流对区域微环境和建筑本身的不良影响。对室外热舒适性、热岛强度和场地风环境等进行模拟预测分析，优化规划设计方案，以求超过标准要求。

(2) 规划设计时布置好建筑朝向和建筑间距，采用合理的体形系数和窗墙面积比，避免采用大落地窗。公共建筑采用可调节外遮阳，采用双层通风遮阳式幕墙，使其热工性能大为改善。

(3) 合理进行建筑室内空间的划分、平面布置和自然通风气流组织设计。合理设计房间进深与层高。建筑设计和构造设计采取诱导气流、促进自然通风的措施。合理设计采光口以及利用改善自然光在室内分布的设施，充分利用自然光资源，减少人工照明的能耗。

(4) 在技术经济合理条件下，优化能源系统，在城市集中供热管网内优先采用集中供热，积极合理地使用太阳能、风能、地源热泵技术，减少对环境的影响。

8.1.3.2 建筑围护结构节能技术措施

由于建筑外围护结构所具有的传热性能直接影响着采暖空调的能源消耗量，因此提高建筑外围护结构的保温隔热性能是降低建筑能耗的关键。

1. 外墙节能技术

外围护结构中墙体占了很大份额，因此重点要提高外墙的热工性能。提高外墙的热工性能，一是要选用热工性能好的主体材料；二是要增加保温材料的厚度；三是要处理好构造热桥。

外保温技术适用范围广，技术合理、成熟，工程造价较低，是我国目前采用最广泛的墙体节能技术。外保温技术不仅适用于新建建筑工程，也适用于既有建筑节能改造。与内保温相比，外保温有明显的优越性，除了保温效果优良，外保温体系包在主体结构的外侧，较好地解决了构造热桥结露问题，提高了居住的舒适度，同时还能够起到保护主体结构的作用，延长建筑物的寿命，并增加建筑的有效使用空间。

(1) 外贴保温体系

外贴保温体系是将保温材料粘贴或加锚栓固定在外墙主体结构上，然后加装玻璃纤维网格布或钢丝网增强，外抹抗裂砂浆，再作外装饰面层。保温材料有膨胀聚苯板(EPS)、挤塑聚苯板(XPS)、聚氨酯板、岩(矿)棉板等。其中聚苯板因具有优良的物理性能和廉价的成本，使用最为广泛。目前，外贴保温体系的最大缺陷是现场施工质量很难控制，使用寿命短(标准规定25年)，工程存在很多表面开裂、保温层剥落等质量问题。据专家在国外考察分析，认为主要是工程质量控制问题，只要使用的材料和施工工艺符合标准要求，使用寿命完全可以大大延长。

另一种做法是用专用的固定件将保温板固定在外墙上，然后将铝板、天然石材、彩色玻璃等饰面材料外挂在预先制作的龙骨上，直接形成装饰面。保温层与饰面层之间形成空气间层，既保护了保温材料免受结露和渗透雨水的侵蚀，又增强了墙体的热工性能。由于这种体系成本较高，多用于公共建筑和高档住宅。

近年来，为减少现场湿作业，提高外保温体系的使用寿命，并满足工程项目外观的需要，保温装饰复合墙板体系发展很快。即在工厂内生产好标准的带有保温材料和装饰面层的复合墙板，然后在工程现场粘贴或锚拴固定在主体墙面上，一次性满足保温和装饰要求。装饰面层通常采用氟碳涂料，也可采用新型墙面砖。

为满足低能耗建筑的要求，要增加保温材料的厚度。例如，在北方地区满足节能标准要求一般采用6~8cm厚的聚苯板，建造低能耗建筑要采用10cm以上的聚苯板。在欧洲采用的聚苯板厚度在20cm以上。

（2）聚苯板与墙体一次浇注成型技术体系

该技术是在混凝土框-剪体系中将聚苯板内置于建筑模板内，在即将浇注的墙体外侧，然后浇注混凝土，使混凝土与聚苯板一次浇注成型为复合墙体。由于外墙主体与保温层一次成活，工效提高，工期大大缩短。在冬期施工时聚苯板起保温的作用，可减少外围护保温措施。但在浇注混凝土时要注意均匀、连续浇注，否则由于混凝土侧压力的影响会造成聚苯板在拆模后出现变形和错茬，影响后序施工。这种技术体系在许多高层住宅工程中使用。

2. 外窗及幕墙保温隔热技术

随着建筑形式的多样化，外窗和玻璃幕墙等透光型外围护结构所占外表面的比例越来越大。然而，由于通常透光型外围护结构的热工性能大大低于非透光型外围护结构，因此外窗和玻璃幕墙成为影响建筑能耗的重要因素。提高外窗和玻璃幕墙的保温隔热性能的技术措施有很多，通常是采用改善窗框、玻璃的热工性能和安装技术，隔热重点采用遮阳技术。

（1）节能窗

节能窗采用性能良好的塑料型材、铝塑和木塑复合型材、断热型铝合金型材和配套附件及密封材料，使用平开、复合内开等开启方式。北方寒冷严寒地区采用单框双层中空玻璃窗、单框三层玻璃窗或双层节能窗。高效节能窗的传热系数应控制在2.0以下。在施工中窗口的密封处理非常重要，应尽量减少窗的空气渗透。

为提高外窗的热工性能，宜采用充填惰性气体的中空玻璃或特种玻璃，如Low-E玻璃、真空玻璃、热反射镀膜玻璃等。住房和城乡建设部借鉴国外经验，组织研发了适合我国国情的门窗性能评价标识体系，开始试行，以规范节能门窗市场。

（2）遮阳技术

夏季太阳辐射透光玻璃照射到室内，使大量的热量传递到室内并使室内温度升高。采取有效的技术手段遮阳，可大幅度降低空调能耗，或者不开空调即可得到舒适的室内热环境。在北方地区冬季可以调节遮阳装置，使其不遮挡阳光进入室内。有的遮阳产品在冬季的夜晚还可以起到保温作用。外遮阳可以通过外围护结构设计外挑阳台或遮阳构件实现，也可以安装可调节遮阳装置，如可移动遮阳板、织物或金属卷帘，安装中间夹带活动百页的外窗等。

（3）幕墙技术

采用全玻璃幕墙会大大增加建筑能耗，应尽量避免。近年来，我国引进了欧洲先进的呼吸式幕墙的设计理念和方法，并在一些高档建筑中采用。呼吸式幕墙即为双层幕墙，双层幕墙之间形成空气夹层，通过在幕墙的不同部位开口，形成自然通风，或安装通风设备实现机械通风，从而使幕墙起到保温隔热的作用。双层幕墙的种类很多，采用这种幕墙体系应根据不同气候条件、不同建筑类型分别设计建造，不可简单地抄袭、照搬。

3. 屋面节能技术

尽管屋面造成的热损失有限，对建筑物总能耗的影响不大，但是对于顶层房间的室内热环境的影响很大，造成顶层用户生活工作环境的舒适性差，能源费用高。此外，屋面保温隔热技术措施不好，还会造成屋面冬季发生冻裂，夏季发生热胀裂，导致屋面开裂、漏水事故频发。

（1）倒置式保温隔热屋面体系

倒置式屋面就是将传统屋面构造中的保温层与防水层颠倒，把保温层放在防水层的上面。倒置式屋面保温隔热性能优良、施工简易、工期短、无需特别要求，屋顶结构负荷小、耐老化，屋顶可再利用，防水层维护方便。目前，我国北方地区和大中城市多采用聚苯板、加气混凝土板等板型保温材料，及现场发泡聚氨酯等浇注型保温材料。

（2）绿化屋面

屋顶绿化对夏季隔热效果显著，可以节省大量空调电耗。据专业论文报道，屋面覆土厚度大于200mm时，其传热系数 $K<1.0\mathrm{W/(m^2 \cdot k)}$，夏季绿化屋面与普通隔热屋面比较，表面温度平均要低6.3℃，屋面下的室内温度要低2.6℃。对于多层和低层建筑群，屋顶绿化还可明显降低建筑物周围环境温度，减少热岛效应，从而降低空调能耗。同时冬季还可以起到保温作用。此外，由于土壤在吸水饱和后会自然形成一层憎水膜，可起到阻水的作用。覆土种植后可使屋面免受风吹雨打日晒等外界气候变化的影响，延长防水层寿命。为防止浇灌植物用的水肥对屋面防水层产生腐蚀作用，从而降低屋面防水性能，在原防水层上加抹一层厚1.5~2.0cm的火山灰硅酸盐水泥砂浆后再覆土种植。

（3）其他类型节能屋顶

采用轻钢屋架或木屋架建造坡屋顶，内置保温隔热材料，铺设非金属屋面材料，利用屋顶空间的空气流通，太阳辐射最强时间的太阳光线对于坡屋面的斜射，达到节能和室内热舒适性要求。还可以利用坡瓦材料的多种形式和色彩的选择性，改善城市景观。

建造蓄水屋面，利用水蒸发时带走水层中大量的太阳辐射形成的热量，从而有效地降低屋面温度，减弱了屋面的传热量，是一种较好的隔热措施和改善屋面热工性能的有效途径。由于蓄水屋面是在混凝土刚性防水层上蓄水，既可利用水层隔热降温，又改善了混凝土的使用条件。设计一个隔热性能好，又节能的蓄水屋面，必须对它的传热特性进行动态分析和计算，以确定适合的蓄水深度和屋面负荷。

8.1.3.3 建筑用可再生能源技术

采用可再生能源技术是建造低能耗建筑的重要途径。利用可再生能源可以减少或完全替代常规能源，从而达到节能减排的效果。在建筑中应用广泛的是太阳能和地能。

太阳能可以成为建筑物供热(生活热水、采暖)、空调及照明、供电的主要能源。太阳能与建筑结合，使建筑物的屋面、墙体、外窗等外围护结构成为太阳能集热器和光电板的附着载体，既充分利用了太阳能源，又不破坏建筑物外观，甚至可以成为很好的建筑景观。

（1）太阳能热水系统

太阳能热水系统是目前技术最成熟、应用最广泛、产业化发展最快的太阳能应用技术，主要用于为建筑物提供生活热水。太阳能集热器是太阳能利用的最重要组成部分，其性能和成本是太阳能热水系统成败的关键。集热器分平板式和全玻璃真空管式。平板式集热器的突出优点是便于与建筑物相结合；真空管式集热器热效率相对较高，我国的生产能力和技术水平处于世界领先地位。为了适应与建筑结合，成为建筑部品的需要，生产企业研发生产出分离式热水器，即水箱与集热器分离。太阳能热水器安装的部位从只在屋顶上安装，发展到安装在阳台板上或墙立面上，或与遮阳篷、景观构件相结合。热水系统从以户为单位发展到一个单元、一栋楼为一个热水系统，采用集中水箱强制承压循环水控制。热水系统形式多样，如定温产水系统、温差循环系统、双回路水-水交换系统、定温-温差循环系统、直接式机械循环系统、间接式双回路排回系统等。

国家出台了一系列相关标准规范。以指导、规范太阳能热水系统在建筑领域的应用。对太阳能热水系统与建筑结合提出具体要求。例如，集热器的安装方式：贴附在坡屋面上，排列在平屋顶上的集热器阵列被完全遮蔽，不破坏建筑立面美观和城市景观；系统形式：太阳能集热器本体和蓄热水箱分离，水箱放在室内——设备间、阁楼等；安全性：满足建筑规范的抗风、抗雪、抗震、防水、防雷要求，有确保不危及人身安全的措施；维护管理：便于维修和更换部件，至少有 15 年以上的工作寿命。太阳能热水系统要有保障热水水质的措施，要有热水循环流量方式及控制的措施，太阳能集热器/系统各种预埋件及热水系统管线(冷、热、回水管，各种信号控制线缆)要有与建筑、结构、电气相配合的措施。

(2) 太阳能采暖系统

太阳能采暖系统一般分为两种模式：被动式和主动式。被动式太阳能采暖是根据太阳高度角冬季低夏季高的自然特征，通过合理设计，依靠建筑物结构自身来完成积热、蓄热和释热功能的采暖系统。被动式采暖系统结构简单，造价不高，节能效果显著，目前已成为世界各国推广的太阳能采暖主流技术。但被动式太阳能采暖系统也存在缺陷，由于其蓄热能力较差，致使夜晚和冬季供热品质较低，夏季降温效果也比较差。

太阳能热水系统的技术发展为主动式太阳能采暖的应用奠定了基础。采用主动式太阳能采暖，降低系统温度以提高集热器效率是提高整个系统效率的关键。采用地板辐射采暖恰好与太阳能热水系统的特性相匹配。地板辐射采暖不需要较高温度的热水即可得到很好的采暖效果，同时混凝土地面又是良好的蓄热体，储存太阳能热水的热量。

建造低能耗建筑，应将被动式和主动式阳能采暖系统有效地组合起来，发挥各自优势，达到最大限度地利用太阳能。

(3) 太阳能空调系统

根据驱动机制的不同，太阳能空调系统分为三类：光热转换以热能驱动的太阳能吸收式空调系统、光电转换以电能驱动的太阳能空调系统、光化转换以化学反应来制冷或供热的太阳能空调系统。太阳能空调系统与传统压缩制冷空调系统相比，可以充分利用太阳能，减少压缩制冷时的电耗，在节能环保方面颇具优势。

为提高吸收式制冷的效率，需要提高太阳能热水的温度。为此，目前有聚焦式太阳能集热器，产生 150℃ 左右的高温热源，从而驱动双效吸收机，使太阳能制冷总效率接近 80%。但由于聚焦式系统投资高、系统复杂，还不能够大规模应用。太阳能空调系统投资高，投资回收困难，是其规模化发展的瓶颈。

(4) 太阳能光伏建筑集成系统

太阳能光伏建筑集成技术是在建筑围护结构外表面铺设光伏组件，或直接取代外围护结构，将投射到建筑表面的太阳能转化为电能，供给建筑采暖、空调、照明和设备运行等，以替代常规电能。常见的光伏建筑集成系统主要有光伏屋顶、光伏幕墙、光伏遮阳板、光伏天窗等。光伏电池与建筑围护结构相结合，夏季有利于建筑物的遮阳隔热，但是冬季则不利于采光采暖，如何综合评价光伏建筑集成系统对于建筑物全年的能量贡献率，还有待深入研究。并网运行是最节约、有效、环保的运行方式，但目前在并网技术和政策上还存在障碍。

8.1.3.4 热泵技术

热泵技术是通过动力驱动作功，从低温热源中取热，将其温度提升，送到高温处放热，由此可在夏季为空调提供冷源，冬季为采暖提供热源。可利用的低温热源很多，包括室外空气、地表水、地下水、城市污水、地下土壤以及工业工艺过程中的低温水(如电厂冷却水)。依据不同的热源形成了不同的热泵技术。采用热泵技术可以大大降低采暖空调的电耗，是建造低能耗建筑的主要技术措施。

1. 地下水源热泵技术

地下水的温度相当稳定，一般等于当地全年平均气温或比当地气温高1~2℃左右。地下水源热泵系统，通过打井抽取地下水，利用热泵机组提取地下水的低温能量，实现供热制冷。地下水源热泵系统常采用闭式系统，将地下水和建筑内循环水之间用板式换热器分开。地下水源热泵技术的应用受到水文地质条件的限制。回灌是地下水源热泵系统的关键技术，为此地下水源热泵系统必须具备可靠的回灌措施，保证地下水能100%地回灌到同一含水层内。目前，国内地下水源热泵系统有两种类型：同井回灌系统和异井回灌系统，同时要保证地下水不被污染。

2. 地表水源热泵技术

地表水包括河川水、湖水、海水等，只要地表水冬季不结冰，均可作为低温热源使用。对于地源热泵系统还包括了原生污水、再生水和工艺冷却水等水源。地表水源热泵技术在实际工程中主要存在三个问题：在冬季供热的可行性、夏季供热的经济性和长途取水的经济性。技术上要解决水源导致的换热装置结垢引起换热性能降低。海水源热泵系统的海水腐蚀问题非常突出。地表水源热泵系统通常由取水构筑物、水泵站、热泵站、供热与供冷管网、用户末端供热或供冷系统组成。冬季供热从水源中提取热量，会使水温下降，需防止水的冻结。夏季利用地表水源作空调制冷的冷却水有很大的经济性问题，需要与冷却塔作比较。此外，利用地表水源要很好的计算水泵的耗能量，特别是远距离输水，要进行综合性经济评价。再生水(中水)源热泵系统是地源热泵的一种重要形式，污水夏季温度低于室外温度，冬季高于室外温度，是一种比较好利用的低温热源。污水源热泵在安全性和环保性上更具优势。

热电厂生产过程中的循环冷却水以及其他行业生产企业在工艺过程中的冷却循环水，可作为水源热泵系统的冬季优质热源。这样可以提高企业的综合能源利用效率，同时减少冷却水蒸发量，节约宝贵的水资源，还可减少向环境的热量和水汽排放，具有非常显著的经济、社会和环境效益。

3. 埋管式土壤源热泵技术

土壤具有良好的蓄热性能，土壤温度全年波动较小且数值相对稳定。埋管式土壤源热泵系统正是利用了土壤的这一特性，使其运行效率比传统的空调运行效率要高40%~60%，节能效果明显。埋管式土壤源热泵系统包括土壤耦合地热交换器，它或是水平安装在地沟中，或是以U形管状垂直安装在竖井中。不同的热交换器成并联连接，再通过不同的集管进入建筑中与建筑物内的水环路相连接。通过循环液体(水或防冻液)在封闭地下的埋管中流动，实现系统与大地之间的传热。U 形垂直埋管的深度分为浅层(30m 以下)、中层(30～100m)和深层(100m 以上)。系统设计时需要充分考虑系统的冷热平衡特性，以保证地下土壤的温度波动在可接受的范围内。对于高层建筑，由于建筑容积率高，可埋管的地面面积不足，所以一般不适宜。

4. 分布式水源热泵系统

分布式水源热泵系统是沈阳市推广地源热泵技术的创新。分布式水源热泵系统是通过水源热泵与集中供热管网系统联合供热，实现的技术方案有两种：一种是将水源热泵的热端与一次侧回水管连接，对回水进行加热，将加热后的热水再送入一次侧的回水管道，从而减少一次侧回水提升到供水温度的能耗；另一种是将水源热泵的热端与二次侧回水管连接，对二次侧回水加热，加热后的水再送入换热器进行二次加热，从而减少二次侧回水加热到供水所需温度的能耗。

分布式水源热泵的优点是：通过与集中供热联供极大地提高了供热系统的能效比，尽可能多地获得水中的能量，提高资源利用效率；当水源热泵或集中供热任一系统出现故障时，另一系统仍可运行，使供热安全性得到保证；还可根据实际需要，间断或连续开启水源热泵，提高系统的经济性；可大量节约燃料，减少二氧化碳等烟气和灰渣的排放，既环保又节能。

5. 不同地源热泵系统优缺点比较(见表 8-1)

不同地源热泵系统优缺点比较 **表 8-1**

系统名称	优点	缺点	单位面积初投资
埋管式土壤源热泵系统	系统运行稳定，无地下水污染风险	前期工作量大，需要对地质情况进行测试，对土壤条件要求高，造价偏高	350～450 元
地下水地源热泵系统	造价低，占地面积少	浪费地下水资源，回灌问题不好解决，容易造成地面塌陷，环境压力最大；长期大量使用系统效率有可能降低，存在风险	300～400 元
地表水源热泵系统	相对投资少，泵耗能低，维修率低，运行费用少，运行稳定可靠，环境效益显著	受地域、资源条件限制，海水源防腐蚀问题突出	200～300 元
污水源热泵系统	水量稳定，水温水质有保证	一般污水处理厂离居民区距离较远，管线改造复杂	150～200 元
热电厂循环冷却水热泵系统	水量稳定，水温水质有保证	管理机构整合困难、管线改造复杂	150～200 元

8.2 低能耗建筑工程技术要求

为了进一步推进建筑节能工作，住房和城乡建设部自 2007 年底，每年在全国范围内选择一批具有示范意义的项目进行低能耗建筑的示范。低能耗建筑重点示范内容为住宅和公共建筑的各种建筑节能技术和可再生能源利用集成的综合示范。示范工程具有优良的规划设计，节能设计应优于现行建筑节能设计标准，强调在围护结构、自然通风、暖通空调、建筑能源供应、照明电气系统及监测控制等方面，采用先进、适用的节能技术，并能体现出技术的优化集成，使示范工程有显著的社会、经济与环境效益。同时，鼓励在具备较好的可再生能源资源利用条件时，低能耗建筑示范工程优先考虑可再生能源在建筑应用的项目(预期提高能源利用效率不小于30%)。申报建筑类型包括新建建筑和既有建筑两种，申报项目的建筑面积及节能率应满足下列要求：

8.2.1 新建建筑示范项目

新建居住建筑示范项目：(1)建筑面积不少于10万m^2；(2)设计方案应优于现行民用建筑节能设计标准(执行50%节能标准的地区示范项目的设计节能率一般应在65%以上，率先执行65%节能标准的地区示范项目的设计节能率一般应在70%以上，含达到节能设计标准后可再生能源利用率)；(3)设计方案满足现行民用建筑节能设计标准，但采用的节能技术具有国内领先水平。

新建公共建筑示范项目：(1)建筑面积不应少于2万m^2；(2)工程设计方案应优于当地现行公共建筑节能设计标准，节能率一般应超过当地现行公共建筑节能设计标准规定的节能率的10%以上。

8.2.2 既有居住建筑节能改造项目

(1)改造居住建筑面积不应少于5万m^2；(2)工程设计方满足或超过现行新建民用建筑节能设计标准。

低能耗建筑示范工程的立项评审的依据为：《公共建筑节能设计标准》、《夏热冬冷地区居住建筑节能设计标准》、《夏热冬暖地区居住建筑节能设计标准》、《既有采暖居住建筑节能改造技术规程》、《建筑节能工程施工质量验收规范》等。具体从非透明围护结构(外墙、屋面、地面等)节能技术、门窗及遮阳节能技术、气密性和自然通风、采暖系统节能技术、空调系统节能技术、通风节能技术、照明技能技术、可再生能源利用技术、规划设计等9个方面进行考核判断。在此基础上，还要求工程项目应具有示范意义，即工程项目低能耗建筑技术方案经济合理；充分发挥所在地域气候、自然环境条件，因地制宜；在单一技术、某一技术体系、技术集成上具有示范推广意义等。

8.3 低能耗建筑工程实践

十多年来，我国建筑节能工作得到长足发展，在技术规范指导下的建筑节能水平普遍提高(见图8-5)。自2008年以来，低能耗建筑示范工程共申报116项，立项46项，其中公共建筑23项，居住建筑29项，示范面积722.31万m^2。区域的分布则相对集中，主要分布在北京、广东、河南、江苏、山东等地区，这几个地区的立项数量占到了全国的65%多(见图8-4)。但就全国32个省、自治区、直辖市分布来讲，覆盖13个省市，其覆盖率仅为40%。总的来说，该项工作得到了全国各地相关单位的积极响应，为绿色建筑和低能耗建筑的实践和推广奠定了较好基础。

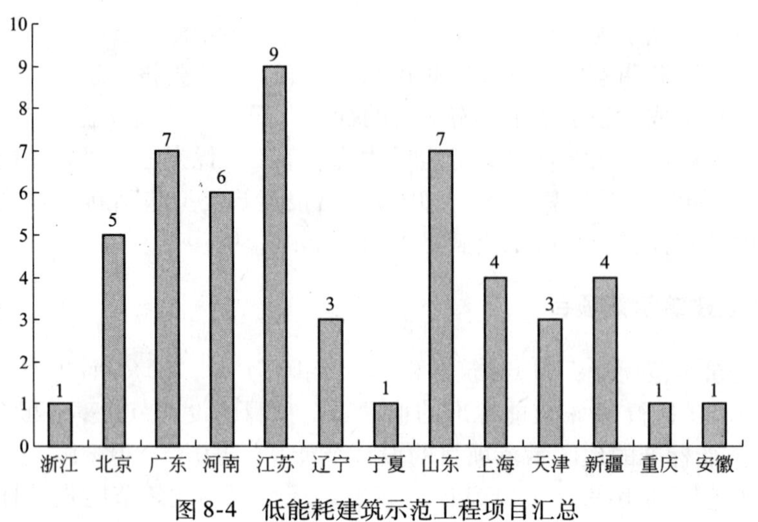

图 8-4　低能耗建筑示范工程项目汇总

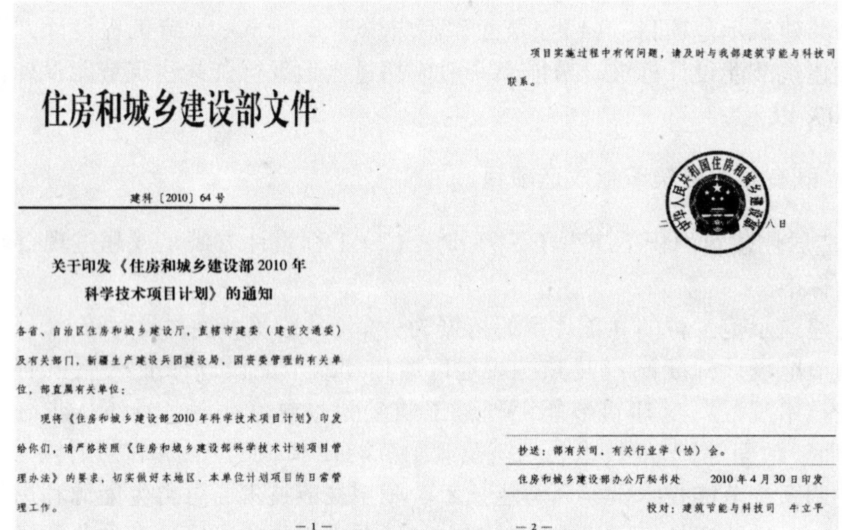

住房和城乡建设部文件

建科〔2010〕64 号

关于印发《住房和城乡建设部 2010 年科学技术项目计划》的通知

各省、自治区住房和城乡建设厅，直辖市建委（建设交通委）及有关部门，新疆生产建设兵团建设局，国资委管理的有关单位，部直属有关单位：

现将《住房和城乡建设部 2010 年科学技术项目计划》印发给你们，请严格按照《住房和城乡建设部科学技术计划项目管理办法》的要求，切实做好本地区、本单位计划项目的日常管理工作。

— 1 —

项目实施过程中有何问题，请及时与我部建筑节能与科技司联系。

二 [illegible] 八日

抄送：部有关司、有关行业学（协）会。

住房和城乡建设部办公厅秘书处　　2010 年 4 月 30 日印发

校对：建筑节能与科技司　牛立平

— 2 —

图 8-5　关于低能耗建筑示范工程的部文件

为贯彻落实《国务院关于印发节能减排综合性工作方案的通知》（国发〔2007〕15 号），建设资源节约型、环境友好型社会，推动建筑节能和绿色建筑工作，住房和城乡建设部科技发展促进中心与美国能源基金会共同组织评选出了“绿色建筑十佳设计方案”和“低能耗建筑十佳设计方案”，展示我国建筑节能的发展趋势和成功的实践成果(见图 8-6)。这些优秀的工程案，例如浦江智谷商务园、广东省立中山图书馆改扩建项目一期工程、新疆阿克苏市“信诚·水韵明珠”住宅小区等示范工程，为科研、开发、设计和施工单位提供可以借鉴的经验与方法，对我国建筑节能与绿色建筑发展起到积极的促进作用。

图 8-6　低能耗建筑实践成果著作

8.3.1 典型工程案例

8.3.1.1 上海浦江智谷商务园

1. 基本信息

项目名称	浦江智谷商务园1号楼及7~10号楼
建筑所在地	上海市闵行区
总建筑面积	1号楼12321.60m^2，7~10号楼共125414.80m^2
建筑结构	1号楼为板柱剪力墙结构，7~10号楼为框架剪力墙结构
每平方米造价	1号楼5500元/m^2，7~10号楼4500元/m^2
建设承担单位	上海鹏晨联合实业有限公司
设计单位	上海工程勘察设计有限公司
设计时间	1号楼2005年8月，7~10号楼 2006年4月
项目竣工时间	1号楼2007年1月15日，7~10号楼2008年4月28日

图8-7 项目效果图

2. 外围护结构节能设计

（1）体形和朝向

管理中心1号楼南偏西22°，由两个互成角度的东楼、西楼组成，西楼为6层，东楼为5层（见图8-7）。平面似蛋形，形态有机自然，使建筑物的外墙尽可能短，为建筑物的节能提供了有利条件。体形系数为0.196。

7~10号楼南偏东20°，体形方正而富有现代感，为3~4层高。其中7号、9号楼的体形系数为0.147，8号、10号楼的体形系数为0.156。

（2）窗墙比

1号楼：东向窗墙比0.29，南向窗墙比0.27，西向窗墙比0.28，北向窗墙比0.25。

7号楼：东向窗墙比为0.33，南向窗墙比为0.59，西向窗墙比为0.38，北向窗墙比为0.51。

8号楼：东向窗墙比为0.38，南向窗墙比为0.59，西向窗墙比为0.33，北向窗墙比为0.51。

9号楼：东向窗墙比0.33，南向窗墙比0.51，西向窗墙比0.38，北向窗墙比0.59。

10 号楼：东向窗墙比为 0.38，南向窗墙比为 0.51，西向窗墙比为 0.33，北向窗墙比为 0.59。

（3）外墙及保温

1 号楼外墙为非透明幕墙和双层中空加气混凝土砌块，外保温采用 60mm 厚的自熄性高密度苯板（EPS 板），（100 + 100A + 100）。外墙传热系数不大于 0.4 W/(m^2·K)。

7～10 号楼外墙采用 200mm 厚的加气混凝砌块，外保温采用 60mm 厚的 EPS 板。外墙传热系数不大于 0.4W/(m^2·K)。

"浦江智谷"的所有建筑外墙均采用外保温技术，材料为 60mm 厚的 EPS 板，其导热系数不高于 0.032W/(m·K)，整个外墙的传热系数不大于 0.4W/(m^2·K)。

（4）屋面材料及传热性能

1 号楼屋面采用 80mm 厚的 EPS 板薄抹灰保温层，屋顶传热系数不大于 0.4W/(m^2·K)。

7-10 号楼屋面采用 80mm 厚的 XPS 板薄抹灰保温层，屋顶传热系数不大于 0.4W/(m^2·K)。

（5）地面保温隔热技术

该项目地下室为机动停车库和水泵房、热泵机房、库房等非空调房间。地下室不考虑保温。地下室的顶板作为地面考虑，板底设 60mm 厚的 EPS 板保温层。地面热阻约为 1.5 (m^2·K)/W。

（6）门窗材料及传热性能

1 号楼、7～10 号楼外门窗均采用铝合金断热型材，1 号楼采用中空 Low-E 玻璃（6 + 12A + 6），空气层充氩气，传热系数不大于 1.5W/(m^2·K)。

1 号楼窗户外面都安装了日光增强型外遮阳卷帘，选用的是欧洲著名专业公司生产的铝合金卷帘产品。这种卷帘有良好的抗风性和免尘性，重量仅为 3.5～4kg/m^2，表面材料为多层粉末聚酯烤漆，光滑而不易附着灰尘，外观简洁、美观。

7～10 号楼采用中空 Low-E 玻璃（6 + 12A + 6），空气层充氩气，传热系数不大于 1.9W/(m^2·K)。外门窗抗风压五级，气密性四级，水密性三级，隔声三级。

3. 采暖空调系统节能设计

1 号楼及 7～10 号楼空调系统采用地源热泵系统。

1 号楼夏季空调采用电制冷冷源。电制冷选用水冷冷水机组，冷却水由地源埋管系统提供。选一台 L-1 热泵冷热水机组（冬季供热），7～12℃的冷水供给新风机组。另选一台 L-2 热泵冷热水机组，15～20℃的冷水接入楼板埋管系统（即空调末端装置），供建筑制冷。冬季采暖由上述 L-1 热泵机组提供 45～40℃的空调热水，热水分两路供热，一路直供新风机组，一路经板式热交换器后供楼板埋管系统。其中 L-1 热泵冷热水机组为标准工况运行，其 *COP* 值为 4.7；L-2 热泵冷热水机组为变工况运行，其 *COP* 值可达 6.5。

7～10 号楼夏季空调采用电能机械制冷冷源。机械制冷选用水冷冷水机组，冷却水由地源埋管系统提供，选一台 L-1 热泵冷热水机组（也供冬季采暖），7～12℃的冷水供新风机组，新风机组配全热回收装置。另选一台 L-2 冷水机组，15～20℃的冷水接入楼板埋管系统（即空调末端装置），供建筑制冷。冬季空调由上述 L-1 热泵机组提供 45～40℃空调热水。冬季 L-1 热泵机组热水分两路供热，一路直供新风机组，一路经板式热交换器后供楼板埋管系统。餐厅选一台 L-3 热泵冷热水机组，供餐厅空调机组。地板埋管系统夏季由 L-2 冷水机组提供冷水，冬季由 L-1 热泵冷热水机组经板式热交换器后提供热水。其中 L-1

热泵冷热水机组为标准工况运行，其 *COP* 值为 4.7；L-2 热泵冷热水机组为变工况运行，其 *COP* 值可达 5.8。

空调末端装置采用楼板埋管系统，即将聚丁烯水管（PB 管）预埋在混凝土楼板中，埋管的位置靠近楼板的下部，主要以夏季从上向下辐射为主。楼板埋管系统夜间预冷建筑并蓄冷于楼板，峰值负荷时机械制冷辅以楼板释放冷量，低值负荷时楼板预冷蓄冷，满足空调夏季热平衡。楼板埋管系统水管为同程式系统。

新风机组置于楼顶新风机房内，新风机组配转轮式全热回收装置。

空调主机、水泵和新风机组等设备的运行状态参数进入 BA 系统监测，各设备均可由 BA 系统控制和现场控制。

设计室内温度常年控制在 20～26℃，湿度控制在 40%～70%。

该建筑能耗与传统建筑的比较，如图 8-8 所示。

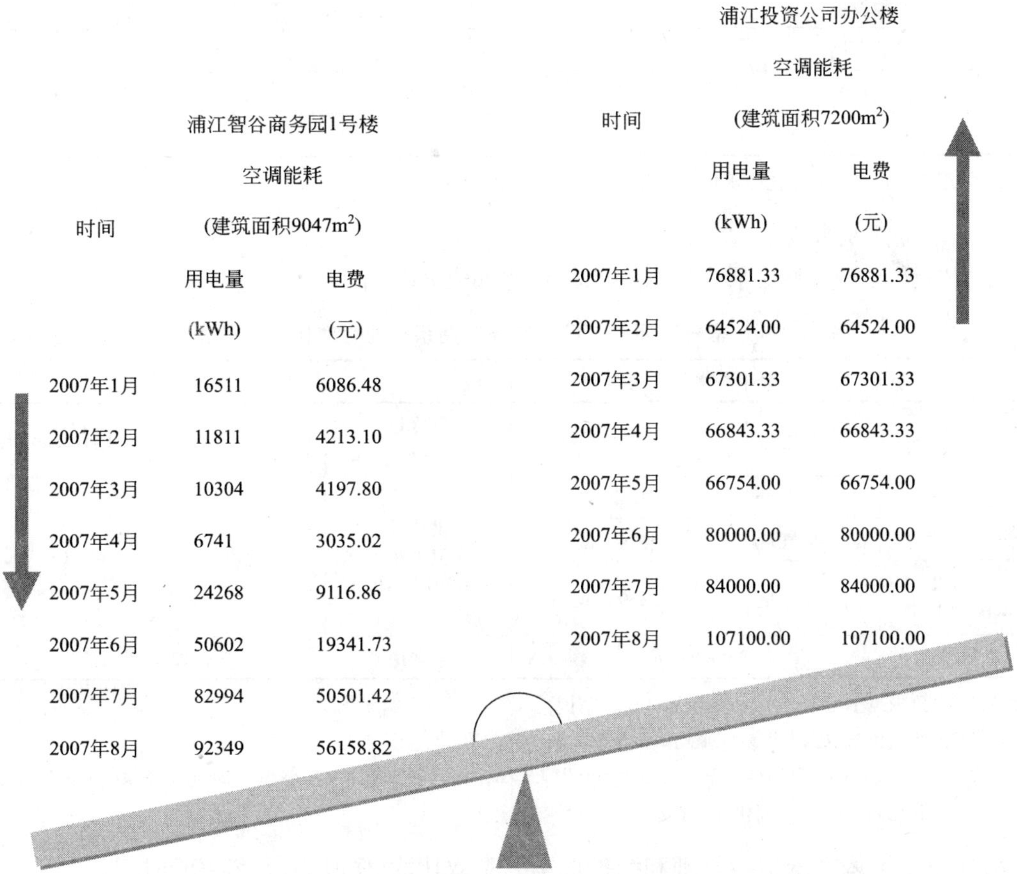

浦江智谷商务园1号楼 空调能耗（建筑面积9047m²）

时间	用电量(kWh)	电费(元)
2007年1月	16511	6086.48
2007年2月	11811	4213.10
2007年3月	10304	4197.80
2007年4月	6741	3035.02
2007年5月	24268	9116.86
2007年6月	50602	19341.73
2007年7月	82994	50501.42
2007年8月	92349	56158.82

浦江投资公司办公楼 空调能耗（建筑面积7200m²）

时间	用电量(kWh)	电费(元)
2007年1月	76881.33	76881.33
2007年2月	64524.00	64524.00
2007年3月	67301.33	67301.33
2007年4月	66843.33	66843.33
2007年5月	66754.00	66754.00
2007年6月	80000.00	80000.00
2007年7月	84000.00	84000.00
2007年8月	107100.00	107100.00

图 8-8　节能建筑与传统建筑能耗数据对比

4. 经济性分析

（1）单位面积增量成本

以常规冷水机组＋燃气锅炉系统为参照系统，计算土壤源热泵空调系统的增量成本，结果如表 8-2 所示。

增量成本计算分析　　　　表 8-2

项目名称	土壤源热泵系统（万元）	冷水机组＋燃气锅炉系统（万元）
水-水冷水（热泵）机组	1350	600
板式换热器	80	150
土壤换热器	1600	0
冷却塔	30	80
燃气热水锅炉	0	140
建筑一体化太阳能热水系统	240	0
地埋管及冷却塔侧循环水泵	50	30
室内侧循环水泵（冷冻水泵）	20	20
空调末端	700	700
其他设备	250	80
安装费用	400	220
控制系统	120	80
合计	4840	2100

注：采用土壤源热泵系统比冷水机组＋燃气锅炉系统增加投资 2740 万元。

（2）单位面积常规能源替代量

常规空调与土壤源热泵空调系统能耗对比如表 8-3 所示。

常规空调与土壤源热泵空调系统能耗对比　　　　表 8-3

<table>
<tr><th colspan="3">常规空调（燃气锅炉采暖＋冷水机组制冷）</th><th colspan="3">土壤源热泵空调系统</th></tr>
<tr><td>供冷量
6165000kWh/a</td><td>耗电量</td><td>1926562kWh/a</td><td>供冷量
6165000kWh/a</td><td>耗电量</td><td>1541250kWh/a</td></tr>
<tr><td rowspan="2">供热量
1559978kWh/a</td><td>耗电量</td><td>89142kWh/a</td><td rowspan="3">供热量
（含卫生热水）
1559978kWh/a</td><td rowspan="3">耗电量</td><td rowspan="3">445708kWh/a</td></tr>
<tr><td>耗气量</td><td>562492m^3/a</td></tr>
<tr><td>卫生热水
934400kWh/a</td><td>耗气量</td><td>336923m^3/a</td></tr>
<tr><td>总费用</td><td colspan="2">3558746 元</td><td>总费用</td><td colspan="2">1291523 元</td></tr>
</table>

注：1. 电价根据上海地区平均 0.65 元/kWh 来计算。

2. 天然气价格根据上海地区平均 2.5 元/m^2 来计算。

3. 1 号楼及 7～10 号楼预计全年可节电 560 万 kW/h，相当于节省 2240t 煤和 2.24 万 t 净水，同时减少 5600t 二氧化碳和 168t 二氧化硫的排放。

考虑整个空调系统运行管理和维护成本，费效比为 2740 万元/2240t＝1.22。

根据中国环境保护基金会的数据：每节约 1kWh 的电，就相当于节省 0.4kg 煤和 4L 净水，同时还减少了 1kg 二氧化碳和 0.03kg 二氧化硫的排放。浦江智谷商务园 1 号商务楼地上建筑面积 9047m^2，2007 年共节约 476068kWh 电，相当于节省 190t 煤和 190 万 L 净水，同时减少 476t 二氧化碳和 14.3t 二氧化硫的排放（见图 8-9）。浦江智谷商务园已建成的首期工程地上建筑面积共计 10.6 万 m^2，预计全年可节约 560 万 kWh 电，相当于节省 2240t 煤和 2.24 万 t 净水，同时减少 5600t 二氧化碳和 168t 二氧化硫的排放。

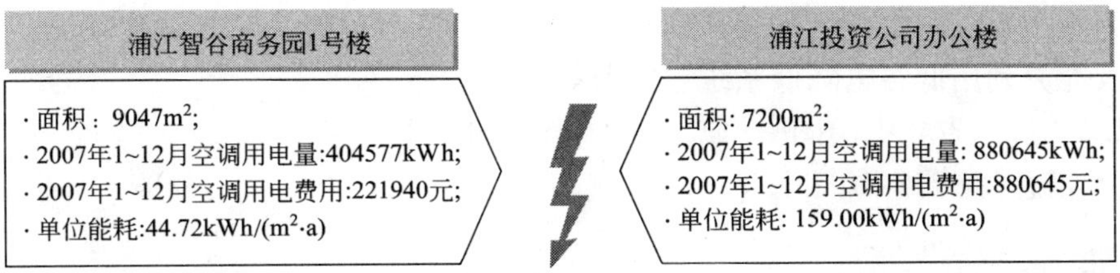

浦江智谷商务园1号楼

· 面积：9047m²；
· 2007年1~12月空调用电量:404577kWh;
· 2007年1~12月空调用电费用:221940元;
· 单位能耗:44.72kWh/(m²·a)

浦江投资公司办公楼

· 面积: 7200m²;
· 2007年1~12月空调用电量: 880645kWh;
· 2007年1~12月空调用电费用:880645元;
· 单位能耗: 159.00kWh/(m²·a)

12 个月节约用电 476068kWh；12 个月节约电费 658705 元；单位能耗节约 71.87%

图 8-9　建筑能耗数据对比

5. 专家点评

该项目为新建公共建筑，通过围护结构节能设计、地埋管地源热泵和楼板埋管地板辐射采暖空调系统、节能灯具等节能措施，完成低能耗节能建筑的示范。

该项目的主要节能措施如下：

（1）围护结构节能设计

体形系数 0.196；外墙综合传热系数不大于 0.4W/(m² · k)；屋顶传热系数不大于 0.4W/(m² · k)；地面热阻约为 1.5m² · K/W；外门窗均采用铝合金断热型材，1 号楼采用中空 Low-E 玻璃(6 + 12A + 6)，空气层充氩气，传热系数不大于 1.5W/(m² · k)；7 ~ 10 号楼采用中空 Low-E 玻璃(6 + 12A + 6)，空气层充氩气，传热系数不大于 1.9w/(m² · k)；1 号楼窗户外面都安装了日光增强型外遮阳卷帘；外门窗抗风压五级，气密性四级，水密性三级，隔声三级。

（2）地埋管地源热泵系统

2007 年 4 月进行了地埋管实验孔安装和地下热响应测试。根据实验结果确定方案：单 U 形式孔、打孔数量 1550 个，管径 *DN*32、孔深 100m。为解决夏季空调冷负荷大于冬季采暖热负荷的问题，采用增设辅助冷却塔和地埋管地源热泵系统承担部分生活热水负荷的措施。

（3）楼板埋管地板辐射采暖空调系统

在楼板内以 200 ~ 300mm 的间距直接平铺 *DN*20 的 PB 管、进行辐射采暖空调。新风机组设全新风置换全热回收系统，调节室内湿度。

（4）其他节能措施

该项目还采用了屋顶花园隔热、太阳能热水系统和 LED 节能照明系统以及雨水收集系统等。

该项目采用节能措施的主要特点是：

（1）在确定地埋管地源热泵采暖空调系统的设计方案之前，首先进行了地埋管实验孔安装和地下热响应测试。根据实验结果确定系统设计方案，保证了系统设计的合理性和今后系统运行工作的稳定性；根据地下热响应测试结果，提出解决冬夏负荷不平衡的方法措施和具体设备选型，避免了常年运行后，因负荷不平衡而带来的系统性能衰减。

（2）采用了节能、舒适的楼板埋管辐射采暖空调系统；在进行该系统设计时，充分注意到防结露问题，采用全新风置换全热回收系统，控制室内湿度、防止结露；同时用全热回收器进行热回收，实现节能。

（3）采用 LED 泛光照明系统，商务楼室内 T5 节能灯具比传统灯具节能 25%；研发楼室内的松下节能灯具比 T5 节能 38% ~40%。

（4）采用多项综合措施。如屋顶花园隔热保温，既可节能、又能绿化环境；设太阳能热水系统及充分利用低谷电降低系统运行费等。

8.3.1.2　广东省立中山图书馆改扩建项目一期工程

1. 基本信息(见图 8-10 和图 8-11)

图 8-10　项目效果图

图 8-11　项目鸟瞰图

项目名称　　广东省立中山图书馆改扩建项目一期工程

建筑所在地　广州市文明路213号

总建筑面积　10.36(其中一期7.63)万m^2

建筑结构　　A，B栋为框架混凝土结构，C栋框剪混凝土结构

每平方米造价　4307元/m^2

建设承担单位　广东省立中山图书馆

设计单位　　广州市建筑设计院

设计时间　　2005年9月

项目竣工时间　2008年12月

2. 外围护结构节能设计

(1) 简介

A栋：23593m^2(其中地上1层，90m^2；地下2层，23503m^2)

B栋：31859m^2(其中地上11层，31216m^2；地下1层，643m^2)

C栋：20859m^2(其中地上8层，12909m^2；地下3层，8241m^2)

1) 体形系数：A栋：地下停车库(略)，B栋：0.168，C栋：0.2。

2) 窗墙比：A栋：(略)—地下停车库；B栋：东0.32，南0.40，西0.26，北0.35；C栋：东0.29，南0.26，西0.33，北0.32。

(2) 外墙材料及传热性能

A栋：地下停车场。

B栋为节能改造项目，原墙体材料为实心黏土砖，改造后在外墙内侧增加30mm厚的聚苯颗粒保温砂浆，导热系数为0.059W/(m·K)，加内保温层后墙体平均传热系数为1.07W/(m^2·K)。

C栋为新建项目，用加气混凝土砌块，墙体平均传热系数为0.9W/(m^2·K)。

(3) 屋面材料及传热性能

B、C栋的屋面隔热层采用25mm厚挤塑聚苯乙烯板，导热系数为0.03W/(m·K)，再加上500mm厚的种植层，屋面传热系数达到0.511W/(m^2·K)。

(4) 外窗材料及传热性能

外窗采用普通铝合金窗，单层(部分双层)隔热涂膜玻璃，遮阳系数达0.5，传热系数为4.7W/(m^2·K)，外窗气密性为3级。

3. 采暖空调系统节能设计

该项目B栋采用中央空调系统，总空调冷负荷为4200kW。为便于冷水机组的能量调节，在冷冻主机房设置2台制冷量为2100kW(600USRT)的水冷离心式冷水机组和1台制冷量为1050kW(300USRT)的水冷螺杆式冷水机，作夏季空调冷源。

冷冻水系统：冷冻水系统采用二级泵系统，一级泵定流量，二级泵变频变流量控制。一级冷冻水泵与冷水机组对应设置，每台600USRT主机配一台流量$L=400m^3/h$，扬程$H=160kPa$的冷冻水泵；300USRT主机配一台流量$L=200m^3/h$，扬程$H=150kPa$的冷冻水泵。二级冷冻水泵选用2台流量$L=330m^3/h$，扬程$H=220kPa$的水泵，两用一备。冷冻水管路采用二管同程式系统；在空调末端冷冻水回水管设动态平衡电动调节阀，以确保流入每台空调末端的冷冻水量合理。

冷却水系统采用一级泵系统，冷却泵与冷水机组对应设置。

冷却水系统配置如下：每台600USRT主机配一台流量 $L=500m^3/h$，扬程 $H=280kPa$ 的冷却水泵；300USRT主机配2台流量 $L=250m^3/h$，扬程 $H=270kPa$ 的冷却水泵，一用一备。冷却水泵出口设置限流止回阀，在系统阻力发生变化时恒定通过冷水机组的流量；冷却水管路采用异程式系统。

B栋3台风量为 $5000m^3/h$ 的新风机组采用热回收装置，平均回收效率为0.7，全年可节约制冷量129000kWh，折算成用电量为36900kWh，年节约电费27675元。热回收装置后增加投资估算为14万元，静态投资回收期为4.3年。

4. 室内及景观照明节能设计

(1) 照明节能设计

因中山图书馆特殊的服务性质和社会地位，照明系统既要满足公共服务、行政办公、经营服务的普通照明需要，还要满足展览演示、景观造型等场景光效的要求。具体方案如下：

1) 选择合适的照度。室内照度设计参考广东省公共建筑节能细则，B栋和C栋的照明功率密度为 $9W/m^2$。

2) 充分利用自然采光的补偿。

3) 日间最大限度地使用太阳能光伏系统的发电量。

4) 尽量采用节能的照明设备。拟选用电子镇流器且反射率高的灯盘，三基色Ts灯管（部分可调光）。

5) 合理采用智能照明控制。智能照明系统采取照度感应、减光等控制方式，可按不同场所设定照度，使照度控制在舒适的范围内。

6) 图书馆公共照明采用分布式智能安装总线进行集中监控，以达到方便管理和节能的目的。

7) 采用智能控制系统对图书馆内的展示厅、会议室、图书阅览室、藏书库及公共照明部分进行智能照明控制，与传统的系统相比，具有功能多样性、方便性、经济性、灵活性、安全性、兼容性等优点。系统同时具备限电压和轭流滤波等功能，能抑制电网的浪涌电压。采用软启动、软关断技术，避免了过电压、欠电压及冲击电压对光源的损害，通常能使光源寿命延长2~4倍。

(2) 150kWp太阳能光伏并网发电系统

根据广州市所处纬度，太阳能辐射强度属我国三类地区，年日照时数约1855h，日平均日照时数约5.1h。考虑全天太阳角度、强度等变化影响，每天折合峰值发电功率运行时间约3.5h，如果采用150kW的太阳能光伏发电系统（按日发电3.5h计算），日发电量约525kWh。而图书馆日间照明总用电量在2000kWh/d左右，太阳能发电将可以节约日间照明用电的26%，对照明总用电量的贡献率在12.5%以上。综合考虑，选择150kWp的设计功率。

太阳能系统分布方案：设计安装在图书馆的A区报廊、B区七楼顶和十一楼顶，共计三个子系统。

第一个子系统30kW，主要是在革命广场西侧南北向布置的读报廊上安装太阳能并网发电系统供读报栏及A幢地下车库照明使用。实际可供安装面积为 $400m^2$，光电板面积为

$375m^2$(按照 $80W/m^2$ 计算)，读报廊的方阵布置考虑其外观效果，采用平铺方式进行布置。阅报栏的日照条件不太好，选用弱光性能好的非晶硅组件。阅报栏的西侧不安装组件，只做造型处理，如图 8-12 所示。

图 8-12　A 区太阳能光伏发电效果图

第二个子系统在 B 区南侧五楼顶，实际可供安装面积 $845m^2$，光电板的安装面积为 $481m^2$。设计采用额定功率大于 200WP 的电池，组件装机容量为 65kW。屋顶平面的安装方式为方位角：正南(可根据建筑朝南方向作轻微调整)，倾角：20°，为阵列安装。

第三个子系统在 B 区十一楼楼顶平面安装电池组件。实际屋顶面积为 $42 \times 18 = 756m^2$，光电板的面积为 $407m^2$(按照 $135W/m^2$ 计算)，设计采用额定功率大于 200WP 的电池组件，组件装机容量为 55kW。屋顶平面的安装方式为方位角：正南(可根据建筑朝南方向作轻微调整)，倾角：20°，为阵列安装，如图 8-13 所示。

图 8-13　C 区太阳能光伏发电效果图

光伏并网系统将光伏发电系统与电网相连接。这种光伏系统的最大特点就是太阳能电池组件产生的直流电经过并网逆变器转换成符合市电电网要求的交流电之后接入公共电网，如图 8-14 所示。

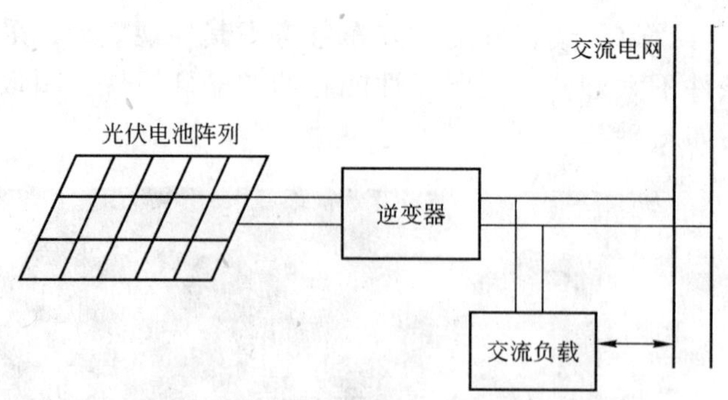

图 8-14　并网发电系统结构图

与离网系统相比，并网系统可以省去蓄电池的储能环节。太阳能通过太阳能组件方阵将光能转化为直流电，再通过三相并网逆变器将直流电能转化为与电网频率、同相位的正弦波电流，一部分给车站就近负荷供电，剩余电力馈入车站低压配电网。核心部件并网逆变器，主要用于将光电板的直流功率转换为交流功率(DC/ AC)，然后向电网提供电力。通过内部的功率调节器，在并网逆变器输出的正弦电流与电网的相电压同频和同相的条件下进行并网，将太阳能电池发出的电力最大限度地(采用 MPPT 最大功率跟踪技术)回馈给电网。

5. 效益分析

(1) 节能预测

图书馆改扩建项目一期工程完工后，因进行围护结构和空调系统节能改造可实现节能 60.1%，因采用 150kWp 太阳能光伏发电系统和智能照明控制可贡献节电约 54 万 kWh/a，综合节能贡献率为 8.8%。在保证相同室内环境参数条件下，通过采用建筑围护结构节能措施、空调、通风和照明节能，再加之采用太阳能光伏发电系统，经模拟计算，总建筑能耗约为 209 万 kWh/a，与不采取节能措施的基准建筑(总能耗电量为 663 万 kWh/a)相比总能耗可减少 68.9%。

(2) 投入产出分析

为实现节能减排目标，中山图书馆改扩建项目一期工程在围护结构节能措施方面将增加投资 357 万元。工程完工后，相对现有建筑(不做节能处理)每年可降低建筑能耗 75 万 kWh，折合电费 59.5 万元，静态投资回收期约 6 年。

150kWp 太阳能光伏系统并网供电将增加投资约 800 万元，太阳能每年发电 24 万 kWh，折合节约电费 18.96 万元(未按梯级电价计算)。太阳能发电项目不能用单纯的一次性投入折算投资回收期，因其在减少公共电网的投入、管理和运行成本，特别是错峰用电、保护环境、节能减排方面的贡献是难以核算的。

(3) 环境影响

中山图书馆完工后，可实现减排指标如表 8-4 所示：

可实现减排指标(单位：t/a)　　**表 8-4**

节煤	减排 CO_2	SO_2	NOx	烟尘	煤渣
1900.56	5131.56	11.39	16.74	4.64	632.73

6. 专家点评

该项目为广东省中山图书馆改扩建的一期工程，包括既有建筑节能改造、新建建筑超过《公共建筑节能设计标准》要求的50%节能目标，达到60%，以及150kWp太阳能光伏并网发电系统，完成低能耗节能建筑示范。

该项目的主要特点有两个：

(1) 在采暖空调系统的新风机组上设置了热回收装置，节能效果明显；全年可节约制冷量129000kW，节约制冷系统用电量为36900kWh，年节约电费27675元。热回收装置后增加投资估算为14万元，静态投资回收期为4.3年。

(2) 充分利用可再生能源、提高建筑节能的水平，安装了太阳能并网光伏发电系统；而且根据不同的安装位置、选用不同类型的光伏电池，提高了系统效率；建筑一体化的太阳能光伏系统和并网光伏发电系统是示范的两大亮点。虽然目前太阳能光伏发电的成本较高，但作为未来的重要替代能源，仍应在经济发达地区积极开拓市场，所以，该项目的示范作用很大。

8.3.1.3 新疆阿克苏市“信诚·水韵明珠”住宅小区

1. 基本信息(见图8-15和图8-16)

建筑所在地	新疆维吾尔自治区
总建筑面积	320000m^2
建筑结构	多层为砖混结构、小高层为剪力墙结构、高层办公楼为框架剪力墙结构
每平方米造价	多层约900元/m^2，小高层约1300元/m^2，高层办公楼约为1600元/m^2
建设承担单位	阿克苏信诚城建房地产开发有限公司
设计单位	新疆维吾尔自治区建筑设计研究院
设计时间	2006年8月
项目竣工时间	一期2007年11月，二期2008年11月，三期2009年11月

图8-15 小区规划图

图 8-16　小区效果图

2. 外围护结构节能设计

建筑体形系数≤0.30，南北向，南侧窗墙比为0.4，北侧窗墙比为0.3。外墙外保温采用胶粉聚苯颗粒贴砌聚苯板保温体系，传热系数≤0.38W/(m^2·K)，屋面保温材料采用150mm厚聚苯板(EPS板)，传热系数≤0.28W/(m^2·K)；外窗(含阳台门上部玻璃)为单框三玻塑钢窗，型材采用中空玻璃，双玻一腔(4+12A+4)，窗密封条全部采用三元乙丙原生橡胶条，外窗、门靠墙体部位的缝隙采用聚氨酯发泡剂填缝，窗框四周与抹灰层之间的缝隙采用嵌缝密封膏密封，外窗传热系数≤2.50W/(m^2·K)。

3. 采暖空调系统节能设计

(1) 地下水源热泵系统简介

地下水源热泵系统由水源系统、热泵机房系统和末端系统三部分组成。其中，水源系统包括水源、取水构筑物、输水管网和水处理设备等；地下水源热泵机房系统包括热泵机组及附属设备；末端系统可以采用风机盘管系统，也可以采用地板辐射采暖系统。

室内温度可控制在20~22℃之间，室内相对湿度可控制在50%。

系统实际上是通过将传统制冷机组的冷凝器和蒸发器延伸至地下，使其与浅层岩土或地下水进行热交换，或是以中间介质(如防冻液)作为载体，利用中间介质在封闭环路中的循环流动进行热交换，从而实现利用浅层地能对建筑物供热或供冷，这是一种节能、环保型的新能源利用技术。该技术可以充分发挥浅层地表的储能储热作用，达到环保、节能双重功效，而被誉为“21世纪最有效的空调技术”。

(2) 该项目采用地源热泵系统的优点

1) 充分利用热泵系统制备的35~45℃间的低温热水解决采暖问题。

2) 主机制热效果显著，制热时性能系数高达4.46，制热系数高，无能量衰减现象。

3) 运行费用低，较其他形式的中央空调方式，可节省费用1/3~1/2。

4）机组体积小，占地省。

5）智能控制。机组采用全电脑控制系统，可根据实际使用负荷的大小自动调节投入使用的压缩机数量，实现阶段式能量调节，因该工程选用机型均为多压缩机，可达到充分节能的目的。

6）环保。机组在运行过程中不破坏和污染水资源，不释放任何对环境有害的排泄物，噪声低，高标准满足环保。

7）设备集中布置，便于集中控制。

8）模块化组合，安装快捷，调节灵活。

4. 景观照明节能设计

阿克苏“诚信·水韵明珠”根据实际情况采用太阳能公共照明系统，并据小区道路实际情况（主干道路宽为12m），采用RE-TZ51型太阳能路灯，设计两灯间距25m，约需9盏路灯，采用单向装灯，小区辅道4～6m，采用RE-TZ21，RE-TZ12型太阳能庭院灯，两灯间距15～20m。

（1）设计方案

灯体规格：灯高7～9m；

发光光源：高功率组合大功率LED；

系统工作电压：12～24V；

太阳能电池：进口高效太阳能硅光电池；

蓄电池：台湾独资生产免维护太阳能设备专用蓄电池；

控制系统：智能充、放电、温度补偿、自动开关灯；

照明时间：每天连续10～12h；

阴雨天时间：连续10～15d；

灯杆部分：采用热镀锌和喷塑工艺处理。

（2）方案特点

1）长期工作运行费、维修和维护费用低，几乎接近零；

2）设计合理，运行稳定不会产生停电、断电事故；

3）电源清洁、无污染、无二次能耗，是真正的“绿色能源”；

4）系统的应用领域广泛，可靠性高，使用寿命长；

5）安装、使用简单，操作安全、简便；

6）系统的扩建工程实施方便，并且与其他能源互补性能好；

7）高新技术含量高，开发、应用前景十分广阔；

8）结构简单，体积小且轻；

9）容易安装、易运输，建设周期短；

10）容易启动，维护简单，随时使用，保证供应；

11）可靠性高，寿命长。

5. 经济效益分析

（1）环境影响分析

1）地源热泵技术的应用。该小区32万m^2建筑在节能70.5%的基础上，采用地源热泵技术，应用分户计量方式进行采暖、制冷，每年耗电312.57万kWh。经计算综合每平米年耗煤量从26.4kg节省至22.88kg，32万m^2建筑实际节约7322吨标准煤，按照20年设备正常使用寿命期计算，共节约14.64万吨标准煤。

2）太阳能室外照明系统应用。在节能效果上，采用太阳能照明每年可节约电能近8.37万kWh，折合标准煤为30t。节约电费4.7万元，普通灯具照明使用20年比使用太阳能灯具多支出约93.7万元，相当于节约标准煤600t。

3）环境效益。该项目低能耗建筑住宅小区示范项目的实施，直接带来的是能源的节约，每年节约7352吨标准煤，减少CO_2排放207t，减少SO_2排放118t，减少氮氧化合物排放256t，减少CO排放463t，减少灰渣及悬浮物排放407t。相对使烟尘、二氧化硫及氮氧化合物等排放量减少，减轻了对大气的污染，有助于阿克苏市的环境，特别是冬季大气环境得以改善。

（2）社会效益预测分析

新疆阿克苏市“信诚·水韵明珠”低能耗建筑住宅小区示范项目的实施，为新疆乃至全国今后推进低能耗建筑、可再生能源利用技术建立科学的理论体系和实践经验。通过该项目的实施，为广大居民提供舒适、环保、运行费用低廉的高性能住宅，为社会大幅度降低能源消耗，为降尘、降噪、与自然和谐共生、保护环境提供保障，将建筑行业真正纳入社会可持续发展的主流之中。

该项目可以实现分户计量，按热付费，使节约能源和住户的经济利益挂钩，增强了人们的行为节能意识，有利于全社会的节能。

（3）可推广性预测分析

新疆地域辽阔，跨越了严寒和寒冷两个气候带，建筑节能显得尤为重要，现在建筑节能已在全疆全面普遍开展，老百姓所关注的分户计量、按热收费的问题，自治区将出台相应的文件，老百姓将真正体会到高舒适度、低耗能住宅带来的实惠，建筑节能将成为人们的自觉行为，使低能耗建筑的推广成为必然。通过政府支持和市场引导，将使高效节能建筑得到推广和普及，可再生能源成套系统技术的采用将使节能建筑越来越被市场认可和接受，以其热效率高、运行费用低、管理方便、安全可靠等优点真正实现经济效益、社会效益和环境效益的有效结合。

6. 专家点评

该项目为新建住宅小区，通过建筑围护结构节能设计、地下水地源热泵采暖空调系统、太阳能光伏路灯、庭院灯、草坪灯等节能措施，完成低能耗节能建筑示范。

该项目的主要特点如下：

（1）地下水地源热泵采暖空调系统

利用当地可供利用的地下水、结合小区的景观水道，设计地源热泵采暖空调系统。末端系统：住宅为地板辐射、办公楼为风机盘管。设抽水井10口、回灌井16口。

（2）太阳能室外景观照明系统

在小区道路安装RE-TZ51型太阳能路灯9盏，RE-TZ21、RE-TZ12太阳能庭院灯82盏，RE-TB01太阳能草坪灯200盏。

8.3.1.4　首特居住区三号地居住及配套公建

1. 基本信息（见图8-17）

项目名称　　　　　首特居住区三号地居住及配套公建

建筑所在地	北京市宣武区
总建筑面积	255580m^2
建筑结构	剪力墙结构
每平米造价	2060 元/m^2
建设承担单位	中央国家机关公务员住宅建设服务中心
设计单位	北京维拓时代建筑设计有限公司
设计时间	2006 年 2 月
项目竣工时间	2007 年 12 月

图 8-17 小区效果图

2. 外围护结构节能设计

该工程 1 号，2 号，3 号楼为高层塔式住宅楼，朝向为东西向；4 号为高层板式住宅楼，朝向为南北向；5 号楼为高层板式住宅楼，朝向为东西向；6 号楼为高层塔联板式住宅楼，朝向为南北向。所有楼的体形系数均≤0.30，窗墙比：南向 <0.50，东、西、北向均 <0.30。

（1）外墙保温技术

外墙体的保温做法为粘贴聚苯板外保温，其中：

1）南、东、西向外墙粘贴 80mm 厚聚苯板［聚苯板导热系数 $\lambda = 0.042$W/(m·K)］，平均传热系数 $K = 0.54$W/(m^2·K)；

2）北向外墙粘贴 60mm 厚挤塑聚苯板［挤塑聚苯板导热系数 $\lambda = 0.03$W/(m·K)］，平均传热系数 $K = 0.51$W/(m^2·K)。

此做法的墙体平均传热系数超过北京市 65% 节能标准对外墙保温系数 $K \leqslant 0.60$W/(m^2·K)

的要求，同时也解决了由于朝向不同各个方向外墙体保温性能不同的问题，减少了朝向好的外墙体保温材料的用量，加强了北向墙体薄弱环节的保温，从而实现了节能效果和经济效益双赢的目标。

北京市65%节能标准中对于不采暖楼梯间、电梯井、前室与采暖住户之间分隔内墙的传热系数也做了规定，不应大于1.5 W/(m^2·K)。该工程中这部分分隔内墙也做了相应的保温处理，在不采暖房间的一侧内墙面上用聚合物砂浆粘贴25mm厚聚苯板保温，此保温内墙的传热系数K=1.32W/(m^2·K)，有效地防止了热量通过建筑内墙从采暖房间向不采暖房间散失。

外墙的出挑构件及附墙部件，如阳台、雨罩、空调室外机隔板、窗口、靠外墙阳台分户隔墙、出屋面女儿墙或挑檐板、附壁柱、凸窗上下混凝土板、装饰线等外露混凝土薄弱部位的热桥问题也很突出，比较容易出现室内局部结露、饰面发霉的结果。该工程对这些部位也进行了详细的细部保温处理，严格按照北京市节能65%相关图集的技术措施施工和管理。同时，为了保证建筑立面上对于一些细部的厚度要求，这些部位的保温做法主要采用聚合物砂浆粘贴30mm厚挤塑聚苯板这种高效保温材料，部分地方需用胀管螺丝固定。

(2) 屋面保温技术

该工程采用的屋面做法为：

1) 上人、非上人屋面均做保温隔热防水屋面，保温隔热材料为60mm厚挤塑聚苯板[挤塑聚苯板导热系数λ=0.03W/(m·K)]，屋面传热系数K=0.51W/(m^2·K)，小于标准中要求的K=0.60 W/(m^2·K)。

2) 地下一层有防火要求的不采暖房间如自行车库、设备用房等，其上部为住宅的，顶棚均做保温处理，具体做法为铺55mm厚岩棉板，传热系数K=0.52W/(m^2·K)，低于标准中要求的K=0.55 W/(m^2·K)；接触室外空气的地板(住宅下部为过街楼的)，在其下部做保温顶棚，粘贴60mm厚挤塑聚苯板，传热系数K=0.47W/(m^2·K)，低于标准中要求的K=0.50 W/(m^2·K)。这些容易被遗忘和忽视的部位对于整个建筑的保温节能及舒适度的提高都有一定的作用，因此一些细节部位的保温也是要得到相应的重视和加强。

(3) 节能外窗技术

该工程外门窗采用断桥隔热铝合金中空玻璃门窗，空气层厚度取节能效果最优的16mm。在实施方案中，通过模拟分析进一步优化设计方案：

1) 将Low-E镀膜双层中空保温窗用在东、西、北朝向的外墙上，传热系数$K \leqslant$2.2W/(m^2·K)；

2) 南向的外窗则选用普通玻璃双层中空保温窗，传热系数$K \leqslant$2.8W/(m^2·K)。

这样的处理也是希望满足建筑节能“均匀性”原则的基础上，实现降低增量成本和节能的双赢。外窗的各项性能指标如表8-5所示：

外窗性能指标 **表8-5**

	单位	分级指标	等级	备注
建筑外窗抗风压性能	kgf/m^2	$1.0 \leqslant P_3 < 1.5$	5级	GB/T 7106—2002
建筑外窗水密性能	Pa	$\Delta P \leqslant 250$	3级	GB/T 7108—2002
建筑外窗气密性能	m^3/(m·h)	$1.5 \geqslant q_1 > 0.5$	4级	GB/T 7107—2002

续表

	单位	分级指标	等级	备注
建筑外窗保温性能	$W/(m^2 \cdot K)$	$K<2.8$	7级	GB/T 8484—2002
建筑外窗隔声性能	dB(A)	$R_w \geqslant 30$	3级	GB/T 8485—2002

注：建筑外窗可进行“五性”实验，根据业主要求而选定。

3. 采暖空调系统节能设计

该工程采用一种集调节和计量于一体的采暖末端用户通断调节系统，与传统采暖系统相比节能30%以上。基于此系统，试点一种新的热分摊方式，如图8-18所示，使得采暖按热量收费成为可能。

该通断调节系统由室温通断控制阀1、室温控制器2组成。工作过程如下：首先在室温控制器2中由用户设定需要的室内温度，并将控制信号无线发送给室温通断控制阀1，室温通断控制阀1根据反馈回来的实际室温和设定室温的偏差，由内置反映建筑热特性，具有一定智能前馈的控制策略，计算出通断阀在下一个时间步长内需要动作的通断时间比，进而控制阀门的通断，实现需要的室温，同时控制系统自动记录用于新的热分摊方式的阀门开启时间。

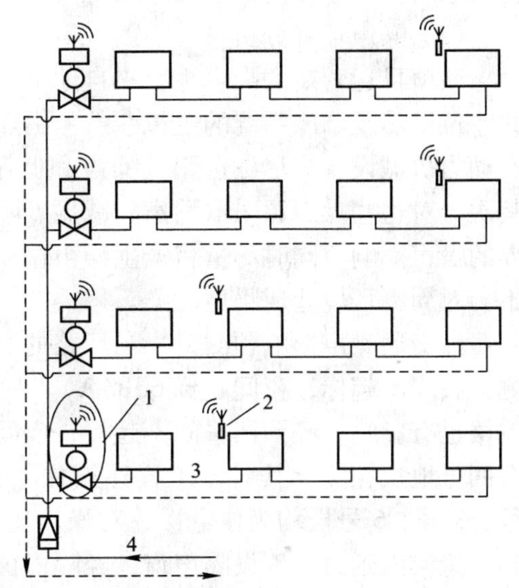

图8-18 通断控制装置及热分摊技术原理图
1—室温通断控制阀；2—室温控制器；
3—供热末端设备；4—楼栋热入口热量表

由于阀门通断调节，对于串联系统，避免了流量连续调节因流量过小而引起的失调问题，同时内置的前馈和反馈结合的控制策略避免动作的滞后。另外，在楼栋的热入口处安装热量表4，计量楼栋的总热量，并以此作为该建筑物的采暖收费依据；利用累计各用户阀门开启时间对按采暖面积分摊的方式进行修正，从而得到各用户的采暖耗热量。

4. 效益分析

(1) 大气环境影响分析

该工程建设的住宅小区项目没有特殊的污染源，对外的大气污染物排放源主要是地下车库的汽车排放尾气和地下燃气锅炉房的天然气燃烧废气。

通过模拟计算预测可知，该工程地下车库汽车尾气造成的污染最大地区是在近距离评价点，近距离评价点的小时平均浓度值相对较高。针对这一情况，地下车库在上下班高峰时的换气率应不低于$6h^{-1}$，送排风口尽量设计在远离人群活动较为频繁的场所，排风口周围要设置绿化带或种植花草，并且设置在小区的南侧。

另外，地下燃气锅炉房排放的大气污染物通过模拟预测可知对周围大气环境的影响很小。地下锅炉房的排气烟囱应附建筑物的外墙布置，从楼顶排出，并且烟囱位置的设置应使燃烧装置的燃烧不受干扰，排烟通畅，出口处应考虑防雷避雨措施。

（2）水环境影响分析

该项目水污染源主要是生活污水。污水规划排入小红门污水处理厂，小红门污水处理厂一级处理已建成，2005 年小红门污水处理厂二期工程投入使用，该项目在 2007 年建成使用，小红门污水处理厂已达到处理该项目污水的建设规模。而且，该项目的污水主要是生活污水，其排水水质的各项污染物浓度均符合 B 标准要求。因此，该项目的生活污水经化粪池后排入小红门污水处理厂是可行的。

（3）噪声环境分析

该项目运营期的噪声主要来自地下车库的通风系统、水泵、地下燃气锅炉房、配套公共建筑供热及制冷系统的主机、鼓、引风机等一些设备噪声。首先要选择低噪声设备，所有动力机械设备应尽量选用低噪声和低振动设备，在声源上减少该项目建设的噪声污染。其次，对这些噪声源采取消声、减振、隔声等措施，对风机进出口安装消声器，阻止对外界的噪声影响，同时尽量将产生噪声振动的设备安置在地下。采取这些措施后，该项目将不会对周围环境造成噪声污染。

经交通噪声影响预测，小马厂路的交通噪声对该项目 1 号、6 号住宅楼有影响。经预测，昼间不超标，夜间超标 6dB(A)。三里河南延路的交通噪声对其所临的 1 号、3 号住宅楼也有影响，经预测昼间不超标，夜间超标 8dB(A)。广安门外大街由于和该工程之间有四号地块相隔，其对该工程建设住宅楼的交通噪声影响较小，可以不用考虑。由于 1 号、3 号、6 号楼均为住宅楼，对噪声比较敏感，对声环境要求较高，必须在临小马厂路和三里河南延路一侧设隔声窗，经隔声窗隔声后，噪声可以达标。该项目外窗采用静电粉末喷涂断桥隔热铝合金中空玻璃窗，中间的空气层厚度为 16mm，外窗的隔声性能达到 3 级，$R_w \geqslant 30$dB，能够满足夜间临马路的住宅对于隔声的要求。

由于该项目距离西黄铁路 500m，火车通过时的噪声为 82.4dB(A)，一般通过时间 2min，火车鸣笛时为 89dB(A)，经过噪声衰减后，不会对该项目产生振动和噪声影响。

5. 专家点评

该项目围护结构节能性能优于北京地区居住建筑节能 65% 的要求。使用采暖末端用户通断调节装置，可以起到末端用热调节，分户热计量的作用，具有较好的节能效果。

围护结构节能设计的主要内容有：

外墙：南、东、西向——混凝土剪力墙 + 80mm 厚模塑聚苯板(EPS)外保温。传热系数为 0.54W/(m^2·K)。北向——混凝土剪力墙 +60mm 厚挤塑聚苯板(XPS)外保温。传热系数为 0.51W/(m^2·K)。出挑构件及附墙部件粘贴 30mm 厚挤塑聚苯板。不采暖房间墙面：粘贴 25mm 厚聚苯板保温，传热系数为 1.32W/(m^2·K)。屋顶：混凝土屋面板 + 60mm 厚挤塑聚苯板(XPS)。传热系数为 0.51W/(m^2·K)。地下一层顶棚：铺 55mm 厚岩棉板，传热系数为 0.52W/(m^2·K)。接触室外空气的地板：下部做保温顶棚，粘贴 60mm 厚挤塑聚苯板，传热系数为 0.47W/(m^2·K)。外窗：断热铝合金中空玻璃窗，空气层厚 16mm。南向——普通玻璃，传热系数不大于 2.8W/(m^2·K)。东、西、北朝向——Low-E 镀膜玻璃，传热系数不大于 2.2W/(m^2·K)。

采暖空调系统节能措施的主要内容有：采用一种集调节和计量于一体的采暖末端用户通断调节系统，与传统采暖系统相比节能 30% 以上。基于此系统，试点一种新的热分摊方式，使得采暖按热量收费成为可能。

该项目的主要特点有：

(1) 围护结构节能设计以及热桥部位的保温措施是实现低能耗建筑的关键因素，该项目采用了外墙外保温、挤塑聚苯板屋顶保温和 Low-E 中空玻璃窗，并对不采暖房间墙面、地下一层顶棚、接触室外空气的地板以及外墙出挑构件、附墙部件等热桥部位采取了保温措施。设计考虑周密，很好地实现了围护结构设计节能率超过 65% 的目标。

(2) 采用了一种集调节和计量于一体的采暖末端用户通断调节系统，可以起到末端用热调节，分户热计量的作用，具有较好的节能效果。

8.3.2 发展与展望

根据发达国家经验，建筑能耗在我国社会终端总能耗中所占的比例将逐步提高到35%左右，成为各行业中耗能的首位。因此，建筑节能是提高全社会能源使用效率的首要因素，如果再考虑到如此庞大的建设总量在建设和运营过程中所消耗的大量土地和资源，不难得出结论，建筑的设计与建造对社会的可持续发展有着举足轻重的影响。住房和城乡建设部副部长仇保兴表示，我国降低建筑能耗要求迫切，目前须防止建筑领域“食洋不化”、片面追求“新奇特”，而不顾能耗和实用性的倾向，我国未来建筑必须以符合生态文明要求为标准，推行低能耗的绿色建筑已刻不容缓[1]。在西方国家，低能耗建筑非常普遍，并正在向零能耗住宅努力，发达国家各国政府都在致力于这方面的工作。国内也已开展许多低能耗建筑的相关研究与实践。但是，我们也应该看到，低能耗建筑还有许多问题需要解决。首先，相关规范还很不完善，已有的标准规范覆盖面还没有按照不同的气候区来划分，更没有按照城市、农村的差别性进行划分；第二，光伏并网技术和配套的政策缺乏；第三，许多地方还缺少不同气候区地(水)源热泵指导准则，比如北方地区采用了大量的地源热泵，这些地源热泵头三年效果可以，但三年以后由于热容量饱和等原因导致热效率大大下降甚至失效。根据现阶段低能耗建筑发展状况，结合我国国情，我国的低能建筑发展应当在以下几个方面有所考虑。

8.3.2.1 建立评估体系、评估机构

由于我国低能耗建筑的起步较晚，其相应的评估体系开发也较晚。由于发展阶段、经济技术水平、资源状况、法规标准、发展现状等的不同，我们不能照抄照搬国外的评估体系，应在充分调研、科学分析的基础上抓紧标准规范编制工作，总结经验，制定和颁布《低能耗、超低能耗建筑技术导则》、《低能耗、超低能耗建筑评价标准》，形成低能耗建筑测评标识管理文件体系、低能耗建筑测评标识制度实施办法、低能耗建筑测评标识管理规定、低能耗建筑测试标识使用管理办法、测评标识机构管理办法。同时，建立与《低能耗建筑评价标准》相配套的、具有测试低能耗建筑中规定的测试项目能力的低能耗建筑评估机构。

8.3.2.2 关键技术与产品的研发

低能耗建筑的发展，除了要有合理的设计外，技术和产品的保障也必不可少。例如，合理利用适用的节能技术在满足舒适性要求的同时能使建筑节约约 1/3 的能源费用。还需

[1] 住房和城乡建设部副部长仇保兴在“2010 上海世博会城市最佳实践暨国际建筑论坛”上的发言。

有一些配套市场，例如，合理利用建筑施工、旧建筑拆除和场地清理时产生的固体废弃物。对于拆除时有用的固体废弃物，而新建建筑利用不了的，就需要有市场销路，需要有接收的市场；对于建筑想利用一些固体废弃物而自身又没有的，就需要有买卖的市场。此外，低品质能源在建筑中的应用最大化。建筑节能不仅要着眼于减少能源的使用，还必须尽可能采用低品质(低能值转换率)的能源，利用低品质能源进行建筑整体性和基础性调温，比如利用地热能、太阳能或者利用自然通风进行基础性调温，而用高品质能源来进行局部性、精细性的调温。加快向农村推广可再生能源适用技术在农房中的应用。

8.3.2.3　宣传与推广

低能耗建筑在我国的推广和实施，急需一批熟知低能耗建筑理念，致力于低能耗建筑建设的决策者、开发者、规划者、设计者、建设者和管理者。教育和培训帮助相关人员获得低能耗建筑知识，并能设计和建造出低能耗建筑是目前一项紧迫的任务。此外，要强化低能耗建筑示范工程的带头效应，有计划、有步骤地扩大可再生能源示范建筑的规模，制定长期稳定的可再生能源建筑应用发展政策等。

8.3.2.4　增加激励性政策

我国低能耗建筑起步较晚，在技术、标准规范、管理等各方面都有待完善，需要政府等各方的支持，可以在借鉴国外低能耗建筑发展相关经验的基础上，制订适合我国国情的低能耗建筑激励政策，加大包括减税、减配套费、奖励容积率等激励政策的实施力度，制定专项示范工程国家经费补贴管理办法。可供借鉴的国外相关低能耗建筑的激励政策和措施有：税收减免、加速折旧、低息贷款、现金回扣补贴、政府采购、抵押贷款、科研资助、资源协议等。

综上所述，低能耗建筑是一项高度集成的系统工程，牵涉到设计师、开发商、供应商、建设单位、运营管理单位、业主等方方面面，它不仅改变了人类对待环境资源的态度，也将改变我们的生活方式。低能耗建筑在我国的发展、与国际水准的联动，将带动我国的房地产开发迈向一个新的里程碑。值得注意的是，提倡低能耗应该从我国国情出发，舒适度宜人，采用经济的具有国内自主知识产权的建筑技术来满足低能耗建筑的要求，使健康绿色的低能耗建筑能够真正走进我国百姓的生活，推动经济社会绿色转型和人民生活水平的提升。

第9章 绿色建筑发展与标识制度

9.1 绿色建筑综述

为实现建筑业的可持续发展，贯彻落实科学发展观，促进资源节约型、环境友好型社会建设，促进生态文明和低碳经济发展，从我国城镇化发展态势、人民工作生活环境要求和建筑全寿命周期的角度审视建筑业对资源和环境的影响，我国建筑业朝着绿色建筑方向的发展已是大势所趋。绿色建筑是指“在建筑的全寿命周期内，最大限度地节约资源(节地、节能、节水、节材)、保护环境和减少污染，为人们提供健康、适用和高效的使用空间，与自然和谐共生的建筑”。

国际上从20世纪起就开始关注和研究绿色建筑，特别是20世纪70年代能源危机、环境污染等公害事件以来，建筑节能、保护环境等逐渐成为全人类的共识，绿色建筑的理念逐渐为人所知，其研究和实践也越来越完善和丰富。为了使绿色建筑的概念具有切实的可操作性，更有效地推动绿色建筑的发展，发达国家从20世纪90年代起相继开发了适应不同国家气候特点的绿色建筑评估体系。如美国的LEED评估体系、日本的CASBEE、英国的BREEAM、加拿大等国的GBTool等。这些评价体系通过定性或定量地描述绿色建筑中节能效果、节水率、减少CO_2等温室气体对环境的影响、环保建材的生态环境性能以及绿色建筑的经济性能等指标，为决策者和设计者提供决策依据，对推动全球绿色建筑发展起到了重要作用。然而部分国外评估体系在我国的应用却发生了“水土不服”的现象：例如，国外评估体系中采用的节能评价指标是按照国外建筑能耗水平制定的；而我国建筑能耗水平远低于大部分发达国家的建筑能耗水平，这导致一些按国外评估体系符合节能要求的所谓“绿色建筑”并不符合我国建筑节能基本要求。原因在于绿色建筑的灵魂在于“因地制宜”，每个国家的绿色建筑必须符合每个国家自身的建设情况。

在国际绿色建筑事业发展背景下，我国的绿色建筑发展虽然较晚，但发展速度却很快。20世纪80年代以后，国家开始大力提倡和推进建筑节能，但有关绿色建筑的研究还处于初始阶段；20世纪90年代开始，绿色建筑的概念开始引入我国，绿色建筑相关的技术、评价体系等研究也逐渐兴起。但在工业化、全球化的大背景以及某些发达国家方面过分追求室内环境舒适性等的现状影响下，我国绿色建筑的发展也受到了一定影响，使得公众对绿色建筑的认识出现了一定的偏差，形成了诸如绿色建筑是绿化建筑、呆板建筑、昂贵建筑、复杂的高科技建筑等错误认知。另外，不结合具体实际，盲目引进国外成套的技术部品等举措，也给绿色建筑的发展带来了一定的负面影响。21世纪以来，在政府管理部门和学术界的推动下，绿色建筑的定义、内涵等逐渐明确，相关的技术规范、评价标准等逐步完善，相关的宣传推广力度也在不断增强，相关的集成示范和标识项目在逐渐增多，使得公众对于绿色建筑的认知程度逐渐提高，逐步形成产学研管互相促进的良性发展态势。

绿色建筑要求节地、节能、节水、节材，但结合前期工作来看，我国绿色建筑的发展与建筑节能事业的发展密不可分，认清绿色建筑与建筑节能的关系，对于两者的长远发展都具有积极意义。我国当前面临的首要任务就是建筑节能，节能是绿色建筑发展的基础，在绿色建筑的评价标识中，节能要求是一票否决的，只有对节能的水平要求高，将来绿色建筑的水平才能提高。而绿色建筑属于建筑节能发展的前沿方向，为建筑节能发展提供技术储备，带动和引导建筑节能发展。在今后的工作中，要找准立足点，节能为本，绿色引导，处理好建筑节能与绿色建筑各方面的关系，才能让绿色建筑健康协调发展。

到目前为止，我国绿色建筑的发展大致经历了三个阶段，具体如下：

第一阶段(2004 年以前)：这一阶段绿色建筑相关工作主要以科研院所、高校等的研究和推动为主，但作为绿色建筑的基础，建筑节能已广泛发展起来。期间，绿色建筑被冠以“生态建筑”、“可持续建筑”等名字，只在学术界有一定研究。

在这一阶段的“十五”期间，国家开展了绿色建筑的攻关项目——“绿色建筑关键技术研究”，包括“绿色建筑的规划设计导则和评估体系研究”、“绿色建筑水的综合利用关键技术研究”、“降低建筑能耗的综合关键技术研究”等多项绿色建筑技术研究课题。2001 年，《绿色生态住宅小区建设要点与技术导则》、《中国生态住宅技术评估手册》出版，2003 年，《绿色奥运建筑评估体系》发布，这些都为绿色建筑的发展奠定了坚实的技术基础。

同时，国家颁布了《中华人民共和国可再生能源法》(主席令第三十三号)、《中华人民共和国节约能源法》(主席令第七十七号)，为推进建筑节能、可再生能源应用提供了法律依据，也为绿色建筑的大力发展奠定了扎实的基础。

第二阶段(2004~2008 年)：这一阶段绿色建筑相关工作以政府设置的评奖和标识制度为主，同时继续技术科研机构的研究。

2004 年中央经济工作会议上，胡锦涛总书记明确提出要大力发展节能省地型住宅，全面推广和普及节能技术，制定并强制推行更严格的节能节材节水标准。以此为契机，节能省地环保型的绿色建筑开始从政府管理部门的角度逐渐得以有效推进。

在这一阶段，建筑节能蓬勃发展，国家颁布了《民用建筑节能条例》(国务院令第 530 号)和《公共机构节能条例》(国务院令第 531 号)，这是我国为推进建筑节能、发展绿色建筑而制订的法律法规。为有效落实国家政策，住房和城乡建设部也先后出台了《民用建筑节能管理规定》、《民用建筑工程节能质量监督管理办法》、《公共建筑室内温度控制管理办法》、《民用建筑能效测评标识技术导则》等文件。上述法规规章主要从能源利用的角度对建筑的建设和运行提出要求，从中可以看出建筑节能在我国绿色建筑发展中所占据的重要地位。

具体到绿色建筑，住房和城乡建设部先后出台了《全国绿色建筑创新奖管理办法》(建科函〔2004〕183 号)和《全国绿色建筑创新奖实施细则(试行)》(建科〔2004〕177 号)，通过奖项设置鼓励绿色建筑先驱者的成绩；2007 年出台了《绿色建筑评价标识管理办法(试行)》(建科〔2007〕206 号)，开始将标识制度的建设作为发展绿色建筑的抓手。

在科技建设方面，2006 年国家科技攻关计划课题“绿色建筑规划设计导则及评估体系研究”通过验收。“十一五”国家科技支撑计划中，也开展了“绿色建筑全生命周期设计关键技术研究”、“绿色建筑设计与施工的标准规范研究”等相关课题研究。以这些课题为技术基础，住房和城乡建设部先后编制了《绿色建筑技术导则》、《绿色建筑评价标准》、《绿色建筑评价技术细则(试行)》等标准文件，推动绿色建筑技术标准的发展。与此同时，一批绿色建筑相关的技术书籍也陆续出版，总结绿色建筑建设经验，指导我国绿色建筑的建设。

与此同时，2005年3月，首届国际智能与绿色建筑技术研讨会在北京召开，自此形成年度会议，并且在会议规模、会议议题、会议影响力等方面都逐年有所扩大或更新，对于节能与绿色建筑的宣传和推广起到了很好的桥梁和纽带作用。

第三阶段(2008年以后)：这一阶段绿色建筑相关工作的推动力已不仅限于政府相关管理部门和技术科研机构，而且拓展到了那些走在前列的开发商和业主。

2008年4月，住房和城乡建设部科技发展促进中心成立了绿色建筑评价标识管理办公室(以下简称“绿标办”)，主要负责绿色建筑评价标识的管理工作，受理三星级绿色建筑评价标识，指导一、二星级绿色建筑评价标识活动。自此，绿色建筑评价标识工作得以正式开展。此后，随着宣传力度的加大以及人们对绿色建筑认知水平的提高，越来越多的人开始参与到绿色建筑评价标识以及建设实践中，绿色建筑的发展模式也逐渐由政府与科研机构的推动向政府管理、开发商和业主等主动参与的双向推动模式转变，良性的发展渠道在逐渐形成。

在管理制度方面，住房和城乡建设部发布了《一二星级绿色建筑评价标识管理办法(试行)》(建科〔2009〕109号)；依照上述文件要求以及后续的工作实践，受住房和城乡建设部委托，住房和城乡建设部科技发展促进中心也相继发布了《绿色建筑评价标识实施细则(试行修订)》(建科综〔2008〕61号)、《绿色建筑评价标识使用规定(试行)》(建科综〔2008〕61号)、《绿色建筑评价标识专家委员会工作规程(试行)》(建科综〔2008〕61号)、《关于开展一二星级绿色建筑评价标识培训考核工作的通知》(建科综〔2009〕31号)等文件，从而形成了绿色建筑相关的系列管理制度。上述管理文件为绿色建筑评价标识工作的实施做好了政策铺垫，使得评价标识工作得以顺利开展；而一二星级相关管理文件则为评价标识工作从中央到地方的推广铺平了道路，使地方一二星级评价标识工作的开展有所依据，从而推动了全国绿色建筑评价标识工作的大范围快速发展。

在技术标准体系建设方面，结合评价标识工作实践，住房和城乡建设部先后编制了《绿色建筑评价技术细则补充说明(规划设计部分)》、《绿色建筑评价技术细则补充说明(运行使用部分)》等绿色建筑技术文件，目前正在组织编制《绿色建筑设计标准》、《绿色建筑施工标准》、《绿色办公建筑评价标准》等一系列标准，逐渐完善绿色建筑相关技术标准体系。这些技术标准体系的逐步建立，为我国绿色建筑评价标识工作的开展打下了扎实的理论和技术基础。与此同时，《绿色建筑评价技术指南》等针对性较强的技术书籍也陆续出版，总结我国绿色建筑建设和评价实践经验和成果，指导我国绿色建筑的建设。

从以上的发展历程可以看出，以建筑节能为工作基础，在政府相关管理部门的有力推动和部分走在前列的科研院所、高校及企业的倾力研究实践下，我国绿色建筑的政策体系和技术标准体系已初步形成，并不断完善，绿色建筑实践在逐渐丰富，绿色建筑事业蒸蒸日上。

9.2 绿色建筑工程示范

强制性技术规范推进了我国建筑节能水平的整体进步。2005年，建筑节能和绿色建筑在设计阶段的执行率为53%，施工阶段仅21%，也就是说当时大部分新建建筑都不是节能建筑和绿色建筑；2006年，设计阶段和施工阶段执行率均大幅上升，但施工环节还有一半左右没有执行；2007年起，施工单位逐渐重视起来，到2008年施工阶段执行率已达82%[1]。从21%到82%，表明我国绿色建筑和建筑节能事业实现了一个巨大的飞跃。

与此同时，大量试点工程建设逐渐将节能技术推广至绿色建筑的各个方面。2004年9月，1800m^2的上海建筑科学研究院示范办公楼建设完成，并在建设部首届绿色建筑创新奖评奖中获得一等奖。2005年3月，清华大学3000m^2的绿色建筑技术与产品试验建筑平台已经建设完毕。

9.2.1 绿色建筑示范工程技术要求

2007年底，住房和城乡建设部启动了“一百项绿色建筑示范工程和一百项低能耗建筑示范工程(简称双百工程)”工作。其中，绿色建筑示范工程要求统筹考虑，在建筑全寿命周期内，节能、节地、节水、节材、保护环境、满足建筑功能之间的辩证关系，体现经济效益、社会效益和环境效益的统一；应综合考虑建筑全寿命周期的技术与经济特性，采用有利于促进建筑与环境可持续发展的建筑形式、技术、设备和材料；应体现共享、平衡、集成的理念，规划、建筑、结构、给水排水、暖通空调、电气与智能化、经济等各专业应紧密配合。绿色建筑示范工程应依据因地制宜的原则，结合建筑所在地域的气候、资源、生态环境、经济、人文等特点进行。

申报建筑应为拟建、在建或竣工时间在一年内的民用建筑工程，建筑规模要求：(1)公共建筑：应在2万m^2以上；(2)居住建筑：单体居住一般应在2万m^2以上，居住小区或居住小区组团一般应在10万m^2以上。应用重大、先导、高新技术等示范意义突出的建筑不受规模限制。

绿色建筑示范工程的立项评审依据为：《绿色建筑评价标准》GB/T 50378—2006、《绿色建筑评价技术细则(试行)》、《绿色建筑评价技术细则补充说明(规划设计部分)》、《绿色建筑评价技术细则补充说明(运行使用部分)》。具体从六大技术体系进行考核判断，分别是：节地与室外环境、节能与能源利用、节水与水资源利用、节材与材料资源利用、室内环境质量与运营管理。在六大技术体系考核的基础上，还要求工程项目应具有示范意义，比如：工程项目绿色建筑技术方案经济合理；或者在单一技术、某一技术体系、技术集成上具有示范推广意义等。

9.2.2 绿色建筑工程实践

自2008年绿色建筑示范工程项目申报至今，立项绿色建筑示范工程64项，其中公共

---

[1] 仇保兴. 从绿色建筑到低碳生态城. 城市发展研究，2009(7)：1-11

建筑33项，居住建筑31项，覆盖18个省市，申报示范面积1256.91万m^2(见图9-1)。其中“国家环保总局履约中心业务用房”于2007年10月申报住房和城乡建设部绿色建筑示范工程，并获立项。该项目目前已竣工并正式投入使用。2010年6月21日，深圳市建筑科学研究院办公大楼绿色建筑示范工程顺利通过了住房和城乡建设部建筑节能与科技司组织的专家验收，成为全国首个通过验收的绿色建筑和低能耗建筑“双百示范工程”。

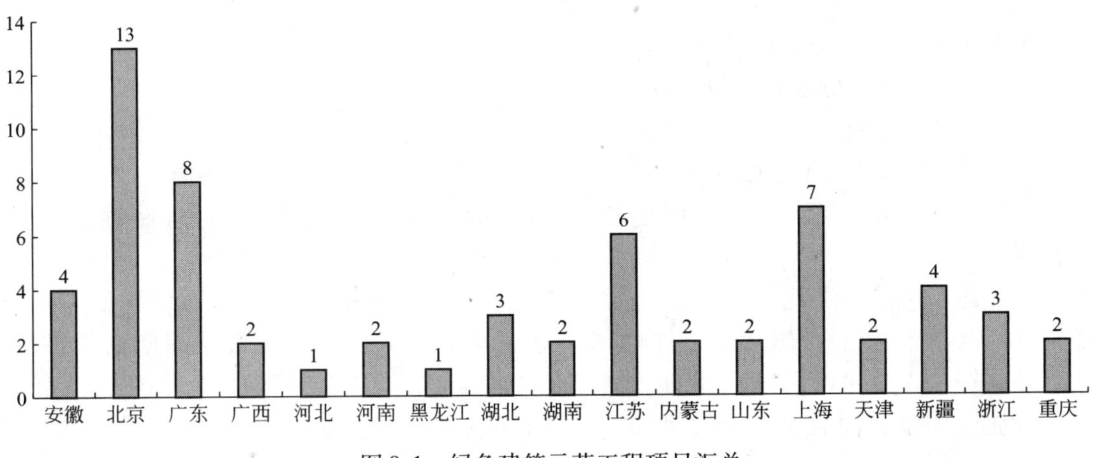

图9-1 绿色建筑示范工程项目汇总

9.2.2.1 深圳市建筑科学研究院办公大楼

1. 基本信息(见图9-2和图9-3)

图9-2 建筑实景图一

图9-3 建筑实景图二

项目名称　深圳市建筑科学研究院办公大楼

建筑所在地　广东省深圳市

总建筑面积　1.8 万 m^2

建筑结构　钢筋混凝土框架结构

绿色增量成本　611 元/m^2

建设承担单位　深圳市建筑科学研究院

设计单位　深圳市建筑科学研究院

设计时间　2005 年

项目竣工时间　2008 年 8 月

2. 设计方案遴选

项目采用模拟软件等手段优化建筑形体设计，通过遴选多个方案最终形成“吕”字形的平面布局，以实现最大限度利用自然通风降低空调负荷，提高室内热舒适度与空气质量。

深圳属亚热带海洋性气候，长夏短冬，气候温和，年平均气温为22.5℃，最高气温为38.7℃。深圳的自然通风条件优越，对于建筑节能的贡献很大，即使在最热月，深圳市也有1/3 的时间可以利用自然通风解决热舒适，不需开启空调。不但能有效改善室内空气环境，而且节能效果明显。根据现场测试显示，受山地和周围建筑的影响，该项目所在地夏季主导风向为东南偏南风，冬季主导风向为东北偏北风，见表9-1。

深圳气象资料统计表　　**表 9-1**

月份	5月	6月	7月	8月	9月
室外温度低于28℃的天数	24	14	11	11	11
室外温度低于28℃的天数占月总天数的比例	77.4%	46.7%	35.5%	35.5%	36.5%
主导风的平均风速(m/s)	3.20	2.95	2.90	2.80	2.95

3. 建筑体形方案

要使建筑室内实现良好的自然通风，在建筑的体形上就要有利于室外形成良好的压力，为室内通风创造有利的条件。所以对各种可能的建筑体形方案进行通风模拟，来确定既有利于室内自然通风又满足建筑平面功能要求的建筑体形。下面列举有代表性的4 个建筑体形的分析过程。

图9-4 所示是各个方案模型：方案一的建筑体形基本成长方体；方案二的体形为“工”字形；方案三的建筑成圆弧形中间为跃层开敞的天井；方案四的体形为“二”形，中间用开敞式平台相连，同时6 层位置设架空层，设置绿色多功能平台(休闲、展览、娱乐)，一层的一半面积为架空，设置人工湿地系统，另一半为外墙可自由开合的入口大堂。

4. 室外压力场及室内外通风设计方案遴选

图9-5 是各建筑方案标准层位置室外压力场图，从模拟结果可以看出，方案一的长方体体形对室内通风最不利，主要原因是建筑有效果迎风面积不大，同时建筑的内部进深大，相应的室内通风阻力高，也使得自然通风较难实现。

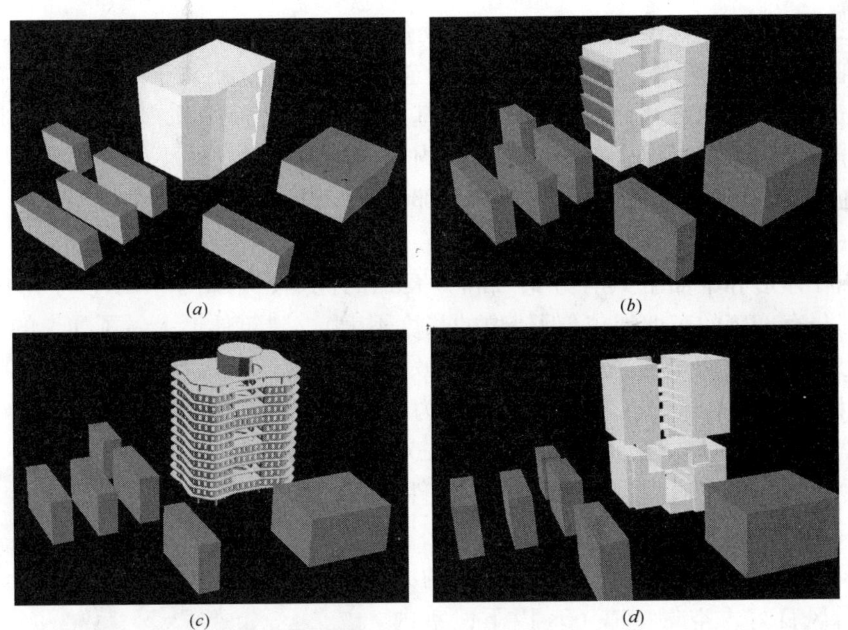

图 9-4　各建筑体形方案的分析模型图

(*a*)建筑方案一；(*b*)建筑方案二；(*c*)建筑方案三；(*d*)建筑方案四

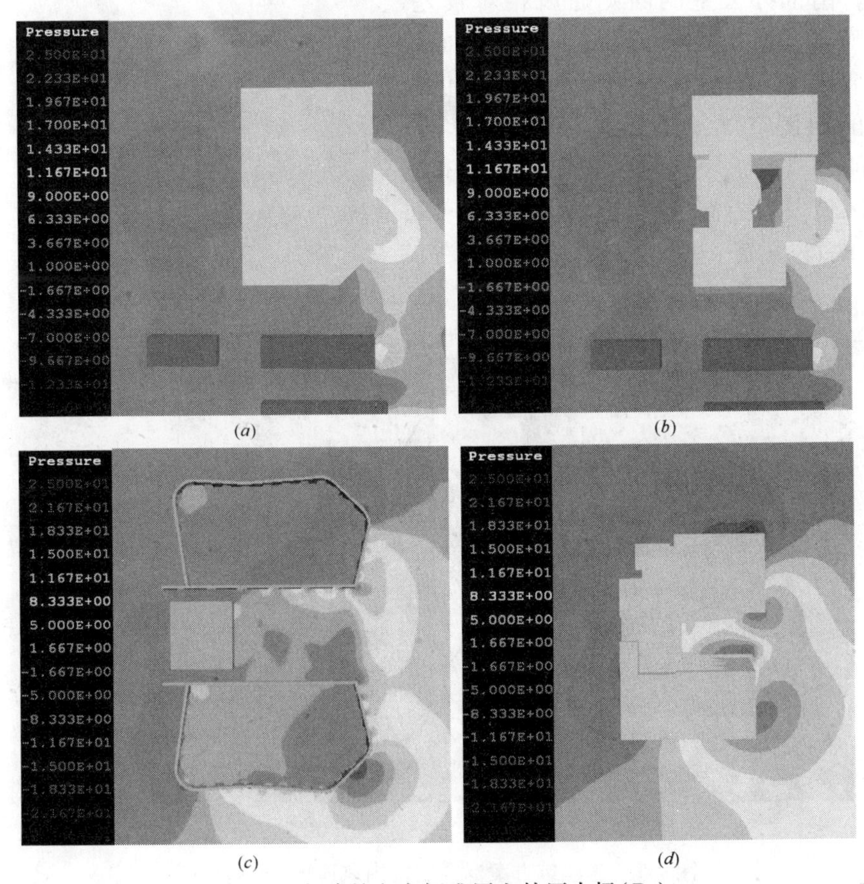

图 9-5　各建筑方案标准层室外压力场(Pa)

(*a*)建筑方案一；(*b*)建筑方案二；(*c*)建筑方案三；(*d*)建筑方案四

方案二的“工”字形体形对自然通风比较有利，但室外压力分布不合理，主要的正风压集中在建筑中间位置，容易造成部分房间和通道的风速过大，不利于人员安全和有纸作业。

方案三的跃层开敞天井使得建筑平面也基本成“二”字平面，所以建筑的迎风面积增大，压力分布也比方案二更合理。但是天井内部的压力相对比较小，这样不利于北部办公室的自然通风，这主要是南部建筑体形与北部等长，没有一定的错位，不利于主导风进入天井。

方案四在体形和平面上具有方案二和方案三的优点，采用了“二”字形的体形和平面，南北部分有一定的东西错位(但错位的长度不大)。建筑体形上做了如上的处理后，建筑室外压力场分布是四个方案中最合理的，分别在建筑迎背风面形成了“最高压力区”、“次低压力区”、“次高压力区”和“最低压力区”，并且是“最高压力区”与“次低压力区”，“次高压力区”与“最低压力区”二二对应，这为室内自然通风创造良好条件。图9-5(d)和图9-6～图9-10是方案四标准层室内和室外风速场，由图中可以看出，北部的办公室室内通风良好，空气龄在60s以下；室内风速也在2m/s以下，不会对有纸作业产生太大不利影响。南部办公室的西侧通风相对较差，主要是由于节能等方案的考虑，在建筑西面没有设外窗造成气流不能从西侧流出室外，但南部办公室的西侧空气龄还是在150s以下，能满足基本的通风要求。同时，在室内功能布置上可把这区域设置为储藏或会议区，这样就可最大程度地减少这一区域对人员舒适性的影响。

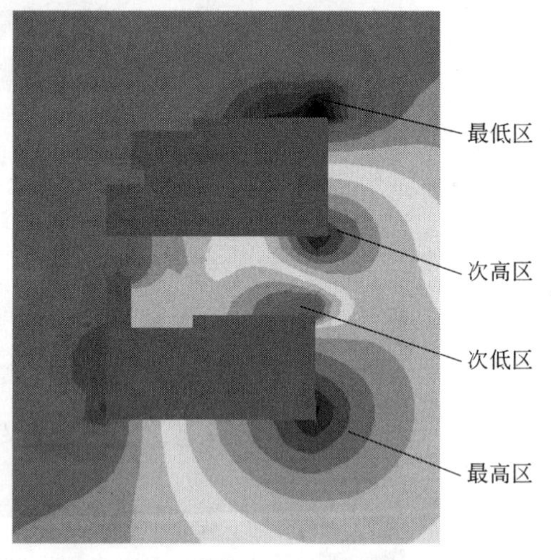

图9-6　建筑方案四的室外压力场分析图(Pa)

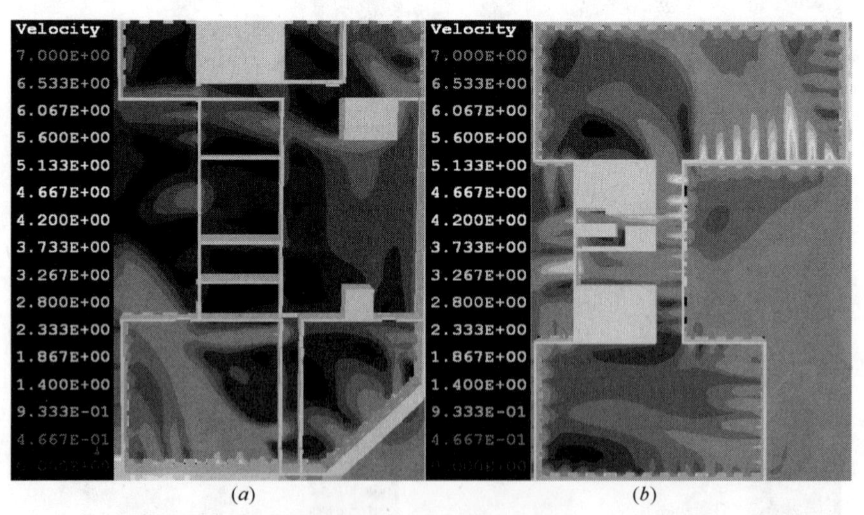

图9-7　各建筑方案标准层室内风速场(m/s)(一)

(a)建筑方案一；(b)建筑方案二

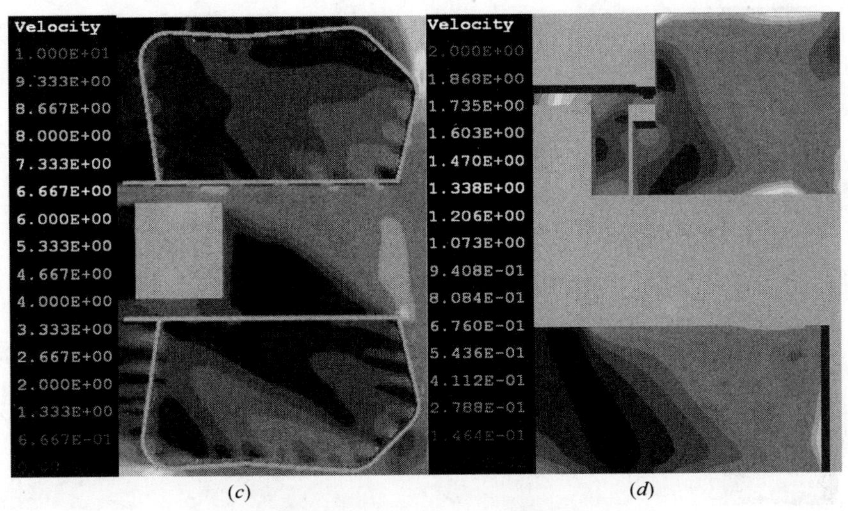

图 9-7　各建筑方案标准层室内风速场(m/s)(二)

(c)建筑方案三；(d)建筑方案四

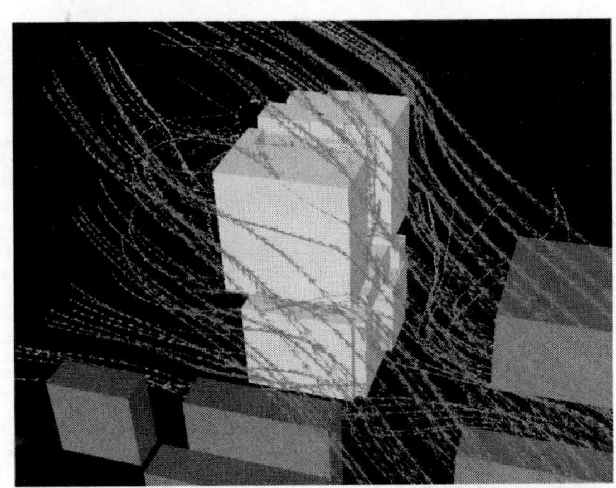

图 9-8　最终方案(方案四)室外流线示意图

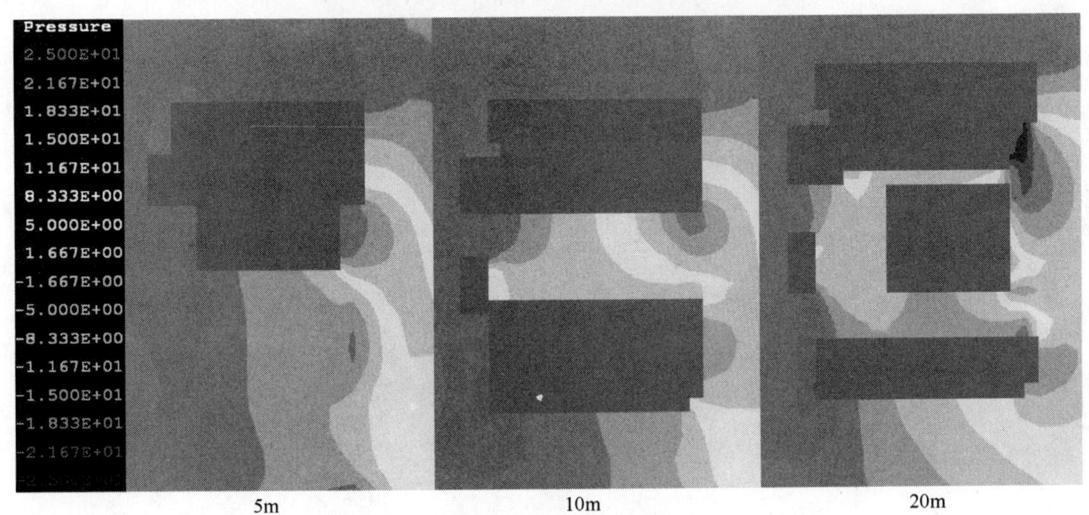

图 9-9　最终方案(方案四)室外压力场(Pa)(一)

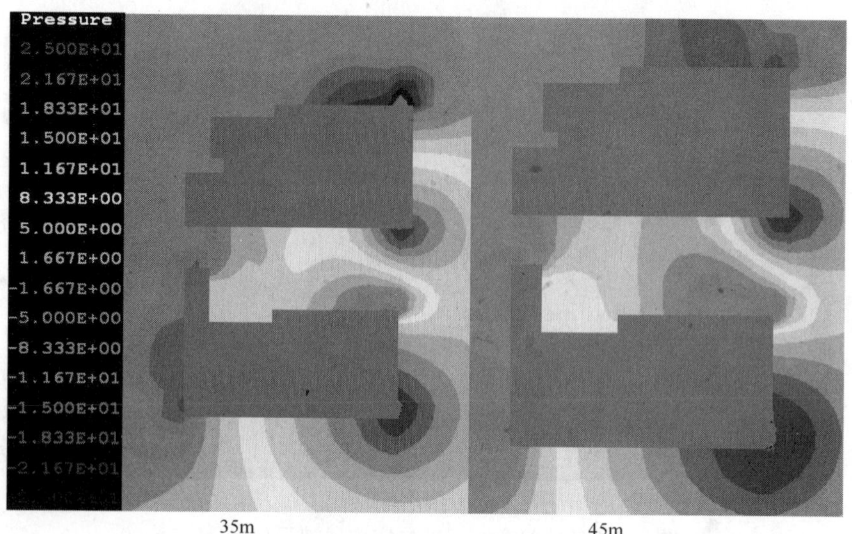

图 9-9　最终方案(方案四)室外压力场(Pa)(二)

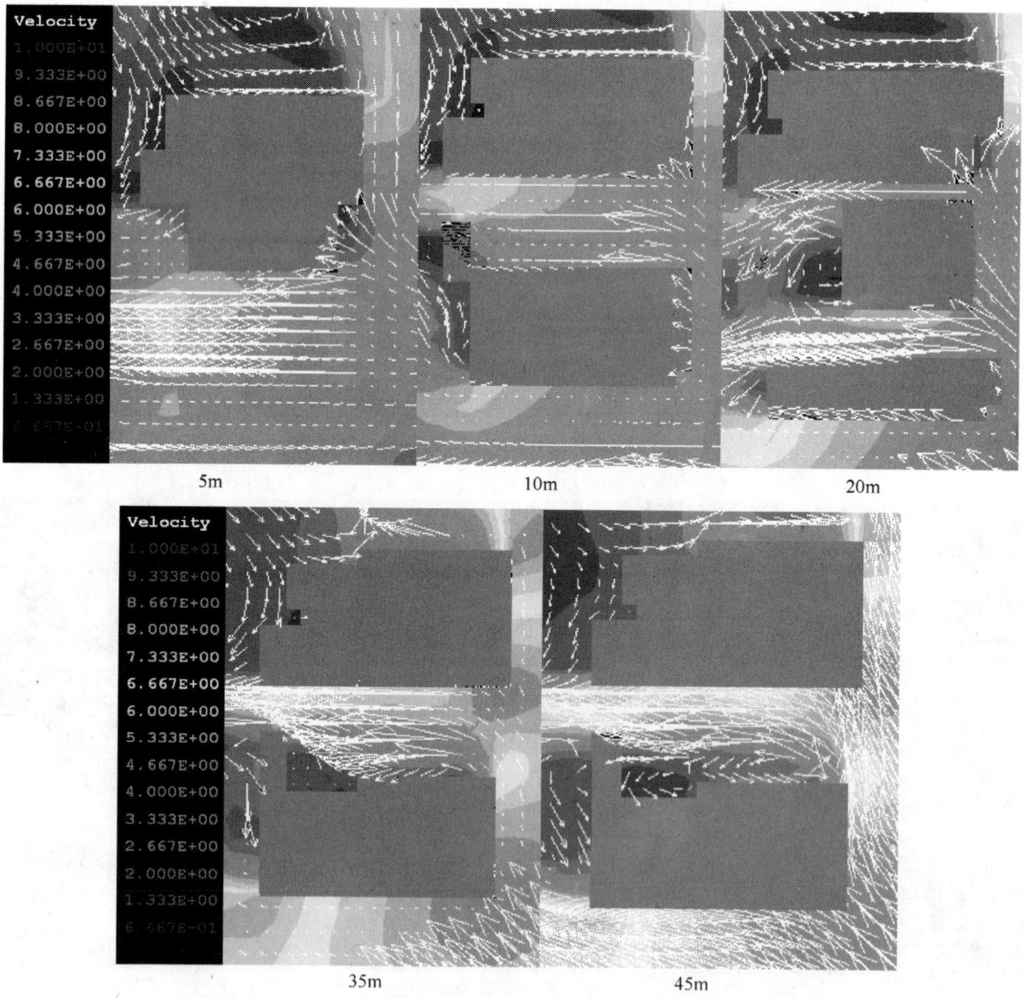

5m　　10m　　20m

35m　　45m

图 9-10　最终方案(方案四)室外风速场(m/s)

总体来说，方案四在自然通风上最有优势，所以采用方案四为最终方案。

5. 建筑外窗设计

通过数值分析模拟，在方案四的室外压力分布条件下，建筑标准层的外窗开启面积为立面面积的15%左右时，才有如图9-11的室内自然通风效果。

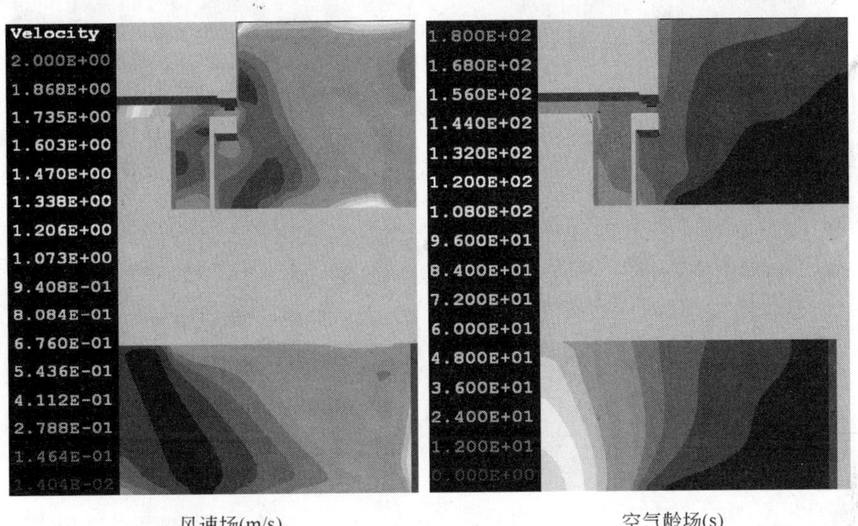

图9-11　最终方案(方案四)标准层室内通风模拟

同时，建筑外窗的可开启方式对室内自然质量有很大的影响。各种外窗有其自身的通风导风特性，应该根据在夏季和冬季的主导风下建筑周围的气流场情况来选择各个立面适合哪类外窗形式。由该建筑所在地冬夏季的主导风下建筑室外风速场和压力场分布规律(见图9-12和图9-13)，得出建筑各立面适用外窗形式，如图9-14和表9-2所示。

东北风

图9-12　最终方案(方案四)东南风和东北风时室外风速场

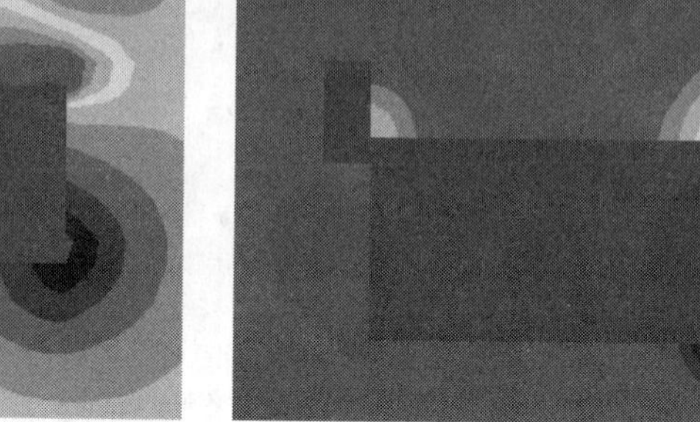

东南风　　　　东北风

图 9-13　最终方案（方案四）东南风和东北风时的室外压力场

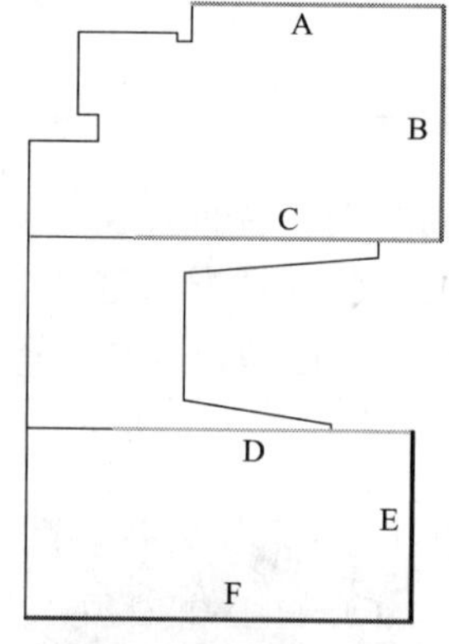

图 9-14　立面代号示意图

建筑各立面适用外窗形式　表 9-2

建筑立面	适用外窗形式
A	单扇左开平开窗、悬窗
B	立式转窗、悬窗（首选中悬窗）
C	单扇右开平开窗、悬窗
D	单扇左开平开窗、悬窗
E	立式转窗、悬窗（首选中悬窗）
F	单扇右开平开窗、悬窗

6. 节地与室外环境设计

为避免对场地周围环境造成光污染，项目尽可能减少夜间室外照明与室内照明的漏光。将夜景灯光照明控制在有限的范围内，避免采用直接射向夜空的景观照明灯。

通过综合环境设计降低热岛效应，采用透水性、高日照反射率的路面铺装材料，设置水池与人工湿地，并连同架空层降低区域温度。

首层和六层整层架空作为绿化交流平台，结合各层设置的开放绿化区与屋顶花园，形成贯穿整体的立体绿化系统。

该项目所有地面均设计成透水地面，停车坪采用植草砖铺设。项目设两层综合功能地下室，充分利用自然采光与自然通风。注重复合功能设计，在层高、水电设备、结构荷载等方面充分考虑未来可能的需求，增强空间的适应性，提高利用效率。

7. 效益分析

该项目积极应用节能、节水、节材、节地和环境保护等技术措施，在建设绿色建筑和推广应用循环经济技术方面将起到示范作用。经初步概算，每年可节约运行费用约100万元。

该项目除了满足深圳市建筑科学研究院自身办公应用外，还将向社会开放，届时将免费让市民参观，向市民展示并宣传绿色建筑知识。通过该项目经验成果的扩散，为绿色建筑的推广提供实际经验，并带动相关产业的发展。

8. 专家点评

深圳市建筑科学研究院办公大楼除了满足深圳市建筑科学研究院自身办公应用外，还将向社会开放，届时将免费让市民参观，向市民展示并宣传绿色建筑知识。通过该项目经验成果的扩散，为绿色建筑的推广提供实际经验，并带动相关产业的发展。因此，也赋予了该项目特殊的使命。

该项目集使用功能与科研功能于一体，带有较多的“前沿性”色彩，在绿色建筑推广中备受瞩目。该项目采用通风模拟手段优化建筑形体设计，通过遴选多个方案最终形成“吕”字形的平面布局，以最大限度地利用自然通风降低空调负荷，提高室内热舒适度与空气质量。

该项目在控制全局的前提下比较注重细节，如在选址阶段注重城市噪声控制、减少环境光污染；在环境方面注重绿化与出风口结合、绿化与水池和人工湿地结合、透水地面、地下空间利用、种植屋面；在节能方面注重节能高效照明、光伏太阳能利用、光热太阳能利用、中水回用、雨水收集；在节材方面注重土建装修一体化、建筑废弃物回收利用；在室内环境方面注重自然采光、自然通风、室温控制、通风换气。

该项目较好地体现了保温墙体、节能玻璃、遮阳措施、绿色屋顶等围护结构的节能特征；较好地体现了太阳能与建筑一体化的特点；较好地体现了高效空调、节水用水、室内环境等技术；较好地体现了绿色施工和用能计量等措施。该项目将成为绿色建筑的实验基地、宣传基地，必将带来显著的社会、环境、经济效益。

9.2.2.2 张江集电港总部办公中心改造装修项目

1. 基本信息(见图9-15和图9-16)

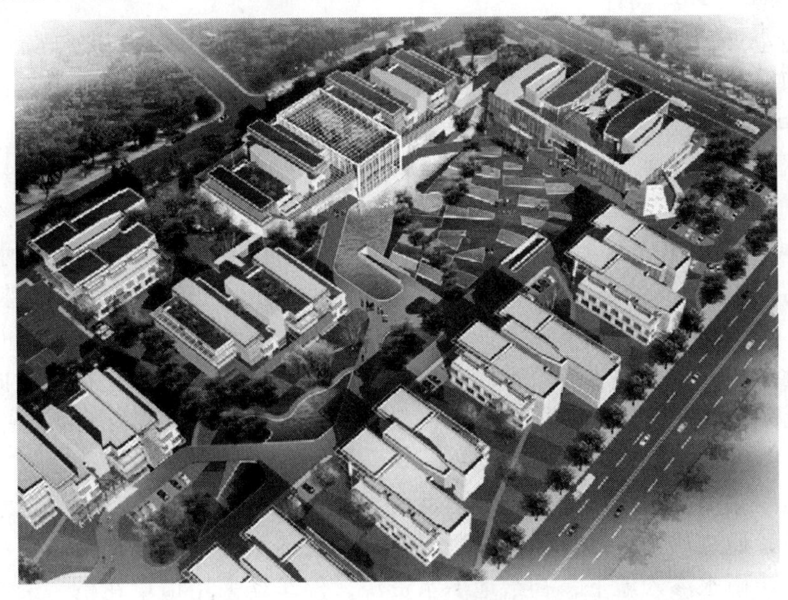

图9-15 项目鸟瞰图

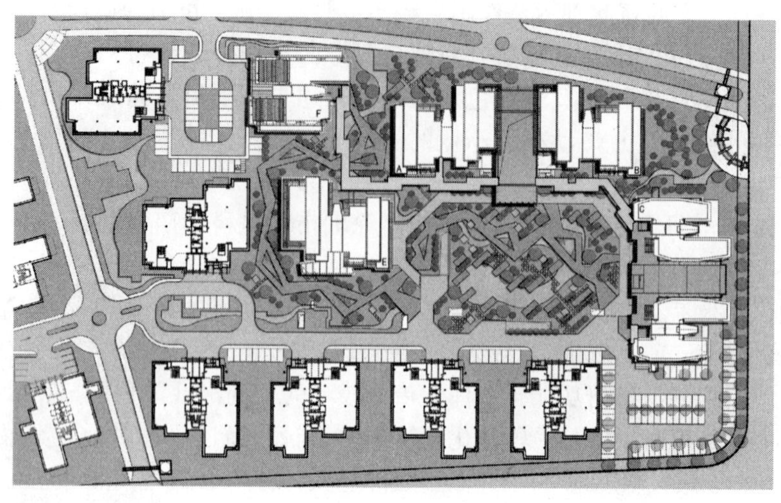

图 9-16 总平面图

建筑所在地	上海市浦东新区
总建筑面积	23710m^2
建筑结构	框架、钢结构
绿色增量成本	541 元/m^2
建设承担单位	上海张江集成电路产业区开发有限公司
建筑设计单位	JWDA 建设设计事务所(规划)，中国建筑科学研究院上海分院(绿色建筑设计)，上海现代建筑设计(集团)有限公司(施工图设计)
设计时间	2006 年 7 月～2006 年 12 月
项目竣工时间	2007 年 7 月

2. 节地与室外环境设计

张江集电港办公中心位于上海张江高科技园区东部扩展区——张江集电港二期东块内，处于上海张江高科技园区的核心区域。园区公共服务设施一应俱全，包括超市、银行、邮局、学校、医院等，并且还在发展之中。

整个园区远离交通主干道，整体环境比较安静。建筑高度都在 15m 以内且间距较大，因此无互相遮挡影响采光的情况。经过 CFD 计算流体软件模拟，整个园区能够形成良好的自然通风且主要出入口无较大风速出现。园区由于绿化面积比较大，水体丰富，热环境良好，经过模拟不会出现热岛效应。整个园区交通比较便利，东、南向各有一出入口。

园区绿化中，乔木、灌木、草本结合，丰实度高，屋面采用绿化种植屋面。景观以原有的自然资源为母体，以生态的手段整合景观与科技的资源，对景观进行了可持续性设计。

该项目道路路面全部采用透水混凝土地面，铺设渗透性铺地材料，不透水的地面砖全部换成透水砖，通过透水砖的孔隙吸收雨水；并通过透水砖下面铺设碎石、沙砾、沙子组成的反滤层，让雨水渗入地下，补给地下水资源，停车场采用植草花格，透水地面面积百分比达到 56%，如图 9-17 和图 9-18 所示。

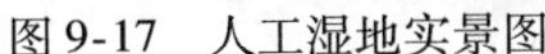

图 9-17　人工湿地实景图

图 9-18　种植屋面实景图

在项目施工建设过程中，制定绿色施工条例，进行扬尘、噪声、节能、节水、减少外部影响、安全保护的控制，同时进行现场实时监测，照片和文档资料存档，有很强的推广借鉴作用。

虽然项目所在地土地资源丰富，但项目从可持续发展的角度仍然对地下空间进行了充分利用，新建部分全部设置地下车库和地下机房，地下面积与建筑占地面积比为 17.7%。

3. 节能与能源利用设计

张江集电港办公中心的围护结构既有节能改造，也有新建部分，因此进行了围护结构的精细化设计。由于是改扩建项目，为了不破坏原有外立面，外墙采用 30mm 挤塑聚苯板内保温改造，热桥部位加强处理，保温层向内延伸 1m，平均传热系数为 0.87W/(m^2·K)。屋面分为两部分：一部分是原有建筑结构屋面，已经采用了 25mm 厚的挤塑聚苯板保温，改造时又将此部分屋面改造为佛甲草种植屋面，加强了屋面的保温隔热作用使整体屋面传热系数小于 0.60W/(m^2·K)；另外一部分是新建中庭的玻璃采光屋面，此屋面设计为集太阳能发电(BIPV 构件)、采光、铝合金活动遮阳、流水景观为一体的智能生态屋面，对玻璃幕墙的改造通过采用智能控制铝合金百页活动外遮阳实现，夏季百页闭合时遮阳系数可以达到 0.1。新建中庭部分采用双层呼吸式幕墙，夏季外层通风百页打开外循环利用对流散热，冬季通风百页关闭形成封闭温室保温，过渡季节里外层百页全部打开加强建筑的自然通风，同时双层内设活动遮阳百页，如图 9-19 和图 9-20 所示。

张江集电港办公中心的 A、B 楼及中庭采用了两套中央空调系统，主机均采用土壤源热泵机组，C、D、E、F 楼采用可变冷媒多联机系统，电梯全部采用节能型产品。各大楼办公、会议室、餐饮区域采用风机盘管加新风系统；新风处理用全热交换器，新风与室内排风进行热交换后送至室内，大楼平时排风经全热交换器进行全热交换后排至室外。项目新建的中庭(见图 9-21)和多功能厅都采用节能灯具，功率密度达到了《照明设计标准》中目标值的要求。

图 9-19 遮阳实景图

图 9-20 遮阳实景图

图 9-21 生态中庭

项目在规划之初就充分考虑了可再生能源的利用。该项目共设置 41.88kWp 的太阳能光伏组件，在中庭采光顶采用光电幕墙，支架式光伏组件，屋顶光伏发电系统满足“零能耗”中庭全部用电负荷，如图 9-22 和图 9-23 所示。办公中心全部热水由放在屋面的太阳能热水提供。A、B 楼及中庭采用地源热泵系统，A，B 楼系统设计 154 个孔，埋深 80m，中庭设计 27 个孔，埋深 65m，均采用单 U 埋管形式。

4. 节材与材料资源利用设计

新建建筑选用资源消耗和环境影响小的轻钢结构体系；除功能设计外无任何大量装饰

图 9-22 太阳能光电实景图

图 9-23 太阳能光电实景图

性建筑构件。该项目采用预拌混凝土，并采用散装水泥，可减少施工现场噪声和粉尘污染；减少材料损耗和节约水泥的包装纸袋对森林资源的消耗，保护生态环境。该项目全部采用商品混凝土和商品砂浆，商品混凝土 2264m^3，商品砂浆总计 204t。

在旧建筑拆除的过程中，对施工所产生的垃圾、废弃物，现场进行分类处理，可直接再利用的材料在建筑中重新利用，包括制作指示地图和景观指示、重要场所指示系统等。对于拆除下来的可以再利用的建材，都直接进行了再利用，包括空心砌块、钢筋、钢楼梯、不锈钢扶手、桥架、门框、电缆，每项建材的使用量都占同类建材总量的 10% 以上。

该项目设计的建筑结构形式为混凝土框架钢结构，钢结构本身就是可循环利用的材料结构体系，除此之外，室内装修大面积应用干挂石材、涂料地坪、亚麻油地毯等可再循环材料，可再循环材料使用量超过 10%。

5. 室内环境质量设计

该项目采用了大面积的玻璃幕墙，使办公室在开间方向的自然采光均达到最大化，局部较大进深处采光不满足规范要求，采用局部光源调整的方法。

为了加强室内的自然通风，该项目除了开启玻璃幕墙和在建筑内增加通风百页，加强风压作用外，在中庭、A、B、E、F 楼设置了太阳能拔风井，利用“烟囱效应”，在热压和风压的双重作用下，使建筑在过渡季节能够通过自然通风达到舒适的室内环境(见图 9-24)。

图 9-24 无空调连廊实景图

该项目采用 BAS 楼宇自控系统，通过室内温湿度、CO_2 传感器实时将办公室内情况传输给 BA 系统，BA 系统根据舒适度要求进行调节。玻璃幕墙外采用自动感光的可调节外遮阳系统，根据太阳高度角，自动调节遮阳百页的角度，使室内的热环境和采光要求达到平衡状态。

该项目地源热泵机房采用透明天窗设计，不仅满足了参观需要，而且实现了白天无需开灯照明，节约能源。

6. 运行管理设计

该项目物业管理部门通过 ISO 14001 环境管理体系认证，物业单位制定物业设备与设施管理，节能、节水与节材管理，绿化管理等条例。

为了测试和展示绿色建筑设计效果，在屋顶、外墙等处设置 30 多个温度传感器，在 10 多个房间内设置温度、湿度、CO_2 传感器，在太阳能热水、光电、人工湿地、地源热泵地埋管设置数据采集设备，结合建筑智能控制系统，编制计算分析程序，构成完整的绿色生态监测与展示系统。该系统能够对整个建筑中各个系统进行全面的监测，并且通过电子显示屏将各个系统的运行数据展示出来。展示系统能够实时显示当前各生态系统的工作状态，并可以通过模拟计算和实测数据分析，显示当前的节能效果、减排污水和遮阳效果等情况。

在垃圾处理方面制定垃圾管理制度，对垃圾物流进行有效控制，对废品进行分类收集，防止垃圾无序倾倒和二次污染(见图 9-25)。

图 9-25　中水处理站实景图

7. 效益分析

(1) 绿色建筑示范效果预测

张江集电港办公中心是绿色生态改扩建工程，对既有建筑的节能改造和绿色建筑的推广都有积极的意义。项目采用的活动铝合金外遮阳、绿化种植屋面、双层呼吸式幕墙、太阳能光伏建筑一体化、地源热泵、太阳能热水系统都有很强的应用和推广价值，该项目采用的生态建筑数据采集、监测和展示系统为进一步进行绿色生态技术的研究和改进提供基础研究数据和实际运营经验。绿色建筑 VI 系统为引导人的行为节能做出了尝试和探索，有很强的借鉴作用

(2) 节能效果分析

该项目改建部分和新建部分的围护结构采用较高标准设计，超过了《公共建筑节能设计标准》节能 50% 的要求。经过 DOE-2 能耗模拟软件计算，基准建筑每年耗电 623.3 万 kWh，而实际每年耗电 213.5 万 kWh，整个项目达到了节能 65% 的要求。同时，积极利用可再生能源，包括太阳能光伏发电、地源热泵、太阳能热水系统，每年节约电量 44.26 万 kWh。可再生能源建筑总体用能的比例达到 19.6%。项目对实时运行能耗和周边同类建筑进行了 2007 年 8 月到 10 月的跟踪测量，项目能耗为同类建筑的 30.77%。

(3) 环境效益分析

该项目空调冷热源采用清洁环保的地源热泵系统，生活热水由太阳能光热系统承担，地源热泵系统和太阳能系统均属于清洁环保的可再生能源，大量节省了电能和化石燃料的使用，减少了废热废水和温室气体排放，减缓了城市热岛效应，节省了宝贵的水资源，具有极好的环境保护作用，使该项目真正成为生态、环保、绿色、与自然和谐的可持续发展建筑。经计算，该项目一年可节约原煤 178.88t，减排二氧化碳 80.4t，减排二氧化硫 3.64t，减排粉尘 2.60t。

8. 专家点评

张江集电港总部办公中心项目位于上海张江高科技园区的核心区域，园区公共服务设施包括超市、银行、邮局、学校、医院一应俱全，并且还在发展之中。总建筑面积为23710m^2，属于改扩建项目，绿色增量成本为541元/m^2。

该项目在改建、新建部分设定了较高的标准，采用了外墙外保温、种植屋面、双层幕墙、活动外遮阳、太阳能光伏发电、太阳能热水、地源热泵等做法。其中，零能耗的生态中庭是项目的亮点，中庭玻璃幕墙全部采用双层呼吸式幕墙，内设智能控制的活动遮阳百页，利用玻璃屋面作为光伏发电，夏季采用水冷却玻璃屋顶系统，水源由中水提供。该项目采用人工湿地净化污水，力求达到生活污水、雨水收集的综合利用。该项目采用了绿色生态数据采集、检测展示系统，实时显示当前的系统工作状态，显示节能效果，对推广绿色理念起到了宣传教育作用，起到用户行为节能的引导作用。该项目进行了成本比对研究、节能效果分析、建筑寿命周期成本分析、环境效益分析，其结论是具有显著的经济和社会效益。

目前我国改扩建项目占有相当的比例，提倡绿色改扩建也是当务之急，应给予充分重视。该项目对既有建筑的节能改造和绿色建筑的实施具有推广意义，特别是生态建筑数据采集、监测和展示系统，为进一步进行绿色生态技术的研究和改进提供基础资料和运营经验，也是该项目的实施重点。

9.2.2.3 广西南宁裕丰·英伦居住区

1. 基本信息(见图9-26和图9-27)

图9-26 项目鸟瞰图

图 9-27　5 号楼立面图

建筑所在地　广西南宁市

总建筑面积　16.3 万 m^2，容积率 2.0

建筑结构　框架及框架剪力墙结构

绿色增量成本　260 元/m^2

建设承担单位　南宁威特斯房地产开发投资有限公司

设计单位　中外建工程设计与顾问有限公司广西分公司

设计时间　2007 年

项目竣工时间　2010 年 5 月

项目各项指标见表 9-3。

项 目 各 项 指 标　　**表 9-3**

指标项目	指标值	指标项目	指标值
总用地面积	6.6 万 m^2	人口密度	约 4379
总建筑面积	16.3 万 m^2	人均用地指标	15.06m^2
容积率	2.0	绿地率	41.5%
建筑密度	20.2%	总绿地面积	27375m^2
住宅面积	13.1 万	公共绿地面积	15980m^2
商铺	880m^2	人均公共绿地面积	3.645m^2
敞开式地下车库	3.1 万 m^2	总停车数	1005 辆

2. 节地与室外环境设计

(1) 项目建设场地的选址及布局

利用原地形，采用退台式分布，形成大围合中心景观布局。在规划上采用周边式布局和低容积率、高绿化率、超宽楼间距的整体规划，即在项目地块周边南北向错开的建筑布局，这种布局既可预留较大中央空间进行园林规划，又可以保证小区内每一户人家一年四季都能享受良好的通风、充足的日照及观景效果。同时，小区采用人车分流的交通体系，汽车可沿小区周边的道路停放或进入半敞开式地下停车场停放，中心园林仅有消防车能进入，这些举措为小区营造了安全舒适的生活环境。

（2）便捷的周边公共交通网络

小区由四条城市道路环绕而成。行车路线分别由基地南、北、东侧不同道路进入小区，车道沿基地外围形成环路，人行路线与庭院相结合，人车基本分流。规划设计上合理布置了小区出入口，公交站点距出入口约200m。供电系统、燃气系统、给水排水系统与通信系统配套齐全、接口到位。项目周边路网发达，有30余条公交线路供未来的业主出行选择。半地下车库出入口靠近小区内的外环道路，汽车停靠便利，同时减少了汽车对小区的噪声和废气污染。

（3）良好的景观布局、丰富多样的植被

小区景观规划设计采用大围合中心景观布局，为居民创建一个环境优美、开敞洁净、空气清新的休息散步的场所。植物配置以人工植物群落为主，主要配置类型乔木—草本型、灌木—草木型、乔木—灌木—草本型、垂直绿化型、湿地水生植物型等；乔木量约为150株，乡土植物树种主要配置有桂花、人月桂、丹桂、木棉、扁桃、五味子、晃伞枫、构树、小叶榕等20多个品种；采用乡土树种或全归化、半归化品种，植栽品种达65种以上，公共场地、住宅旁边、地下建筑的屋顶、坡地建筑分台、架空层等处都采用了绿化措施，绿地率高达41.5%，面积达到了27300m^2。绿化面积按组团使用要求设计为大小不同，绿地内的基本设施设置合理并满足游憩的要求，高低错落，复层绿化，阔叶常绿的本地品种为主，同时兼顾四时观叶，观花及香味，并注重植物的群落疏密。

（4）施工与环境

在施工过程中按照设计高程尽可能维持施工场地的地形地貌，减少施工工程量，避免对原有生态环境景观的破坏。为减少施工中对土壤环境的破坏，施工场地内均进行了场地硬化和护坡处理，施工现场的生产用水、雨水进行有组织的排放，经沉砂池后引至城市雨水管网，污水经化粪池引至城市排污管，按照当地环保部门的规定时间施工，设置统一的材料加工区，使其位置相对远离住宅及城市道路，保证无污染及噪声排放。施工现场设置砌体围墙，高度2.5m，按施工规范设置挑板，保证施工安全，场地内进行施工道路硬化，编制了施工车辆行驶路线方案，覆盖车顶运输坊，控制并减少扬尘。

（5）室外风、光及噪声环境的优化

在绿色建筑设计优化方案中考虑场地地形、地势，在整体布局和环境布置中对室外的风、光及噪声环境做的优化设计方案如下（见图9-28～图9-33）：

1）风环境模拟

通过计算机风模拟分析，调整建筑朝向和角度，优化设计。在设计过程中通过室外的风环境模拟，分析优化小区的规划布局，对风速和空气龄进行分析。在优化设计中通过结合环境景观设计，树木及绿化的设置，避免了大面积的旋涡和死角并减少局部涡旋强风区域和死角。在合适的区域加强管理，加强卫生清洁工

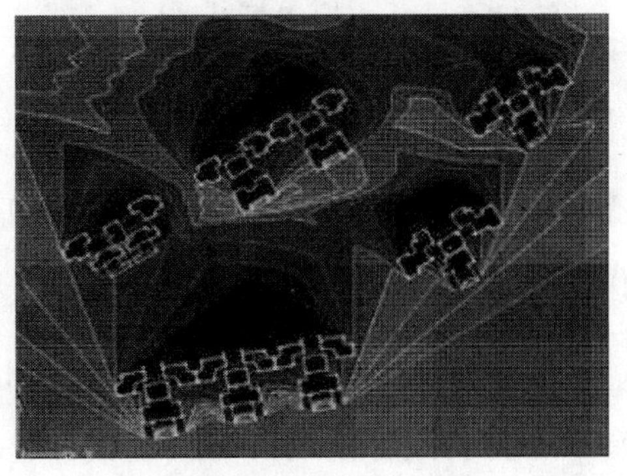

图9-28　小区日照分析图

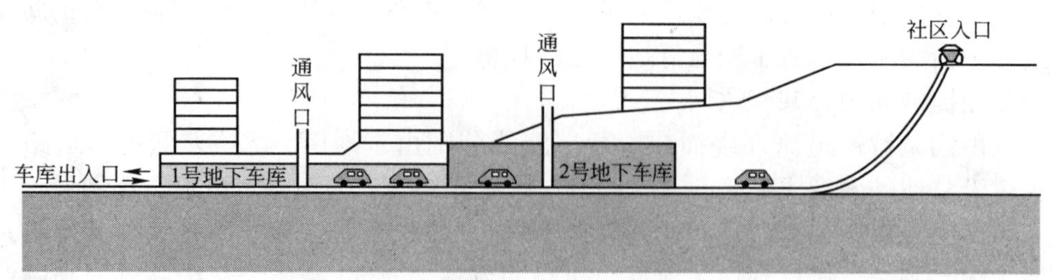

图 9-29　地下空间利用示意图

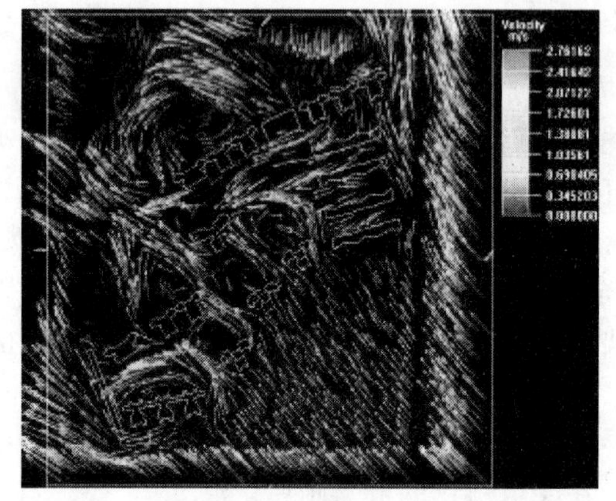

图 9-30　风速度场图

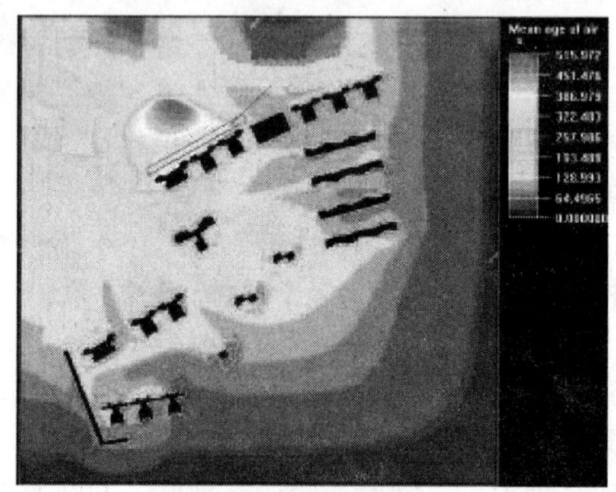

图 9-31　空气龄图

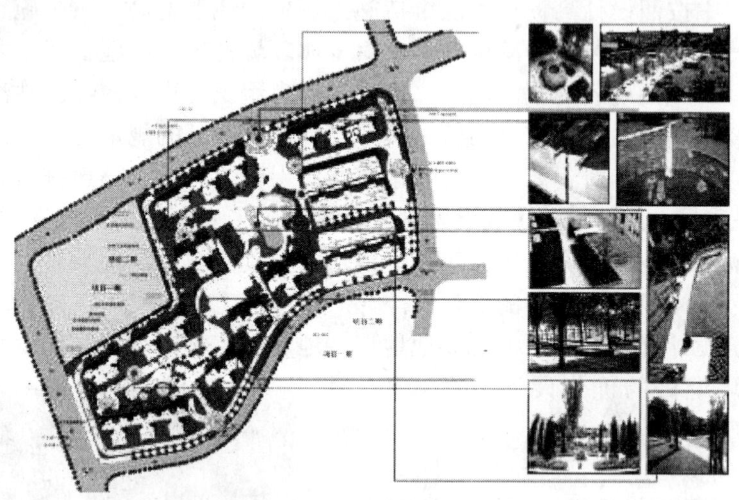

图 9-32　景观示意图

作，避免在局部产生扬尘和垃圾聚集，减弱灰尘等污染物对人和室内环境的影响，破坏小区卫生清洁环境。

优化后项目建筑物的排列遵循南小北大、南低北高的原则，建筑物主要朝向迎合当地夏季的主导风（东南风），引导空气穿越，取得了良好的自然通风效果，利于室内自然通风和提高空气质量，加快建筑外围护结构的散热速度，进而降低空调负荷。同时，东北面的

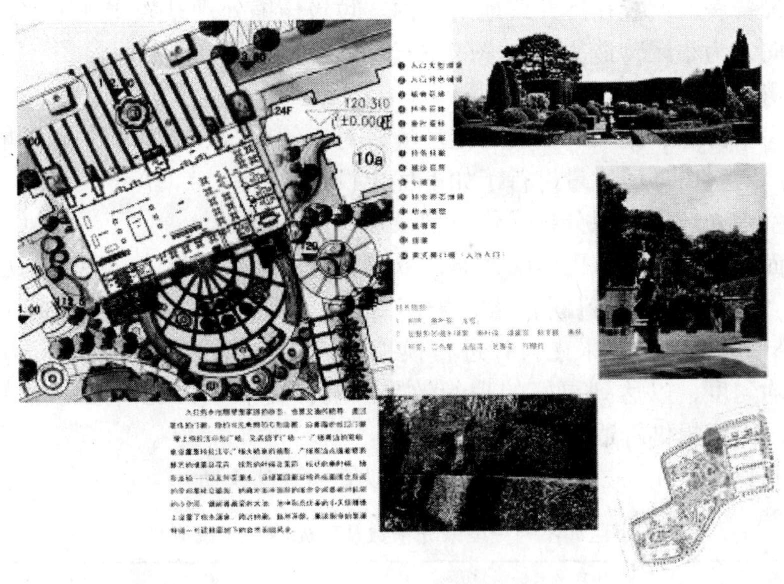

图 9-33　景观局部示意图

建筑成为冬季主导风向东北风的人工风障，又能阻挡寒冷东北风的侵袭，较好地适应了气候的变化。

2）噪声控制

小区的绿地率高，地块附近无大的噪声源；规划设计上把建筑从道路边向内退线15m，并在该区域种植大量高大乔木，起到良好的阻隔道路交通噪声的效果。通过室外噪声模拟测试，小区建筑外界噪声级满足规范要求。

3）日照分析

通过对小区的日照模拟分析，对建筑物的位置进行布置，调整其间距以达到小区的所有户型均达到1h的冬至日满窗日照标准，同时也能拥有一个良好的公共绿地日照，利于居民的室内及室外活动对日照的需求。

4）热岛效应

在绿色建筑设计方案中加大建筑间距，集中绿地，加强绿化，并采用了较大的人工水景布置(使得其与空气的热湿交换加强，有效地降低了空气的温度)。小区室外地面停车位采用植草砖，道路及景观铺地等采用新型透水材料，补充了小区的地下水量，通过这些措施有效降低小区的热岛效应。

5）地下空间利用

小区规划设计上维持了项目用地原有的地形地貌特点，建筑布局上分成东高西低三级地台，减少施工土方开挖量，并依据地势特点，设置开敞式半地下室停车场，合理利用地下空间。地下室停车率达到80%，减小了小区的地面停车数，从而增大小区的绿地面积。

小区的三个地下室都利用坡地地形在不同位置设置外窗或直接敞开进行自然通风及采光，并且结合园林设计景观式屋面通风采光井，节约了车库的通风、照明能耗。

地下室设置了社区活动用房，其中包括：棋牌室、乒乓球室、阅览室、健身房及标准地下游泳池。设备房均设置在敞开式地下室内。垃圾压缩处理站设于地下室的西北角，避免南宁主导风向，为小区营造一个洁净的空气环境。

3. 室内环境质量设计

为了提供一个舒适、健康的室内居住环境，对空气质量、声环境、光环境、通风质量进行分析优化，对室内环境质量进行了如下优化设计：

（1）通过室内光环境模拟分析优化户型设计

小区从平面设计上合理布置房间朝向，取得良好的通风和采光；卫生间均设计有自然的采光通风窗。并结合新材料新技术，采用合理、经济的遮阳技术。同时，利用 ECOTECT 软件对小区的室内自然采光设计进行模拟分析，优化调整户型，进一步优化室内采光系数、采光均匀度，以达到更好的采光效果。确保自然采光能满足室内人员作业的需求，省电节能的同时提供舒适的视觉环境。

小区最不利户型采光系数及采光均匀度模拟值如表 9-4 所示。

小区最不利户型采光系数及采光均匀度模拟 **表 9-4**

房间名称	最小采光系数 C_{min}（%）		采光均匀度	
主卧室	6.82	满足	0.79	满足
客厅	4.24	满足	0.78	满足

（2）可调节采光遮阳系统——铝合金中空玻璃内置可调百叶窗

居住空间均采用铝合金中空玻璃内置可调百窗，可调百页可以调节太阳对室内的热辐射，不仅可以减少空调能耗，还可以满足不同季节对日照的需要，以人为本，提高室内环境质量及居住舒适度。

通过采用中空玻璃内置可调百叶窗等遮阳措施后，小区住宅室内拥有舒适的自然采光，其光环境有以下优点：

1）满足室内工作照明的需要。自然光比人工照明的质量更好，有利于保护视力。

2）提供舒适的视觉环境。舒适的视觉环境还要求采光均匀度不小于 0.7，亮度对比小，避免眩光会造成注意力的分散，合理的照度及光色可以提高人的兴奋程度。

（3）隔声降噪措施

1）室外声环境：项目地块坐落于南宁市重点规划的凤岭新区，附近无大的噪声源。规划设计上建筑从道路边向内退线 15m，并在该区域种植大量高大乔木，起到优良的阻隔道路交通噪声的作用，获得较小室外噪声级，为住宅提供一个舒适的外部声环境。

2）外窗隔声性能：住宅居室采用铝合金中空玻璃内置可调百叶窗，其隔声性能达到 36dB 左右，有效阻隔室外噪声，减小室内噪声级。

3）分户墙隔声性能：采用面密度较大的砖渣砖空心砌块，其空气声计权隔声量可达到 45dB，隔声效果显著。保证卧室拥有良好的声环境，提高室内的舒适度。

4）户型设计中的减噪措施：住宅户型设计上合理布置电梯的位置，避免电梯靠近居室，且电梯机房还采用了减振措施，减少其噪声对住户的影响。住宅卫生间的排水管道采用改性聚丙烯树脂螺旋消声、塑料复合管道，配合低噪卫生设备使用，使室内噪声声级值低于 45dB，以满足室内声环境的要求。

(4) 室内自然通风优化

通过计算机通风模拟分析对小区的户型进行优化，取得了良好的自然通风效果，使建筑内部空气质量得到明显改善，在提高舒适度的同时降低空调能耗。居室拥有良好的自然通风，可在过渡季节不使用空调也能达到良好的热环境，节省空调能耗。

通过户型平面通风模拟、优化分析结果如下(见图9-34和图9-35)：

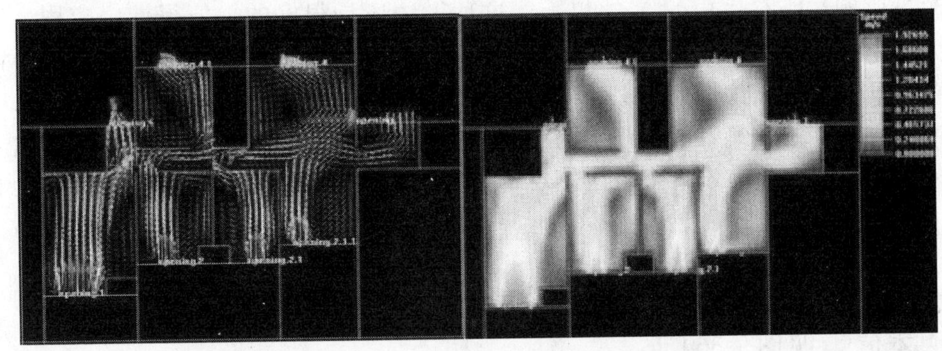

图9-34　水平方向流场分布图

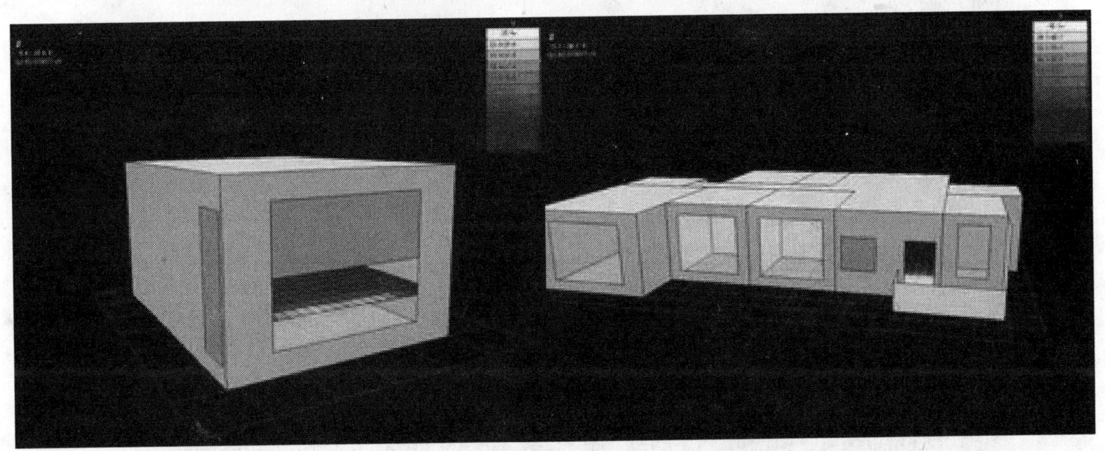

图9-35　室内光环境模拟分析图

1) 户型平面设计按尽可能有利于空气的贯穿考虑。通过合理安排室内南北向门窗的位置及大小，形成穿堂风，从而增加房间内的空气流动，利于室内换气。

2) 窗户可通风面积的大小是决定室内风速的关键，为了增强室内穿堂风的效果，户型设计上同时增大进风口和出风口。这样也有利于室内保持较为稳定的风速和均匀的流场，提高人体舒适度。

3) 户型设计上把窗口分布两侧，平面布置进深小，使进风口和出风口分布平衡，形成穿堂风。可开启面积打开1/3时可达到规范规定的室内通风换气次数。

4. 专家点评

这是一个在西南部城市——南宁地区的绿色住宅项目。该项目令人印象深刻的是采用了多种模拟手段对建筑规划布局进行了设计模拟优化，包括风环境的模拟、日照的模拟、采光的模拟、室内自然通风的模拟等。这是一种低成本的技术策略，有利于节约投资、避免技术堆砌和改善建筑质量。例如，通过自然通风的模拟，住宅外窗设计中就考虑了户型设计上把窗口分布两侧，平面布置进深小，使进风口和出风口分布平衡，形成穿堂风的做法。可开启面积也比较合理。

南方遮阳是改善室内热环境和节能的关键，这个项目为此颇为花费心思，采取了铝合金中空可调节遮阳内置的方式，这可能是当地比较超前的一种技术应用。

另外，这个项目还大胆地采用了太阳能光热建筑一体化的做法，并用空气源热泵作为补充热源，比例在所有住户的50%以上。这种做法还是很好的，值得推广应用。节能方面，甲方还是破费心思的，还考虑了节能电梯、节能灯以及在公共区域设置行为节能提示牌和屏幕显示等。未来住户使用之后的评价值得期待。

在节水方面，该建筑考虑了雨水的收集利用，并用人工湿地处理污水。

此外，在住宅的隔声设计上，也体现了较为细致的考虑，包括住宅户型设计上合理布置电梯的位置，避免电梯靠近居室，且电梯机房还采用了减振措施，减少其噪声对住户的影响。

9.2.2.4　秦皇岛“在水一方”住宅小区

1. 基本信息(见图9-36)

图9-36　小区鸟瞰图

建筑所在地	河北秦皇岛市海港区
总建筑面积	150万m^2，容积率约2.32
建筑结构	剪力墙结构
绿色增量成本	220元/m^2
建设承担单位	秦皇岛五兴房地产有限公司
设计单位	北京高能筑博建筑设计有限公司、北京中建建筑设计院有限公司、秦皇岛市建筑设计院

设计时间　　　　2006 年 11 月

项目竣工时间　　2009 年 9 月底

2. 节水与水资源利用设计

“在水一方”住宅小区将收集的屋顶及地表雨水用于绿化浇灌，同时将收集起的雨水经湿地净化用于景观水系。收集方式有：在小区人行路、停车场、景观园路采用渗水砖路面、下凹式渗透绿地、下凹式非渗透绿地、渗透沟、植物滤池、渗透井、透水管等，并建立了一座 500m^3 的雨水收集池（见图 9-37 ~ 图 9-39）。

3. 节地与室外环境设计

（1）彩色环境保障技术

整个小区绿地选用适应本地区气候的马尾拉草皮（普通地毯草），合适的草灌、乔木种植配比，使得小区的声环境、风环境和热环境达到合理要求。使每幢住宅居民都可接近绿地、看绿地、使用绿地，产生良好的生态效益，如图 9-40 所示。

（2）彩色草坪砖技术

整个小区采用透气、透水的彩色草坪砖，既可停车、行人，又可增加绿化面积，美化居住环境。

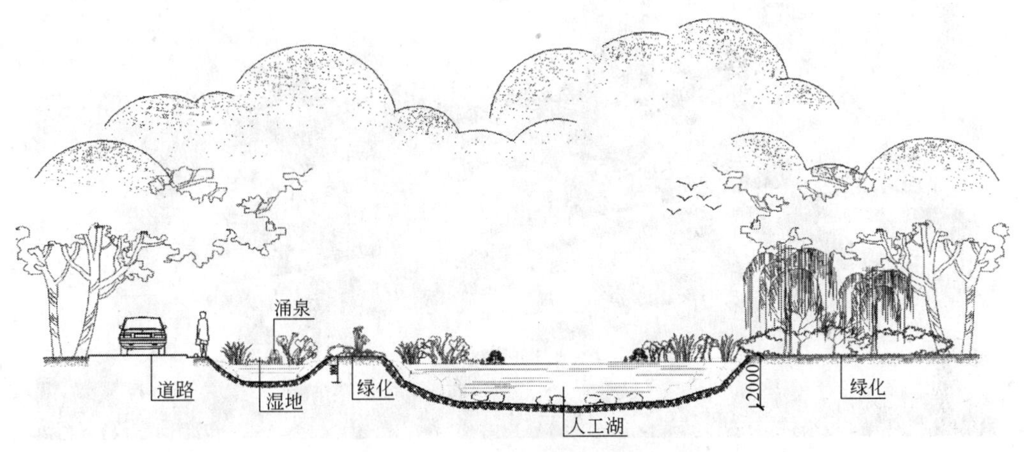

图 9-37　人工湿地与道路及湖水关系图

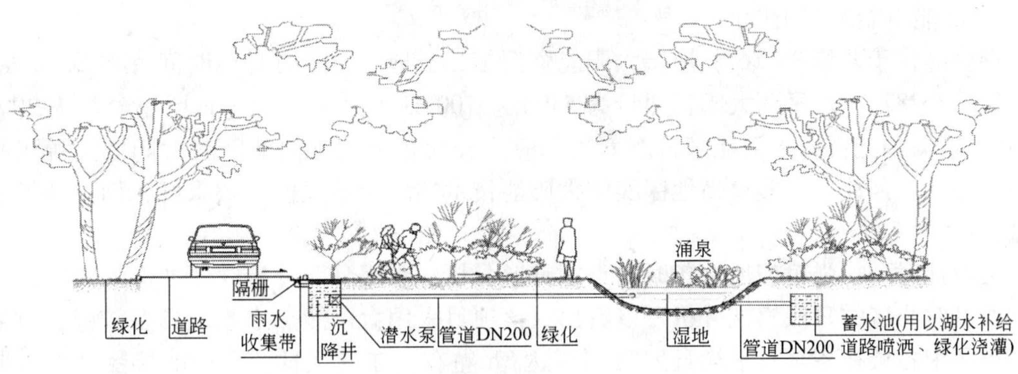

图 9-38　道路雨水回收系统剖面图

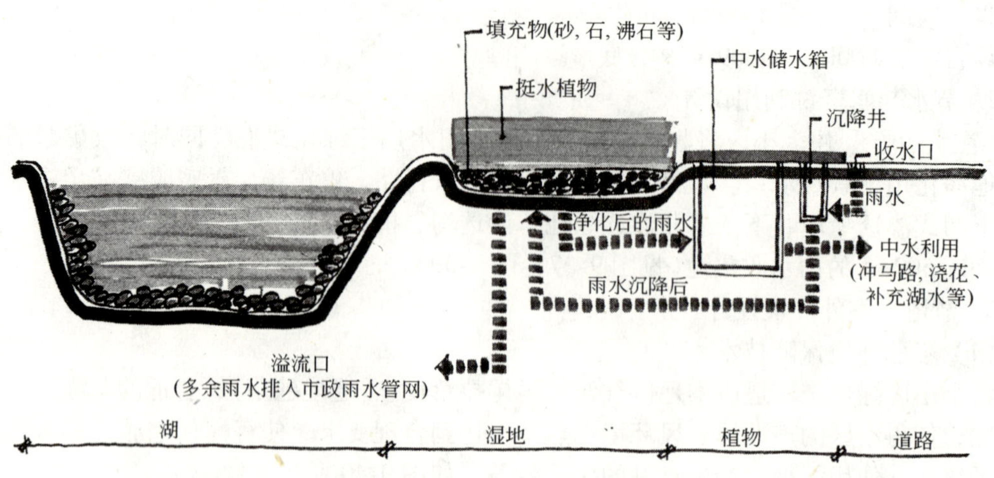

图 9-39　雨水回收系统流程图

图 9-40　景观鸟瞰图

4. 节能与能源利用设计

秦皇岛位于北纬 39°56′，属于太阳能资源带二类地区，每月日照时间皆在 200h 左右，5 月份可达 287h，水平面太阳辐照量为 5400～6700MJ/(m^2·a)，年日照小时数为 3000～3200h，属太阳能资源丰富地区，而太阳能应用较为普及的欧洲地区的太阳能资源仅相当于四类地区。因此，在秦皇岛地区实施太阳能技术的应用不仅使用效果好，而且能够节约大量能源。

在设计时，加强对当地全年时间点的日照分析，利用日照分析软件进行了分析。

通过对小区的日照模拟分析可以看出，该项目采用太阳能热水系统具备较好的日照条件。小区中各楼在冬至日平均日照时间可达 8h 左右。在夏至日各楼所能接受到的太阳能辐射日照时间超过了 10h。因此，在设计太阳能热水系统时需要做好需求负荷和供热能力的匹配。

“在水一方”住宅小区中采用太阳能热水系统，将高层建筑与太阳能一体化(见图9-41和图9-42)，利用太阳能并辅以峰谷电加热技术，即采用热管型真空管式太阳能集热器，如遇阴雨天或夜间则自动启动电加热器进行辅助加热，在全国范围内还为数不多，该系统具有以下优点：

图9-41　太阳能与建筑一体化安装实景图一

图9-42　太阳能与建筑一体化安装实景图二

(1) 集热器采用壁挂式安装，和建筑有效结合，解决了屋面集热器安装面积不足造成的难题。

(2) 太阳能集热器为闭式循环，间接换热，分户水箱，靠自来水压力供水。

(3) 减少了系统的循环管路，从而提高了集热效率，降低了使用费用。

(4) 每户一套系统，用水和用电分户计量，住户可随住随用，无计费纠纷，便于物业管理。

5. 专家点评

这是一个在可再生能源(太阳能热水建筑一体化应用)建筑应用的基础上，进一步探索绿色生态的住宅小区项目。

作为太阳能利用的二类地区，秦皇岛在水一方住宅小区将高层建筑与太阳能一体化，在全国范围内还为数不多。该系统采用热管型真空管式太阳能集热器，集热面积约1.5m^2，布置在南立面窗下，利用太阳能并辅以峰谷电加热，即如遇阴雨天或夜间则自动启动电加热器进行辅助加热。

此外，该小区在地下室光导管的利用、雨水收集利用、围护结构节能设计上也颇有示范意义。该小区将收集的屋顶及地表雨水用于绿化浇灌，同时将收集起的雨水经湿地净化用于景观水系。地下车库常年照明，能耗较高，利用白天的自然光和光导管装置，是节能的有力途径。而目前秦皇岛地区主要住宅项目设计以节能50%为主，而该项目率先在近30%的比例约19万m^2的住宅中采用了65%的节能设计标准，具有较好的示范作用。

该项目采用户式土壤源热泵+全新风+辐射空调技术，项目设计中采用了模拟技术对设计进行优化，在夏热冬冷地区住宅项目建设中具有一定的示范作用。

发展绿色建筑是贯彻“十七大”精神、落实科学发展观的具体体现，是建筑行业调整产业结构、转变增长方式、走科技含量高、经济效益好、资源消耗低、环境污染少的新型工业化道路的重要举措，是节能减排、建设“两型社会”的重要领域。从技术路线方面看，绿色建筑和建筑节能的发展道路应该选择中国特色式、普通百姓式、适用技术式，这样才能使这项工作健康发展。

9.3 绿色建筑标识制度

9.3.1 绿色建筑评价标识制度发展历程

我国的绿色建筑评价标识工作是在相关管理部门和科研机构的推动下展开的。2001年，《中国生态住宅技术评估手册》出版；2003年，《绿色奥运建筑评估体系》发布；2006年，国家科技攻关计划课题“绿色建筑规划设计导则及评估体系研究”通过验收；2006年3月，国家标准《绿色建筑评价标准》GB/T 50378—2006发布。随后，建设部组织编写了《绿色建筑评价技术细则(试行)》(建科〔2007〕205号)，从而初步形成我国绿色建筑评价技术标准体系。

2007年，建设部出台《绿色建筑评价标识管理办法(试行)》(建科〔2007〕206号)，对绿色建筑评价标识的组织管理、申报程序、监督检查等相关工作做出规定，并委托住房和城乡建设部科技发展促进中心制定实施细则，负责绿色建筑评价标识的具体组织实施等日常管理工作，并接受住房和城乡建设部的监督与管理。住房和城乡建设部科技发展促进中心随后发布了《绿色建筑评价标识实施细则(试行)》，并于2007年11月发文[《关于组织申报“绿色建筑评价标识”的通知》(建科工〔2007〕131号)]，开始开展住宅建筑和公共建筑申报绿色建筑评价标识的相关工作。

为了进一步加强和规范绿色建筑评价工作，引导绿色建筑健康发展，由住房和城乡建设部科技发展促进中心与绿色建筑专委会共同组织成立的绿色建筑评价标识管理办公室(以下简称“绿标办”)于2008年4月14日正式成立。绿标办设在住房和城乡建设部科技发展促进中心，成员单位有中国建筑科学研究院、上海市建筑科学研究院、深圳市建筑科学研究院、清华大学、同济大学等，绿标办主要负责绿色建筑评价标识的管理工作，受理三星级绿色建筑评价标识，指导一、二星级绿色建筑评价标识活动。绿标办随后开展了数批绿色建筑评价标识工作，并根据标识工作实践，对相关管理制度和评价技术标准体系进行了完善或修订，发布了《绿色建筑评价标识实施细则(试行修订)》(建科综〔2008〕61号)、《绿色建筑评价标识使用规定(试行)》(建科综〔2008〕61号)、《绿色建筑评价标识专家委员会工作规程(试行)》(建科综〔2008〕61号)等评价管理文件，并报住房和城乡建设部发布了《绿色建筑评价技术细则补充说明(规划设计部分)》(建科〔2008〕113号)、《绿色建筑评价技术细则补充说明(运行使用部分)》(建科函〔2009〕235号)等评价技术标准体系文件(见图9-43)。

为充分发挥和调动各地发展绿色建筑事业的积极性，鼓励各地开展绿色建筑评价标识工作，促进绿色建筑在全国范围内快速健康发展，住房和城乡建设部于2009年6月发布《一二星级绿色建筑评价标识管理办法(试行)》(建科〔2009〕109号)，明确了对于具备一定绿色建筑发展基础和条件的地区，经申请审批通过后，可以开展本地区一、二星级绿色建筑评价标识工作。为加强地方绿色建筑评价标识能力建设，确保标识项目质量，根据《一二星级绿色建筑评价标识管理办法(试行)》(建科〔2009〕109号)，住房和城乡建设

图 9-43　绿色建筑评价技术体系

注：从左到右：标准、技术细则、规划设计补充说明、运行使用补充说明。

部科技发展促进中心发布了《关于开展一二星级绿色建筑评价标识培训考核工作的通知》(建科综〔2009〕31 号)，并陆续组织开展了针对多个地区相关管理和评审人员的培训考核工作。

为加快推进绿色建筑评价标识工作，住房和城乡建设部于 2009 年 9 月批准中国城市科学研究会可以开展绿色建筑评价标识工作，中国城市科学研究会成立了中国城市科学研究会绿色建筑研究中心，专门负责相关工作。

经过近三年的努力，绿色建筑评价标识工作从无到有，评价标识管理制度体系和技术标准体系逐步完善，标识项目从零星到目前已初具规模效应并仍在迅速扩充，可以预见，在相关管理机构、科研技术单位、房产开发单位以及社会公众各方的共同努力下，“千军万马促绿建”的场景将指日可待。

目前，已初步形成了以绿色建筑评价技术体系为基础、评价管理制度和评价配套体系为支撑的绿色建筑评价工作机制，各部分主要组成如下：

1. 绿色建筑评价标识管理制度体系

(1)《绿色建筑评价标识管理办法(试行)》(建科〔2007〕206 号)；

(2)《绿色建筑评价标识实施细则(试行修订)》(建科综〔2008〕61 号)；

(3)《绿色建筑评价标识使用规定(试行)》(建科综〔2008〕61 号)；

(4)《绿色建筑评价标识专家委员会工作规程(试行)》(建科综〔2008〕61 号)；

(5)《一二星级绿色建筑评价标识管理办法(试行)》(建科〔2009〕109 号)；

(6)《关于开展一二星级绿色建筑评价标识培训考核工作的通知》(建科综〔2009〕31 号)。

2. 绿色建筑评价标识技术标准体系

(1)《绿色建筑评价标准》GB/T 50378—2006；

(2)《绿色建筑评价技术细则(试行)》(建科〔2007〕205 号)；

(3)《绿色建筑评价技术细则补充说明(规划设计部分)》(建科〔2008〕113 号)；

(4)《绿色建筑评价技术细则补充说明(运行使用部分)》(建科函〔2009〕235 号)。

3. 绿色建筑评价标识配套体系

(1) 专家库建设；

(2) 网络建设(绿色建筑评价标识网站和申报系统)。

9.3.2 绿色建筑评价标识工作实践

绿色建筑评价标识工作从2008年开始，截至2010年9月，已评出60项获得星级标识的绿色建筑，其中公共建筑30项、住宅建筑30项，一星级项目13项、二星级项目23项、三星级项目24项，其中获得“绿色建筑设计评价标识”的建筑项目57项，运行后获得“绿色建筑评价标识”的建筑项目3项(见图9-44和图9-45)。

图9-44　2009年度第一、四批“绿色建筑设计评价标识”专家评审会

图9-45　2009年度第一批运行阶段的“绿色建筑评价标识”专家现场评审会

在绿色建筑评价标识网络平台建设方面，住房和城乡建设部科技发展促进中心开设了绿色建筑评价标识网站(www.cngb.org.cn)，设置了标识制度、标识新闻、标识项目介绍、公示公告、地方标识、常见问题解答、常用下载、标识交流等栏目，以便于绿色建筑评价标识工作通过网络途径的宣传推广；搭建了“绿色建筑评价标识申报评价管理系统”，实现网上申报、进度管理、自评估、专业评价、专家评审等功能(见图9-46)。网络平台的建设，方便了全国范围内的信息交流，也为标识项目的申报和评价提供了便利。

在地方绿色建筑评价标识工作方面，住房和城乡建设部通过组织地方推进会，协助地方开展一二星级绿色建筑评价标识工作。截至2010年7月，已有浙江省、江苏省、辽宁省、山东省、河北省、四川省、福建省、宁夏回族自治区、新疆维吾尔自治区、广西壮族自治区、上海市、深圳市、大连市、厦门市、天津市、湖北省、陕西省、湖南省、青岛市

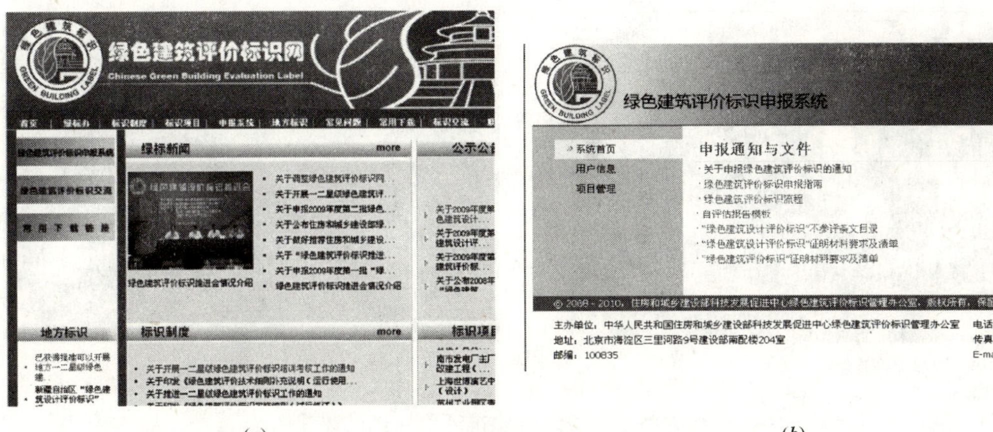

(*a*) (*b*)

图 9-46 绿色建筑评价标识网络平台建设

(*a*)绿色建筑评价标识网站；(*b*)绿色建筑评价标识申报系统

共 19 个省市建立了地方管理机构，并获准开展地方一二星级绿色建筑评价标识工作。住房和城乡建设部科技发展促进中心从 2009 年开始开展地方标识培训工作，先后在上海、山东、宁夏、江苏、河北、广西、厦门、辽宁、陕西等地召开培训会，完成了针对当地管理人员、评审专家、专业评价人员、房地产商、设计和科研人员等 980 余人的培训工作（见表 9-5）；协助上海市、浙江省、新疆维吾尔自治区、宁夏回族自治区、江苏省和厦门市开展所辖地区一二星级绿色建筑评价标识项目试评工作（见图 9-47），试评地方"一二星级绿色建筑评价标识"项目 14 项。此外，为配合培训工作，住房和城乡建设部科技发展促进中心组织具有丰富评审经验的专家编写了《绿色建筑评价标识培训讲义》，并在实践中逐渐完善，于 2010 年 3 月正式出版了《绿色建筑评价技术指南》（见图 9-48），保证培训工作规范开展。

培训考核人数统计（截至 2010 年 9 月 30 日） **表 9-5**

序号	省市	培训时间	培训人数（余人）	考核人员（人）		
				管理人员	评审专家	专业人员
1	上海市	2009. 12. 28	100	6	19	46
2	山东省	2010. 1. 26	120	5	27	—
3	宁夏回族自治区	2010. 4. 8	100	15	30	—
4	江苏省	2010. 4. 21 ~ 22	110	5	35	15
5	河北省	2010. 4. 28 ~ 29	120	10	40	30
6	广西壮族自治区	2010. 5. 26 ~ 27	120	10	30	30
7	厦门市	2010. 7. 1 ~ 2	100	5	30	30
8	辽宁省	2010. 8. 26 ~ 27	110	5	30	20
9	陕西省	2010. 9. 2	120	5	40	30
合计			1000	66	281	201

(*a*)

(*b*)

图 9-47　地方一二星级绿色建筑评价标识试评工作

(*a*)上海市试评会；(*b*)浙江省试评会

(*a*)

(*b*)

(*c*)

图 9-48　《绿色建筑评价标识培训讲义》和《绿色建筑评价技术指南》

(*a*)培训讲义第一版；(*b*)培训讲义第二版；(*c*)评价技术指南

9.4　绿色建筑机构建设

1. 管理部门引导，产学研相结合

我国绿色建筑产业发展至今，遵循的是管理部门引导、产学研相结合的发展模式。从管理部门来讲，涉及绿色建筑的机构主要包含于建设管理和环境保护管理的相关部门中，这些部门主要负责组织制定和落实相关政策标准，引导和激励绿色建筑产业发展。我国绿色建筑发展初期还主要借助于高校、科研院所等的推动，借鉴国外已有的先进经验，倡导并研究适合我国国情的绿色建筑。随着绿色建筑理念逐渐被公众所知晓，在节能环保的严峻形势和相关管理部门的政策引导下，相关技术、产品公司和房地产开发单位开始将注意力逐渐转向绿色建筑，产学研相结合，科学合理、因地制宜、整合型的绿色建筑产业正在逐步形成，绿色建筑事业得以持续发展。

2. 中央地方联合，推动绿色建筑全面发展

在绿色建筑发展过程中，中央指导地方，地方支持中央，联合推动绿色建筑全面发展。在地方建设主管部门、地方高校和科研院所中，如北京、上海、重庆、深圳等地，相继开展了70余项地方绿色建筑推广工作，包括制定地方绿色建筑设计导则、地方绿色建筑标准和地方绿色建筑评价标准、设立地方组织机构等，这些地方机构着力于推动绿色建筑发展的工作，大大加快了绿色建筑在全国范围的普及。

3. 专业学组研讨，推动绿色建筑深入发展

在国家专项科技课题的支撑或相关机构自发组织下，各类绿色建筑科研机构相互交流，联合研讨，有力推动绿色建筑深入发展。例如，“十五”国家科技重大攻关项目“绿色建筑关键技术研究”、“十一五”国家科技支撑计划重点项目“现代建筑设计与施工关键技术研究”、国家科技攻关计划课题“绿色建筑规划设计导则及评估体系研究”等的开展，都卓有成效地推动了绿色建筑在我国的深入发展。又比如中国城市科学研究会绿色建筑与节能专业委员会成立了绿色建筑规划和设计、绿色建筑理论与实践、绿色技术、绿色施工、绿色人文、绿色智能、绿色工业建筑、绿色公共建筑、绿色建材、绿色产业和绿色建筑结构等多个学组，开展绿色建筑相关研讨与宣传活动。

9.5 绿色建筑大会

2005年3月，首届国际智能与绿色建筑技术研讨会在北京召开，自此形成年度会议，至2010年3月已是第6届，对于节能与绿色建筑的宣传和推广起到了很好的桥梁和纽带作用。

2005年3月28~30日，首届国际智能与绿色建筑技术研讨会暨首届国际智能与绿色建筑技术与产品展览会在北京国际会议中心举行，这是智能与绿色建筑领域首次在中国举办的国际盛会，其目的是要为世界最大的中国建筑市场，构建一个高质量、高水平的国际交流平台，加快推进中国智能与绿色建筑技术发展，进一步提升国际智能与绿色建筑的整体水平，进而为中国和世界的可持续发展做出贡献。国务院副总理曾培炎发来贺信，指出要“按照全面落实科学发展观的要求，加快推进科技进步，大力发展节能省地型建筑。在建筑的施工和使用全过程中，高效率地利用能源资源，更好地保护生态环境，努力为人们提供健康、舒适、安全的居住工作环境”；同时，“希望中国的建筑师与世界各国同行加强交流与合作，共同推动人类建筑向智能便捷、节能生态、绿色环保的方向阔步前进”。建设部汪光焘部长、仇保兴副部长，科技部刘燕华副部长，信息产业部和一些国外的政府及机构代表等出席本次会议并讲话。研讨会共安排了2个综合论坛和6个分论坛，来自国内外的70余名政府官员、专家学者和企业界人士发表演讲，大约1500余名来自国内外智能与绿色建筑领域的政府官员、企业家、专家和学者参加了此次会议，这不仅对中国的智能与绿色建筑发展有着积极的促进作用，而且对全球的可持续发展也将产生深远的影响。

2006年3月28~30日，第二届国际智能、绿色建筑与建筑节能大会暨新技术与产品博览会在北京召开，国务院副总理曾培炎出席开幕式并讲话。建设部部长汪光焘以及英国王室约克公爵、英国国际贸易和投资特别代表安德鲁王子也在开幕式上发表了演讲。曾培

炎副总理在讲话中提出，为全面贯彻落实科学发展观，加快建设资源节约型、环境友好型社会，实现新的五年规划确定的到2010年的节能目标，中国将加强政策引导和法制建设，积极推行绿色建筑标准，大力发展节能省地型建筑。汪光焘部长在致辞中提出，大力发展节能省地型建筑，建设资源节约型社会。仇保兴副部长在演讲时提出了建立建筑发展观的创新、能源利用种类和模式的创新、建筑技术的创新、建筑开发运行方式的创新以及政府管理制度的创新等五大创新体系，促进绿色建筑发展。科技部副部长尚勇在致辞中提出，在“十一五”期间，科学技术部将会同建设部、发改委各部门，继续对建筑节能、节水、节材、建筑环境等绿色建筑方面的技术给予支持。研讨会共安排了1个综合论坛和8个分论坛，在大会上发表演讲的国内外专家总人数将近70人，接近20个国家派出部长级官员和相关组织的负责人参加了大会，参会总人数超过了2000人。

2007年3月26～28日，第三届国际智能、绿色建筑与建筑节能大会暨新技术与产品博览会在北京召开，中共中央政治局委员、国务院副总理曾培炎为大会发来贺信，强调要完善政策法规，推行绿色建筑标准和节能改造，降低建筑能耗，努力实现建筑业可持续发展。研讨会共安排了1个综合论坛和8个分论坛，在大会上发表演讲的国内外专家总人数超过90人，参加本次会议的人员约2000人。

2008年3月31日～4月2日，第四届国际智能、绿色建筑与建筑节能大会暨新技术与产品博览会在北京召开，此次大会主题为“推广绿色建筑，促进节能减排”，大会加强了中国与国外建筑节能理念与技术的交流与合作，推进中国绿色智能与节能建筑健康发展，有助于进一步提高全社会建筑节能、绿色建筑的意识。本届大会和前几届相比有几个不同的特点：一是会议规模扩大；二是会议除原有十个专题以外，增加既有建筑节能改造工程示范、可再生能源在工程中利用、大型公共建筑的节能运行等新专题；三是参与的厂家、企业、研究机构更加广泛，主要发达国家，也就是建筑节能先行的国家，都有代表团或企业参展；四是会议内容更加务实，如可再生能源示范工程实例的展出。仇保兴副部长在会上作专题演讲，主要交流在建筑节能和绿色建筑发展过程中三件重大事情：第一要有行政手段来进行专项检查；第二要用行政与市场的办法进行建筑物的评估并进行能效等级与绿色建筑等级评估工作；第三启动市场机制，调动千军万马的力量发展绿色建筑和建筑节能工作。另外，仇保兴副部长还主要通告了建筑节能检查结果和存在的问题，讲解了建筑能效测评标识和绿色建筑评价标识的关系。研讨会安排了1个综合论坛和12个分论坛，发表演讲的国内外专家总人数约130人，参会人员约2500人。

2009年3月27～29日，第五届国际智能、绿色建筑与建筑节能大会暨新技术与产品博览会在北京召开，本届大会以“贯彻落实科学发展观，加快推进建筑节能”为主题，共设立“绿色建筑理论、方法和实践”、“绿色建筑与智能化”、“绿色建筑生态专项技术”、“绿色建筑与绿色建材”、“绿色建筑与住宅房地产业健康发展”、“既有建筑节能改造的工程实践”、“可再生能源在建筑上的应用与工程实践”、“大型公共建筑的节能运行、监管与节能服务市场”、“供热体制改革与建筑节能”、“新型外墙保温材料与技术”、“绿色建筑评价与标识”等十余个专题。全国人大常务委员会副委员长韩启德出席大会并作了《绿色建筑大会为建筑领域节能减排提供平台》的演讲，提出“建筑领域应该继续加强建筑节能与绿色建筑工作，率先走出一条符合中国国情的低碳发展道路”。研讨会共安排了1个综合论坛和14个分论坛，发表演讲的国内外专家总人数超过130人。

2010年3月29～31日，第六届国际绿色建筑与建筑节能大会暨新技术与产品博览会在北京召开，全国人大常委会副委员长、中国科协主席、九三学社中央主席韩启德，住房和城乡建设部部长姜伟新等出席开幕式，住房和城乡建设部副部长仇保兴主持开幕式。韩启德指出，我们要将推进建筑节能与发展绿色建筑作为加快建筑产业发展方式转变的突破口和重要抓手，立足国情，考虑长远，统筹规划城镇和区域的总体布局，努力降低建筑建造和使用过程中的能源资源消耗。从规划、标准、建设、运行、科技、政策以及产业化等方面综合研究，创新发展体制机制，引导建筑节能、绿色建筑稳固健康发展。要建立有效的政府激励和约束机制，完善推动绿色建筑政策标准体系，完善绿色建筑技术体系，探索适合国情的低碳生态城市建设发展模式。要进一步建立和完善绿色建筑标准规范和评价体系，推进绿色建筑评价标识制度。要大力培育绿色建筑产业，从绿色建筑的规划、设计、建造、运行管理全寿命周期培育和普及绿色建筑的发展，形成与之相应的市场环境、投融资机制，带动绿色建材、节能环保和可再生能源等相关产业的发展。大会围绕“加快可再生能源应用，推动绿色建筑发展”的主题，安排了1个综合论坛和24个分论坛，约200余名专家学者发表演讲，有2600多名中外人士参会。与前五届相比，本届大会具有内容与时俱进、学术水平更高、嘉宾规模更大、参展范围更广、影响力更大、更持久的特点。

从这几届智能、绿色建筑与建筑节能大会的召开情况来看，大会在会议内容上与时俱进，在学术水平、会议规模以及影响力方面都在逐渐增强（见图9-49），对于我国乃至世界的节能与绿色建筑的宣传和推广都起到了很好的桥梁和纽带作用。

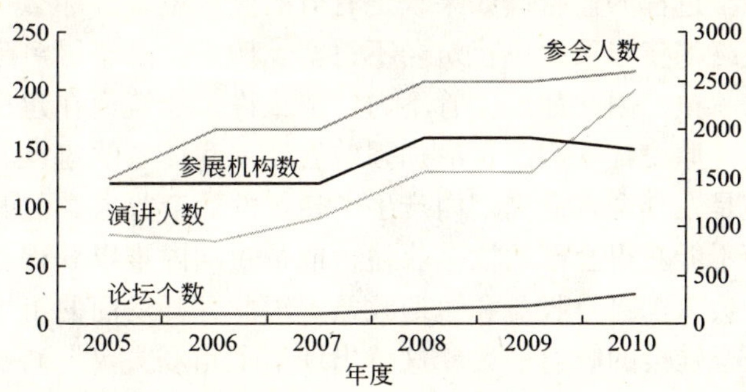

图9-49　智能、绿色建筑与建筑节能大会数据统计（2005～2010年度）

9.6　绿色建筑发展问题分析与展望

我国绿色建筑发展迅速，但在迅速发展的过程中也逐渐显现出一些问题，需要在后续工作中重点关注并逐步解决。

1. 社会：对绿色建筑认识不足

我国绿色建筑事业虽在近年来迅速发展，但其社会普及度仍不尽如人意，全社会没有充分认识到绿色建筑的意义，缺乏对绿色建筑深层含义的理解，缺乏建设及推广绿色建筑的基本知识和主动意识，并且对绿色建筑的认识还存在诸如绿色建筑是高成本建筑、是呆板建筑、是绿化建筑、是复杂高科技建筑等误区。因此，应继续加大绿色建筑公众宣传力度。

2. 市场：供给与需求的脱节

绿色建筑不仅可以让入住者享受更健康、适用的生活条件，而且有利于保护生态环境、节约资源能源。因此，绿色建筑作为未来建筑的趋势应越来越受到消费者的青睐。然而由于公众缺乏对绿色建筑的认同、开发商为获利故意炒作、伪绿色建筑错误引导、绿色建筑技术冷拼、成本过高等原因，造成供给与需求脱节，阻碍绿色建筑发展。因此，应加强公众宣传及政策扶持引导。

3. 技术体系：缺乏完善精细的技术支撑体系

绿色建筑是一个复杂的系统工程，具有跨专业、多层次和多阶段的特点，强调多学科配合和因地制宜。因此，需要针对不同地域和气候特点、不同资源条件、不同社会经济文化状况，研究整合精细化的适宜技术组合，建立起相应的技术支撑体系。

4. 评价体系：相关评价体系有待完善

现行绿色建筑评价体系存在的问题主要有：一是纵向扩展性不强，现行评价体系采用的评价方式无法涵盖日新月异的新技术；二是横向扩展性不强，现行评价体系中的很多定量指标很难针对不同气候区、不同经济条件和不同地区资源条件下的不同建筑类型做到“因地制宜”；三是“全程控制”不到位，现行评价体系很难从“全寿命周期、全过程控制”的角度判断是否符合绿色建筑的要求；四是部分评价指标的科学性和可操作性有待进一步提高。因此，应针对上述问题，研究建立科学完善的评价体系。

5. 政策：缺乏有效的监管、强制或激励政策

绿色建筑应注意全过程的监管，如果缺乏有效的监管系统，那么在任何一环未实行绿色建筑建设原则，最终都将导致绿色建筑名不符实。例如，由于绿色建筑的初始投入成本主要由建筑开发商来承担，因此如果监管不力，那么许多建筑商在建房过程中就可能为节省成本而偷工减料改变原设计。因此，应加强监管制度和体系的建设。

另外，绿色建筑是在其全寿命周期内产生了良好的社会收益，但其建造成本可能会比普通建筑高，开发商不能获得全部的社会收益，或是短期内难以获得较大收益，而单纯市场行为更多的情况下会追求自身收益和短期收益。因此，开发商的市场行为会限制绿色建筑的产量，无法保证全社会的收益最大，这就出现了“市场失灵”现象。这种情况下，就需要必要的强制或激励政策的规范和引导。

综上所述，从20世纪90年代起，在建筑节能工作的基础上，借鉴国内外先进经验并结合国情，我国绿色建筑事业得以迅速发展，绿色建筑相关的管理制度、技术体系、评价体系得以不断完善，绿色建筑宣传和推广力度逐渐加大，绿色建筑逐渐为公众所认知和接受，绿色建筑实践逐渐丰富和普及。虽然目前阶段绿色建筑的发展还存在着这样或那样的一些问题，但可以预见，在相关管理机构、科研技术单位、房产开发单位以及社会公众各方的共同努力下，“千军万马促绿建”的场景将指日可待。

第10章　建筑节能大事记

10.1　建筑节能10年大事记

2010年5月

住房和城乡建设部印发《关于进一步加大工作力度确保完成“十一五”建筑节能任务的通知》（建科〔2010〕73号）。

该通知要求各省、自治区住房和城乡建设厅，直辖市建委（建设交通委），新疆生产建设兵团建设局进一步加大工作力度，确保2010年完成北方采暖地区既有居住建筑供热计量及节能改造5000万m^2，“十一五”期间完成1.5亿m^2改造任务；开展酒店、商场、办公楼等公共场所空调温度检查，夏季空调温度设置不低于26℃；推进国家机关办公建筑和大型公共建筑节能监管体系建设和节约型示范高校建设；进一步加大建筑节能宣传力度；进一步明确建筑节能目标责任。

住房和城乡建设部印发《村镇宜居型住宅技术推广目录》和《既有建筑节能改造技术推广目录》。

为促进科技成果转化，发挥科技在新农村建设和既有建筑节能改造中的支撑作用，住房和城乡建设部与科技部联合开展了村镇宜居型住宅技术和既有建筑节能改造技术的申报、评审遴选工作，完成《村镇宜居型住宅技术推广目录》（77项）和《既有建筑节能改造技术推广目录》（68项）。

2010年4月

住房和城乡建设部、财政部组织开展太阳能光电建筑应用示范项目。

2010年3月

“第六届国际绿色建筑与建筑节能大会暨新技术与产品博览会”于2010年3月29~31日在北京召开。本届大会的主题是“加快可再生能源应用，推动绿色建筑发展”。

住房和城乡建设部印发《民用建筑能耗和节能信息统计报表制度》。

为全面掌握我国建筑能耗实际状况，加强建筑节能的管理，经国家统计局批准，在组织试行民用建筑能耗统计工作基础上，住房和城乡建设部组织制定并印发了《民用建筑能耗和节能信息统计报表制度》。

2009年12月

住房和城乡建设部开展2009年住房城乡建设领域节能减排专项监督检查。

为督促各地贯彻落实《民用建筑节能条例》及国家建筑节能有关规定，督促各地按要求完成“十一五”住房城乡建设领域节能减排工作任务，总结推广各地推进节能减排工作经验和做法，及时发现问题并提出改进措施。2009年12月中旬，住房和城乡建设部组成

9 个检查组，对除四川省、新疆以及西藏自治区外，其他省、自治区、直辖市(包括 4 个直辖市、5 个计划单列市、各省会、自治区首府城市，以及抽查的各省、自治区的 1 个地级市、1 个县)的建筑节能、供热计量改革及城镇污水处理、生活垃圾处理设施建设运行管理等国务院节能减排工作任务进行了专项监督检查。

住房和城乡建设部印发《北方采暖地区既有居住建筑供热计量及节能改造项目验收办法》。

为落实《国务院关于印发节能减排综合性工作方案的通知》(国发〔2007〕15 号)要求，指导北方采暖地区做好既有居住建筑供热计量及节能改造工作，住房和城乡建设部制定并印发了《北方采暖地区既有居住建筑供热计量及节能改造项目验收办法》。

2009 年 7 月

财政部、住房和城乡建设部推进“可再生能源建筑应用城市示范”和“农村地区可再生能源建筑应用”的实施。

根据《可再生能源法》，为落实国务院节能减排战略部署，加快发展新能源与节能环保新兴产业，深入推进建筑节能工作，财政部、住房和城乡建设部组织开展了可再生能源建筑应用城市示范工作，和以县为单位开展实施农村地区可再生能源建筑应用的示范推广。为指导开展示范推广工作，住房和城乡建设部、财政部制定印发了《可再生能源建筑应用城市示范实施方案》和《加快推进农村地区可再生能源建筑应用的实施方案》。

2008 年 10 月

住房和城乡建设部印发了《关于推进一二星级绿色建筑评价标识工作的通知》。

该通知明确了有一定的发展绿色建筑工作基础，依据《绿色建筑评价标准》制定出台了当地绿色建筑评价相关标准的省、自治区、直辖市、计划单列市，均可开展本地区一、二星级绿色建筑评价标识工作；明确了住房和城乡建设部科技发展促进中心承担全国绿色建筑评价标识的日常管理和三星级绿色建筑评价标识的评审组织工作，规范了绿色建筑评价标识的标志和证书、地方绿色建筑评价标识管理工作的程序和机构要求。

同期，住房和城乡建设部建筑节能与科技司、科技发展促进中心组织召开了“绿色建筑评价标识推进会”。会议明确了加快发展绿色建筑工作思路，研究部署各地开展一、二星级绿色建筑评价标识工作；对地方绿色建筑评价标识相关人员进行培训；开展绿色建筑评价标识典型案例介绍。

2008 年 12 月

住房和城乡建设部开展2008 年度建设领域节能减排监督检查工作。

为进一步增强各地对建设领域节能减排工作重要性和紧迫性的认识，督促各地贯彻落实《民用建筑节能条例》及国家建筑节能有关规定，认真完成“十一五”期间建设领域节能减排工作的部署和要求，总结推广各地在推进节能减排工作中的经验和做法，及时发现存在的问题并提出改进措施。2008 年 12 月中下旬，住房和城乡建设部组成 9 个检查组，对除受 5. 12 汶川地震影响的四川省、甘肃省、陕西省以及西藏自治区之外，其他省、自治区、直辖市(包括：4 个直辖市、5 个计划单列市、各省会、自治区首府城市以及抽查的各省、自治区的 1 个地级市，共计 55 个城市)的建筑节能、供热计量改革及城镇污水处理、生活垃圾处理设施建设运行管理等建设领域节能减排专项监督检查内容进行检查。

2008 年 10 月

住房和城乡建设部科技发展促进中心开展“绿色建筑评价标识”实施工作。

为规范和加强对绿色建筑评价标识工作的管理，根据《绿色建筑评价标识管理办法（试行）》（建科〔2007〕206号），由住房和城乡建设部科技发展促进中心组织修订了《绿色建筑评价标识实施细则（试行）》，编制印发了《绿色建筑评价标识使用规定（试行）》和《绿色建筑评价标识专家委员会工作规程（试行）》，并组织开展了“绿色建筑设计评价标识”和“绿色建筑评价标识”申报工作。

《公共机构节能条例》和《民用建筑节能条例》经国务院第18次常务会议通过颁布，自2008年10月1日起施行。

2008年7月

住房和城乡建设部组织编制印发了《〈北方采暖地区既有居住建筑供热计量及节能改造技术导则〉（试行）》、《民用建筑节能信息公示办法》、《〈绿色建筑评价技术细则补充说明〉（规划设计部分）》。

2008年5月

住房和城乡建设部、财政部印发《关于推进北方采暖地区既有居住建筑供热计量及节能改造工作的实施意见》。

住房和城乡建设部、教育部印发《关于推进高等学校节约型校园建设进一步加强高等学校节能节水工作的意见》和《高等学校节约型校园建设管理与技术导则（试行）》。

2008年4月

住房和城乡建设部试行民用建筑能效测评标识制度。

为落实《国务院关于印发节能减排综合性工作方案的通知》（国发〔2007〕15号）提出的“实施建筑能效专项测评”的工作任务，住房和城乡建设部组织制定了《民用建筑能效测评标识管理暂行办法》、《民用建筑能效测评机构管理暂行办法》，并在北京市、天津市、上海市、重庆市、江苏省、浙江省、河南省、四川省、黑龙江省、甘肃省、广东省、南京市、杭州市、郑州市、成都市、哈尔滨市、兰州市、深圳市等部分有工作基础的省市以及部分项目试行。

2008年3月

建设部、科技部、国家发展和改革委员会、国家环境保护总局、财政部于2008年3月31日~4月2日在北京共同举办“第四届国际智能、绿色建筑与建筑节能大会暨新技术与产品博览会”。本次会议重点交流国内外智能、绿色建筑与建筑节能的最新成果、发展趋势、成功案例，研讨智能、绿色建筑与建筑节能技术标准、政策措施、评价体系、节能检测，分享国际国内发展智能、绿色建筑与建筑节能工作新经验，促进建设领域节能减排与绿色建筑的科技创新和智能、绿色建筑与建筑节能的开展。

2007年12月

建设部开展2007年全国建设领域节能减排专项监督检查建筑节能工作。

根据《国务院关于印发节能减排综合性工作方案的通知》（国发〔2007〕15号）和《国务院批转节能减排统计监测及考核实施方案和办法的通知》（国发〔2007〕36号）精神，2007年12月16~29日，建设部组织对全国建筑节能工作进行了检查，检查范围包括全国30个省、自治区（西藏除外）、直辖市，5个计划单列市，26个省会（自治区首府）城市和26个地级城市，并抽查了工程建设项目的施工图设计文件和在建工程的施工现场。

本次检查按照比较详细的考核指标，对受检地区建筑节能总体推进情况和重要专项工作进行了评价。对检查中发现的45个违反建筑节能标准强制性条文的工程项目下发了执法建议书。

2007年11月

建设部组织相关单位编制印发了《〈绿色建筑评价技术细则〉(试行)》和《国家机关办公建筑和大型公共建筑能源审计导则》。

2007年10月

《中华人民共和国节约能源法》经第十届全国人民代表大会常务委员会第三十次会议修订通过颁布，自2008年4月1日起施行。

财政部制定印发了《国家机关办公建筑和大型公共建筑节能专项资金管理暂行办法》。建设部、财政部联合印发了《关于加强国家机关办公建筑和大型公共建筑节能管理工作的实施意见》。

2007年9月

建设部印发了《建设部“十一五”可再生能源建筑应用技术目录》。

该目录旨在推进“十一五”期间可再生能源在建筑中的应用，引导可再生能源在建筑中应用的技术发展，加强对建设部、财政部可再生能源建筑应用示范项目的技术支撑，促进各地结合本地区情况，做好相关技术在可再生能源建筑应用示范项目中的推广应用工作。

2007年8月

建设部编制印发《绿色建筑评价标识管理办法》(试行)。

建设部试行民用建筑能耗统计报表制度。

为全面掌握我国建筑能耗实际状况，促进建筑节能的发展，建设部组织制定了《民用建筑能耗统计报表制度》(试行)(以下简称《报表制度》)，并经国家统计局审核批准，在北京、天津、上海、重庆、石家庄、唐山、沈阳、哈尔滨、南京、常州、福州、厦门、济南、郑州、鹤壁、武汉、广州、深圳、海口、三亚、成都、绵阳、西安等23个城市试行。

2007年6月

“海峡绿色建筑与建筑节能博览会”召开。

福建省人民政府和建设部于2007年6月18~20日在福州联合举办“海峡绿色建筑与建筑节能博览会”。该博览会围绕资源节约、环境友好型社会建设，突出绿色与节能主题，立足海峡两岸、面向国内外，展示国内外绿色建筑与建筑节能产业成果，建立技术成果和技术需求沟通平台，推进了资源节约环境保护科技成果转化和海峡两岸绿色建筑和建筑节能产业发展。

建设部印发《建设部关于落实〈国务院关于印发节能减排综合性工作方案的通知〉的实施方案》。

该实施方案要求各级建设主管部门逐级分解并落实节能减排各项工作目标和任务，成立主要负责人任组长的节能减排工作领导小组，强化政策措施的执行，加强对工作进展情况的考核和监督。各省级建设主管部门要根据本实施方案，制定本地区贯彻落实的具体方案和本地区节能减排工作进展情况。建设部每年将对节能减排工作目标责任履行情况进行专项考核，并公布考核结果。

2007 年 5 月

国务院印发《节能减排综合性工作方案》；建设部印发《聚胺酯硬泡外墙外保温工程技术导则》。

2007 年 3 月

建设部科技司公布 2007 年度建筑节能工作重点。

《建设部科技司 2007 年工作要点》中将加强建筑节能基础性工作；做好建筑节能体制机制体系建设；加强新建建筑节能监督管理工作；推进北方地区既有居住建筑节能改造；加强大型公共建筑和政府办公建筑的节能管理工作；推动可再生能源在建筑中应用工作；组织实施国家重点十大节能工程中的建筑节能工程；加快推进绿色建筑发展；建立健全和组织实施推广应用和限用禁用技术管理体制等 9 项工作作为 2007 年度建筑节能重点工作。

第二届全国绿色建筑创新奖获奖项目公布。

建设部第二届全国绿色建筑创新奖完成申报、评审和公示，“山东交通学院图书馆”等 8 项工程绿色建筑创新综合奖；授予“上海花旗集团大厦”等 5 项工程绿色建筑创新专项奖。

“第三届国际智能、绿色建筑与建筑节能大会暨新技术与产品博览会”于 2007 年 3 月 26 日 ~28 日在北京召开。本次会议由建设部联合科技部、国家发展和改革委员会、国家环境保护总局与英国、新加坡、印度、法国等国家共同主办。在第二届大会论坛的基础上，本次会议增加了“绿色建筑与绿色建材”、“供热体制改革与建筑节能”、“新型外墙保温材料与技术”等分论坛，专设了绿色建材的主题展区。

2006 年 12 月

建设部开展建筑门窗节能性能标识试点工作，并制定印发《建筑门窗节能性能标识试点工作管理办法》。

2006 年 11 月

建设部开展建筑节能专项检查。

建设部组织 10 个检查组并邀请国家发改委等七部委，于 2006 年 11 月下旬起对全国 26 个省、自治区(西藏除外)的省会(自治区首府)城市、1 个地级市，4 个直辖市，5 个计划单列市，共 61 个城市进行建筑节能专项检查。检查内容为：①省级和地级以上城市建设主管部门贯彻落实国家建筑节能有关政策法规、技术标准及结合本地实际推进建筑节能工作的情况；②2003 年以来完成的居住建筑施工图设计文件及 2005 年 7 月 1 日以后完成的公共建筑的施工图设计文件，必要时，抽查在建工程。其中，对 2005 年检查中发现问题的地区和工程整改情况进行复查。③北方采暖地区实行采暖费补贴“暗补”变“明补”的进展情况，对城镇低收入群体冬季采暖保障措施及实施情况，实施供热计量工作的情况。

建设部公布“建设部专家委员会”~“建设部建筑节能专家委员会”第二批专家名单，增补高汉民、李桂文、吴卫平、葛关金、向尊太、徐强、许锦峰、王锦海、刘俊跃、杨仕超、任俊、徐金泉等 12 人作为建设部建筑节能专家委员会委员。

2006 年 10 月

受科技部委托，建设部作为项目组织单位开始组织“十一五”国家科技支撑计划重点项目“可再生能源与建筑集成技术研究与示范”、“既有建筑综合改造关键技术研究与示范”等课题研究。

2006 年 9 月

建设部印发《建设部关于贯彻〈国务院关于加强节能工作的决定〉的实施意见》，确定建筑节能到“十一五”期末，实现节约 1.1 亿吨标准煤的目标。

受科技部委托，建设部作为项目组织单位开始组织“十一五”科技支撑计划“建筑节能关键技术研究与示范”等课题研究。

2006 年 6 月

国务院机关事务管理局开展中央国家机关 2006 年“节能宣传周”活动。

2006 年 5 月

建设部科技司提出年度节能工作要点，主要包括：加强建筑节能体制、机制；强化建筑节能工作监管力度；重点强化大型公共建筑和政府办公建筑节能监管；组织和促进建筑节能新技术新材料的研究开发；组织实施“国家十大节能工程”的“建筑节能工程”；进一步加强建筑节能能力建设；配合做好推进供热体制改革等 7 项工作。

2006 年 3 月

建设部印发《关于贯彻〈国务院关于落实科学发展观加强环境保护的决定〉的通知》。

该通知明确建设系统环境保护的目标（2010 年目标）中建筑节能和温室气体减排方面为：新建建筑累计节能 7000 万吨标准煤，既有建筑节能 3000 万吨标准煤，共计节能 1 亿吨标准煤；累计减排温室气体 $CO_2$2.6 亿吨，其中新建建筑 1.8 亿 t，既有建筑 0.8 亿 t，并提出相关工作要求和措施。

经各省、自治区、直辖市建设行政主管部门、有关行业协会及单位推荐，建设部组织专家评审，编制并印发了《建设部节能省地型建筑推广应用技术目录》。

建设部、科技部、国家发展和改革委员会、国家环境保护总局于 2006 年 3 月 28 ~ 30 日在北京共同举办“第二届国际智能、绿色建筑与建筑节能大会暨新技术与产品博览会”。大会的主题是“绿色、智能通向节能省地型建筑的捷径”。国务院副总理曾培炎同志出席会议并作重要讲话。

2005 年 11 月

建设部发布《民用建筑节能管理规定》（建设部令第 143 号）。

该规定于 2005 年 10 月 28 日经建设部第 76 次部常务会议讨论通过发布，自 2006 年 1 月 1 日起施行，原《民用建筑节能管理规定》（建设部令第 76 号）同时废止。

2005 年 10 月

为加强对我国绿色建筑建设的指导，促进绿色建筑及相关技术健康发展，建设部与科技部联合组织编制印发了《绿色建筑技术导则》。

2005 年 8 月

建设部组织开展建筑节能专项检查。

2005 年 8 月下旬至 10 月下旬，11 月下旬至 12 月中旬分两个阶段，建设部对各省（自治区、直辖市）及计划单列市、省会城市建设行政主管部门贯彻落实国家建筑节能有关政策法规、技术标准及结合本地实际推进建筑节能工作的情况；地级以上城市执行建筑节能标准的情况；2003 年以来设计单位和施工图审查机构完成的居住建筑施工图设计文件及 2005 年 7 月 1 日以后完成的公共建筑的施工图设计文件，必要抽查的在建工程；《公共建筑节能设计标准》宣贯培训工作计划及落实情况等进行了专项检查。

2005 年 4 月

建设部印发《关于新建居住建筑严格执行节能设计标准的通知》。

2005 年 3 月

"首届国际智能与绿色建筑技术研讨会暨首届国际智能与绿色建筑技术与产品展览会"于 2005 年 3 月 28 ~ 30 日在北京召开。本次会议由建设部、科技部与英国、加拿大、新加坡、美国等国家有关部门和机构主办。

建设部启动了世界银行中国供热改革与建筑节能项目、联合国开发计划署(UNDP)的中国终端能源效率项目和中德既有建筑节能改造项目等建筑节能国际合作项目。

《建设部科技司 2005 年工作要点》中将进行《国务院关于加强建筑节能工作的意见》前期工作；完成《民用建筑节能管理办法》；组织开展《绿色建筑技术标准》编制的研究工作；推进民用建筑工程项目建筑节能设计标准实施作为建筑工程施工图设计文件审查、施工质量监管及工程竣工验收重要内容工作的落实；组织开展建筑节能经济激励政策的研究、制订工作，提出可操作的实施方案；加大建筑节能宣传力度，提高公众的建筑节能意识；做好建筑节能相关重点技术的研发、应用；发布节能省地型住宅和公共建筑推广应用技术目录，组织实施示范工程等具体工作内容，作为 2005 年度建筑节能与建设事业可持续发展工作重点。

2004 年 10 月

建设部设立了"全国绿色建筑创新奖"，并印发了《全国绿色建筑创新奖管理办法》、《全国绿色建筑创新奖实施细则(试行)》，同时组织了首届全国绿色建筑创新奖申报评选工作。

2004 年 8 月

建设部科技司与山东省建设厅联合于 2004 年 8 月 19 ~ 21 日在青岛市举办了全国建筑节能技术研讨会暨产品博览会和全国建筑节能工作座谈会。

2004 年 5 月

建设部印发《关于贯彻〈国务院办公厅关于开展资源节约活动的通知〉的意见》。

该意见根据《国务院办公厅关于开展资源节约活动的通知》精神，和《通知》中 2004 ~ 2006 年的资源节约活动的目标，提出了：提高认识，用科学的发展观指导建设系统资源节约活动；建设系统资源节约活动的三年目标和基本要求；强化城乡规划监督检查，从源头上把好资源有效利用关；运用经济杠杆，推进水资源的开源节流；全面贯彻建筑节能设计标准，大力推动供热体制改革，提高建筑能效；组织开展宣传和培训工作，加强监督检查，切实抓好节约资源工作等 6 项建设系统资源节约工作措施。

2004 年 4 月

"首届国际智能与绿色建筑技术研讨会"暨"首届国际智能与绿色建筑技术与产品展览会"在北京召开。

2004 年 4 月

国务院办公厅下发《关于开展资源节约活动的通知》（国办发〔2004〕30号）。

2004年2月

《建设部科技司2004年工作思路及要点》中将组织编制《建筑节能“十一五”及2020年中长期发展规划》；研究探索推进全国建筑节能和墙改工作的政策措施；以政府办公楼节能改造为突破口，逐步启动既有建筑节能改造工作；加强建筑节能技术标准的贯彻实施，总结推广夏热冬冷地区居住建筑节能设计标准实施经验，推动《夏热冬暖地区居住建筑节能设计标准》的实施，促进新建建筑全面执行《建筑节能设计标准》；研究开发和推广应用节能新技术、新产品，规范建筑节能技术试点示范工作；继续组织国家科技攻关项目《太阳能供热制冷成套技术开发与示范》和国家高技术部门应用发展项目的实施工作；继续加强建筑节能国际科技合作，拓展合作范围，促进我国建筑节能技术的跨越式发展等7项作为2004年度建筑节能工作重点。

为贯彻建设部《民用建筑节能管理规定》，执行国家有关建筑节能设计标准，通过实施建筑节能试点示范工程（小区）（以下简称示范工程）推动各地建筑节能工作，建设部制定印发了《建设部建筑节能试点示范工程（小区）管理办法》。

2003年9月

“建设科技处长座谈会暨唐山市建筑节能现场经验交流会”在河北省唐山市召开。

会议学习、交流唐山市开展建筑节能工作，贯彻落实建筑节能国家政策和法规，制定本地实施办法和措施，认真执行建筑节能技术标准，研究开发和推广应用建筑节能新技术、新产品，开展工程试点、示范，探索既有居住建筑节能改造和热改工作方法等方面的经验；交流各地建筑节能工作情况；研讨了进一步推进全国建筑节能工作的办法和措施。

2003年7月

建设部颁布了《夏热冬暖地区居住建筑节能设计标准》JGJ 75·2003。

建设部公布“建设部专家委员会”——“建设部建筑节能专家委员会”第一批专家名单，专家包括：谭庆琏、徐建中、江亿、郎四维、吴元炜、李国泮、唐美树、李百战、周大地、王志峰、林海燕、张绍纲、付祥钊、龙惟定、刘应宗、游广才、曾享麟、张锡虎、徐伟、崔琪、顾同曾、陆维德、冯雅、叶青等24人。

2002年6月

建设部印发《建设事业“十五”计划纲要》。

根据国家关于编制“十五”节能工作规划的要求及有关专项规划，建设部组织编制了《建设部建筑节能“十五”计划纲要》，主要内容包括建筑节能；太阳能，河水、湖水、海水、地下水与地下能源等新能源和可再生能源在建筑中的利用；以及新型建筑墙体材料的推广应用工作。

2002年3月

《建设部科技司2002年工作思路及要点》中将与原国家计委等有关部门共同研究制定建筑节能经济激励政策；继续修改《关于加快建筑节能工作的若干意见》，并争取联合相关部门报国务院办公厅批转；根据国务院的要求，配合国家经贸委，重点开展政府办公建筑能耗检测、统计方面的工作，制定并逐步完善既有公共建筑节能改造标准体系、规划及实施方案，建立政府机构建筑能耗考核制度，以政府机构节能改造为突破口，逐步探索和积累经验，按照分类指导、分区启动的方针，推动既有建筑的节能改造；将建筑节能监管纳入建设行政主管部门现有的设计审查、开工许可、竣工验收、销售许可等行政审批职能，并制定相关的部门规章；研究建立符合中国国情的、并与国际接轨的建筑能耗统计制度，为国家制定建筑节能政策法规、能源发展规划和能源结构调整等提供可靠的依据，为节能设计标准的制定或修订提供准确的基础数据；推进《夏热冬暖地区居住建筑节能标准》的颁布和实施；研究建立节能建筑的自愿认证和标识制度。实行相应的认证、认可和标识制度，引导、规范节能建筑市场健康有序发展。在此基础上，逐步建立中国的绿色生态建筑体系；组织好国家高技术产业发展项目“集中供热计量收费改革的相关政策与技术研究”和“与城市能源结构调整相适应的采暖方式综合比较”的实施管理工作；组织国家“十五”科技攻关项目课题“太阳能建筑一体化研究与示范”的实施，推动太阳能等可再生能源在建筑中的应用。”等作为2003年度建筑节能工作重点。

2001年11月

建设部印发《关于实施〈夏热冬冷地区居住建筑节能设计标准〉的通知》。

该通知要求各有关省、自治区、直辖市建设行政主管部门结合本地区实际，从《夏热冬冷地区居住建筑节能设计标准》的宣传、培训、试点示范、相关政策的研究与制定、建筑节能的管理及组织实施等方面，制订相应的实施计划，加强节能建筑的日常运行管理和维护，确保节能效益的实现。

2001年7月

建设部颁布《夏热冬冷地区居住建筑节能设计标准》JGJ 134·2001。

该标准编制的目的是推进长江流域及其周围夏热冬冷地区建筑节能工作，提高和改善该地区人民的居住环境质量，全面实现建筑节能50%的第二步战略目标，该标准自2001年10月1日起施行。

2001年3月

《建设部科技司2001年工作思路及要点》中将“进一步做好建设部令第76号《民用建筑节能管理规定》的宣传和贯彻实施工作；全面部署长江流域夏热冬冷地区的建筑节能标准的实施工作，研究南方炎热地区的建筑节能工作，尽快出台炎热地区建筑节能标准并选择有关项目做好示范试点工作；开展建筑节能技术与产品的评估认定与推广工作；协助有关司制定供热采暖计量收费改革方案，推动供热采暖计量收费改革工作；制定原有建筑的节能改造工作，贯彻原有建筑节能改造设计标准；制定太阳能与建筑结合专项计划，推动太阳能在建筑上的应用；加强建筑节能的宣传工作，继续编辑出版建筑节能系列丛书；加强建筑节能中心的能力建设”作为2001年度建筑节能工作重点。

10.2 中国建筑节能协会成立

2010年6月19日

根据《社会团体登记管理条例》有关规定，经民政部批准同意(民函〔2010〕176号)，住房和城乡建设部科技发展促进中心等单位发起筹备“中国建筑节能协会”。

2010年12月28日

由发起单位筹备，并经住房和城乡建设部、民政部同意，在北京召开了“中国建筑节能协会成立大会”。大会通过了协会章程，产生了协会执行机构，选举产生了协会会长、副会长、法定代表等负责人，成立了秘书处。

2011 年 2 月 18 日

经民政部批准（民函〔2011〕45 号），准予中国建筑节能协会成立登记，协会业务主管单位为住房和城乡建设部。至此，中国建筑节能协会正式成立，并开始开展建筑节能有关工作。